国家出版基金项目
NATIONAL PUBLICATION FOUNDATION

无人机系统特征技术系列

总主编 孙 聪

群系统
鲁棒编队控制

Swarm System
Robust Formation Control

钟宜生 石宗英 杨文龙 编著

上海交通大学出版社
SHANGHAI JIAO TONG UNIVERSITY PRESS

内容提要

本书是“无人机系统特征技术系列”之一。本书主要介绍基于一致性控制理论和鲁棒补偿原理的群系统鲁棒编队控制方法，以及该方法在无人机群编队飞行控制中的应用。本书首先介绍相关的基础知识，其次介绍群系统一致性控制和鲁棒一致性控制方法，然后详细介绍基于一致性控制的群系统状态编队和鲁棒状态编队控制方法，并讨论群系统输出编队控制问题。最后，介绍小型固定翼无人机鲁棒航迹飞行控制器和机群鲁棒编队飞行控制协议设计方法，并介绍小型固定翼无人机群编队飞行试验结果。

本书在详细介绍群系统鲁棒编队理论的同时，还给出了大量的设计举例、仿真结果以及试验结果，便于初学者和工程技术人员理解和应用本书内容。

图书在版编目(CIP)数据

群系统鲁棒编队控制/钟宜生，石宗英，杨文龙编著．—上海：上海交通大学出版社，2024.3
(无人机系统特征技术系列)
ISBN 978-7-313-30530-5

Ⅰ.①群…　Ⅱ.①钟…②石…③杨…　Ⅲ.①无人驾驶飞机—编队飞行—飞行控制　Ⅳ.①V279②V323.18

中国国家版本馆 CIP 数据核字(2024)第 067528 号

群系统鲁棒编队控制
QUNXITONG LUBANG BIANDUI KONGZHI

编　　著：钟宜生　石宗英　杨文龙
出版发行：上海交通大学出版社
邮政编码：200030
印　　制：上海文浩包装科技有限公司
开　　本：710mm×1000mm　1/16
字　　数：302 千字
版　　次：2024 年 3 月第 1 版
书　　号：ISBN 978-7-313-30530-5
定　　价：128.00 元

地　　址：上海市番禺路 951 号
电　　话：021-64071208
经　　销：全国新华书店
印　　张：17.75
印　　次：2024 年 3 月第 1 次印刷

无人机系统特征技术系列编委会

总　　序

无人机作为信息时代多学科、高技术驱动的创新性成果之一，已成为世界各国加强国防建设和加快信息化建设的重要标志。众多发达国家和新兴工业国家，均十分重视无人机的研究、发展和应用。《“十三五”国家战略性新兴产业发展规划》及我国航空工业发展规划中都明确提出要促进专业级无人机研制应用，推动无人机产业化。

无人机是我国具有自主知识产权的制造名片之一。我国从20世纪50年代起就开始自主开展无人机研究工作，迄今积累了厚实的技术和经验，为无人机产业的后续发展奠定了良好的基础。近年来，我国无人机产业规模更是呈现爆发式增长，我国无人机产品种类齐全、功能多样，具备了自主研发和设计低、中、高端无人机的能力，基本形成了配套齐全的研发、制造、销售和服务体系，部分技术已达到国际先进水平，成为我国科技和经济发展的新亮点，而且也必将成为我国航空工业发展的重要突破口。

虽然我国无人机产业快速崛起，部分技术赶超国际，部分产品出口海外，但我国整体上仍未进入无人机强国之列，在精准化、制空技术、协作协同、微型化、智能化等特征/关键技术方面尚需努力，为了迎接无人机大发展时代，迫切需要及时总结我国无人机领域的研究成果，迫切需要培养无人机研发高端人才。因此，助力我国成为无人机研发、生产和应用强国是“无人机系统特征技术系列”丛书策划的初衷。

“无人机系统特征技术系列”丛书的撰写目的是建立我国无人机技术的知识体系，助力无人机领域人才培养，推动无人机产业发展；丛书定位为科学研究和工程技术参考，不纳入科普和教材；丛书内容聚焦在表征无人机系统特征的、重要的、密切的相关技术；丛书覆盖无人机系统特征技术的基础研究、应用基础研究、应用研究、工程实现。丛书注重创新性、先进性、实用性、系统性、技术前瞻性；丛书突出智能化、信息化、体系化。

无人机系统特征技术的内涵如下：明显区别于有人机，体现出无人机高能化、智能化、体系化的特征技术；无人机特有的人机关系、机械特性、试飞验证等特征技术；既包括现有的特征技术的总结，也包括未来特征技术的演绎；包括与有人机比较的，无人机与有人机的共性、差异和拓宽的特征技术。

本丛书邀请中国工程院院士、舰载机歼-15型号总设计师孙聪担任总主编，由国内无人机学界和工业界的顶级专家担任编委及作者，既包括国家无人机重大型号的总设计师，如翼龙无人机总设计师李屹东、云影无人机总设计师何敏、反辐射无人机总设计师祝小平、中国飞行试验研究院无人机试飞总师赵永杰等，也包括高校从事无人机基础研究的资深专家，如飞行器控制一体化技术国防科技重点实验室名誉主任陈宗基、北京航空航天大学无人系统研究院院长王英勋、清华大学控制理论与技术研究所所长钟宜生、国防科技大学智能科学学院院长沈林成、西北工业大学自动化学院院长潘泉等。

本丛书的出版有以下几点意义：一是紧紧围绕具有我国自主研发特色的无人机成果展开，积极为我国无人机产业的发展提供方向性支持和技术性思考；二是整套图书全部采用原创的形式，记录了我国无人机系统特征技术的自主研究取得的丰硕成果，助力我国科研人员和青年学者以国际先进水平为起点，开展我国无人机系统特征技术的自主研究、开发和原始创新；三是汇集了有价值的研究资源，将从事无人机研发的技术专家、教授、学者等广博的学识见解和丰富的实践经验以及科研成果进一步理论化、科学化，形成具有我国特色的无人机系统理论与实践相结合的知识体系，有利于高层次无人机科技人才的培养，提升我国无人机研制能力；四是部分图书已经确定将版权输出至爱思唯尔、施普林格等国外知名出版集团，这将大大提高我国在无人机研发领域的国际话语权。

上海交通大学出版社以其成熟的学术出版保障制度和同行评审制度，调动了丛书编委会和丛书作者的积极性和创作热情，本系列丛书先后组织召开了4轮同行评议，针对丛书顶层设计、图书框架搭建以及内容撰写进行了广泛而充分的讨论，以保证丛书的品质。在大家的不懈努力下，本丛书终于完整地呈现在读者的面前。

我们衷心感谢参与本丛书编撰工作的所有编著者，以及所有直接或间接参与本丛书审校工作的专家、学者的辛勤工作。

真切地希望这套书的出版能促进无人机自主控制技术、自主导航技术、协同交互技术、管控技术、试验技术和应用技术的创新，积极促进无人机领域产学研用结合，加快无人机领域内法规和标准制定，切实解决目前无人机产业发展迫切需要解决的问题，真正助力我国无人机领域人才培养，推动我国无人机产业发展！

无人机系统特征技术系列编委会

2020 年 3 月

前 言

群系统协同编队控制理论及其应用技术已经历了二十多年的发展历程，已有众多学者和技术人员提出了大量的理论方法和技术方案，尤其基于群系统一致性理论的编队控制，已具有较为系统和成熟的理论和方法，甚至已有大量实际物理系统的应用实例和验证试验。

本书着重介绍一类不确定群系统的鲁棒协同编队控制方法。该方法引入等价干扰，用于描述受控系统的不确定性对协同闭环系统控制特性的影响，应用鲁棒补偿控制原理设计鲁棒补偿协议，产生鲁棒补偿信号，抑制等价干扰的影响，实现鲁棒协同控制。该方法不需假设等价干扰或其微分是有界的，而仅假设等价干扰具有线性范数界(包括状态和控制的范数界)，甚至可以包含有关状态的高阶范数界，从而使得该方法应用范围更广。

本书在对相关研究成果做简要回顾，并对相关数学和控制理论基础做简要概述的基础上，首先介绍与编队控制密切相关的一致性控制理论，包括线性定常群系统的一致性控制方法和不确定群系统的鲁棒一致性控制方法；其次详细介绍线性定常群系统状态编队控制理论，针对存在非线性不确定性的群系统，介绍基于鲁棒补偿控制原理的鲁棒编队控制理论，并给出详细数例；最后介绍小型固定翼无人机群编队控制方法和飞行试验结果。

本书各章内容安排如下：

第 1 章分析群系统控制问题的产生背景和研究意义，从一致性控制入手概述群系统编队控制的研究现状。

第 2 章介绍后续章节内容涉及的一些基础知识，包括范数、图论等数学基础，线性状态方程的解、可控性、可观性和稳定性理论基础等控制理论基础，不确定系统鲁棒控制问题描述、鲁棒控制器设计、鲁棒稳定性分析等鲁棒控制理论基础。

第3章讨论线性定常群系统的一致性控制问题。首先对群系统状态一致性控制问题，给出状态一致性控制协议的设计方法，分析闭环群系统实现状态一致的条件，并给出状态一致性函数的描述和控制协议参数设计方法。然后给出群系统输出一致控制协议的设计方法、实现输出一致的条件等。

第4章讨论存在非线性不确定性的群系统的鲁棒一致性控制问题。在假设子系统的不确定性满足匹配条件且具有线性范数界的情况下，介绍一种基于鲁棒补偿原理的鲁棒一致性控制协议的设计方法，给出闭环群系统一致性的理论分析结果。

第5章讨论线性定常群系统的状态编队控制问题，给出一类基于一致性控制理论的群系统状态编队控制协议设计方法，给出群系统状态编队的可行性条件、编队参考函数的解析表达式，以及控制协议参数设计方法等，并利用两个数例，详细介绍编队控制协议的设计过程。

第6章讨论非线性不确定群系统的鲁棒状态编队控制问题，给出一类基于鲁棒补偿控制原理的不确定性群系统鲁棒状态编队控制协议设计方法，导出实现鲁棒状态编队的充分条件，并给出状态编队控制协议参数的计算方法。

第7章讨论小型固定翼无人机鲁棒航迹跟踪控制问题，介绍小型固定翼无人机的建模过程和航迹跟踪分层控制器结构、姿态控制器和鲁棒航迹跟踪控制器的设计过程，并对闭环控制系统特性进行分析。最后介绍在小型固定翼无人机上进行飞行测试的结果。

第8章讨论小型固定翼无人机群的鲁棒编队控制问题。考虑机间气动耦合效应对无人机编队飞行过程的影响，介绍一种基于鲁棒补偿控制原理的小型固定翼无人机群鲁棒编队控制协议设计方法，对鲁棒编队控制闭环群系统的特性进行分析，给出小型固定翼无人机群实现鲁棒状态编队的充分条件。最后介绍本章所示方法在小型固定翼无人机群飞行平台上进行测试的实验结果。

本书相关内容的研究得到了国家自然科学基金多个项目的资助，还得到了科技部科技创新重大项目等科研项目的资助，在此表示衷心感谢；对正在和曾在作者课题组学习的同学们对本书撰写给予的支持表示感谢。

本书前言、第1章和第2章由石宗英执笔，第3章至第6章由钟宜生执笔，

第 7 章和第 8 章由杨文龙执笔，参考文献由石宗英编排整理。本书撰写过程中作者得到上海交通大学出版社科技分社社长钱方针的悉心指导，谨在此表示感谢。

对于书中欠妥之处，敬请同仁和读者不吝赐教为盼。

作者

2024 年 3 月于清华园

符号对照表

$\mathbf{R}$	实数域
$\mathbf{R}^n$	n 维实数向量空间
$\mathbf{R}^{m\times n}$	$m\times n$ 维实数矩阵空间
$\Vert \boldsymbol{x} \Vert_2$	欧氏范数：$\Vert \boldsymbol{x} \Vert_2=(\vert \boldsymbol{x}_1 \vert^2+\cdots \vert \boldsymbol{x}_n \vert^2)^{1/2}$，$x\in \mathbf{R}^n$
$\Vert \boldsymbol{A} \Vert_2$	导出 2 范数：$\Vert \boldsymbol{A} \Vert_2=\sup\limits_{x\in \mathbf{R}^n,\ x\neq 0}\dfrac{\Vert \boldsymbol{Ax} \Vert_2}{\Vert \boldsymbol{x} \Vert_2}$，$\boldsymbol{A}\in \mathbf{R}^{m\times n}$
$\otimes$	Kronecker 积，直积
$\boldsymbol{I}$	适当维数的单位矩阵
$\boldsymbol{I}_{n\times n}$	$n\times n$ 维单位矩阵
$\mathbf{1}$	所有元素均为 1 的适当维数的列向量
$\mathbf{1}_n$	所有元素均为 1 的 n 维列向量
$\mathbf{0}$	适当维数的零矩阵或向量
$\mathbf{0}_n$	所有元素均为 0 的 n 维列向量
$\mathbf{0}_{m\times n}$	$m\times n$ 维零矩阵
s	拉普拉斯算子
$\lambda_{\min}(\boldsymbol{A})$	实对称矩阵 $\boldsymbol{A}$ 的最小特征值
$\lambda_{\max}(\boldsymbol{A})$	实对称矩阵 $\boldsymbol{A}$ 的最大特征值
$\mathrm{rank}\boldsymbol{A}$	矩阵 $\boldsymbol{A}$ 的秩
$*$	矩阵中的对称项

目　录

1 绪　　论

本章对群系统编队控制问题进行概述，并介绍相关理论研究和应用研究现状，还对本书内容及章节安排进行概括说明。

1.1 群系统编队控制问题概述

1.1.1 群系统的实际背景

在自然界中群体行为很常见，如雁群[1]、鱼群、蚂蚁群、角马群等，如图 1.1 所示。生物学家很早就发现，生物群比单一的生物个体在逃避天敌、觅食、迁徙等方面具有更大的优势[2-4]。生物群体行为的主要特征是每个个体的行为受临近个体的影响，在生物群中的行为表现与它作为单个个体的行为表现不同。此外，当所有个体同时采用共同的行为模式时，群体会呈现出非常有趣的有序现象[3]。

(a)　(b)　(c)

图 1.1　自然界中的群体行为

相比于单个个体，生物群体的优势主要体现在以下几个方面：

(1) 提高整体行为能力。例如，蚂蚁群通过个体间的协作可以完成单个个体不能完成的觅食、搬运远超过蚂蚁大小的物体、跨越障碍等任务，如图 1.1(a)

所示。

（2）优化资源配置，降低整体能耗。例如，编队飞行的大雁可以利用临近前方大雁飞行时产生的气流变化，使飞行更加省力，从而减少能量消耗，扩大迁徙和觅食范围[3]，如图 1.1(b)所示。

（3）实现伪装，提高生存能力。例如，海洋中的鱼群密集地聚集在一起时，在利用声波发现猎物的鱼类或其他海洋生物的感知中，就可以伪装成体型较大的鱼，从而可避免被捕食的厄运，如图 1.1(c)所示。

实际上，生物群中个体的行为机制往往非常简单，每个个体的行为仅受相邻个体的影响，但通过个体的运动和相邻个体间的相互作用，在不需要一个集中决策机构的情况下，生物群在整体上却能表现出复杂、高级的群体行为。近几十年来，作为对自然界群体行为学习和模仿的产物，群系统(swarm system)[又称多主体系统(multi-agent system)①]的协同控制受到了越来越多研究者的关注，对群体行为机理的建模和分析则成为一个重要的研究课题[5-6]。对群体行为的研究：一是可以帮助人们理解自然界中的复杂生物现象，二是可以帮助人们深刻理解和分析人类的社会和经济现象。此外，关于生物群体行为的研究成果还可以为由多个子系统(sub-system)[又称个体、主体(agent)]组成的人造复杂系统的协同控制提供借鉴。

本书研究的群系统通常具有以下特点：

（1）每个个体只能感知自身周围一定范围内的信息，并与此范围内的其他个体发生相互作用，即个体的感知、决策及个体间相互作用是局部的、分布式的。

（2）每个个体在群系统中的地位基本平等，不存在明显的关键个体；或个体按感知和执行能力被分为有限的几类，如领导者和跟随者。

（3）通过相邻个体间的相互作用使群系统构成一个有机整体，并表现出较单个个体更加复杂的行为或更加强大的功能。

由造价相对低廉、功能相对简单的个体组成的群系统可以实现更加复杂的功能。在工程应用中，单个的人造地球卫星、无人机、导弹、移动机器人等由于感知或执行能力有限，只能完成相对简单的任务。若将多个个体组合在一起并相互协调，就可以完成单个个体无法完成的复杂功能，这样就构成了群系统，例如人造地球卫星群系统[7]、无人机群系统[8-9]、多移动机器人系统[10]、传感器网络

① 在此本书约定，“群系统”“群体系统”“集群系统”和“多主体系统”为同义词，对子系统、个体和主体也不做区分。

系统[11]等。

群系统在整体上可以完成单个个体无法完成的任务，是需要在个体之间相互作用的基础上才能够实现的。因此，群系统中个体之间的相互作用如何实现以达成整体目标，即群系统协同控制问题的研究显得尤为重要。

1.1.2 群系统编队控制及其应用前景

根据控制目标不同，群系统协同控制可分为一致性控制（consensus control）、编队控制（formation control）、合围控制（containment control）、跟踪控制（tracking control）等，其中一致性控制和编队控制是群系统理论中被研究最多的两个基本问题。当群系统中各子系统的某些变量（协调变量）达到一致时，则称群系统实现了一致性。一致性控制问题已经得到了广泛、深入的研究[12-19]。编队控制则比一致性控制更进一步，是指群系统中子系统的某些变量（状态或输出量）之间保持特定的偏差，使得群系统在整体上形成并保持指定的队形。这种偏差可以是定常的，也可以是时变的。显然，一致性控制问题可被看作偏差为零的编队控制问题。需要指出的是，无论是一致性控制还是编队控制，群系统中各子系统的地位是平等的。然而在一些实际应用中，群系统中的子系统被分为两类，即领导者和跟随者。如果跟随者的某些变量能进入领导者对应的变量组成的凸包内，则称群系统实现了合围；如果不仅跟随者的某些变量能进入领导者对应的变量组成的凸包内，而且领导者的这些变量还形成了编队，则称群系统实现了编队-合围。跟踪控制则是指群系统中的跟随者能够渐近跟踪领导者的运动。实际上，合围控制、编队-合围控制、跟踪控制都是编队控制问题的扩展，而一致性控制是编队控制问题的特例，因此编队控制问题更具一般性，对编队控制问题的研究有重要的理论和实际意义。

由于编队控制在民用和军事领域的潜在应用前景，其已成为国内外的研究热点。在军事领域，多枚导弹通过编队齐射攻击，可有效提高导弹的突防能力和打击效果，实现饱和攻击[20-21]。在民用领域，多无人机编队进行高效农药喷洒已经在实际应用中初见成效；当发生森林火灾、海上原油泄漏等事故时，多个携带特定传感器或检测设备的无人机通过编队飞行可以高效、准确地对灾情进行监测[22-23]。

1.2 群系统编队控制的发展及研究现状

编队控制问题在传统机器人领域的存在由来已久，但多以集中式控制为主。

与传统机器人领域的编队控制相比，近年来出现的群系统编队控制有两个鲜明的特点：一是分布式，即整体编队是通过子系统之间的局部交互作用实现的；二是大规模，即群系统中子系统的数量可以很大，甚至不受限制。根据所采用控制策略的不同，典型的编队控制方法主要有[12]：基于领导者-跟随者的编队控制[24]、基于行为的编队控制[25]、基于虚拟结构/虚拟领导者的编队控制[26]。

在基于领导者-跟随者的编队控制中，一些子系统被指定为领导者，其他子系统被指定为跟随者，领导者跟踪预定的轨迹，跟随者则按某种方式跟踪其相邻子系统的状态。该方法相对简单，且易于实现；不过一旦领导者发生故障，编队将无法保持。

在基于行为的编队控制中，群系统中每个子系统均有几种预设的行为模式，如向目标移动、避障、保持队形等，而最终的控制是根据这些行为的相对重要性加权后确定的。该方法可以通过动态调整权重，同时兼顾多种行为，但难以在理论上进行严格的分析。

在基于虚拟结构的编队控制中，整个编队被视为一个虚拟的刚体，每个子系统对应虚拟结构中的一个节点，编队控制问题被转化为各子系统对各对应虚拟节点的跟踪问题。该方法鲁棒性较好，但需要较大的计算量和通信量。

除了以上三种典型的编队控制方法，其他编队控制方法还包括基于人工势能场的编队控制[27]、基于刚性图的编队控制[28]和基于图论的编队控制[29]等。

近年来，随着一致性理论的发展和完善，越来越多的研究者开始尝试基于一致性理论来解决群系统编队控制问题。实际上，基于领导者-跟随者的编队控制、基于行为的编队控制和基于虚拟结构的编队控制都可被看作基于一致性的编队控制策略的特例[12]，因此基于一致性的编队控制策略的研究更有一般性。本节先简述一致性控制研究现状，然后介绍编队控制及其应用的研究现状。

1.2.1 一致性控制研究现状

一致性是指群系统中每个子系统的一组特定变量随时间趋于相等的性质，这组特定的变量被称作协调变量。在群系统中，通过局部测量或建立通信网络，各子系统可获得与邻居的相对信息（或邻居的信息），利用与邻居的相对信息设计适当的作用于本子系统的控制器（即控制协议），可控制群系统实现协调变量（状态或输出）一致。一致性控制是群系统协同控制的基本问题，一致性控制理论是研究其他协同控制问题的基础，如编队控制[12,30]、同步控制[31-32]和聚合问题[33]等。

1）早期的一致性控制研究

1982 年，Borkar 和 Varaiya 研究了多主体系统对同一随机变量进行分布式估计的渐近一致问题[34]。对一致性控制问题的研究可追溯到 Vicsek 模型。1995 年，Vicsek 等为了研究具有生物驱动的交互作用的粒子群的自有序运动，引入了一种简单的离散运动模型。在该模型中，所有粒子以相同的恒定速率在平面上运动，每个粒子的运动方向由上一时刻自身及其邻居粒子的平均运动方向确定。仿真结果表明，尽管缺乏集中协调，且每个粒子的邻居集合随时间变化，但是上述最近邻原则可使所有粒子的运动方向最终趋于一致[35]。2003 年，Jadbabaie 等从理论上解释了这一现象，用无向图表示粒子间的切换作用拓扑，考虑无摄动的 Vicsek 模型，证明了在作用拓扑联合连通的情况下，所有粒子的运动方向收敛到同一稳定状态，即趋于一致[36]。从控制的角度研究一致性问题，2004 年 Olfati-Saber 和 Murray 研究了由多个连续时间一阶线性子系统组成、具有有向拓扑网络的群系统的一致性问题[16]。记群系统中的子系统数为 N，各子系统的运动模型均为一阶积分器：

$$\dot{\boldsymbol{x}}_i(t)=\boldsymbol{u}_i(t),\ i=1,\ \cdots,\ N \tag{1.1}$$

式中，$\dot{\boldsymbol{x}}_i(t)$ 表示子系统 i 的状态；$\boldsymbol{u}_i(t)$ 表示子系统 i 的控制输入。如果在 $\boldsymbol{u}_i(t)(i=1,\ \cdots,\ N)$ 的作用下，成立 $\lim\limits_{t\to\infty}[\boldsymbol{x}_j(t)-\boldsymbol{x}_i(t)]=0\quad(i,\ j=1,\ 2,\ \cdots,\ N)$，则称系统实现了渐近状态一致。针对一阶群系统(1.1)，Olfati-Saber 和 Murray 给出了如下线性一致性控制协议：

$$\boldsymbol{u}_i(t)=\sum_{j\in N_i}\boldsymbol{w}_{ij}[\boldsymbol{x}_j(t)-\boldsymbol{x}_i(t)] \tag{1.2}$$

式中，N_i 表示子系统 i 的邻居集合；w_{ij} 表示子系统 j 到子系统 i 的作用强度。在控制协议[式(1.2)]的作用下，一阶积分器群系统的闭环运动方程可表示为

$$\dot{\boldsymbol{x}}(t)=-\boldsymbol{L}\boldsymbol{x}(t) \tag{1.3}$$

式中，$\dot{\boldsymbol{x}}(t)=[\boldsymbol{x}_1(t),\ \boldsymbol{x}_2(t),\ \cdots,\ \boldsymbol{x}_N(t)]^{\mathrm{T}}$；矩阵 $\boldsymbol{L}\in\mathbf{R}^{n\times n}$ 为表示群系统子系统间作用拓扑的拉普拉斯矩阵。Olfati-Saber 和 Murray 证明，在控制协议[式(1.2)]的作用下，如果作用拓扑是平衡且强连通的，则一阶群系统[式(1.1)]可以实现全局渐近状态一致；并证明在切换拓扑情况下，若切换次数有限且每一时刻作用拓扑都是平衡强连通的，在控制协议[式(1.2)]的作用下，一阶群系统[式(1.1)]仍可以实现全局渐近状态一致[16]。Ren 和 Beard 进一

步研究了具有有向作用拓扑的一阶群系统的一致性控制问题，证明了即使作用拓扑存在切换，只要在某个时间段内的联合作用拓扑包含生成树，一阶群系统就可以实现渐近状态一致；显然，对于具有固定拓扑的一阶群系统，如果作用拓扑包含生成树，则群系统就可以实现状态一致。生成树的要求比连通性要求更温和，因此更适于实际应用[17]。Ren 和 Beard 在文献[17]中指出，作用拓扑对应的拉普拉斯矩阵的所有非零特征值均具有正实部，并且证明拉普拉斯矩阵仅有一个零特征值的充分必要条件是作用拓扑至少包含一棵生成树，这些结论成为后来一致控制问题研究的重要基础。

考虑到在实际系统中子系统间的通信存在延迟，Bliman 和 Ferrari-Trecate 研究了时延对一阶线性群系统的影响，讨论了保证一阶线性群系统实现状态一致的时延上界，给出了群系统实现一致的充要条件[18]。此外，Tian 和 Liu 利用频域分析方法，研究了同时具有输入时延和通信时延的一阶线性群系统的一致性控制问题[19]。

2）二阶群系统一致性控制研究

在实际应用中，许多运动体系统的动力学可以用二阶模型来描述，例如多机器人系统、无人机群系统[37,40]。因此，二阶群系统的一致性控制研究具有重要的实际意义。考虑二阶积分器群系统，其第 i 个子系统描述为

$$\begin{aligned}\dot{\boldsymbol{x}}_i(t)&=\boldsymbol{v}_i(t)\\ \dot{\boldsymbol{v}}_i(t)&=\boldsymbol{u}_i(t)\end{aligned}\tag{1.4}$$

式中，$\dot{\boldsymbol{x}}_i(t)$、$\dot{\boldsymbol{v}}_i(t)$ 是子系统 i 的状态变量，分别表示位置和速度；$\boldsymbol{u}_i(t)$ 是子系统 i 的控制输入。针对该模型，2007 年，Ren 和 Atkins 在文献[41]中提出了如下形式的分布式一致性控制协议：

$$\boldsymbol{u}_i(t)=\sum_{j\in N_i}\boldsymbol{w}_{ij}\{[\boldsymbol{x}_j(t)-\boldsymbol{x}_i(t)]+\gamma[\boldsymbol{v}_j(t)-\boldsymbol{v}_i(t)]\}\tag{1.5}$$

式中，N_i 表示子系统 i 的邻居集合；$\gamma>0$ 为增益系数；$\boldsymbol{w}_{ij}$ 表示子系统 j 到子系统 i 的作用强度。Ren 和 Atkins 证明，在控制协议[式(1.5)]的作用下，二阶积分器群系统[式(1.4)]实现状态一致的充分条件是(有向)作用拓扑包含一个生成树，并且 γ 具有由拉普拉斯矩阵的非零特征值决定的下界。同年，Xie 和 Wang 研究了二阶积分器(质点)群系统的平均一致性问题[42]，平均一致即各子系统的状态达到一致且速度收敛到零。他们提出了如下形式的分布式控制协议：

$$\boldsymbol{u}_i(t)=k_{\mathrm{v}}\boldsymbol{v}_i(t)+\sum_{j\in N_i}\boldsymbol{w}_{ij}[\boldsymbol{x}_j(t)-\boldsymbol{x}_i(t)] \tag{1.6}$$

式中，k_{v} 为增益系数；速度反馈项只涉及本子系统的速度，未使用邻居的速度。他们证明了如果 $k_{\mathrm{v}}<0$ 且作用拓扑是连通的，若各子系统的初始速度均为零，则可实现全局渐近平均一致。2009 年，Lin 和 Jia 研究了更一般的线性二阶群系统的一致性控制问题[43]，子系统动力学由如下线性二阶模型描述：

$$\begin{aligned}\dot{\boldsymbol{x}}_i(t)&=\boldsymbol{v}_i(t)\\ \dot{\boldsymbol{v}}_i(t)&=k_0\boldsymbol{v}_i(t)+\boldsymbol{u}_i(t)\end{aligned} \tag{1.7}$$

并引入辅助变量设计了如下一致性控制协议：

$$\begin{aligned}\boldsymbol{u}_i(t)&=k_1\sum_{j\in N_i}\boldsymbol{w}_{ij}[\boldsymbol{x}_j(t)-\boldsymbol{x}_i(t)]+\boldsymbol{p}_i(t)\\ \dot{\boldsymbol{p}}_i(t)&=-\gamma\boldsymbol{p}_i(t)-\sum_{j\in N_i}\boldsymbol{w}_{ij}[\boldsymbol{x}_j(t)-\boldsymbol{x}_i(t)]\end{aligned} \tag{1.8}$$

式中，$k_1>0$，$\gamma>0$，$\boldsymbol{p}_i(t)$ 为辅助变量，N_i 表示子系统 i 的邻居集合，$\boldsymbol{w}_{ij}$ 表示子系统 j 到子系统 i 的作用强度。他们证明，在作用拓扑是连通的情况下，$k_0\leqslant 0$ 时实现状态一致的充分必要条件是 $\gamma k_1>1$。

此外，文献[44]～[50]研究了切换拓扑和(或)通信时延情况下二阶群系统的一致性控制问题，文献[51]基于频域分析法研究了具有无向拓扑、有输入时延的二阶积分器群系统在对称的通信拓扑受到非对称摄动(从而成为有向拓扑)时的鲁棒一致性控制问题；Lin 和 Jia 在文献[52]中考虑了由驱动器偏差、测量/计算误差等带来的邻居间作用权重的不确定性和外部干扰，给出了具有有向作用拓扑的二阶积分器群系统实现鲁棒 H_∞ 一致(即在满足 H_∞ 性能的同时所有子系统的状态渐近达到一致)的充分条件。文献[53]～[54]讨论了非线性二阶群系统的一致性问题。

3) 高阶群系统一致性控制研究

在过去二十年里，出现了大量的一阶和二阶群系统的一致性控制研究结果，形成了较为完善的理论体系。然而，一些较为复杂的实际对象的动力学特性需要用更高阶的模型才能描述。此外，一阶和二阶群系统本质上是高阶群系统的特例。因此，对高阶群系统的一致性控制的研究更具有意义。对群系统中的任意一个子系统 i，考虑其由如下一般高阶线性定常运动方程描述：

$$\begin{cases}\dot{\boldsymbol{x}}_i(t)=\boldsymbol{A}\boldsymbol{x}_i(t)+\boldsymbol{B}\boldsymbol{u}_i(t)\\ \boldsymbol{y}_i(t)=\boldsymbol{C}\boldsymbol{x}_i(t)\end{cases}\quad i=1,2,\cdots,N \tag{1.9}$$

式中，$\boldsymbol{x}_i(t)\in\mathbf{R}^n$ 为子系统 i 的状态，$\boldsymbol{y}_i(t)\in\mathbf{R}^l$ 为子系统 i 的输出，$\boldsymbol{u}_i(t)\in\mathbf{R}^m$ 为子系统 i 的控制输入，$\boldsymbol{A}$、$\boldsymbol{B}$ 和 $\boldsymbol{C}$ 为维数匹配的常数矩阵。针对这一群系统，Xiao 和 Wang 在文献[55]中提出了如下一致性控制协议：

$$\boldsymbol{u}_i(t)=\boldsymbol{K}_1\boldsymbol{x}_i(t)+\boldsymbol{K}_2\sum_{j\in N_i}\boldsymbol{w}_{ij}[\boldsymbol{x}_j(t)-\boldsymbol{x}_i(t)] \tag{1.10}$$

式中，$\boldsymbol{K}_1$ 和 $\boldsymbol{K}_2$ 为常数增益矩阵。他们给出了在控制协议[式(1.10)]作用下群系统[式(1.9)]实现状态一致的充要条件，以及一致函数为常数的结论。Xi 和 Zhong 等针对子系统间通信存在时延的情况，基于状态空间分解方法，给出了高阶线性群系统实现状态一致的充要条件，以及确定增益矩阵 $\boldsymbol{K}_1$ 和 $\boldsymbol{K}_2$ 的方法[56-58]。

同时，基于输出反馈控制高阶线性定常群系统实现状态一致的问题也受到了关注[59-66]。Ma 和 Zhang 在文献[59]中构建了如下静态输出反馈一致性控制协议：

$$\boldsymbol{u}_i(t)=\boldsymbol{K}\sum_{j\in N_i}\boldsymbol{w}_{ij}[\boldsymbol{y}_j(t)-\boldsymbol{y}_i(t)] \tag{1.11}$$

式中，$\boldsymbol{K}$ 为加权常数矩阵，指出了实现状态一致的必要条件是系统[式(1.9)]可镇定且可检测，同时作用拓扑有一棵生成树，并进一步给出了群系统实现状态一致的充分条件。Li 和 Duan 在文献[60]中提出了一个观测器型动态输出反馈控制协议，引入了一致性区域的概念，基于分离原理给出了高阶群系统[式(1.9)]实现状态一致的充要条件，并讨论了一致性控制协议对外部干扰的鲁棒性。为了避免在控制协议中使用关于通信拓扑的全局信息，Li 和 Ren 等设计了动态自适应一致性控制协议[61]，并指出控制协议存在的充分条件是每个子系统均可镇定且可检测。此外，Seo 和 Shim 等[62]用低增益方法研究了基于动态输出反馈补偿器实现高阶线性群系统状态一致的问题。文献[63]和[64]讨论了切换通信拓扑情况下的一致性控制问题。文献[65]～[69]则对高阶线性奇异群系统的一致性问题进行了研究。

4）不确定高阶群系统鲁棒一致性控制研究

实际系统中存在干扰、模型不确定性和参数摄动等非理想因素，这些是一致性理论日臻成熟走向应用时需要解决的问题，因此近年来群系统的鲁棒一致性控制问题开始受到越来越多的关注。

针对如式(1.4)所述的二阶群系统，Tian 和 Liu 用频域分析方法研究了存在通信拓扑干扰和输入时延情况下的群系统鲁棒一致性控制问题[51]。Lin 和 Jia 研究了鲁棒 H_∞ 一致性问题，考虑了参数不确定性和外界干扰带来的影响，给出了二阶群系统实现渐近一致同时满足理想 H_∞ 性能的充分条件[52]。Hu 研究了存在外部干扰和未建模动态的二阶群系统鲁棒一致性跟踪问题，给出了实现全局渐近一致性跟踪的充分条件[70]。文献[71]等讨论了一类具有参数不确定性、未建模动态和有界外部扰动的二阶群系统的一致性跟踪问题，设计了鲁棒自适应控制器，给出了实现全局渐近一致性跟踪的充分条件。Munz 等讨论了通信存在时延情况下的鲁棒输出一致性问题，给出了相对阶为二阶的群系统实现输出一致的充分条件[53]。

针对高阶群系统，Li 和 Ren 等讨论了满足 Lipschitz 条件的非线性动态群系统的一致性问题[72]。考虑由 N 个子系统组成的群系统，子系统 i 的状态方程为

$$\dot{\boldsymbol{x}}_i(t)=\boldsymbol{A}\boldsymbol{x}_i(t)+\boldsymbol{B}\boldsymbol{u}_i(t)+f(\boldsymbol{x}_i) \tag{1.12}$$

式中，非线性函数 $f(\boldsymbol{x}_i)$ 满足 Lipschitz 条件且 Lipschitz 常数为 γ，即

$$\| f(\boldsymbol{x})-f(\boldsymbol{y}) \|_2 \leqslant \gamma \| \boldsymbol{x}-\boldsymbol{y} \|,\ \forall \boldsymbol{x},\ \boldsymbol{y} \in \mathbf{R}^n \tag{1.13}$$

针对上述高阶群系统，Li 和 Ren 等设计了一种自适应调整邻居子系统间耦合权重的完全分布式相对状态一致性协议，并给出了具有无向连通通信拓扑的群系统实现状态一致的充分条件[72]。此外，Li 和 Liu[73]针对含有 Lipschitz 非线性动态的高阶群系统，提出了一种基于 H_∞ 鲁棒控制理论的一致性控制协议，实现全局状态一致，并且给出了控制协议的设计方法。Wen 和 Duan 等在文献[72]和[73]的基础上讨论了在切换拓扑情况下的鲁棒一致性跟踪问题，在每个可能的拓扑都包含有向生成树的前提下，给出了实现鲁棒一致性跟踪的条件[74]。

上述关于高阶群系统鲁棒一致性的研究，都假设每个子系统的非线性动态满足 Lipschitz 条件，而且群系统中的各个子系统是同构的。然而实际系统中，子系统的动态特性可能是相异的，即组成群系统的子系统是异构的。如果将异构特性合并到不确定项中，则异构群系统的一致性控制问题可转化为群系统的鲁棒一致性控制问题，但需要注意的是，此时不确定动态可能不满足 Lipschitz 条件。考虑由 N 个子系统组成的异构群系统，假设子系统 i 的状态方程为

$$\dot{\boldsymbol{x}}_i(t)=\boldsymbol{A}\boldsymbol{x}_i(t)+\boldsymbol{B}\boldsymbol{u}_i(t)+\boldsymbol{h}_i(x_i,\ t)+\boldsymbol{v}_i(t) \tag{1.14}$$

式中，$\boldsymbol{h}_i(x_i, t)$、$\boldsymbol{v}_i(t)$ 分别表示子系统 i 的参数不确定性和外部干扰。假设不确定性满足匹配条件，即 $\boldsymbol{h}_i(x_i, t)+\boldsymbol{v}_i(t)=\boldsymbol{B}\boldsymbol{f}_i(x_i,t)$，其中 $\boldsymbol{f}_i(x_i, t)$ 为子系统 i 的总的不确定性，则子系统 i 的状态方程可表示为

$$\dot{\boldsymbol{x}}_i(t)=\boldsymbol{A}\boldsymbol{x}_i(t)+\boldsymbol{B}[\boldsymbol{u}_i(t)+\boldsymbol{f}_i(x_i, t)] \tag{1.15}$$

假设 $\boldsymbol{f}_i(x_i, t)$ 满足：

$$\|\boldsymbol{f}_i(x_i, t)\|_2 \leqslant e_i\|\boldsymbol{x}_i\|_2+d_i \tag{1.16}$$

式中，e_i、d_i 均为非负常数。对于式(1.15)和式(1.16)描述的异构多主体系统，Li 和 Duan 等采用自适应控制方法，设计了一种分布式连续自适应一致性控制协议，在通信拓扑无向且连通的情况下可实现一致性误差的一致终值有界和指数收敛特性。同时，还给出了在领导者存在有界未知输入的情况下保证群系统一致性误差有界的充分条件[75]。

此外，文献[76]研究了在系统存在模型不确定性和输入延迟情况下的鲁棒一致性控制问题；文献[77]通过设计动态输出反馈控制协议实现了鲁棒一致性；文献[78]采用 H_∞ 控制方法，讨论了存在外部扰动情况下的群系统鲁棒一致性控制问题。文献[79]～[81]对有限时间鲁棒一致性问题进行了研究。

1.2.2 编队控制研究现状

编队控制问题是指通过设计控制协议，使得群系统在演化过程中，不同子系统的相应变量能够保持特定的偏差，从而在空间中表现出一定的整体形状。编队控制问题本身源于实际，有着诸多实际应用场景。

随着一致性理论的不断发展和完善，有许多研究人员开始把一致性理论应用于群系统的编队控制，并取得了很多重要的成果。基于一致性的编队控制策略的基本思想是群系统中所有子系统的状态或输出相对于某个共同的编队参考保持特定的偏差。编队参考对单个子系统来说可以是未知的，但是通过分布式的协同作用，所有子系统可以对编队参考达成一致，进而实现期望的编队。利用一致性理论处理编队问题时，先通过特定的状态或输出变换，将编队问题转化为一致性问题，再利用一致性理论丰富的研究成果，把一致性问题转化为稳定性问题，进而进行分析和设计[82]。

1）线性定常群系统编队控制

Ren 研究了如式(1.4)所示二阶积分器模型的多主体系统的编队问题，提出

了一种基于一致性的编队控制策略，并证明了三种经典的编队控制方法可以被看作是基于一致性理论的编队控制方法的特例[83]。Xie 和 Wang 讨论了在无向固定通信拓扑作用下的二阶线性群系统的时不变编队问题，并给出了编队可实现的充分条件[84]。Xiao 等讨论了有限时间一阶群系统的时不变编队问题，并给出了可在有限时间内实现编队的控制协议[85]。Liu 和 Geng 针对二阶群系统的有限时间编队问题进行了讨论，并给出了控制协议的设计方法[86]。以上这些研究，都是针对一阶或二阶群系统的，且大多讨论的是时不变编队问题。

Lafferriere 等在文献[87]中基于一致性策略研究了一类特殊的高阶线性定常群系统的编队控制问题。需要说明的是，这类特殊的高阶系统在结构上可以被认为是多个二阶系统的并联，因此使得针对这类系统的分析难度相对要小。针对更一般的高阶线性群系统，Fax 和 Murray 考虑了如式(1.9)所示的一般线性群系统的编队稳定性问题[88]。在实际系统中，由于某些物理因素的限制，期望的编队不能是任意指定的，需要满足一定的条件，也称编队可行性(formation feasibility)条件。虽然 Fax 和 Murray 研究了高阶群系统的编队稳定性问题，但并没有给出编队可行性条件以及实现期望编队的方法。为了解决这一问题，Lin 和 Francis 在文献[89]中对轮式机器人编队进行了研究，并给出了编队可行性条件。Ma 和 Zhang 在文献[90]中针对一般高阶群系统的时不变编队控制问题，提出了如式(1.17) 所示的编队控制协议并给出了时不变编队可以实现的条件：

$$\boldsymbol{u}_i(t)=\boldsymbol{K}_1\sum_{j\in N}\boldsymbol{w}_{ij}\{[\boldsymbol{x}_j(t)-\boldsymbol{x}_i(t)]-(\boldsymbol{h}_j-\boldsymbol{h}_i)\},\ i=1,\ 2,\ \cdots,\ N \tag{1.17}$$

式中，$\boldsymbol{K}_1$ 为维数匹配的增益矩阵；$\boldsymbol{h}_i$ 表示用以描述期望编队的定常向量。这里，描述期望编队的向量是定常的，因而编队是时不变的。针对高阶线性系统的时变编队，Dong 等人提出如式(1.18)所示编队控制协议：

$$\begin{aligned}\boldsymbol{u}_i(t)=&\boldsymbol{K}_1\boldsymbol{x}_i(t)+\boldsymbol{K}_2[\boldsymbol{x}_i(t)-\boldsymbol{h}_i(t)]+\boldsymbol{v}_i(t)+\\&\boldsymbol{K}_3\sum_{j\in N}\boldsymbol{w}_{ij}\{[\boldsymbol{x}_j(t)-\boldsymbol{h}_j(t)]-[\boldsymbol{x}_i(t)-\boldsymbol{h}_i(t)]\}\end{aligned} \tag{1.18}$$

式中，$\boldsymbol{K}_1$、$\boldsymbol{K}_2$ 和 $\boldsymbol{K}_3$ 为维数匹配的常数矩阵；$\boldsymbol{h}_i(t)$ 为给定的时变编队；$\boldsymbol{v}_i(t)$ 为由编队参考函数决定的外部指令信号。在这种控制协议的作用下，Dong 等提出了高阶线性群系统可以实现状态时不变编队以及时变编队的充要条件，并且给出了控制协议的设计方法和时变编队参考函数的显式表达[91-93]。此外，文献[94]针对更一般的高阶线性群系统的时变输出编队问题进行了研究，并且给出了编队可实现的充要条件以及控制协议的设计方法。以上这些都是理论研究，而为了验证理论成果的有效性，Dong 等将如式(1.18)所示的基于一致性的编队控制算法应用于四旋翼无人机编队控制，实现了五架四旋翼无人机的“8”字时变编队和李萨如型时变编队[95]。

2）不确定高阶群系统鲁棒编队控制

近年来，随着一致性理论的发展，基于一致性理论的高阶线性群系统的编队控制理论已经日趋完善，但在实际的工程应用中，线性定常系统的情况很少，往往需要考虑存在外部扰动和模型不确定的情况下的编队问题。因此，针对不确定群系统的鲁棒编队问题的研究就显得十分重要。文献[96]考虑了二阶轮式机器人模型，并利用反步法设计了编队控制协议，对鲁棒编队问题进行了初步探究。针对系统模型是多个积分器并联的情况，文献[97]讨论了存在扰动及不确定性的同构双积分群系统的鲁棒编队问题，假设系统的不确定性和扰动满足式(1.13)所示的 Lipschitz 条件，利用李雅普诺夫稳定性理论以及代数图论，给出了不确定双积分系统可以实现编队的充分条件。针对异构高阶不确定群系统的编队问题，文献[98]讨论了存在模型不确定性情况下的鲁棒编队问题，提出了一种基于自适应控制的鲁棒编队控制方法，并通过李雅普诺夫稳定性理论对编队稳定性进行了分析。文献[99]考虑了基于领导者-跟随者的鲁棒时变编队控制问题。跟随者的状态方程为

$$\dot{\boldsymbol{x}}_i(t)=[\boldsymbol{A}+\Delta\boldsymbol{A}_i(t)]\boldsymbol{x}_i(t)+\boldsymbol{B}\boldsymbol{u}_i(t)+\boldsymbol{d}_i(t) \tag{1.19}$$

式中，$\boldsymbol{x}_i(t)$、$\boldsymbol{u}_i(t)$ 分别为跟随者的状态变量和控制输入；$\Delta A_i(t)$ 表示参数的不确定性；$\boldsymbol{d}_i(t)$ 为未知的外部扰动。假设系统[式(1.19)]的不确定性和外部扰动满足匹配条件，即

$$\begin{aligned}\Delta\boldsymbol{A}_i(t)&=\boldsymbol{B}\boldsymbol{N}_i(t)\\ \boldsymbol{d}_i(t)&=\boldsymbol{B}\bar{\boldsymbol{d}}_i(t)\end{aligned} \tag{1.20}$$

领导者也可用一般高阶线性模型[式(1.9)]描述，假设跟随者的不确定性和外部扰动存在未知上界，且只有一部分跟随者可以获得领导者的状态信息，在领导者存在有界非零输入的情况下，文献[99]设计了一种基于自适应的鲁棒一致性控制协议，通过对不确定性、外部扰动以及领导者的控制输入进行估计，Hua

等给出了鲁棒一致性可实现的充分条件和控制协议的设计方法。针对多个积分器并联组成的高阶系统,文献[100]在文献[99]的基础上,讨论了跟随者的不确定性与其状态相关的情况,并且设计了分布式观测器对系统不确定性和外部扰动进行观测,在此基础上给出了编队可实现的充分条件和控制协议的设计方法。在文献[100]的基础上,文献[101]讨论了更一般的情况,跟随者模型为存在不确定性和外部扰动的一般高阶线性模型,且不确定性可以与状态相关。针对这一问题,文献[101]提出了一种非线性编队跟踪控制协议,通过将编队问题转化为一致性问题再转化为稳定性问题,文献[101]还利用李雅普诺夫稳定性理论对整个编队系统的稳定性进行了证明,并给出了控制协议的设计方法。文献[102]和文献[103]对不确定离散系统的鲁棒编队问题进行了研究。文献[104]～[107]考虑了不确定群系统的有限时间鲁棒编队问题。

针对实际的应用场景,文献[108]考虑了存在外部扰动情况下的四旋翼无人机鲁棒编队问题。四旋翼无人机是一个多输入多输出的欠驱动系统,其动态包括非线性动态、耦合动态、参数不确定性和模型不确定性[109-110]。此外,考虑到无人机一般的应用场景是在室外,还需要考虑外部风扰对飞机的影响[111]。针对这一问题,文献[108]按照时间常数将四旋翼无人机的控制分为两层,即姿态控制和位置控制。通过在两个控制回路分别应用基于信号补偿技术的鲁棒控制方法,对四旋翼无人机群进行编队控制。最后,通过仿真试验验证了算法的有效性。文献[112]利用鲁棒编队的理论,对移动地面机器人群编队控制问题进行了研究,提出了基于滑模控制的鲁棒编队控制策略,并对系统稳定性进行了分析。

文献[113]研究了具有线性范数界的不确定群系统的鲁棒编队航迹跟踪控制问题,提出了一种基于事件触发的鲁棒编队控制方法,而文献[114]考虑了非线性不确定性有非线性范数界的更一般情形,提出了一种有限时间鲁棒编队控制方法,这些方法都在其自行研制的小型固定翼无人机群飞行平台上进行了编队飞行试验验证。

上述对不确定群系统鲁棒编队问题的研究,都集中于每个子系统阶次相同的情况,而文献[115]对子系统阶次不同的情况进行了讨论。假设群系统包含一部分一阶子系统,那么它们的状态方程为

$$\dot{\boldsymbol{x}}_i(t)=\boldsymbol{f}_i(x_i)+\boldsymbol{u}_i(t)+\boldsymbol{w}_i(t) \tag{1.21}$$

式中,$\boldsymbol{x}_i(t)$、$\boldsymbol{u}_i(t)$ 分别为子系统 i 的状态和控制输入;$\boldsymbol{f}_i(x_i)$ 为满足

Lipschitz 条件的模型不确定性；$\boldsymbol{w}_i(t)$ 为外部扰动信号。然而另一部分子系统可以用二阶系统来描述：

$$\begin{aligned}\dot{\boldsymbol{x}}_i(t) &= \boldsymbol{v}_i(t) \\ \dot{\boldsymbol{v}}_i(t) &= \boldsymbol{f}_i(\boldsymbol{r}_i) + \boldsymbol{u}_i(t) + \boldsymbol{w}_i(t)\end{aligned} \tag{1.22}$$

式中，$\boldsymbol{f}_i(\boldsymbol{r}_i)$ 为满足 Lipschitz 条件的模型不确定性，$\boldsymbol{r}_i(t)=[\boldsymbol{x}_i(t), \boldsymbol{v}_i(t)]^{\mathrm{T}}$ 为子系统 i 的状态。针对此问题，文献[115]提出了一种基于神经网络的鲁棒自适应编队控制方法，并且证明了跟随者与领导者的距离可以无限接近设定值。

对于存在通信延迟情形下的群系统编队控制问题还有许多研究成果，在此不做细述。

1.2.3 编队控制应用研究现状

基于子系统对外部环境的感知能力以及对作用拓扑结构的要求，文献[116]将已有的编队控制方法分为三类：基于位置、基于偏差和基于距离的编队控制方法。

基于位置的编队控制方法中，每个子系统感知并控制自身在全局坐标系下的位置，每个子系统到达各自期望位置时即实现编队。该类方法对子系统的感知能力要求最高，即能够确定自身在全局坐标系下的位置；但单个子系统在编队过程中不需要邻居信息，子系统间通信量较小，对作用拓扑的要求最低。此外，该类方法通过指定每个子系统的目标位置给定编队队形，便于实现编队队形变换，但可扩展性较差，在子系统数量较多时并不适用。

基于偏差的编队控制方法中，每个子系统感知并控制自身与其邻居的相对位置偏差，当子系统间位置偏差均收敛于给定的偏差值时，即实现编队。该类方法仅要求子系统能够感知局部坐标系下与邻居子系统的位置偏差（这也要求不同子系统的局部坐标系方向保持一致），但一般要求作用拓扑为连通的（无向作用拓扑）或至少包含一棵生成树（有向作用拓扑）。

基于距离的编队控制方法中，每个子系统感知并控制自身与其邻居的相对距离，当子系统间相对距离均收敛于给定的数值时，即实现编队。该类方法对于子系统感知能力的要求最低，仅能够感知局部坐标系下与邻居子系统的相对距离即可，并不要求不同子系统的局部坐标系方向一致；但对作用拓扑的要求最高，即要求作用拓扑为刚性的（无向作用拓扑）或坚固的（有向作用拓扑）。该类方法具有较强的可扩展性，能够用于子系统数量较多的情况，其缺点是仅通过指定一组子系统间的相对距离未必能够唯一确定一个编队队形，两者之间解析的映射关系还没有较好的研究结果[116-117]，这也导致该类方法难以实现编队队形变换。该类方法大多基于势能函数及其梯度构造控制协议，势能函数的局部极小值问题也会导致相应控制协议作用下最终形成的编队队形可能随子系统初始位置发生改变。此外，目前关于该类方法的研究主要集中于低阶系统的编队控制问题，相关方法向高维空间中的推广还需要进一步研究。

编队控制有着广泛的应用前景，目前也有一些应用成果。下面仅列举一些群系统编队控制的工程应用实例。

1）无人机群编队飞行

无人机(unmanned aerial vehicle，UAV)是利用机载飞控或者无线电遥控飞行的不载人飞行器。相比于有人飞机，无人机具有体型小、重量轻、成本低等优势。目前，无人机已经被广泛应用于军事、农业、灾难救援和电力巡检等各个领域。然而，单架无人机在执行任务时仍存在着很大的局限性。由于单架无人机受飞机载重量的限制，因此往往不能搭载很多设备，这极大地降低了任务的执行效率。在执行侦察或攻击任务时，单架无人机的性能有限，不能从各个角度覆盖被执行区域或者目标，这就会降低任务的成功率。因此，无人机编队飞行成了无人机领域未来的重要发展方向。典型的多无人机系统研究可以参考宾夕法尼亚大学的通用机器人、自动化、传感和感知(General Robotics, Automation, Sensing & Perception Laboratory，GRASP)实验室[118-119]的一系列研究工作和瑞士洛桑联邦理工学院的飞行器领域(Flying Machine Arena，FMA)项目[120]等。在民用领域，编队飞行可以节省燃料，提高飞行效率。法国的空中客车公司在2012年提出“智慧飞行”的概念，并计划于2050年实现民航客机的编队飞行以节省燃料[121]。在军事领域，无人机编队飞行可以扩大搜索面积、增强军事打击能力。美军于2015年8月宣布启动“小精灵”项目，旨在研究具备分布式和协同作战能力、可回收的小型无人机蜂群，并于2017年3月完成了无人机空中发射和回收系统的研究[122]。美国海军研究办公室于2015年开展了名为低成本无人机集群技术的研究项目，旨在研发成本低廉、数量巨大的分布式控制的小型无人机编队系统，并于2016年5月验证了无人机蜂群的协同能力[123]。

2）自主式水下航行器编队

自主式水下航行器(autonomous underwater vehicle，AUV)是进行海洋探索和海底资源开发的重要工具。近年来，随着人类对海洋探索的不断深入，单个

AUV已经不能满足执行某些复杂水下任务的要求，而需要多个AUV协同来进行工作。在军事领域，美英已经基于多AUV协同设计了分布式水下无人扫雷平台，相比于传统的水下扫雷方式，这一平台的安全度更高，且覆盖范围更广[124]。在民用领域，AUV编队可以被应用于海洋科考、海洋环境监测和水下矿产资源探测等各个方面[125-126]。

3）卫星编队

随着航天技术的不断发展，单个卫星所执行的任务越来越复杂，载荷也越来越大，随之而来的是卫星体积的增大和研制、发射成本的提高。因此，在20世纪90年代，就有学者提出了“虚拟卫星”的概念[127-128]，其主要思路是通过精密的轨道设计，使得多个功能相对单一的小卫星在一定空间范围内保持相对固定的空间位置飞行，进而完成相当于一个大卫星的功能，可以执行更加复杂的任务。相对于单一卫星，这种卫星集群的维护成本低，当某个微型卫星发生故障时，只需调整编队的协同关系或重新发射一个小卫星即可使整个系统恢复运转，从而提高整个系统的可靠性。我国于1997年1月提出了“双星计划”，并分别于2003年12月和2004年7月成功发射两颗卫星对地球磁层进行探测[129]。

4）多机器人协作

多个机器人协作可以完成单个机器人不能完成的更加复杂的任务，例如，在机场、码头及组装车间，大吨位或大尺寸的物体需要通过多个机器人合作搬运[130]；在足球机器人比赛中，多个机器人之间只有通过协作才能完成包括二过一、交叉掩护、一传一射等复杂动作[131]。此外，多机器人协作有利于降低整体成本。图1.2给出了一个自主式轮式机器人群系统协同通过危险障碍环境的示意图。为了使整个机器人群系统安全通过障碍区域到达目的地，可以在每个机器

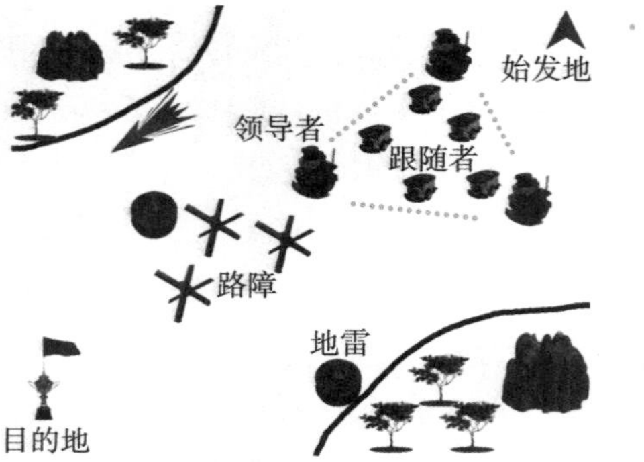

图1.2 轮式机器人群系统协同通过障碍环境示意图[82]

人上安装特定的传感器来检测障碍物，但是如果群系统中机器人数量很多，硬件成本就非常高。一种解决方案是只在部分机器人上安装特定的传感器并将这些机器人指定为领导者，将剩下的机器人指定为跟随者，通过协同控制可以保证跟随者在移动过程中一直处在领导者形成的安全区域内，这样就能以相对较小的代价使整个机器人群系统安全地运动到目的地[132]。多机器人协作正在成为机器人领域的一个新的发展趋势。

5）**其他应用实例**

以 500 m 口径球面射电望远镜（five-hundred-meters aperture spherical radio telescope，FAST）为例，该系统通过镜面拼接对多个小口径子镜的空间位置进行控制，使其总体上可以等效为一个大口径镜面。尽管多个镜面的位置控制及信息收集增加了工程难度，但显然多个小口径子镜在技术难度及成本上较单一大口径镜面具有更大的优势。在军事领域，多枚导弹通过齐射编队攻击，可有效提高导弹的突防能力和打击效果，实现饱和攻击[20-21]。在民用领域，当发生核电站核泄漏、海上原油泄漏或者森林火灾等事故时，多个携带特定传感器或检测设备的无人机通过编队飞行可以高效、准确地对灾情进行探测和监控[22-23]。

从上述工程实例中可以看出，相比于一般的系统，群系统编队执行任务具有一定的优势，其优势主要体现在以下几个方面：

(1) 系统鲁棒性强。相比于单个系统，群系统对单个子系统发生故障的容忍程度较高[133]。由于群系统采用分布式的控制方法，因此群系统具有一定的冗余性和可替代性，当单个子系统发生故障时，可以直接对故障子系统进行替换，从而不影响整个群系统的稳定运行。

(2) 任务执行的效率高。受系统性能的影响，单个子系统在执行任务时，往往不能物尽其用，而群系统的编队通过子系统间的相互协作，不仅能充分发挥每个子系统的性能，而且能克服单个子系统性能上的不足，提高任务执行的效率。

(3) 成本低。单个子系统为了满足大型任务的要求，往往设计得非常复杂，成本较高。然而群系统的编队可以将任务进行分解，分派给每个子系统，每个子系统所需要完成的任务相对简单、设计方便，因此可以在很大程度上节约成本。

因为群系统编队的种种优势，在过去二十多年内，在这一领域已经有了大量的研究成果。针对线性群系统的编队控制理论，经过多年的发展已经较为成熟[28-32]，但是在实际的应用中，线性模型的系统比较少，且由建模不准确等因素带来的模型不确定性以及外部扰动的影响都是不可忽略的。因此，针对线性群系统的编队控制策略在工程应用上存在一定的局限性。此外，随着科技的不断发展，现有的编队控制策略已经不能满足实际应用中对编队性能的要求。例如，考虑固定翼无人机密集编队飞行控制问题。相比于普通的旋翼机，固定翼无人机具有飞行速度快、续航时间长、载重量大等优势，但固定翼无人机的数学模型较为复杂，且容易受到外部风扰的影响，用简单的线性模型很难对其运动规律进行描述[134-136]。同时，对于无人机群密集编队飞行，由于飞机之间的距离较近，编队精度要求高，且飞机间的气流会相互影响，利用传统的编队控制策略对固定翼无人机群进行编队控制的效果并不理想[137]。考虑在实际系统中可能遇到的问题，针对不确定群系统的鲁棒编队控制策略研究显得尤为重要。

关于群系统协同控制理论和应用的研究成果众多，本书作者没有试图给出一份详尽的综述，那是一件非常繁重的工作，难以胜任。上面的概述难免挂一漏万，尤其可能遗漏了一些十分重要的成果(包括一些优秀专著和学位论文)，特此向相关同行致歉！

2 理论基础

本章简要介绍后续章节内容涉及的一些基础知识，包括范数、图论等数学基础，线性状态方程的解、可控性、可观性和稳定性理论等控制理论基础，不确定系统鲁棒控制问题描述、控制器设计、稳定性分析等鲁棒控制理论基础。

2.1 数学基础

本节简要介绍理解本书内容需要的数学基础知识，包括范数及导出范数、Kronecker 积、图论基础和线性系统理论基础。

2.1.1 范数及导出范数

定义由所有 n 维向量 $\boldsymbol{x}=[x_1 \quad \cdots \quad x_n]^{\mathrm{T}}$（其中 $x_1, \quad \cdots, \quad x_n \in \mathbf{R}$）组成的集合为 n 维欧氏空间，记作 $\mathbf{R}^n$。在 $\mathbf{R}^n$ 上定义的范数 $\|\cdot\|$ 为一实值函数，其具有如下性质：

（1）对于所有 $\boldsymbol{x} \in \mathbf{R}^n$，$\|\boldsymbol{x}\| \geqslant 0$，当且仅当 $\boldsymbol{x}=0$ 时，$\|\boldsymbol{x}\|=0$（正定性）。

（2）对于所有 $\boldsymbol{x}, \boldsymbol{y} \in \mathbf{R}^n$，$\|\boldsymbol{x}+\boldsymbol{y}\| \leqslant \|\boldsymbol{x}\|+\|\boldsymbol{y}\|$（三角不等式）。

（3）对于所有 $\boldsymbol{x} \in \mathbf{R}^n$，$\alpha \in \mathbf{R}$，$\|\alpha \boldsymbol{x}\| \leqslant |\alpha|\,\|\boldsymbol{x}\|$（齐次性）。

范数可有多种形式。对于 $\boldsymbol{x} \in \mathbf{R}^n$，定义 x 的 p -范数为

$$\|\boldsymbol{x}\|_p=(|x_1|^p+\cdots|x_n|^p)^{1/p}, \ 1 \leqslant p<\infty \tag{2.1}$$

$$\|\boldsymbol{x}\|_\infty=\max_i |x_i| \tag{2.2}$$

其中，2 -范数（又称为欧几里得范数或欧氏范数）为

$$\| \boldsymbol{x} \|_2 = (|x_1|^2 + \cdots |x_n|^2)^{1/2} = \sqrt{\boldsymbol{x}^{\mathrm{T}} \boldsymbol{x}} \tag{2.3}$$

三种最常用的范数是 1 -范数、2 -范数和∞-范数。

有关 p -范数的一个重要结论是 Hölder 不等式：

$$|\boldsymbol{x}^{\mathrm{T}} \boldsymbol{y}| \leqslant \| \boldsymbol{x} \|_p \| \boldsymbol{y} \|_q,\ \frac{1}{p} + \frac{1}{q} = 1 \tag{2.4}$$

式中，$\boldsymbol{x}$，$\boldsymbol{y} \in \mathbf{R}^n$。实际上，向量的范数可看作向量"长度"的度量，例如 $\| \boldsymbol{x} \|_2$ 就是向量 $\boldsymbol{x}$ 指向的空间点与原点之间的欧氏距离。显然，当 $n=1$，即向量 $\boldsymbol{x}$ 退化为标量时，$\boldsymbol{x}$ 的任一 p -范数均等于其绝对值。

$m \times n$ 维实数矩阵 $\mathbf{A} = [a_{ij}] \in \mathbf{R}^{m \times n}$（$a_{ij}$ 为矩阵 $\mathbf{A}$ 的第 i 行、第 j 列元素）定义了从 $\mathbf{R}^n$ 到 $\mathbf{R}^m$ 的线性映射（或线性算子）$y = \mathbf{A}\boldsymbol{x}$。矩阵 $\mathbf{A}$ 的（导出）范数定义为

$$\| \mathbf{A} \|_p = \sup_{x \neq 0} \frac{\| \mathbf{A}\boldsymbol{x} \|_p}{\| \boldsymbol{x} \|_p} = \sup_{\| \boldsymbol{x} \|_p = 1} \| \mathbf{A}\boldsymbol{x} \|_p \tag{2.5}$$

式中，sup 表示上确界。范数 $\| \mathbf{A} \|_p$ 是通过向量的 p -范数定义的，因而被称作导出 p -范数(induced p-norm)，或诱导 p -范数。考虑到导出范数的定义形式，其有时也被称作算子增益。当 $p=1$，2 和∞时，则有

$$\| \mathbf{A} \|_1 = \max_j \left(\sum_{i=1}^{m} |a_{ij}| \right) \text{（各列绝对值之和的最大值）} \tag{2.6}$$

$$\| \mathbf{A} \|_2 = [\lambda_{\max}(\mathbf{A}^{\mathrm{T}}\mathbf{A})]^{1/2} \text{（最大奇异值）} \tag{2.7}$$

$$\| \mathbf{A} \|_\infty = \max_i \left(\sum_{j=1}^{n} |a_{ij}| \right) \text{（各行绝对值之和的最大值）} \tag{2.8}$$

式中，$\lambda_{\max}(\mathbf{A}^{\mathrm{T}}\mathbf{A})$ 为矩阵 $\mathbf{A}^{\mathrm{T}}\mathbf{A}$ 的最大特征值。显然，对同一个矩阵，这些导出范数一般是不同的。例如，若 $\mathbf{A} = \begin{bmatrix} -3 & 2 \\ 0 & 1 \end{bmatrix}$，则 $\| \mathbf{A} \|_1 = 3$，$\| \mathbf{A} \|_2 = 3.65$，$\| \mathbf{A} \|_\infty = 5$。

容易证明，对于适当维的实数矩阵 $\mathbf{A}$、$\boldsymbol{B}$ 和适当维的实数向量 $\boldsymbol{x}$，它们的范数具有如下性质：

$$\| \mathbf{A}\boldsymbol{x} \|_p \leqslant \| \mathbf{A} \|_p \| \boldsymbol{x} \|_p,\ p = 1,\ 2,\ \infty \tag{2.9}$$

$$\| \mathbf{A} + \boldsymbol{B} \|_p \leqslant \| \mathbf{A} \|_p + \| \boldsymbol{B} \|_p,\ p = 1,\ 2,\ \infty \tag{2.10}$$

$$\| \boldsymbol{AB} \|_p \leqslant \| \boldsymbol{A} \|_p \| \boldsymbol{B} \|_p, \ p=1, 2, \infty \tag{2.11}$$

注意，在不同的文献中，导出范数的表示符号可能有所不同。

2.1.2 Kronecker 积

Kronecker 积是两个任意维数的矩阵间的一种二元运算，可用于群系统中群系统协同控制的描述和分析，其定义如下：

定义 2.1（Kronecker 积[138]） 矩阵 $\boldsymbol{A}=[a_{ij}]\in \mathbf{R}^{m\times n}$ 和矩阵 $\boldsymbol{B}=[b_{ij}]\in \mathbf{R}^{p\times q}$ 的 Kronecker 积 $\boldsymbol{A}\otimes \boldsymbol{B}\in \mathbf{R}^{mp\times nq}$ 定义为

$$\boldsymbol{A}\otimes\boldsymbol{B}=\begin{bmatrix} a_{11}B & a_{12}B & \cdots & a_{1n}B \\ a_{21}B & a_{22}B & \cdots & a_{2n}B \\ \vdots & \vdots & \vdots & \vdots \\ a_{m1}B & a_{m2}B & \cdots & a_{mn}B \end{bmatrix} \tag{2.12}$$

同一般的矩阵乘积类似，Kronecker 积满足结合律但不满足交换律。Kronecker 积具有以下性质：

(1) 对于矩阵 $\boldsymbol{A}\in \mathbf{R}^{m\times n}$、$\boldsymbol{B}\in \mathbf{R}^{p\times q}$ 和 $\boldsymbol{C}\in \mathbf{R}^{p\times q}$，有

$$\boldsymbol{A}\otimes(\boldsymbol{B}+\boldsymbol{C})=\boldsymbol{A}\otimes\boldsymbol{B}+\boldsymbol{A}\otimes\boldsymbol{C} \tag{2.13}$$

(2) 对于矩阵 $\boldsymbol{A}\in \mathbf{R}^{m\times n}$、$\boldsymbol{B}\in \mathbf{R}^{p\times q}$、$\boldsymbol{C}\in \mathbf{R}^{n\times l}$ 和 $\boldsymbol{D}\in \mathbf{R}^{q\times r}$，有

$$(\boldsymbol{AC})\otimes(\boldsymbol{BD})=(\boldsymbol{A}\otimes\boldsymbol{B})(\boldsymbol{C}\otimes\boldsymbol{D}) \tag{2.14}$$

(3) 对于矩阵 $\boldsymbol{A}\in \mathbf{R}^{m\times n}$、$\boldsymbol{B}\in \mathbf{R}^{p\times q}$，有

$$(\boldsymbol{A}\otimes\boldsymbol{B})^{\mathrm{T}}=\boldsymbol{A}^{\mathrm{T}}\otimes\boldsymbol{B}^{\mathrm{T}} \tag{2.15}$$

(4) 对于非奇异矩阵 $\boldsymbol{A}\in \mathbf{R}^{n\times n}$、$\boldsymbol{B}\in \mathbf{R}^{m\times m}$，有

$$(\boldsymbol{A}\otimes\boldsymbol{B})^{-1}=\boldsymbol{A}^{-1}\otimes\boldsymbol{B}^{-1} \tag{2.16}$$

(5) 记 $\lambda_i(i=1, 2, \cdots, n)$ 为矩阵 $\boldsymbol{A}\in \mathbf{R}^{n\times n}$ 的特征值，$\boldsymbol{\alpha}_i(i=1, 2, \cdots, n)$ 为与其对应的特征向量；记 $\mu_j(j=1, 2, \cdots, m)$ 为矩阵 $\boldsymbol{B}\in \mathbf{R}^{m\times m}$ 的特征值，$\boldsymbol{\beta}_i(i=1, 2, \cdots, m)$ 为与其对应的特征向量，则 $\lambda_i\mu_j(i=1, 2, \cdots, n, j=1, 2, \cdots, m)$ 是矩阵 $\boldsymbol{A}\otimes\boldsymbol{B}$ 的特征值，其对应的特征向量为 $\boldsymbol{\alpha}_i\otimes\boldsymbol{\beta}_j$。显然，$\boldsymbol{A}\otimes\boldsymbol{B}$ 的特征值有 $n\times m$ 个。

2.1.3 图论

图论中的图(graph)是由若干节点(node)及连接两节点的边(edge)所构成的图形,这种图形可用来描述节点所代表的事物之间的某种特定关系。

图 $G=(V(G),\ E(G))$ 由节点集合 $V(G)=\{v_1,\ v_2,\ \cdots,\ v_N\}$ 和边集合 $E(G)\subseteq\{(v_i,\ v_j): v_i,\ v_j\in V(G),\ i\neq j\}$ 组成,其中 $(v_i,\ v_j)$ 表示从节点 v_i 到节点 v_j 的一条边,记作 e_{ij},即 $e_{ij}=(v_i,\ v_j)$。如果图 $G_1=(V_1(G_1),\ E_1(G_1))$ 和 $G_2=(V_2(G_2),\ E_2(G_2))$ 满足 $V_1(G_1)\subseteq V_2(G_2)$ 且 $E_1(G_1)\subseteq E_2(G_2)$,则称 G_1 是 G_2 的子图。如果对任意 $e_{ij}\in E(G)$,均有 $e_{ji}\in E(G)$,则称图 G 为无向图(undirected graph);反之,则称为有向图(directed graph)。图 2.1 所示即为有向图。

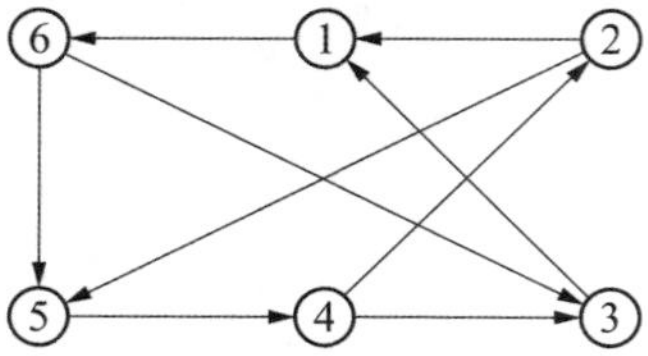

图 2.1 有向图示例

图 G 中的有向路径(directed path)是指一组有限的节点序列 v_{h_1}, v_{h_2}, $\cdots$, v_{h_l}(h_1, h_2, $\cdots$, h_l 为节点标号),满足 $(v_{h_{i-1}},\ v_{h_i})\in E(G)$, $i=2$, 3, $\cdots$, l。即从节点 v_i 到 v_j 的一条有向路径是一个相邻元素具有公共节点的边的序列,即 $(v_i,\ v_{i_1})$, $(v_{i_1},\ v_{i_2})$, $\cdots$, $(v_{i_K},\ v_j)$,其中 $v_{i_k}\in V(G)(k=1,\ 2,\ \cdots,\ K)$。对于有向图 G 中的任意两个不同的节点 v_i 和 v_j,如果都存在一条从 v_i 到 v_j 的有向路径,则称图 G 为强连通的(strongly connected);对于有向图 G 中的任意两个不同的节点 v_i 和 v_j,如果都存在另一个节点 v_k 到节点 v_i 和 v_j 各有一条路径,则称图 G 为弱连通的(weakly connected)。在无向图中,强连通和弱连通是等价的,可以统称为连通(connected)。如果有向图 G 中至少存在一个节点能够通过有向路径到达其他所有节点,则称图 G 具有一棵生成树(spanning tree)。

若图 G 具有 N 个节点,其邻接矩阵(adjacency matrix)由非负矩阵 $\mathbf{W}=[w_{ij}]\in\mathbf{R}^{N\times N}$ 表示,其中,w_{ij} 表示由节点 v_j 到节点 v_i 的边 e_{ji} 的权重(weight),满足 $w_{ij}>0\Leftrightarrow e_{ji}=(v_j,\ v_i)\in E(G)$。对于节点 v_i 和 v_j,如果存在边 e_{ij},则称节点 v_i 是节点 v_j 的邻居(neighbor)。定义节点 v_i 的邻居集合(neighbor set)为 $N_i=\{v_j\in V(G):(v_j,\ v_i)\in E(G)\}$。节点 v_i 的入度(input-degree)和出度(output-degree)可分别表示为 $\deg_{\text{in}}(v_i)=\sum_{j=1}^{N}w_{ij}$ 和 $\deg_{\text{out}}(v_i)=\sum_{j=1}^{N}w_{ji}$。如果图 G 中所有节点的入度均等于出度,则称该图是平衡的(balanced)。定义图

G 的入度矩阵 $\boldsymbol{D}$ 为对角元等于各节点入度的对角矩阵，即 $\boldsymbol{D}=\mathrm{diag}(\sum_{j=1}^{n} w_{ij})$；定义其 Laplace 矩阵为 $\boldsymbol{L}=\boldsymbol{D}-\boldsymbol{W}$。以图 2.1 为例，其邻接矩阵和 Laplace 矩阵分别如下：

$$\boldsymbol{W}=\begin{bmatrix}0&1&1&0&0&0\\0&0&0&1&0&0\\0&0&0&1&0&1\\0&0&0&0&1&0\\0&1&0&0&0&1\\1&0&0&0&0&0\end{bmatrix},\ \boldsymbol{L}=\begin{bmatrix}2&-1&-1&0&0&0\\0&1&0&-1&0&0\\0&0&2&-1&0&-1\\0&0&0&1&-1&0\\0&-1&0&0&2&-1\\-1&0&0&0&0&1\end{bmatrix}$$

对于有向图，其对应的 Laplace 矩阵 $\boldsymbol{L}$ 具有以下基本性质：

引理 2.1[17] 对于具有 N 个节点的有向图 G，下述结论成立：

(1) $\boldsymbol{L}$ 具有至少一个 0 特征值，$\mathbf{1}=[1,\ 1,\ \cdots,\ 1]^{\mathrm{T}}\in\mathbf{R}^{N}$ 是 0 特征值对应的一个特征向量，满足 $\boldsymbol{L}\mathbf{1}=0$。

(2) 如果 G 具有生成树，则 0 是 $\boldsymbol{L}$ 的单一特征值，其余 $N-1$ 个特征值的实部均是正的。

(3) 如果 G 不具有生成树，则 $\boldsymbol{L}$ 至少有两个几何重复度不小于 2 的 0 特征值。

根据定义，无向图的 Laplace 矩阵是对称矩阵，由引理 2.1 可知，无向图的 Laplace 矩阵具有以下性质：

引理 2.2[139] 对于具有 N 个节点的无向图 G，下述结论成立：

(1) $\boldsymbol{L}$ 具有至少一个 0 特征值，$\mathbf{1}=[1\quad 1\quad \cdots\quad 1]^{\mathrm{T}}\in\mathbf{R}^{N}$ 是 0 特征值对应的一个特征向量，满足 $\boldsymbol{L}\mathbf{1}=0$。

(2) 如果 G 是连通的，则 0 是 $\boldsymbol{L}$ 的单一特征值，其余 $N-1$ 个特征值均为正实数。

2.2 控制理论基础

2.2.1 控制系统状态空间描述

考虑线性定常动态系统，其状态空间描述为

$$\dot{\boldsymbol{x}}(t)=\boldsymbol{A}\boldsymbol{x}(t)+\boldsymbol{B}\boldsymbol{u}(t)$$

$$\boldsymbol{y}(t)=\boldsymbol{C}\boldsymbol{x}(t)+\boldsymbol{D}\boldsymbol{u}(t) \tag{2.17}$$

式中，$\boldsymbol{x}(t)\in\mathbf{R}^{n}$、$\boldsymbol{u}(t)\in\mathbf{R}^{m}$、$\boldsymbol{y}(t)\in\mathbf{R}^{l}$ 分别为系统的状态向量、输入(控制)向量和输出向量，$\boldsymbol{A}\in\mathbf{R}^{n\times n}$、$\boldsymbol{B}\in\mathbf{R}^{n\times m}$、$\boldsymbol{C}\in\mathbf{R}^{l\times n}$ 和 $\boldsymbol{D}\in\mathbf{R}^{l\times m}$ 分别是系统的状态矩阵、输入矩阵、输出矩阵和传输矩阵。式(2.17)中的第一个方程为系统的状态方程，其由一组一阶微分方程组成；式(2.17)中的第二个方程为系统的输出方程，它是一组代数方程。

由于线性定常系统[式(2.17)]的特性完全由 $\boldsymbol{A}$、$\boldsymbol{B}$、$\boldsymbol{C}$、$\boldsymbol{D}$ 这四个矩阵决定，因而常常将其简记为 $\sum(\boldsymbol{A},\boldsymbol{B},\boldsymbol{C},\boldsymbol{D})$。很多情况下 $\boldsymbol{D}=0$，此时可将系统简记为 $\sum(\boldsymbol{A},\boldsymbol{B},\boldsymbol{C})$。

2.2.2 线性系统状态方程的解

对于线性定常系统[式(2.17)]，设系统的初始时刻为 t_0，初始状态为 $\boldsymbol{x}(t_0)$，则该状态方程的解为

$$\boldsymbol{x}(t)=\mathrm{e}^{\boldsymbol{A}(t-t_0)}\boldsymbol{x}(t_0)+\int_{t_0}^{t}\mathrm{e}^{\boldsymbol{A}(t-\tau)}\boldsymbol{B}\boldsymbol{u}(\tau)\mathrm{d}\tau \tag{2.18}$$

式中，等号右侧的第一部分被称为自由运动分量或零输入响应，与初始状态有关；等号右侧的第二部分被称为强迫运动分量或零初态响应，由外部输入(控制量)决定。上式中 $\mathrm{e}^{\boldsymbol{A}(t-t_0)}$ 为矩阵指数，定义为[140]

$$\mathrm{e}^{\boldsymbol{A}t}=\boldsymbol{I}+\boldsymbol{A}t+\frac{1}{2}\boldsymbol{A}^2t^2+\frac{1}{3!}\boldsymbol{A}^3t^3+\cdots+\frac{1}{k!}\boldsymbol{A}^kt^k+\cdots \tag{2.19}$$

并满足：

$$\mathrm{e}^{\boldsymbol{A}t}=L^{-1}[(s\boldsymbol{I}-\boldsymbol{A})^{-1}] \tag{2.20}$$

这里 $L^{-1}[\cdot]$ 表示拉普拉斯反变换。

若存在非奇异矩阵 $\boldsymbol{T}\in\mathbf{R}^{n\times n}$，使得

$$\boldsymbol{T}^{-1}\boldsymbol{A}\boldsymbol{T}=\boldsymbol{\Lambda}=\begin{bmatrix}\lambda_1 & & & \\ & \lambda_2 & & \\ & & \ddots & \\ & & & \lambda_n\end{bmatrix} \tag{2.21}$$

式中，λ_1，λ_2，…，λ_n 是矩阵 $\boldsymbol{A}$ 的特征值。此时式(2.18)中的零输入响应项

$e^{\boldsymbol{A}(t-t_0)}\boldsymbol{x}(t_0)$ 可表示为一组具有 $e^{\lambda_i t}$ 形式函数向量的线性组合，这组函数（向量）称为系统[式(2.17)]的模态，有时也称矩阵 $\boldsymbol{A}$ 的特征值为模态。

2.2.3 线性系统状态的可控性和可观性

可控性描述的是控制输入 $\boldsymbol{u}(t)$ 对状态 $\boldsymbol{x}(t)$ 的支配能力，即改变系统状态 $\boldsymbol{x}(t)$ 的运动特性的能力。关于系统状态的可控性，有如下定义和判据。

定义 2.2（可控态）[141-142] 对初始时刻 t_0 和非零状态 $\bar{\boldsymbol{x}} \in \mathbf{R}^n$，若存在时刻 $t_\alpha > t_0$ 和控制输入 $\boldsymbol{u}(t)(t \in [t_0, t_\alpha])$，使得系统[式(2.17)]由初始状态 $\boldsymbol{x}(t_0)=\bar{\boldsymbol{x}}$ 出发，在 $\boldsymbol{u}(t)$ 的作用下在 t_α 时刻状态转移到原点，即 $\boldsymbol{x}(t_\alpha)=0$，则称 $\bar{\boldsymbol{x}}$ 为可控态。

定义 2.3（可控性）[141-142] 若对系统的任意初始状态 $\boldsymbol{x}(t_0)$，总存在控制输入 $\boldsymbol{u}(t)$ 使系统状态在有限时间内到达原点，则称系统[式(2.17)]是状态完全可控的，或简称 $(\boldsymbol{A}, \boldsymbol{B})$ 可控。

对于线性定常系统[式(2.17)]，根据上述可控态和可控性的定义，可推得以下基本判据[140]：

引理 2.3（基本判据） $(\boldsymbol{A}, \boldsymbol{B})$ 是可控的，当且仅当矩阵 $e^{\boldsymbol{A}t}\boldsymbol{B}$ 的行线性独立。

显然，可控性是完全由矩阵 $\boldsymbol{A}$ 和 $\boldsymbol{B}$ 决定的一种系统结构性质。对于线性定常系统[式(2.17)]，有如下可控性判据：

引理 2.4（代数判据） $(\boldsymbol{A}, \boldsymbol{B})$ 是可控的，当且仅当

$$\mathrm{rank}\boldsymbol{Q}_c = n \tag{2.22}$$

式中，矩阵

$$\boldsymbol{Q}_c = [\boldsymbol{B} \quad \boldsymbol{AB} \quad \cdots \quad \boldsymbol{A}^{n-1}\boldsymbol{B}] \tag{2.23}$$

被称作可控性矩阵。

引理 2.5（PBH 判据） $(\boldsymbol{A}, \boldsymbol{B})$ 是可控的，当且仅当 $\forall s \in \mathbf{C}$

$$\mathrm{rank}[s\boldsymbol{I} - \boldsymbol{A}, \boldsymbol{B}] = n \tag{2.24}$$

需要指出的是引理 2.3～引理 2.5 给出的均是状态完全可控的充分必要条件。整个状态空间可以分为可控子空间及其正交补空间（即不可控子空间），可控性矩阵 $\boldsymbol{Q}_c$ 的列张成可控子空间。

与可控性相对应的性质是可观测性，定义和判据如下：

定义 2.4(不可观状态)[141-142] 对初始时刻 t_0 和非零状态 $\bar{\boldsymbol{x}} \in \mathbf{R}^n$，若在有限时间区间 $[t_0, t_\alpha]$ 内，对应于初始状态 $\boldsymbol{x}(t_0)=\bar{\boldsymbol{x}}$，有系统[式(2.17)]的输出 $\boldsymbol{y}(t) \equiv 0(t \in [t_0, t_\alpha])$，则称 $\bar{x}$ 为不可观状态。

定义 2.5(可观性)[141-142] 若系统[式(2.17)]的任意初始状态 $x(t_0)$ 都可以通过有限时间内的输入 $\boldsymbol{u}(t)$ 和输出 $\boldsymbol{y}(t)$ 唯一确定，则称系统[式(2.17)]是状态完全可观的，简称系统[式(2.17)]可观。

显然，可观性描述的是根据输出 $\boldsymbol{y}(t)$ 观测状态 $\boldsymbol{x}(t)$ 的能力。如果系统的状态空间中不存在不可观状态，则称系统[式(2.17)]是可观的。

根据不可观状态和可观性的定义，可推得状态完全可观的基本判据：

引理 2.6(基本判据) 系统[式(2.17)]状态完全可观，当且仅当矩阵 $\boldsymbol{C}\mathrm{e}^{\boldsymbol{A}t}$ 列线性独立。

显然可观性完全由矩阵 $\boldsymbol{A}$ 和 $\boldsymbol{C}$ 决定，是系统的一种结构性质。系统[式(2.17)]状态完全可观又简称为 $(\boldsymbol{A}, \boldsymbol{C})$ 可观。对于线性定常系统[式(2.17)]，有如下可观性判据：

引理 2.7(代数判据) $(\boldsymbol{A}, \boldsymbol{C})$ 可观，当且仅当

$$\mathrm{rank}\boldsymbol{Q}_{\mathrm{o}}=n \tag{2.25}$$

式中，

$$\boldsymbol{Q}_{\mathrm{o}}=\begin{bmatrix} \boldsymbol{C} \\ \boldsymbol{CA} \\ \vdots \\ \boldsymbol{CA}^{n-1} \end{bmatrix}$$

被称作可观性矩阵。

引理 2.8(PBH 判据) $(\boldsymbol{A}, \boldsymbol{C})$ 可观，当且仅当

$$\mathrm{rank}[s\boldsymbol{I}-\boldsymbol{A}^{\mathrm{T}}, \boldsymbol{C}^{\mathrm{T}}]^{\mathrm{T}}=n \tag{2.26}$$

同样需要指出的是，引理 2.6～引理 2.8 给出的均是状态完全可观的充分必要条件。整个状态空间可以分为不可观子空间及其正交补空间(即可观子空间)，可观性矩阵 $\boldsymbol{Q}_{\mathrm{o}}$ 的转置矩阵 $\boldsymbol{Q}_{\mathrm{o}}^{\mathrm{T}}$ 的列张成可观子空间。

实际上，关于可控性和可观性的关系，存在对偶原理。对于线性定常系统来说，系统 $\sum(\boldsymbol{A}, \boldsymbol{B}, \boldsymbol{C})$ 的状态可控性与系统 $\sum(\boldsymbol{A}^{\mathrm{T}}, \boldsymbol{C}^{\mathrm{T}}, \boldsymbol{B}^{\mathrm{T}})$ 的状态可观性

等价，前者的状态可观性与后者的状态可控性等价。因此，可观性问题可转化为可控性问题，反之亦然。

2.2.4 稳定性理论基础

接下来先给出一般自治系统的稳定性定义及基本判断方法，然后再给出线性系统的稳定性定义及结论。

1）自治系统

考虑一个自治的非线性系统：

$$\dot{\boldsymbol{x}} = f[\boldsymbol{x}(t)] \tag{2.27}$$

式中，$f: \boldsymbol{D} \subset \mathbf{R}^n \rightarrow \mathbf{R}^n$ 为局部 Lipschitz 映射，即满足 $\| f(\boldsymbol{x}) - f(\boldsymbol{y}) \|_2 < L \| \boldsymbol{x} - \boldsymbol{y} \|_2$，其中 L 为正常数。假设系统［式(2.27)］在原点处有平衡点，即 $f(0)=0$（如果系统的平衡点在非零的 x_e 处，则进行变量代换，使得在新的状态空间中原点为平衡点即可）。关于系统［式(2.27)］在原点处的平衡点的稳定性有如下定义[143]：

(1) 该平衡点李雅普诺夫稳定（或简称稳定，stable），如果对任意 $\varepsilon > 0$，都存在 $\delta > 0$，则满足：

$$\| \boldsymbol{x}(0) \|_2 < \delta \Rightarrow \| \boldsymbol{x}(t) \|_2 < \varepsilon, \quad \forall t \geqslant 0 \tag{2.28}$$

(2) 该平衡点渐近稳定（asymptotically stable），如果它是李雅普诺夫稳定的，并且存在 δ 满足：

$$\| \boldsymbol{x}(0) \|_2 < \delta \Rightarrow \lim_{t \to \infty} \| \boldsymbol{x}(t) \|_2 = 0 \tag{2.29}$$

(3) 该平衡点指数稳定（exponentially stable），如果它是渐近稳定的，并且存在正常数 α、β 和 δ 使得

$$\| \boldsymbol{x}(t) \|_2 < \alpha \| \boldsymbol{x}(0) \|_2 e^{-\beta t}, \quad \forall \| \boldsymbol{x}(0) \|_2 < \delta \tag{2.30}$$

(4) 该平衡点全局稳定（globally stable），如果它是李雅普诺夫稳定的，并且

$$\lim_{t \to \infty} \| \boldsymbol{x}(t) \|_2 = 0, \quad \forall \boldsymbol{x}(0) \in \mathbf{R}^n$$

同理，可定义全局渐近稳定和全局指数稳定。

若不满足上述(1)中的稳定条件，则该平衡点不稳定（unstable）。

从概念的角度，以上稳定性的含义如下[143]：①李雅普诺夫稳定：若初始状态

离平衡点足够近(距离小于 δ),则状态离平衡点始终足够近(距离小于 ε)。注意这一条件必须对任意非零正数 ε 成立。②渐近稳定:若初始状态离平衡点足够近,则状态不仅始终离平衡点足够近,而且最终收敛至平衡点。③指数稳定:状态不仅渐近稳定,而且收敛速度不低于 $e^{-\beta t}$ 。

对系统[式(2.27)],通常可以通过构造李雅普诺夫函数,根据以下定理,判断其平衡点的稳定性。

定理 2.1[143] 令原点 $x=0$ 是自治系统[式(2.27)]的一个平衡点,$x \in \boldsymbol{D} \subset \mathbf{R}^n$,$D$ 为原点的一邻域。令 $\boldsymbol{V}:\boldsymbol{D} \to \mathbf{R}$ 为连续可微函数,如果其满足:

$$\boldsymbol{V}(0)=0,\ \boldsymbol{V}(x)>0,\text{对 } x \in \boldsymbol{D} \text{ 但 } x \neq 0 \tag{2.31}$$

$$\dot{\boldsymbol{V}}(x) \leqslant 0,\text{对 } x \in \boldsymbol{D} \tag{2.32}$$

则原点 $x=0$ 稳定。如果进一步有

$$\dot{\boldsymbol{V}}(x)<0,\text{对 } x \in \boldsymbol{D} \text{ 但 } x \neq 0 \tag{2.33}$$

则原点 $x=0$ 渐近稳定;如果进而有 $\boldsymbol{V}(x) \to \infty,\ \forall \parallel \boldsymbol{x} \parallel_2 \to \infty$,则原点 $x=0$ 全局渐近稳定。

满足式(2.31)和式(2.32)的连续可微函数 $\boldsymbol{V}(x)$ 被称为李雅普诺夫函数。显然,该定理给出的是判断系统稳定性或渐近稳定性的充分条件。

2) 线性系统

根据前述稳定性的定义,并结合线性定常系统的状态解的表达式(2.18)可知,线性系统状态渐近稳定与指数稳定等价;系统渐近稳定等价于系统的极点均位于开左半复平面,即矩阵 $\boldsymbol{A}$ 的所有特征值都具有负实部,也即状态矩阵 $\boldsymbol{A}$ 是 Hurwitz 的或稳定的。

对于线性定常系统,有如下更直接的稳定性判据。

定理 2.2 线性定常自治系统 $\dot{\boldsymbol{x}}=\boldsymbol{A}\boldsymbol{x}$ 全局渐近稳定,当且仅当,给定任意正定矩阵 $\boldsymbol{Q}$,都存在唯一的正定矩阵 $\boldsymbol{P}$ 满足 Lyapunov 方程:

$$\boldsymbol{A}^{\mathrm{T}}\boldsymbol{P}+\boldsymbol{P}\boldsymbol{A}+\boldsymbol{Q}=0 \tag{2.34}$$

关于稳定闭环系统的可实现问题,有如下定义:

定义 2.6(可镇定性) 若存在状态反馈控制律 $\boldsymbol{u}(t)$ 使得系统[式(2.17)]为渐近稳定的,则称该系统为可镇定的,也称 $(\boldsymbol{A},\boldsymbol{B})$ 可镇定。

关于可镇定性有如下判据和性质:

引理 2.9[141] 系统[式(2.17)]可镇定的充要条件是:

$$\operatorname{rank}[s\boldsymbol{I}-\boldsymbol{A}, \boldsymbol{B}]=n(\forall s \in \mathbf{C}^{+}) \tag{2.35}$$

式中，$\mathbf{C}^{+}=\{s \mid s \in \mathbf{C}, \operatorname{Re}(s) \geqslant 0\}$ 为右半复平面。

如果 $(\boldsymbol{A}, \boldsymbol{B})$ 可镇定，还有如下结论成立：

引理 2.10[144-145] 若 $(\boldsymbol{A}, \boldsymbol{B})$ 可镇定，则对于任意正定矩阵 $\boldsymbol{R}$、$\boldsymbol{Q}$，代数 Riccati 方程：

$$\boldsymbol{A}^{\mathrm{T}}\boldsymbol{P}+\boldsymbol{P}\boldsymbol{A}-\boldsymbol{P}\boldsymbol{B}\boldsymbol{R}^{-1}\boldsymbol{B}^{\mathrm{T}}\boldsymbol{P}+\boldsymbol{Q}=0 \tag{2.36}$$

有唯一正定解矩阵 $\boldsymbol{P}$，并且对于 $\forall \rho \in \mathbf{C}$，且 $\operatorname{Re}(\rho)>0.5$，矩阵 $\boldsymbol{A}-\rho\boldsymbol{B}\boldsymbol{R}^{-1}\boldsymbol{B}^{\mathrm{T}}\boldsymbol{P}$ 是 Hurwitz 的。

显然，状态完全可控的系统一定是可镇定的。对于状态不完全可控的系统，则需要通过结构分解，先将系统分解为可控子系统和不可控子系统两部分，再分析不可控子系统的稳定性。系统[式(2.17)]可镇定当且仅当不可控子系统为渐近稳定的。

进行可控性结构分解的方法如下：当系统[式(2.17)]状态不完全可控时，令 $k=\operatorname{rank}\boldsymbol{Q}_{\mathrm{c}}(k<n)$，其中 $\boldsymbol{Q}_{\mathrm{c}}$ 为如式(2.23)定义的可控性矩阵。用 $\boldsymbol{t}_1, \boldsymbol{t}_2, \cdots, \boldsymbol{t}_k$ 表示从 $\boldsymbol{Q}_{\mathrm{c}}$ 矩阵中选出的 k 个线性独立的列向量，构成非奇异变换矩阵 $\boldsymbol{T}$ 的前 k 列，后 $(n-k)$ 列 $\boldsymbol{t}_{k+1}, \boldsymbol{t}_{k+2}, \cdots, \boldsymbol{t}_n$ 需要保证彼此线性独立且与 $\boldsymbol{t}_1, \boldsymbol{t}_2, \cdots, \boldsymbol{t}_k$ 线性无关，即

$$\boldsymbol{T}=[\boldsymbol{t}_1 \quad \boldsymbol{t}_2 \quad \cdots \quad \boldsymbol{t}_k \mid \boldsymbol{t}_{k+1} \quad \cdots \quad \boldsymbol{t}_n] \tag{2.37}$$

令 $\tilde{\boldsymbol{x}}(t)=\boldsymbol{T}^{-1}\boldsymbol{x}(t)$，则有

$$\begin{aligned} \dot{\tilde{\boldsymbol{x}}}(t)&=\boldsymbol{T}^{-1}\boldsymbol{A}\boldsymbol{T}\tilde{\boldsymbol{x}}(t)+\boldsymbol{T}^{-1}\boldsymbol{B}\boldsymbol{u}(t) \\ \boldsymbol{y}(t)&=\boldsymbol{C}\boldsymbol{T}\tilde{\boldsymbol{x}}(t)+\boldsymbol{D}\boldsymbol{u}(t) \end{aligned} \tag{2.38}$$

从而得到按可控性分解的系统描述：

$$\begin{aligned} \dot{\tilde{\boldsymbol{x}}}(t)&=\begin{bmatrix}\dot{\tilde{\boldsymbol{x}}}_{\mathrm{c}}(t) \\ \dot{\tilde{\boldsymbol{x}}}_{\bar{\mathrm{c}}}(t)\end{bmatrix}=\begin{bmatrix}\boldsymbol{A}_{\mathrm{c}} & \boldsymbol{A}_{12} \\ 0 & \boldsymbol{A}_{\bar{\mathrm{c}}}\end{bmatrix}\begin{bmatrix}\tilde{\boldsymbol{x}}_{\mathrm{c}}(t) \\ \tilde{\boldsymbol{x}}_{\bar{\mathrm{c}}}(t)\end{bmatrix}+\begin{bmatrix}\boldsymbol{B}_{\mathrm{c}} \\ 0\end{bmatrix}\boldsymbol{u}(t) \\ \boldsymbol{y}(t)&=[\boldsymbol{C}_{\mathrm{c}} \quad \boldsymbol{C}_2]\tilde{\boldsymbol{x}}(t)+\boldsymbol{D}\boldsymbol{u}(t) \end{aligned} \tag{2.39}$$

式中，$\boldsymbol{A}_{\mathrm{c}} \in \mathbf{R}^{k\times k}$，$\boldsymbol{A}_{\bar{\mathrm{c}}} \in \mathbf{R}^{(n-k)\times(n-k)}$，$\boldsymbol{B}_{\mathrm{c}} \in \mathbf{R}^{k\times m}$，$\boldsymbol{C}_{\mathrm{c}} \in \mathbf{R}^{l\times k}$。这里子系统 $\sum(\boldsymbol{A}_{\mathrm{c}}, \boldsymbol{B}_{\mathrm{c}})$ 为状态完全可控的，被称为可控子系统，其余部分组成了不可控子

系统。由于可控子系统可通过设计控制律保证渐近稳定,因此整个系统可镇定当且仅当不可控子系统为渐近稳定的。

与可镇定性相对应的概念是可检测性,定义如下:

定义 2.7(可检测性) 若存在矩阵 $\boldsymbol{K} \in \mathbf{R}^{n\times l}$ 使得矩阵 $\boldsymbol{A}+\boldsymbol{KC}$ 是 Hurwitz 的,则系统[式(2.17)]是可检测的,或称 $(\boldsymbol{A}, \boldsymbol{C})$ 可检测。

当系统[式(2.17)]状态不完全可观时,可用与可控性结构分解类似的方法实现可观性结构分解,从而将系统分解为可观子系统和不可观子系统。系统[式(2.17)]可检测当且仅当其不可观部分为渐近稳定的。关于系统的可检测性有如下判据:

引理 2.11[141] 系统[式(2.17)]可检测的充要条件是 $\operatorname{rank}[s\boldsymbol{I}-\boldsymbol{A}^{\mathrm{T}}, \boldsymbol{C}^{\mathrm{T}}]=n(\forall s \in \mathbf{C}^{+})$,其中 $\mathbf{C}^{+}=\{s \mid s \in \mathbf{C}, \operatorname{Re}(s) \geqslant 0\}$ 为右半复平面。

2.2.5 状态观测器

状态反馈对于解决很多控制问题十分必要,例如通过状态反馈镇定一个系统等。但在一些实际系统中,状态不能直接量测得到,此时可采用间接的方法进行状态重构。对于系统 $\sum(\boldsymbol{A}, \boldsymbol{B}, \boldsymbol{C})$,构造一个系统 $\sum_{\mathrm{G}}$,该系统以原系统的输入 $\boldsymbol{u}$ 和输出 $\boldsymbol{y}$ (可直接测量)作为输入,它的输出 $\hat{\boldsymbol{x}}(t)$ 为原系统 $\sum(\boldsymbol{A}, \boldsymbol{B}, \boldsymbol{C})$ 的状态 $\boldsymbol{x}(t)$ 的估计。实现状态重构的系统 $\sum_{\mathrm{G}}$ 被称作状态观测器。通常要求

$$\lim_{t\to\infty}[\boldsymbol{x}(t)-\hat{\boldsymbol{x}}(t)]=0 \tag{2.40}$$

如果观测器 $\sum_{\mathrm{G}}$ 的维数与原系统 $\sum(\boldsymbol{A}, \boldsymbol{B}, \boldsymbol{C})$ 的维数相等,就被称作全维观测器;如果观测器 $\sum_{\mathrm{G}}$ 的维数小于原系统 $\sum(\boldsymbol{A}, \boldsymbol{B}, \boldsymbol{C})$ 的维数,就被称作降维观测器。

一种基本的全维状态观测器如图 2.2 所示,其中 $\hat{\boldsymbol{x}}(t)$ 为重构状态,$\boldsymbol{H}$ 为观测误差反馈矩阵。可以得出重构状态 $\hat{\boldsymbol{x}}(t)$ 的方程为

$$\begin{aligned}\dot{\hat{\boldsymbol{x}}}(t)&=\boldsymbol{A}\hat{\boldsymbol{x}}(t)+\boldsymbol{Bu}(t)+\boldsymbol{H}[\boldsymbol{y}(t)-\hat{\boldsymbol{y}}(t)]\\&=(\boldsymbol{A}-\boldsymbol{HC})\hat{\boldsymbol{x}}(t)+\boldsymbol{Bu}(t)+\boldsymbol{Hy}(t)\end{aligned} \tag{2.41}$$

式(2.17)减去式(2.41),可得

$$\dot{\boldsymbol{x}}(t)-\dot{\hat{\boldsymbol{x}}}(t)=(\boldsymbol{A}-\boldsymbol{HC})[\boldsymbol{x}(t)-\hat{\boldsymbol{x}}(t)] \tag{2.42}$$

由式(2.42)可知,若矩阵 $\boldsymbol{A}-\boldsymbol{HC}$ 为 Hurwitz 矩阵,则 $\hat{\boldsymbol{x}}(t)$ 就是 $\boldsymbol{x}(t)$ 的重构状态,满足式(2.40)。显然,观测误差 $\boldsymbol{x}(t)-\hat{\boldsymbol{x}}(t)$ 收敛于零的速度由矩阵 $\boldsymbol{A}-\boldsymbol{HC}$ 的特征值确定,因此可通过选择矩阵 $\boldsymbol{H}$ 来调整观测误差收敛速度。

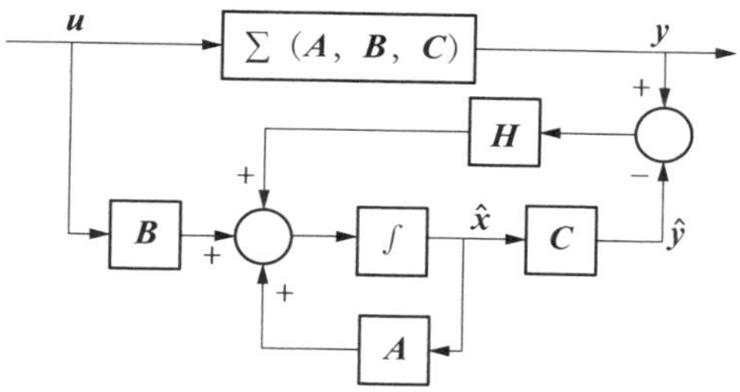

图 2.2 基本观测器示意图

需要注意的是,基本状态观测器[式(2.41)]可以进行任意极点配置的充分必要条件是矩阵对 $(\boldsymbol{A}, \boldsymbol{C})$ 完全可观。

系统 $\sum(\boldsymbol{A}, \boldsymbol{B}, \boldsymbol{C})$ 状态完全可观,则输出 $\boldsymbol{y}(t)$ 包含全部状态分量的信息。如果其中某些状态分量可直接表示为各输出分量的线性组合,那么这些状态分量不必通过观测器重构。不失一般性,假设矩阵 $\boldsymbol{C}$ 为行满秩矩阵,即 $\text{rank}\boldsymbol{C}=l$,则由 l 个彼此独立的输出分量可以组合出 l 个状态分量,需要重构的只是剩下的 $n-l$ 个状态分量。

降维观测器的设计方法如下:

假设受控系统 $\sum(\boldsymbol{A}, \boldsymbol{B}, \boldsymbol{C})$ 状态完全可观且 $\text{rank}\boldsymbol{C}=l$,则存在矩阵 $\boldsymbol{G}\in\mathbf{R}^{(n-l)\times n}$ 使得矩阵

$$\boldsymbol{T}=\begin{bmatrix}\boldsymbol{C}\\ \boldsymbol{G}\end{bmatrix} \tag{2.43}$$

为非奇异变换。令

$$\tilde{\boldsymbol{x}}(t)=\begin{bmatrix}\tilde{\boldsymbol{x}}_1(t)\\ \tilde{\boldsymbol{x}}_2(t)\end{bmatrix}=\boldsymbol{Tx}(t) \tag{2.44}$$

则变换后的系统 $\sum(\tilde{\boldsymbol{A}}, \tilde{\boldsymbol{B}}, \tilde{\boldsymbol{C}})$ 可表示为

$$\dot{\tilde{\boldsymbol{x}}}(t)=\tilde{\boldsymbol{A}}\tilde{\boldsymbol{x}}(t)+\tilde{\boldsymbol{B}}\boldsymbol{u}(t)=\begin{bmatrix}\tilde{\boldsymbol{A}}_{11} & \tilde{\boldsymbol{A}}_{12}\\ \tilde{\boldsymbol{A}}_{21} & \tilde{\boldsymbol{A}}_{22}\end{bmatrix}\begin{bmatrix}\tilde{\boldsymbol{x}}_1(t)\\ \tilde{\boldsymbol{x}}_2(t)\end{bmatrix}+\begin{bmatrix}\tilde{\boldsymbol{B}}_1\\ \tilde{\boldsymbol{B}}_2\end{bmatrix}\boldsymbol{u}(t) \tag{2.45}$$

$$\boldsymbol{y}(t)=\tilde{\boldsymbol{x}}_1(t)$$

式中，$\tilde{\boldsymbol{A}}=\boldsymbol{TAT}^{-1}$，$\tilde{\boldsymbol{B}}=\boldsymbol{TB}$，$\tilde{\boldsymbol{C}}=\boldsymbol{CT}^{-1}=[\boldsymbol{I}_{l\times l} \quad \boldsymbol{0}_{l\times(n-l)}]$。系统 $\sum(\tilde{\boldsymbol{A}},\tilde{\boldsymbol{B}},\tilde{\boldsymbol{C}})$ 可分为两个子系统：

$$\sum\nolimits_1: \quad \begin{aligned}&\dot{\tilde{\boldsymbol{x}}}_1(t)=\tilde{\boldsymbol{A}}_{11}\tilde{\boldsymbol{x}}_1(t)+\boldsymbol{\eta}(t)+\tilde{\boldsymbol{B}}_1\boldsymbol{u}(t)\\ &\boldsymbol{y}(t)=\tilde{\boldsymbol{x}}_1(t)\end{aligned} \tag{2.46}$$

$$\sum\nolimits_2: \quad \begin{aligned}&\dot{\tilde{\boldsymbol{x}}}_2(t)=\tilde{\boldsymbol{A}}_{22}\tilde{\boldsymbol{x}}_2(t)+\tilde{\boldsymbol{B}}_2\boldsymbol{u}(t)+\tilde{\boldsymbol{A}}_{21}\boldsymbol{y}(t)\\ &\boldsymbol{\eta}(t)=\tilde{\boldsymbol{A}}_{12}\tilde{\boldsymbol{x}}_2(t)\end{aligned} \tag{2.47}$$

由于非奇异变换不改变系统的可观性，系统 $\sum(\tilde{\boldsymbol{A}},\tilde{\boldsymbol{B}},\tilde{\boldsymbol{C}})$ 也完全可观，因此分状态 $\tilde{\boldsymbol{x}}_2(t)$ 的信息也体现在输出 $\boldsymbol{y}(t)$ 中（也是子系统 $\sum_1$ 的输出）。显然，中间变量 $\boldsymbol{\eta}(t)$ 中必定包含 $\tilde{\boldsymbol{x}}_2(t)$ 的全部信息，即由 $\boldsymbol{\eta}(t)$ 可以完全观测 $\tilde{\boldsymbol{x}}_2(t)$，因此矩阵对 $(\tilde{\boldsymbol{A}}_{22},\tilde{\boldsymbol{A}}_{12})$ 完全可观。

为了重构 $\tilde{\boldsymbol{x}}_2(t)$，对子系统 $\sum_2$ 构造观测器：

$$\begin{aligned}&\dot{\bar{\boldsymbol{z}}}(t)=(\tilde{\boldsymbol{A}}_{22}-\tilde{\boldsymbol{H}}\tilde{\boldsymbol{A}}_{12})[\bar{\boldsymbol{z}}(t)+\tilde{\boldsymbol{H}}\boldsymbol{y}(t)]+(\tilde{\boldsymbol{B}}_2-\tilde{\boldsymbol{H}}\tilde{\boldsymbol{B}}_1)\boldsymbol{u}(t)+(\tilde{\boldsymbol{A}}_{21}-\tilde{\boldsymbol{H}}\tilde{\boldsymbol{A}}_{11})\boldsymbol{y}(t)\\ &\boldsymbol{z}(t)=\bar{\boldsymbol{z}}(t)+\tilde{\boldsymbol{H}}\boldsymbol{y}(t)\end{aligned} \tag{2.48}$$

这就是系统 $\sum(\boldsymbol{A},\boldsymbol{B},\boldsymbol{C})$ 的降维观测器，其中 $\boldsymbol{y}(t)=\tilde{\boldsymbol{x}}_1(t)$，$\tilde{\boldsymbol{x}}_2(t)$ 的重构状态是 $\boldsymbol{z}(t)$ [注意不是 $\bar{\boldsymbol{z}}(t)$]。因此原系统的状态重构值为

$$\hat{\boldsymbol{x}}(t)=\boldsymbol{T}^{-1}\begin{bmatrix}\boldsymbol{y}(t)\\ \bar{\boldsymbol{z}}(t)+\tilde{\boldsymbol{H}}\boldsymbol{y}(t)\end{bmatrix} \tag{2.49}$$

2.3 鲁棒控制理论基础

本节简要介绍不确定系统鲁棒控制的问题描述、控制器设计和稳定性分析

方法[146-148]，这是本书讨论不确定群系统鲁棒编队控制问题的理论基础。

2.3.1 不确定系统鲁棒镇定问题

考虑如下不确定系统：

$$\dot{\boldsymbol{x}}(t)=\boldsymbol{A}\boldsymbol{x}(t)+\boldsymbol{B}\{\boldsymbol{u}(t)+\boldsymbol{q}[\boldsymbol{x}(t),\ \boldsymbol{u}(t),\ \boldsymbol{d}(t),\ t]\},\ \boldsymbol{x}(t_0)=x_0 \tag{2.50}$$

式中，$\boldsymbol{x}(t)\in\mathbf{R}^n$、$\boldsymbol{u}(t)\in\mathbf{R}^m$ 分别为系统的状态和控制输入；$\boldsymbol{A}$、$\boldsymbol{B}$ 是适当维数的常数矩阵；$x_0\in\mathbf{R}^n$ 是初始状态；$d(t)\in\mathbf{R}^l$ 为有界外扰；$q[\boldsymbol{x}(t),\ \boldsymbol{u}(t),\ \boldsymbol{d}(t),\ t]\in\mathbf{R}^m$ 为系统不确定性。假设（$\boldsymbol{A}$，$\boldsymbol{B}$）是可控对，且 $\boldsymbol{B}$ 是列满秩的。

假设 2.1 系统不确定性 $\boldsymbol{q}[\boldsymbol{x}(t),\ \boldsymbol{u}(t),\ \boldsymbol{d}(t),\ t]$ 满足如下不等式。

$$\begin{aligned}&\|\boldsymbol{q}[\boldsymbol{x}(t),\ \boldsymbol{u}(t),\ \boldsymbol{d}(t),\ t]\|_2\leqslant\alpha\|\boldsymbol{x}(t)\|_2+\beta\|\boldsymbol{u}(t)\|_2+\gamma\|\boldsymbol{d}(t)\|_2\\&\sup_{t\geqslant t_0}\|\boldsymbol{d}(t)\|_2\leqslant\pi\end{aligned} \tag{2.51}$$

式中，α、β、γ 和 π 为已知非负数，$0\leqslant\beta<1$。

为了简洁表述，后面将把系统不确定性 $\boldsymbol{q}[\boldsymbol{x}(t),\ \boldsymbol{u}(t),\ \boldsymbol{d}(t),\ t]$ 记为 $\boldsymbol{q}(t)$。

注 2.1 这里我们没有假设不确定性 $\boldsymbol{q}(t)$（或其若干次微分）有常数界，也不假设其为某外部系统(exosystem)的输出。此类假设在实际系统中鲜能满足。

注 2.2 有界外扰 $\boldsymbol{d}(t)$ 可以有比其称呼更广泛的含义，例如其可以有如下形式

$$\boldsymbol{d}(t)=\boldsymbol{a}(t)\sin\omega t+\boldsymbol{b}(t)\sin\boldsymbol{x}(t)+\boldsymbol{c}(t)\cos\boldsymbol{u}(t)$$

式中，$|\boldsymbol{a}(t)|$、$|\boldsymbol{b}(t)|$ 和 $|\boldsymbol{c}(t)|$ 均有已知上界。

本节对于满足假设 2.1 的系统[式(2.50)]，考虑鲁棒镇定问题，即设计鲁棒控制律，使得对于任意给定的初始状态，状态有界且趋于原点附近，而当无外扰时，状态渐近趋于零。对于鲁棒跟踪问题，可类似处理。

2.3.2 鲁棒控制器设计

对于系统[式(2.50)]，利用基于信号补偿的鲁棒控制原理[146-148]设计鲁棒

控制器。鲁棒控制器由两部分组成：

$$\boldsymbol{u}(t)=\boldsymbol{u}_{\mathrm{o}}(t)+\boldsymbol{u}_{\mathrm{R}}(t) \tag{2.52}$$

式中，$\boldsymbol{u}_{\mathrm{o}}(t)$、$\boldsymbol{u}_{\mathrm{R}}(t)$ 分别为标称控制输入和鲁棒补偿输入。

首先忽略系统不确定性 $\boldsymbol{q}(t)$，对如下标称系统：

$$\dot{\boldsymbol{x}}(t)=\boldsymbol{A}\boldsymbol{x}(t)+\boldsymbol{B}\boldsymbol{u}_{\mathrm{o}}(t)$$

设计标称控制器：

$$\boldsymbol{u}_{\mathrm{o}}(t)=\boldsymbol{K}\boldsymbol{x}(t) \tag{2.53}$$

式中，$\boldsymbol{K}$ 为增益矩阵。可通过极点配置或者基于最优调节器理论确定增益矩阵 $\boldsymbol{K}$，使得标称闭环系统状态矩阵 $\boldsymbol{A}+\boldsymbol{B}\boldsymbol{K}$ 为 Hurwitz 矩阵。

由式(2.50)可知，为了抑制不确定性 $\boldsymbol{q}(t)$ 对闭环系统控制性能的影响，理想的鲁棒补偿输入为 $\boldsymbol{u}_{\mathrm{R}}(t)=-\boldsymbol{q}(t)$。但是不确定性 $\boldsymbol{q}(t)$ 是不能直接量测的，不能直接用于控制器设计。而由式(2.50)，不确定性 $\boldsymbol{q}(t)$ 可表示为

$$\boldsymbol{q}(t)=\boldsymbol{B}^{\#}[\dot{\boldsymbol{x}}(t)-\boldsymbol{A}\boldsymbol{x}(t)]-\boldsymbol{u}(t) \tag{2.54}$$

或

$$q=\boldsymbol{B}^{\#}(s\boldsymbol{x}-\boldsymbol{x}_0-\boldsymbol{A}\boldsymbol{x})-\boldsymbol{u} \tag{2.55}$$

式中，$\boldsymbol{B}^{\#}=(\boldsymbol{B}^{\mathrm{T}}\boldsymbol{B})^{-1}\boldsymbol{B}^{\mathrm{T}}$；$s$ 为拉普拉斯算子[这里用 q 表示 $\boldsymbol{q}(t)$ 的拉普拉斯变换，其余符号也如此]。但式(2.54)右端包含状态的微分 $\dot{\boldsymbol{x}}(t)$ 在实际中通常也是不能直接量测的，考虑到量测噪声等因素，也不允许对量测得到的状态 $\boldsymbol{x}(t)$ 进行微分处理来获得 $\dot{\boldsymbol{x}}(t)$。因此考虑如下鲁棒补偿器：

$$\boldsymbol{u}_{\mathrm{R}}=-F(s)q \tag{2.56}$$

式中，$F(s)$ 为鲁棒滤波器，其具有如下形式：

$$F(s)=\frac{f}{s+f}$$

式中，f 是一正数。式(2.56)的鲁棒补偿器的时域描述为

$$\dot{\boldsymbol{u}}_{\mathrm{R}}(t)=-f\boldsymbol{u}_{\mathrm{R}}(t)-f\boldsymbol{q}(t),\ \boldsymbol{u}_{\mathrm{R}}(t_0)=0 \tag{2.57}$$

如果鲁棒滤波器带宽充分宽，即 f 充分大时，可期望 $\boldsymbol{u}_{\mathrm{R}}(t)$ 充分近似 $-\boldsymbol{q}(t)$，从而抑制不确定性 $\boldsymbol{q}(t)$ 对闭环系统控制特性的影响。

将不确定性的频域表达式(2.55)代入鲁棒补偿器[式(2.56)],则有

$$\begin{aligned}\boldsymbol{u}_{\mathrm{R}} &= -F(s)[\boldsymbol{B}^{\#}(s\boldsymbol{x}-\boldsymbol{x}_0-\boldsymbol{A}\boldsymbol{x})-\boldsymbol{u}] \\ &= -f\boldsymbol{B}^{\#}\boldsymbol{x}+\frac{f}{s+f}[\boldsymbol{B}^{\#}(f\boldsymbol{x}+\boldsymbol{x}_0+\boldsymbol{A}\boldsymbol{x})+\boldsymbol{u}]\end{aligned}$$

由此可得鲁棒补偿器状态空间实现:

$$\begin{aligned}&\dot{\boldsymbol{x}}_{\mathrm{c}}(t) = -f\boldsymbol{x}_{\mathrm{c}}(t)+\boldsymbol{B}^{\#}(\boldsymbol{A}+f\boldsymbol{I}_n)\boldsymbol{x}(t)+\boldsymbol{u}(t),\ \boldsymbol{x}_{\mathrm{c}}(t_0)=\boldsymbol{B}^{\#}\boldsymbol{x}_0 \\ &\boldsymbol{u}_{\mathrm{R}}(t) = -f\boldsymbol{B}^{\#}\boldsymbol{x}(t)+f\boldsymbol{x}_{\mathrm{c}}(t)\end{aligned} \tag{2.58}$$

式中,$\boldsymbol{x}_{\mathrm{c}}(t)\in\mathbf{R}^m$ 是鲁棒补偿器的状态。

注 2.3 通过引入鲁棒滤波器可以使得鲁棒补偿器[式(2.56)]在状态微分 $\dot{\boldsymbol{x}}(t)$ 未知的情况下得以实现,并如式(2.58)所示,其实现是一个线性定常系统,在实际中容易实现。如前所述,当鲁棒滤波器带宽足够宽时,期望 $\boldsymbol{u}_{\mathrm{R}}(t)$ 充分近似 $-\boldsymbol{q}(t)$,而这只是一个直观的推想。由于鲁棒补偿器与[如式(2.50)和式(2.53)所描述的]标称闭环系统是以反馈形式连接,同样可以推想,随着鲁棒滤波器带宽的增加,$\boldsymbol{q}(t)$ 中包含的某些信号的频率也许会相应地增高,从而不能保证 $\boldsymbol{u}_{\mathrm{R}}(t)$ 充分近似 $-\boldsymbol{q}(t)$。因此,需要对整个闭环系统[式(2.50)、式(2.52)、式(2.53)和式(2.57)]进行分析。

2.3.3 闭环系统鲁棒控制特性分析

由式(2.50)、式(2.52)、式(2.53)和式(2.57),可得闭环系统描述:

$$\dot{\boldsymbol{x}}(t)=(\boldsymbol{A}+\boldsymbol{B}\boldsymbol{K})\boldsymbol{x}(t)+\boldsymbol{B}[\boldsymbol{u}_{\mathrm{R}}(t)+\boldsymbol{q}(t)],\ \boldsymbol{x}(t_0)=\boldsymbol{x}_0 \tag{2.59}$$

$$\dot{\boldsymbol{u}}_{\mathrm{R}}(t)=-f\boldsymbol{u}_{\mathrm{R}}(t)-f\boldsymbol{q}(t),\ \boldsymbol{u}_{\mathrm{R}}(t_0)=0 \tag{2.60}$$

令

$$\begin{aligned}&\boldsymbol{\omega}_1(t)=\boldsymbol{x}(t)+\boldsymbol{B}\boldsymbol{\omega}_2(t) \\ &\boldsymbol{\omega}_2(t)=f^{-1}\boldsymbol{u}_{\mathrm{R}}(t) \\ &\boldsymbol{M}=(\boldsymbol{A}+\boldsymbol{B}\boldsymbol{K})\boldsymbol{B}\end{aligned} \tag{2.61}$$

则

$$\begin{bmatrix}\dot{\boldsymbol{\omega}}_1(t)\\ \dot{\boldsymbol{\omega}}_2(t)\end{bmatrix}=\begin{bmatrix}\boldsymbol{A}+\boldsymbol{B}\boldsymbol{K} & -\boldsymbol{M}\\ 0 & -f\boldsymbol{I}_m\end{bmatrix}\begin{bmatrix}\boldsymbol{\omega}_1(t)\\ \boldsymbol{\omega}_2(t)\end{bmatrix}+\begin{bmatrix}0\\ -\boldsymbol{I}_m\end{bmatrix}\boldsymbol{q}(t),\ \begin{bmatrix}\boldsymbol{\omega}_1(t_0)\\ \boldsymbol{\omega}_2(t_0)\end{bmatrix}=\begin{bmatrix}\boldsymbol{x}_0\\ 0\end{bmatrix},$$

$$\boldsymbol{x}(t)=[\boldsymbol{I}_n \quad -\boldsymbol{B}]\begin{bmatrix}\boldsymbol{\omega}_1(t)\\ \boldsymbol{\omega}_2(t)\end{bmatrix} \tag{2.62}$$

由式(2.52)和式(2.53),有

$$\begin{aligned}\|\boldsymbol{u}(t)\|_2 &\leqslant \|\boldsymbol{u}_o(t)\|_2+\|\boldsymbol{u}_R(t)\|_2\\ &\leqslant \|\boldsymbol{K}\|_2\|\boldsymbol{x}(t)\|_2+\|\boldsymbol{u}_R(t)\|_2\end{aligned} \tag{2.63}$$

由假设 2.1、式(2.61)和不等式(2.63),有

$$\begin{aligned}\|\boldsymbol{q}(t)\|_2 &\leqslant (\alpha+\beta\|\boldsymbol{K}\|_2)\|\boldsymbol{x}(t)\|_2+\beta\|\boldsymbol{u}_R(t)\|_2+\gamma\|\boldsymbol{d}(t)\|_2\\ &=\hat{\alpha}_1\|\boldsymbol{\omega}_1(t)\|_2+(\hat{\alpha}_2+\beta f)\|\boldsymbol{\omega}_2(t)\|_2+\gamma\|\boldsymbol{d}(t)\|_2\end{aligned} \tag{2.64}$$

式中,

$$\hat{\alpha}_1=\alpha+\beta\|\boldsymbol{K}\|_2$$
$$\hat{\alpha}_2=\hat{\alpha}_1\|\boldsymbol{B}\|_2$$

考虑如下正定函数:

$$\boldsymbol{V}(t)=\boldsymbol{\omega}_1^{\mathrm{T}}(t)\boldsymbol{P}\boldsymbol{\omega}_1(t)+\boldsymbol{\omega}_2^{\mathrm{T}}(t)\boldsymbol{\omega}_2(t) \tag{2.65}$$

式中,$\boldsymbol{P}$ 为如下 Lyapunov 方程的正定解:

$$\boldsymbol{P}(\boldsymbol{A}+\boldsymbol{BK})+(\boldsymbol{A}+\boldsymbol{BK})^{\mathrm{T}}\boldsymbol{P}=-\boldsymbol{I}_n \tag{2.66}$$

则有

$$\begin{aligned}\dot{\boldsymbol{V}}(t) &=-\boldsymbol{\omega}_1^{\mathrm{T}}(t)\boldsymbol{\omega}_1(t)-2\boldsymbol{\omega}_1^{\mathrm{T}}(t)\boldsymbol{PM}\boldsymbol{\omega}_2(t)-2f\boldsymbol{\omega}_2^{\mathrm{T}}(t)\boldsymbol{\omega}_2(t)-2\boldsymbol{\omega}_2^{\mathrm{T}}(t)\boldsymbol{q}(t)\\ &\leqslant -\|\boldsymbol{\omega}_1(t)\|_2^2+2\|\boldsymbol{PM}\|_2\|\boldsymbol{\omega}_1(t)\|_2\|\boldsymbol{\omega}_2(t)\|_2-2f\boldsymbol{\omega}_2^{\mathrm{T}}(t)\boldsymbol{\omega}_2(t)+\\ &\quad 2\|\boldsymbol{\omega}_2(t)\|_2\|\boldsymbol{q}(t)\|_2\\ &\leqslant -\|\boldsymbol{\omega}_1(t)\|_2^2+2\|\boldsymbol{PM}\|_2\|\boldsymbol{\omega}_1(t)\|_2\|\boldsymbol{\omega}_2(t)\|_2-2f\boldsymbol{\omega}_2^{\mathrm{T}}(t)\boldsymbol{\omega}_2(t)+\\ &\quad 2\|\boldsymbol{\omega}_2(t)\|_2[\hat{\alpha}_1\|\boldsymbol{\omega}_1(t)\|_2+(\hat{\alpha}_2+\beta f)\|\boldsymbol{\omega}_2(t)\|_2+\gamma\|\boldsymbol{d}(t)\|_2]\\ &=-\|\boldsymbol{\omega}_1(t)\|_2^2+2(\hat{\alpha}_1+\|\boldsymbol{PM}\|_2)\|\boldsymbol{\omega}_1(t)\|_2\|\boldsymbol{\omega}_2(t)\|_2-\\ &\quad 2[(1-\beta)f-\hat{\alpha}_2]\|\boldsymbol{\omega}_2(t)\|_2^2+2\gamma\|\boldsymbol{\omega}_2(t)\|_2\|\boldsymbol{d}(t)\|_2\\ &=-\|\boldsymbol{\omega}_1(t)\|_2^2+2(\hat{\alpha}_1+\|\boldsymbol{PM}\|_2)\|\boldsymbol{\omega}_1(t)\|_2\|\boldsymbol{\omega}_2(t)\|_2-\\ &\quad [(1-\beta)f-2\hat{\alpha}_2]\|\boldsymbol{\omega}_2(t)\|_2^2-(1-\beta)f\Big[\|\boldsymbol{\omega}_2(t)\|_2^2-\\ &\quad 2\|\boldsymbol{\omega}_2(t)\|_2\frac{\gamma}{(1-\beta)f}\|\boldsymbol{d}(t)\|_2\Big]\end{aligned}$$

$$
\begin{aligned}
&= -\|\boldsymbol{\omega}_1(t)\|_2^2 + 2(\hat{\alpha}_1 + \|\boldsymbol{PM}\|_2)\|\boldsymbol{\omega}_1(t)\|_2\|\boldsymbol{\omega}_2(t)\|_2 - \\
&\quad [(1-\beta)f - 2\hat{\alpha}_2]\|\boldsymbol{\omega}_2(t)\|_2^2 - (1-\beta)f\Big[\|\boldsymbol{\omega}_2(t)\|_2 - \\
&\quad \frac{\gamma}{(1-\beta)f}\|\boldsymbol{d}(t)\|_2\Big]^2 + \frac{\gamma^2}{(1-\beta)f}\|\boldsymbol{d}(t)\|_2^2 \\
&\leqslant -\|\boldsymbol{\omega}_1(t)\|_2^2 + 2(\hat{\alpha}_1 + \|\boldsymbol{PM}\|_2)\|\boldsymbol{\omega}_1(t)\|_2\|\boldsymbol{\omega}_2(t)\|_2 - [(1-\beta)f - \\
&\quad 2\hat{\alpha}_2]\|\boldsymbol{\omega}_2(t)\|_2^2 + \frac{\gamma^2}{(1-\beta)f}\|\boldsymbol{d}(t)\|_2^2 \\
&\leqslant -\frac{1}{2}\|\boldsymbol{\omega}_1(t)\|_2^2 - \frac{1}{2}\|\boldsymbol{\omega}_2(t)\|_2^2 - \frac{1}{2}\|\boldsymbol{\omega}_1(t)\|_2^2 - \\
&\quad \left[(1-\beta)f - 2\hat{\alpha}_2 - \frac{1}{2}\right]\|\boldsymbol{\omega}_2(t)\|_2^2 + \\
&\quad 2(\hat{\alpha}_1 + \|\boldsymbol{PM}\|_2)\|\boldsymbol{\omega}_1(t)\|_2\|\boldsymbol{\omega}_2(t)\|_2 + \frac{\gamma^2}{(1-\beta)f}\|\boldsymbol{d}(t)\|_2^2 \\
&\leqslant -\frac{1}{2\lambda_{\max}(\boldsymbol{P})}\boldsymbol{\omega}_1^{\mathrm{T}}(t)\boldsymbol{P}\boldsymbol{\omega}_1(t) - \frac{1}{2}\boldsymbol{\omega}_2^{\mathrm{T}}(t)\boldsymbol{\omega}_2(t) - \frac{1}{2}\|\boldsymbol{\omega}_1(t)\|_2^2 - \\
&\quad \left[(1-\beta)f - 2\hat{\alpha}_2 - \frac{1}{2}\right]\|\boldsymbol{\omega}_2(t)\|_2^2 + \\
&\quad 2(\hat{\alpha}_1 + \|\boldsymbol{PM}\|_2)\|\boldsymbol{\omega}_1(t)\|_2\|\boldsymbol{\omega}_2(t)\|_2 + \frac{\gamma^2}{(1-\beta)f}\|\boldsymbol{d}(t)\|_2^2 \\
&\leqslant -\eta\boldsymbol{V}(t) - [\|\boldsymbol{\omega}_1(t)\|_2 \quad \|\boldsymbol{\omega}_2(t)\|_2]\boldsymbol{\Omega}\begin{bmatrix}\|\boldsymbol{\omega}_1(t)\|_2 \\ \|\boldsymbol{\omega}_2(t)\|_2\end{bmatrix} + \\
&\quad \frac{\gamma^2}{(1-\beta)f}\|\boldsymbol{d}(t)\|_2^2
\end{aligned}
\tag{2.67}
$$

式中，

$$
\eta = \min\left\{\frac{1}{2\lambda_{\max}(\boldsymbol{P})}, \frac{1}{2}\right\} \tag{2.68}
$$

$$
\boldsymbol{\Omega} = \begin{bmatrix} \frac{1}{2} & -\hat{\alpha}_1 - \|\boldsymbol{PM}\|_2 \\ * & (1-\beta)f - 2\hat{\alpha}_2 - \frac{1}{2} \end{bmatrix} \tag{2.69}
$$

式中，* 表示对称项。令

$$
\hat{f} = \frac{4(\hat{\alpha}_1 + \|\boldsymbol{PM}\|_2)^2 + 4\hat{\alpha}_2 + 1}{2(1-\beta)} \tag{2.70}
$$

由于 $\beta<1$，显然 $\hat{f}>0$；当 $f\geqslant\hat{f}$ 时，有 $\|\boldsymbol{\Omega}\|\geqslant 0$。此时成立

$$\dot{\boldsymbol{V}}(t)\leqslant-\eta\boldsymbol{V}(t)+\frac{\gamma^2}{(1-\beta)f}\|\boldsymbol{d}(t)\|_2^2 \tag{2.71}$$

因此，有

$$\boldsymbol{V}(t)\leqslant \mathrm{e}^{-\eta(t-t_0)}\boldsymbol{x}_0^{\mathrm{T}}\boldsymbol{P}\boldsymbol{x}_0+\frac{\gamma^2}{\eta(1-\beta)f}\pi^2 \tag{2.72}$$

因

$$\begin{aligned}\|\boldsymbol{x}(t)\|_2^2&\leqslant 2[1+\|\boldsymbol{B}\|_2^2][\|\boldsymbol{\omega}_1(t)\|_2^2+\|\boldsymbol{\omega}_2(t)\|_2^2]\\&\leqslant 2[1+\|\boldsymbol{B}\|_2^2]\left[\frac{1}{\lambda_{\min}(\boldsymbol{P})}\boldsymbol{\omega}_1^{\mathrm{T}}(t)\boldsymbol{P}\boldsymbol{\omega}_1(t)+\|\boldsymbol{\omega}_2(t)\|_2^2\right]\\&\leqslant\mu\boldsymbol{V}(t)\end{aligned} \tag{2.73}$$

式中，

$$\mu=2(1+\|\boldsymbol{B}\|_2^2)\max\left\{\frac{1}{\lambda_{\min}(\boldsymbol{P})},\ 1\right\}$$

故由不等式(2.72)和不等式(2.73)可得

$$\|\boldsymbol{x}(t)\|_2^2\leqslant\mu\mathrm{e}^{-\eta(t-t_0)}\boldsymbol{x}_0^{\mathrm{T}}\boldsymbol{P}\boldsymbol{x}_0+\frac{\hat{\gamma}}{f}\pi^2 \tag{2.74}$$

式中，

$$\hat{\gamma}=\frac{\mu\gamma^2}{\eta(1-\beta)} \tag{2.75}$$

因此，对于任意给定的初始状态 $\boldsymbol{x}_0$ 和正数 ε，存在正数 f^* 和 $T\geqslant t_0$，当 $f\geqslant f^*$ 时，成立

$$\frac{\hat{\gamma}}{f}\pi^2\leqslant\frac{\varepsilon}{2}$$

$$\mu\mathrm{e}^{-\eta(t-t_0)}\boldsymbol{x}_0^{\mathrm{T}}\boldsymbol{P}\boldsymbol{x}_0\leqslant\frac{\varepsilon}{2},\ t\geqslant T$$

即成立

$$\|\boldsymbol{x}(t)\|_2^2\leqslant\varepsilon,\ t\geqslant T$$

当 $\boldsymbol{d}(t)\to 0,\ t\to\infty$ 时，由不等式(2.71)可知，$\boldsymbol{V}(t)\to 0,\ t\to\infty$，故此时成立

$$\| \boldsymbol{x}(t) \|_2^2 \to 0,\ t \to \infty$$

对上述分析进行总结,可以得到如下结论。

定理 2.3 对于系统[式(2.50)],其不确定性满足假设 2.1,利用控制器[式(2.52)、式(2.53)和式(2.58)]构成闭环控制系统,则对任意给定初始状态 $\boldsymbol{x}_0$ 和正数 ε,存在正数 f^* 和 T,当 $f \geqslant f^*$ 时,闭环系统状态有界,且成立

$$\| \boldsymbol{x}(t) \|_2 \leqslant \varepsilon,\ \forall t \geqslant T$$

而当 $\boldsymbol{d}(t) \to 0,\ t \to \infty$ 时,成立 $\boldsymbol{x}(t) \to 0,\ t \to \infty$。

注 2.4 在上述分析中给出的关于鲁棒滤波器参数 f 的下界,是保证闭环系统鲁棒稳定性和状态最终充分小的充分条件,此条件往往是保守的。在实际应用中,小于此下界的鲁棒滤波器参数 f 也常能保证期望的鲁棒特性。理论上可知,当鲁棒滤波器参数 f 取值足够大后,其取值越大,闭环系统鲁棒性越好,即闭环系统鲁棒稳定且受控系统状态趋于零点处越小的邻域内。在工程应用中,可以首先给鲁棒滤波器参数 f 选取适当的初值,检验其控制特性,若结果不理想,可适当增大其取值,直至得到满意闭环控制特性为止。考虑到实际系统中存在噪声、延迟和控制受限等约束,鲁棒滤波器参数 f 取值大小受到限制,调试整定参数 f 应适当,避免闭环系统非常“暴躁”,甚至控制输入陷入饱和。

2.3.4 鲁棒控制器设计举例

考虑如下系统:

$$\dot{\boldsymbol{x}}(t) = \begin{bmatrix} 0 & 1 & 0 \\ 0 & 0 & 1 \\ 2 & 1 & 1 \end{bmatrix} \boldsymbol{x}(t) + \begin{bmatrix} 0 \\ 0 \\ 1 \end{bmatrix} [\boldsymbol{u}(t) + \boldsymbol{q}(t)],\ \boldsymbol{x}(0) = \begin{bmatrix} 1 \\ 1 \\ 1 \end{bmatrix}$$

式中,

$$\boldsymbol{q}(t) = a_1 \sin(t) \boldsymbol{x}_2(t) + a_2 \cos(t) \boldsymbol{u}(t) + a_3 \boldsymbol{d}(t)$$

$$a_1 \in [-2 \quad 2],\ a_2 \in [-0.1 \quad 0.1],\ a_3 \in [-1 \quad 1],\ \boldsymbol{d}(t) = \sin(t)$$

不确定性 $\boldsymbol{q}(t)$ 满足:

$$\| \boldsymbol{q}(t) \|_2 \leqslant 2 \| \boldsymbol{x}(t) \|_2 + 0.1 \| \boldsymbol{u}(t) \|_2 + \| \boldsymbol{d}(t) \|_2$$

接下来的仿真中,令 $a_1 = 2,\ a_2 = 0.1,\ a_3 = 1$。

若配置标称闭环系统的 3 个极点均为−1，则 $\boldsymbol{K}=[-3,\ -4,\ -4]$。

对于 $f\in[10,\ 300]$，式(2.69)的矩阵 $\boldsymbol{\Omega}$ 的最小特征值随 f 变化的曲线如图 2.3 所示。当 $f\geqslant 124$ 时，$\lambda_{\min}(\boldsymbol{\Omega})\geqslant 0.0017>0$。

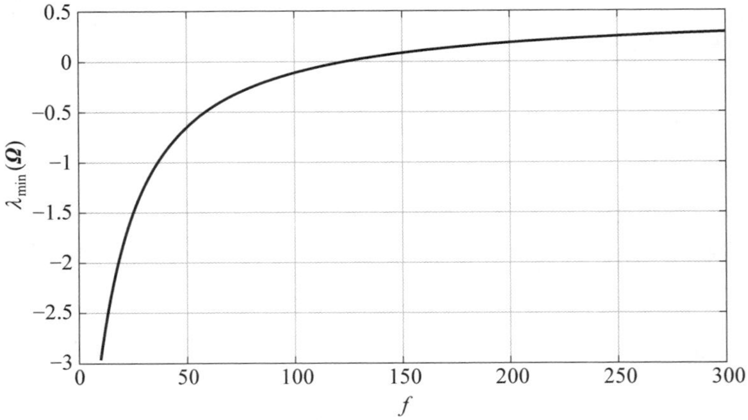

图 2.3　矩阵 $\boldsymbol{\Omega}$ 的最小特征值随 f 变化的曲线

对于标称闭环系统[即不存在不确定性，也没有鲁棒补偿器的情形，用 $\boldsymbol{x}_{\mathrm{N}}(t)$ 表示受控对象状态]，$\|\boldsymbol{x}_{\mathrm{N}}(t)\|_2^2$ 的变化曲线如图 2.4 中的实线所示。

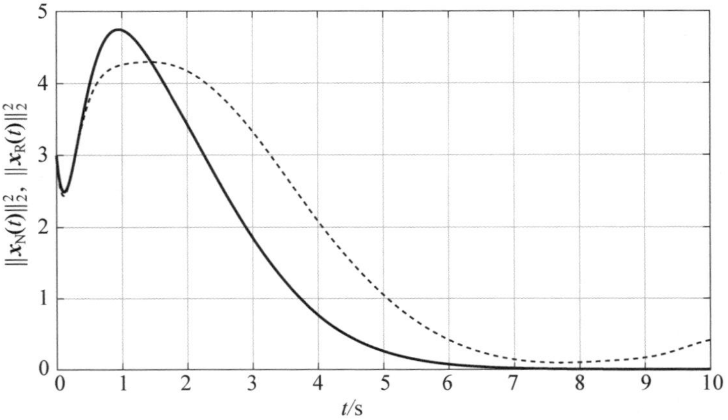

图 2.4　闭环系统 $\|\boldsymbol{x}(t)\|_2^2$ 的变化曲线(无鲁棒补偿器)

注：实线——标称闭环系统 $\|\boldsymbol{x}_{\mathrm{N}}(t)\|_2^2$；虚线——实际闭环系统 $\|\boldsymbol{x}_{\mathrm{R}}(t)\|_2^2$。

对于实际闭环系统[即存在不确定性的情形，用 $x_{\mathrm{R}}(t)$ 表示实际受控对象状

态],当没有鲁棒补偿器时, $\|\boldsymbol{x}_{\mathrm{R}}(t)\|_2^2$ 的变化曲线如图 2.4 中虚线所示。$\|\boldsymbol{x}_{\mathrm{N}}(t)\|_2^2-\|\boldsymbol{x}_{\mathrm{R}}(t)\|_2^2$ 的变化曲线如图 2.5 所示。

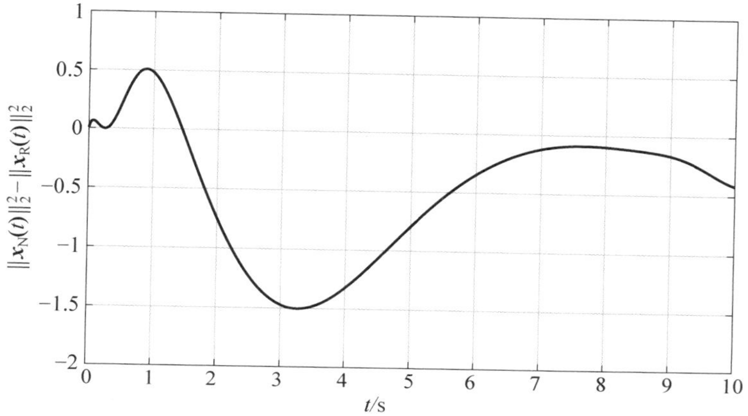

图 2.5　$\|\boldsymbol{x}_{\mathrm{N}}(t)\|_2^2-\|\boldsymbol{x}_{\mathrm{R}}(t)\|_2^2$ 的变化曲线(无鲁棒补偿器)

对于实际闭环系统(即存在不确定性的情形),当加入鲁棒补偿器,并取 $f=150$ 时, $\|\boldsymbol{x}_{\mathrm{R}}(t)\|_2^2$ 的变化曲线如图 2.6 中虚线所示。可见 $\|\boldsymbol{x}_{\mathrm{R}}(t)\|_2^2$ 的变化曲线与 $\|\boldsymbol{x}_{\mathrm{N}}(t)\|_2^2$ 的变化曲线几乎重合。$\|\boldsymbol{x}_{\mathrm{N}}(t)\|_2^2-\|\boldsymbol{x}_{\mathrm{R}}(t)\|_2^2$ 的变化曲线如图 2.7 所示。标称闭环系统控制输入 $\boldsymbol{u}_{\mathrm{o}}(t)$ 和实际闭环系统(加入鲁棒补偿器)控制输入 $\boldsymbol{u}(t)$ 的变化曲线如图 2.8 所示。

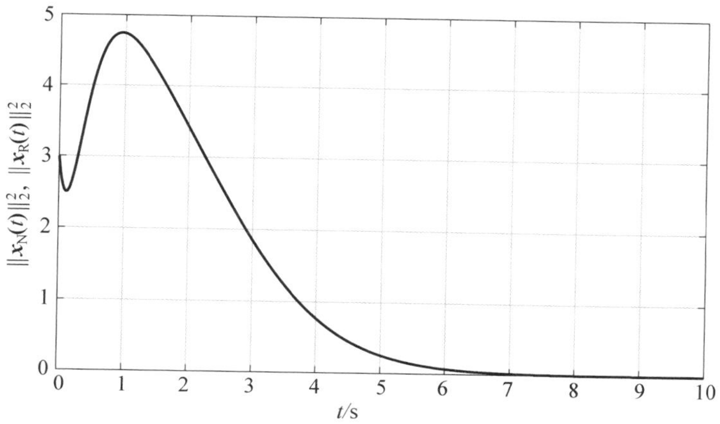

图 2.6　闭环系统 $\|\boldsymbol{x}(t)\|_2^2$ 的变化曲线(有鲁棒补偿器)

注:实线——标称闭环系统 $\|\boldsymbol{x}_{\mathrm{N}}(t)\|_2^2$;虚线——实际闭环系统 $\|\boldsymbol{x}_{\mathrm{R}}(t)\|_2^2$。

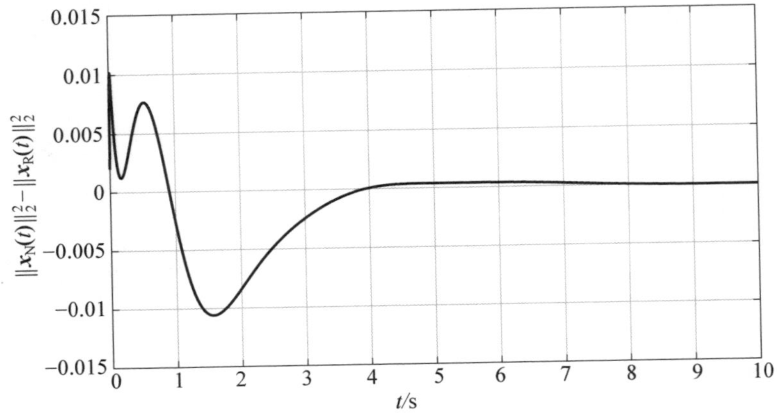

图 2.7 $\|x_N(t)\|_2^2-\|x_R(t)\|_2^2$ 的变化曲线(有鲁棒补偿器)

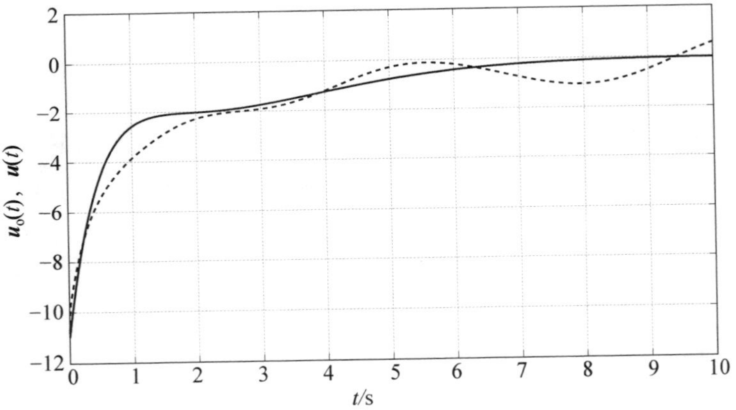

图 2.8 闭环系统控制输入的变化曲线

注:实线——标称闭环系统控制输入 $\boldsymbol{u}_o(t)$;虚线——实际闭环系统控制输入 $\boldsymbol{u}(t)$(有鲁棒补偿器)。

3 群系统一致性控制

本章考虑线性定常群系统的一致性控制问题。首先讨论状态一致性控制问题，给出状态一致性控制协议的设计方法，然后分析闭环群系统实现状态一致的条件，并给出状态一致性函数向量的描述和设计方法。最后介绍群系统输出一致性控制问题的相应结果。

3.1 群系统一致性控制问题

考虑由 N 个同构子系统组成的群系统，其可由如下运动方程描述：

$$\begin{aligned}&\dot{\boldsymbol{x}}_i(t)=\boldsymbol{A}\boldsymbol{x}_i(t)+\boldsymbol{B}\boldsymbol{u}_i(t),\ \boldsymbol{x}_i(0)=\boldsymbol{x}_{0i}\\&\boldsymbol{y}_i(t)=\boldsymbol{C}\boldsymbol{x}_i(t)\\&i=1,\ 2,\ \cdots,\ N\end{aligned}\tag{3.1}$$

式中，$\boldsymbol{x}_i(t)\in\mathbf{R}^n$、$\boldsymbol{y}_i(t)\in\mathbf{R}^l$ 和 $\boldsymbol{u}_i(t)\in\mathbf{R}^m$ 分别为第 i 个子系统的状态、输出和控制输入；状态矩阵 $\boldsymbol{A}\in\mathbf{R}^{n\times n}$、输出矩阵 $\boldsymbol{C}\in\mathbf{R}^{l\times n}$ 和输入矩阵 $\boldsymbol{B}\in\mathbf{R}^{n\times m}$ 都是常数矩阵；$\boldsymbol{x}_{0i}\in\mathbf{R}^n$ 是第 i 个子系统的初始状态。假设 $(\boldsymbol{A},\boldsymbol{B})$ 是可镇定对，$\boldsymbol{B}$ 是列满秩的；$(\boldsymbol{A},\boldsymbol{C})$ 是可检测对，$\boldsymbol{C}$ 是行满秩的。

定义 3.1(状态一致性) 如果对于任意给定的初始状态 $\boldsymbol{x}_i(0)(i=1,\ 2,\ \cdots,\ N)$，均存在函数向量 $\boldsymbol{c}(t)\in\mathbf{R}^n$，满足

$$\lim_{t\to\infty}[\boldsymbol{x}_i(t)-\boldsymbol{c}(t)]=0,\ i=1,\ 2,\ \cdots,\ N\tag{3.2}$$

或等价地，如果成立

$$\lim_{t\to\infty}[\boldsymbol{x}_i(t)-\boldsymbol{x}_j(t)]=0,\ i,\ j=1,\ 2,\ \cdots,\ N\tag{3.3}$$

则称群系统[式(3.1)]实现了状态一致性,并称函数向量 $\boldsymbol{c}(t)$ 为状态一致性函数(向量)。

定义 3.2(输出一致性) 如果对于任意给定的初始状态 $\boldsymbol{x}_i(0)(i=1, 2, \cdots, N)$,均存在函数向量 $\boldsymbol{c}_y(t) \in \mathbf{R}^l$,满足

$$\lim_{t \to \infty}[\boldsymbol{y}_i(t) - \boldsymbol{c}_y(t)] = 0, \ i = 1, 2, \cdots, N \tag{3.4}$$

或等价地,如果成立

$$\lim_{t \to \infty}[\boldsymbol{y}_i(t) - \boldsymbol{y}_j(t)] = 0, \ i, j = 1, 2, \cdots, N \tag{3.5}$$

则称群系统[式(3.1)]实现了输出一致性,并称函数向量 $\boldsymbol{c}_y(t)$ 为输出一致性函数(向量)。

定义 3.3(状态/输出可一致性) 如果存在控制输入 $\boldsymbol{u}_i(t)(i=1, 2, \cdots, N)$,使得群系统[式(3.1)]对任意的初始状态都能实现状态/输出一致,则称该群系统是状态/输出可一致的。

3.2 基于状态信息的状态一致性协议设计

对于群系统[式(3.1)],在设计状态一致性控制律时,首先要确定子系统之间的相互作用拓扑,即对每个子系统 i,确定其邻居集 N_i。若第 i 个子系统能获得第 j 个子系统的状态信息,并利用此信息产生相应的控制,则第 j 个子系统是第 i 个子系统的邻居,并记为 $j \in N_i$。

本节讨论各子系统可获得其自身状态及其与邻居的相对状态的情形,考虑如下形式的控制律:

$$\boldsymbol{u}_i(t) = \boldsymbol{K}_1 \boldsymbol{x}_i(t) + \boldsymbol{K}_2 \sum_{j \in N_i}[\boldsymbol{x}_j(t) - \boldsymbol{x}_i(t)], \ i = 1, 2, \cdots, N \tag{3.6}$$

式中,$\boldsymbol{K}_1 \in \mathbf{R}^{m \times n}$ 和 $\boldsymbol{K}_2 \in \mathbf{R}^{m \times n}$ 是常数增益矩阵。此控制律包含两部分,一部分为子系统本身状态的反馈控制部分,另一部分是子系统与其邻居的相对状态的协同控制部分。选取增益矩阵 $\boldsymbol{K}_1$ 使得 $\boldsymbol{A} + \boldsymbol{B}\boldsymbol{K}_1$ 具有适当的特征值,从而使得状态一致性函数具有期望的特性。对于正定矩阵 $\boldsymbol{Q} = \boldsymbol{D}^{\mathrm{T}}\boldsymbol{D}$ 和 $\boldsymbol{R}$ 以及正数 μ,考虑如下 Riccati 矩阵代数方程:

$$\boldsymbol{P}(\boldsymbol{A} + \boldsymbol{B}\boldsymbol{K}_1) + (\boldsymbol{A} + \boldsymbol{B}\boldsymbol{K}_1)^{\mathrm{T}}\boldsymbol{P} - \mu \boldsymbol{P}\boldsymbol{B}\boldsymbol{R}^{-1}\boldsymbol{B}^{\mathrm{T}}\boldsymbol{P} + \boldsymbol{Q} = 0 \tag{3.7}$$

当 $(\boldsymbol{A}, \boldsymbol{B})$ 是可镇定对,$(\boldsymbol{A}, \boldsymbol{D})$ 是可观对时,此 Riccati 矩阵代数方程有正定

解。此时选取增益矩阵 $\boldsymbol{K}_2$ 如下：

$$\boldsymbol{K}_2=\boldsymbol{R}^{-1}\boldsymbol{B}^{\mathrm{T}}\boldsymbol{P} \tag{3.8}$$

注意控制律[式(3.6)]中的增益矩阵 $\boldsymbol{K}_1$ 和 $\boldsymbol{K}_2$，对于每个子系统都是相同的，因此将式(3.6)的控制律称为状态一致性(控制)协议。由于各子系统的控制协议中包含有与邻居的相对状态信息，式(3.6)的控制协议也被称为分布式状态协同一致性(控制)协议。而由于控制律[式(3.6)]仅包含子系统的状态及其与邻居的相对状态的静态反馈，该控制律有时也被称为状态一致性静态(控制)协议。

令

$$\begin{aligned}
\boldsymbol{u}(t)&=[\boldsymbol{u}_1^{\mathrm{T}}(t)\quad \boldsymbol{u}_2^{\mathrm{T}}(t)\quad \cdots\quad \boldsymbol{u}_N^{\mathrm{T}}(t)]^{\mathrm{T}}\in\mathbf{R}^{N\times m}\\
\boldsymbol{x}(t)&=[\boldsymbol{x}_1^{\mathrm{T}}(t)\quad \boldsymbol{x}_2^{\mathrm{T}}(t)\quad \cdots\quad \boldsymbol{x}_N^{\mathrm{T}}(t)]^{\mathrm{T}}\in\mathbf{R}^{N\times n}\\
\boldsymbol{x}_0&=[\boldsymbol{x}_{01}^{\mathrm{T}}\quad \boldsymbol{x}_{02}^{\mathrm{T}}\quad \cdots\quad \boldsymbol{x}_{0N}^{\mathrm{T}}]^{\mathrm{T}}\in\mathbf{R}^{N\times n}
\end{aligned} \tag{3.9}$$

将状态一致性协议[式(3.6)]代入群系统[式(3.1)]，可得闭环群系统描述：

$$\dot{\boldsymbol{x}}(t)=[\boldsymbol{I}_N\otimes(\boldsymbol{A}+\boldsymbol{B}\boldsymbol{K}_1)]\boldsymbol{x}(t)-(\boldsymbol{L}\otimes\boldsymbol{B}\boldsymbol{K}_2)\boldsymbol{x}(t),\ \boldsymbol{x}(0)=\boldsymbol{x}_0 \tag{3.10}$$

式中，$\boldsymbol{L}\in\mathbf{R}^{N\times N}$ 是状态一致性协议[式(3.6)]的相互作用拓扑确定的 Laplace 矩阵。假设状态一致性协议[式(3.6)]的相互作用拓扑包含有生成树。

由引理 2.1 和引理 2.2 可知，Laplace 矩阵 $\boldsymbol{L}$ 有零特征值，相应的特征向量为 $\mathbf{1}_N$；当相互作用拓扑是无向的，且连通时，或者是有向的，且存在生成树时，Laplace 矩阵 $\boldsymbol{L}$ 有唯一的零特征值，而非零特征值的实部均为正实数。

3.3 基于状态信息的闭环群系统状态一致性分解

考虑如下非奇异变换矩阵 $\boldsymbol{U}\in\mathbf{R}^{N\times N}$：

$$\boldsymbol{U}=\begin{bmatrix}1 & \mathbf{0}_{N-1}^{\mathrm{T}}\\ \mathbf{1}_{N-1} & -\boldsymbol{I}_{N-1}\end{bmatrix}=\begin{bmatrix}\boldsymbol{U}_1\\ \boldsymbol{U}_2\end{bmatrix} \tag{3.11}$$

式中，

$$\begin{aligned}
\boldsymbol{U}_1&=[1\quad \mathbf{0}_{N-1}^{\mathrm{T}}]\\
\boldsymbol{U}_2&=[\mathbf{1}_{N-1}\quad -\boldsymbol{I}_{N-1}]
\end{aligned} \tag{3.12}$$

显然矩阵 $\boldsymbol{U}$ 是一幂单矩阵。矩阵 $\boldsymbol{U}$ 的逆记为

$$\boldsymbol{U}^{-1}=\begin{bmatrix}\boldsymbol{1}_N & \hat{\boldsymbol{U}}\end{bmatrix} \tag{3.13}$$

式中，

$$\hat{\boldsymbol{U}}=\begin{bmatrix}\boldsymbol{0}_{N-1}^{\mathrm{T}} \\ -\boldsymbol{I}_{N-1}\end{bmatrix} \tag{3.14}$$

将拉普拉斯矩阵 $\boldsymbol{L}$ 分块表示为

$$\boldsymbol{L}=\begin{bmatrix}\boldsymbol{l}_{11} & \boldsymbol{l}_{12}^{\mathrm{T}} \\ \boldsymbol{l}_{21} & \boldsymbol{L}_{22}\end{bmatrix} \tag{3.15}$$

式中，$\boldsymbol{L}_{22}\in\mathbf{R}^{(N-1)\times(N-1)}$。利用矩阵 $\boldsymbol{U}$ 对 Laplace 矩阵 $\boldsymbol{L}$ 作相似变换，可得

$$\boldsymbol{U}\boldsymbol{L}\boldsymbol{U}^{-1}=\begin{bmatrix}0 & -\boldsymbol{l}_{12}^{\mathrm{T}} \\ \boldsymbol{0}_{N-1} & \widetilde{\boldsymbol{L}}\end{bmatrix} \tag{3.16}$$

式中，$\widetilde{\boldsymbol{L}}=\boldsymbol{L}_{22}-\boldsymbol{1}_{N-1}\boldsymbol{l}_{12}^{\mathrm{T}}$。

令

$$\begin{bmatrix}\boldsymbol{\zeta}(t) \\ \boldsymbol{\varphi}(t)\end{bmatrix}=(\boldsymbol{U}\otimes\boldsymbol{I}_n)\boldsymbol{x}(t) \tag{3.17}$$

$$\boldsymbol{\zeta}(t)=(\boldsymbol{U}_1\otimes\boldsymbol{I}_n)\boldsymbol{x}(t)\in\mathbf{R}^n \tag{3.18}$$

$$\boldsymbol{\varphi}(t)=(\boldsymbol{U}_2\otimes\boldsymbol{I}_n)\boldsymbol{x}(t)=\begin{bmatrix}\boldsymbol{\varphi}_1^{\mathrm{T}}(t) & \boldsymbol{\varphi}_2^{\mathrm{T}}(t) & \cdots & \boldsymbol{\varphi}_{N-1}^{\mathrm{T}}(t)\end{bmatrix}^{\mathrm{T}}\in\mathbf{R}^{(N-1)\times n} \tag{3.19}$$

则有

$$\begin{aligned}(\boldsymbol{U}\otimes\boldsymbol{I}_m)\boldsymbol{u}(t)&=(\boldsymbol{I}_N\otimes\boldsymbol{K}_1)(\boldsymbol{U}\otimes\boldsymbol{I}_n)\boldsymbol{x}(t)-(\boldsymbol{U}\boldsymbol{L}\boldsymbol{U}^{-1}\otimes\boldsymbol{K}_2)(\boldsymbol{U}\otimes\boldsymbol{I}_n)\boldsymbol{x}(t)\\&=(\boldsymbol{I}_N\otimes\boldsymbol{K}_1)\begin{bmatrix}\boldsymbol{\zeta}(t) \\ \boldsymbol{\varphi}(t)\end{bmatrix}-\left(\begin{bmatrix}0 & -\boldsymbol{l}_{12}^{\mathrm{T}} \\ \boldsymbol{0}_{N-1} & \widetilde{\boldsymbol{L}}\end{bmatrix}\otimes\boldsymbol{K}_2\right)\begin{bmatrix}\boldsymbol{\zeta}(t) \\ \boldsymbol{\varphi}(t)\end{bmatrix}\end{aligned} \tag{3.20}$$

将闭环群系统[式(3.10)]的描述变换为

$$\begin{aligned}&\dot{\boldsymbol{\zeta}}(t)=(\boldsymbol{A}+\boldsymbol{B}\boldsymbol{K}_1)\boldsymbol{\zeta}(t)+(\boldsymbol{l}_{12}^{\mathrm{T}}\otimes \boldsymbol{B}\boldsymbol{K}_2)\boldsymbol{\varphi}(t)\\&\boldsymbol{\zeta}(0)=(\boldsymbol{U}_1\otimes \boldsymbol{I}_n)\boldsymbol{x}(0)\end{aligned}\tag{3.21}$$

$$\begin{aligned}&\dot{\boldsymbol{\varphi}}(t)=\{[\boldsymbol{I}_{N-1}\otimes(\boldsymbol{A}+\boldsymbol{B}\boldsymbol{K}_1)]-(\widetilde{\boldsymbol{L}}\otimes \boldsymbol{B}\boldsymbol{K}_2)\}\boldsymbol{\varphi}(t)\\&\boldsymbol{\varphi}(0)=(\boldsymbol{U}_2\otimes \boldsymbol{I}_n)\boldsymbol{x}(0)\end{aligned}\tag{3.22}$$

$$\boldsymbol{x}(t)=(\boldsymbol{1}_N\otimes \boldsymbol{I}_n)\boldsymbol{\zeta}(t)+(\hat{\boldsymbol{U}}\otimes \boldsymbol{I}_n)\boldsymbol{\varphi}(t)\tag{3.23}$$

因为 $\boldsymbol{1}_N$ 与 $\hat{U}$ 的所有列均是线性独立的，由式(3.23)可知，$\boldsymbol{\zeta}(t)$ 是闭环群系统[式(3.10)]的状态一致分量(也称为协调分量)，所以其描述的系统[式(3.21)]称为状态一致分量系统；$\boldsymbol{\varphi}(t)$ 是其状态非一致分量(也称为非协调分量)，由其描述的系统[式(3.22)]称为状态非一致分量系统。式(3.21)～式(3.23)是闭环群系统[式(3.10)]的状态一致性分解描述[149]。闭环群系统[式(3.10)]能实现状态一致性的充要条件是，对任意给定的初始状态 $\boldsymbol{x}_i(0)(i=1,2,\cdots,N)$，成立

$$\lim_{t\to\infty}\boldsymbol{\varphi}(t)=\boldsymbol{0}_{(N-1)\times n}\tag{3.24}$$

此条件等价于状态非一致分量系统的渐近稳定性，即 $[\boldsymbol{I}_{N-1}\otimes(\boldsymbol{A}+\boldsymbol{B}\boldsymbol{K}_1)]-(\widetilde{\boldsymbol{L}}\otimes \boldsymbol{B}\boldsymbol{K}_2)$ 为 Hurwitz 矩阵。当式(3.24)成立时，有

$$\lim_{t\to\infty}[\boldsymbol{x}_i(t)-\boldsymbol{\zeta}(t)]=0$$

可见，$\boldsymbol{\zeta}(t)$ 是闭环群系统[式(3.10)]的状态一致性函数。

由上述分析可知，闭环群系统[式(3.10)]的状态一致性问题可转换为其状态非一致分量的状态调节问题。

3.4 基于状态信息的闭环群系统状态一致性分析

闭环群系统[式(3.10)]对应的状态非一致分量系统可由式(3.22)描述，即

$$\begin{aligned}&\dot{\boldsymbol{\varphi}}(t)=\{[\boldsymbol{I}_{N-1}\otimes(\boldsymbol{A}+\boldsymbol{B}\boldsymbol{K}_1)]-(\widetilde{\boldsymbol{L}}\otimes \boldsymbol{B}\boldsymbol{K}_2)\}\boldsymbol{\varphi}(t)\\&\boldsymbol{\varphi}(0)=(\boldsymbol{U}_2\otimes \boldsymbol{I}_n)\boldsymbol{x}_0\end{aligned}\tag{3.25}$$

由于 $\widetilde{\boldsymbol{L}}$ 的所有特征值的实部均为正，因此 $-\widetilde{\boldsymbol{L}}$ 是 Hurwitz 矩阵，故如下 Lyapunov 方程有正定解 $\boldsymbol{P}_{\mathrm{L}}$：

$$\boldsymbol{P}_{\mathrm{L}}\widetilde{\boldsymbol{L}}+\widetilde{\boldsymbol{L}}^{\mathrm{T}}\boldsymbol{P}_{\mathrm{L}}=\boldsymbol{I}_{N-1} \tag{3.26}$$

考虑正定函数：

$$\boldsymbol{V}(t)=\boldsymbol{\varphi}^{\mathrm{T}}(t)(\boldsymbol{P}_{\mathrm{L}}\otimes\boldsymbol{P})\boldsymbol{\varphi}(t) \tag{3.27}$$

式中，$\boldsymbol{P}$ 是 Riccati 矩阵代数方程(3.7)的正定解，则

$$\begin{aligned}\dot{\boldsymbol{V}}(t)=&\{[\boldsymbol{I}_{N-1}\otimes(\boldsymbol{A}+\boldsymbol{B}\boldsymbol{K}_1)-(\widetilde{\boldsymbol{L}}\otimes\boldsymbol{B}\boldsymbol{K}_2)]\boldsymbol{\varphi}(t)\}^{\mathrm{T}}(\boldsymbol{P}_{\mathrm{L}}\otimes\boldsymbol{P})\boldsymbol{\varphi}(t)+\\&\boldsymbol{\varphi}^{\mathrm{T}}(t)(\boldsymbol{P}_{\mathrm{L}}\otimes\boldsymbol{P})\{[\boldsymbol{I}_{N-1}\otimes(\boldsymbol{A}+\boldsymbol{B}\boldsymbol{K}_1)-(\widetilde{\boldsymbol{L}}\otimes\boldsymbol{B}\boldsymbol{K}_2)]\boldsymbol{\varphi}(t)\}\\=&\boldsymbol{\varphi}^{\mathrm{T}}(t)\Big\{\boldsymbol{P}_{\mathrm{L}}\otimes\Big[(\boldsymbol{A}+\boldsymbol{B}\boldsymbol{K}_1)^{\mathrm{T}}\boldsymbol{P}+\boldsymbol{P}(\boldsymbol{A}+\boldsymbol{B}\boldsymbol{K}_1)\Big]-[(\widetilde{\boldsymbol{L}}^{\mathrm{T}}\boldsymbol{P}_{\mathrm{L}}+\boldsymbol{P}_{\mathrm{L}}\widetilde{\boldsymbol{L}})\otimes\\&\boldsymbol{P}\boldsymbol{B}\boldsymbol{R}^{-1}\boldsymbol{B}^{\mathrm{T}}\boldsymbol{P}\Big]\Big\}\boldsymbol{\varphi}(t)\\=&\boldsymbol{\varphi}^{\mathrm{T}}(t)[\boldsymbol{P}_{\mathrm{L}}\otimes(\mu\boldsymbol{P}\boldsymbol{B}\boldsymbol{R}^{-1}\boldsymbol{B}^{\mathrm{T}}\boldsymbol{P}-\boldsymbol{Q})-(\boldsymbol{I}_{N-1}\otimes\boldsymbol{P}\boldsymbol{B}\boldsymbol{R}^{-1}\boldsymbol{B}^{\mathrm{T}}\boldsymbol{P})]\boldsymbol{\varphi}(t)\\=&-\boldsymbol{\varphi}^{\mathrm{T}}(t)(\boldsymbol{P}_{\mathrm{L}}\otimes\boldsymbol{Q})\boldsymbol{\varphi}(t)-\boldsymbol{\varphi}^{\mathrm{T}}(t)[(\boldsymbol{I}_{N-1}-\mu\boldsymbol{P}_{L})\otimes\boldsymbol{P}\boldsymbol{B}\boldsymbol{R}^{-1}\boldsymbol{B}^{\mathrm{T}}\boldsymbol{P}]\boldsymbol{\varphi}(t)\end{aligned} \tag{3.28}$$

如果选取 μ 满足：

$$\boldsymbol{I}_{N-1}\geqslant\mu\boldsymbol{P}_{\mathrm{L}}\text{ 或 }\mu\leqslant\frac{1}{\lambda_{\max}(\boldsymbol{P}_{\mathrm{L}})} \tag{3.29}$$

则得

$$\dot{\boldsymbol{V}}(t)\leqslant-\boldsymbol{\varphi}^{\mathrm{T}}(t)(\boldsymbol{P}_{\mathrm{L}}\otimes\boldsymbol{Q})\boldsymbol{\varphi}(t) \tag{3.30}$$

此时有

$$\dot{\boldsymbol{V}}(t)\leqslant-\eta\boldsymbol{V}(t) \tag{3.31}$$

式中，

$$\eta=\frac{\lambda_{\min}(\boldsymbol{Q})}{\lambda_{\max}(\boldsymbol{P})} \tag{3.32}$$

故有

$$\boldsymbol{V}(t)\leqslant\mathrm{e}^{-\eta t}\boldsymbol{V}(0) \tag{3.33}$$

令

$$\underline{\alpha}=\lambda_{\min}(\boldsymbol{P})\lambda_{\min}(\boldsymbol{P}_{\mathrm{L}}),\ \bar{\alpha}=\lambda_{\max}(\boldsymbol{P})\lambda_{\max}(\boldsymbol{P}_{\mathrm{L}}) \tag{3.34}$$

则

$$\underline{\alpha}\,\|\boldsymbol{\varphi}(t)\|_2^2 \leqslant \boldsymbol{V}(t) \leqslant \bar{\alpha}\,\|\boldsymbol{\varphi}(t)\|_2^2 \tag{3.35}$$

由式(3.33)、式(3.35),有

$$\|\boldsymbol{\varphi}(t)\|_2^2 \leqslant \mathrm{e}^{-\eta t}\frac{\bar{\alpha}}{\underline{\alpha}}\|(\boldsymbol{U}_2 \otimes \boldsymbol{I}_n)\boldsymbol{x}_0\|_2^2 \tag{3.36}$$

即非一致分量 $\boldsymbol{\varphi}(t)$ 按指数收敛于零。

根据上述分析可得到如下结论。

定理 3.1 对于群系统[式(3.1)],若 $(\boldsymbol{A},\boldsymbol{B})$ 是可镇定对,利用状态一致性协议[式(3.6)]构成闭环群系统[式(3.10)],其中增益矩阵 $\boldsymbol{K}_2$ 由式(3.8)和式(3.7)确定,式(3.7)中常数 μ 满足不等式(3.29),则对任意给定初始状态,闭环群系统均能实现状态一致性,且闭环群系统的状态非一致分量按指数渐近收敛于零。

3.5 基于状态信息的闭环群系统状态一致性函数

闭环群系统实现状态一致时,存在函数向量 $\boldsymbol{c}(t) \in \mathbf{R}^n$,成立

$$\lim_{t\to\infty}[\boldsymbol{x}_i(t) - \boldsymbol{c}(t)] = 0,\ i = 1,\ 2,\ \cdots,\ N \tag{3.37}$$

因此可令

$$\boldsymbol{c}(t) = \frac{1}{N}\sum_{i=1}^{N}\boldsymbol{x}_i(t) = \frac{1}{N}(\mathbf{1}_N^{\mathrm{T}} \otimes \boldsymbol{I}_n)\boldsymbol{x}(t) \tag{3.38}$$

由式(3.38)可知,群系统[式(3.10)]实现状态一致时,其状态一致性函数向量是群系统中所有子系统状态的均值函数向量,故也称状态一致性函数向量 $\boldsymbol{c}(t)$ 为群系统[式(3.10)]的状态中心函数(向量)。注意,对于给定的群系统,如果能实现状态一致,则存在状态一致性函数向量,但其状态一致性函数向量不唯一,相异的状态一致性函数向量可以相差一个渐近收敛于零的向量。

如果群系统作用拓扑是无向的,则相应的 Laplace 矩阵是实对称的。此时,$\mathbf{1}_N^{\mathrm{T}}L = 0$,由式(3.10)和式(3.38)可知,状态一致性函数向量 $\boldsymbol{c}(t)$ 可表示为如下方程的解(或其稳态分量):

$$\begin{aligned}\dot{\boldsymbol{c}}(t) &= (\boldsymbol{A} + \boldsymbol{B}\boldsymbol{K}_1)\boldsymbol{c}(t)\\ \boldsymbol{c}(0) &= \frac{1}{N}\sum_{i=1}^{N}\boldsymbol{x}_i(0)\end{aligned} \tag{3.39}$$

通过选取适当的增益矩阵 $\boldsymbol{K}_1$，可以指定状态一致性函数向量 $\boldsymbol{c}(t)$ 的特性。

为实现期望的状态一致特性，除了可选取适当的增益矩阵 $\boldsymbol{K}_1$ 外，还可在状态一致性协议[式(3.6)]中加入状态一致参考信号 $\boldsymbol{r}_{\mathrm{c}}(t) \in \mathbf{R}^m$，即考虑如下状态一致性控制协议：

$$\boldsymbol{u}_i(t)=\boldsymbol{K}_1\boldsymbol{x}_i(t)+\boldsymbol{K}_2\sum_{j\in N_i}[\boldsymbol{x}_j(t)-\boldsymbol{x}_i(t)]+\boldsymbol{K}_3\boldsymbol{r}_{\mathrm{c}}(t),\ i=1,\ 2,\ \cdots,\ N \tag{3.40}$$

对于此协议，闭环群系统描述为

$$\begin{aligned}&\dot{\boldsymbol{x}}(t)=[\boldsymbol{I}_N\otimes(\boldsymbol{A}+\boldsymbol{B}\boldsymbol{K}_1)]\boldsymbol{x}(t)-(\boldsymbol{L}\otimes\boldsymbol{B}\boldsymbol{K}_2)\boldsymbol{x}(t)+(\mathbf{1}_N\otimes\boldsymbol{B}\boldsymbol{K}_3)\boldsymbol{r}_{\mathrm{c}}(t)\\&\boldsymbol{x}(0)=\boldsymbol{x}_0\end{aligned} \tag{3.41}$$

由于 $\boldsymbol{U}\mathbf{1}_N=[1\quad 0\quad \cdots\quad 0]^{\mathrm{T}}$，故闭环群系统一致性分解描述为

$$\begin{aligned}&\dot{\boldsymbol{\zeta}}(t)=(\boldsymbol{A}+\boldsymbol{B}\boldsymbol{K}_1)\boldsymbol{\zeta}(t)+(\boldsymbol{l}_{12}^{\mathrm{T}}\otimes\boldsymbol{B}\boldsymbol{K}_2)\boldsymbol{\varphi}(t)+\boldsymbol{B}\boldsymbol{K}_3\boldsymbol{r}_{\mathrm{c}}(t),\ \boldsymbol{\zeta}(0)=(\boldsymbol{U}_1\otimes\boldsymbol{I}_n)\boldsymbol{x}_0\\&\dot{\boldsymbol{\varphi}}(t)=\{[\boldsymbol{I}_{N-1}\otimes(\boldsymbol{A}+\boldsymbol{B}\boldsymbol{K}_1)]-(\widetilde{\boldsymbol{L}}\otimes\boldsymbol{B}\boldsymbol{K}_2)\}\boldsymbol{\varphi}(t),\ \boldsymbol{\varphi}(0)=(\boldsymbol{U}_2\otimes\boldsymbol{I}_n)\boldsymbol{x}_0\\&\boldsymbol{x}(t)=(\mathbf{1}_N\otimes\boldsymbol{I}_n)\boldsymbol{\zeta}(t)+(\hat{\boldsymbol{U}}\otimes\boldsymbol{I}_n)\boldsymbol{\varphi}(t)\end{aligned} \tag{3.42}$$

可见，闭环群系统[式(3.41)]能实现状态一致性的充要条件与闭环群系统[式(3.10)]相同。

当闭环群系统[式(3.41)]能实现状态一致性时，若其作用拓扑是无向的，则其状态一致性函数向量 $\boldsymbol{c}(t)$ 可表示为如下方程的解：

$$\dot{\boldsymbol{c}}(t)=(\boldsymbol{A}+\boldsymbol{B}\boldsymbol{K}_1)\boldsymbol{c}(t)+\boldsymbol{B}\boldsymbol{K}_3\boldsymbol{r}_{\mathrm{c}}(t),\ \boldsymbol{c}(0)=\frac{1}{N}\sum_{i=1}^{N}\boldsymbol{x}_i(0) \tag{3.43}$$

因此，可以通过选取增益矩阵 $\boldsymbol{K}_1$、$\boldsymbol{K}_3$ 和状态一致参考信号 $\boldsymbol{r}_{\mathrm{c}}(t)$ 来确定状态一致性函数向量 $\boldsymbol{c}(t)$ 的特性，即指定群系统状态趋于一致过程中的运动特性和趋于一致之后的运动轨迹。如果 $\boldsymbol{A}+\boldsymbol{B}\boldsymbol{K}_1$ 是 Hurwitz 矩阵，则状态一致性函数可表示为(或渐近趋于)

$$\boldsymbol{c}(t)=\int_0^t \mathrm{e}^{(\boldsymbol{A}+\boldsymbol{B}\boldsymbol{K}_1)(t-\tau)}\boldsymbol{B}\boldsymbol{K}_3\boldsymbol{r}_{\mathrm{c}}(\tau)\mathrm{d}\tau \tag{3.44}$$

考虑由如下外模型产生的状态一致参考信号 $\boldsymbol{r}_{\mathrm{c}}(t)$：

$$\dot{\boldsymbol{r}}_{\mathrm{c}}(t)=\boldsymbol{M}\boldsymbol{r}_{\mathrm{c}}(t),\ \boldsymbol{r}_{\mathrm{c}}(0)=\boldsymbol{r}_{\mathrm{c}0} \tag{3.45}$$

式中，$\boldsymbol{M}\in\mathbf{R}^{m\times m}$ 为常数矩阵；$\boldsymbol{r}_{\mathrm{c}0}$ 为常数向量。如果选取增益矩阵 $\boldsymbol{K}_1$ 使得 $\boldsymbol{A}+\boldsymbol{B}\boldsymbol{K}_1$ 为 Hurwitz 矩阵，并且如下矩阵方程有解：

$$\boldsymbol{P}_{\mathrm{c}}\boldsymbol{M}-(\boldsymbol{A}+\boldsymbol{B}\boldsymbol{K}_1)\boldsymbol{P}_{\mathrm{c}}=\boldsymbol{B}\boldsymbol{K}_3 \tag{3.46}$$

则对于任意的初始条件 $\boldsymbol{x}(0)$ 和 $\boldsymbol{r}_{\mathrm{c}}(0)$，闭环群系统[式(3.41)]的状态一致性函数向量可表示为(或渐近趋于)

$$\boldsymbol{c}(t)=\boldsymbol{P}_{\mathrm{c}}\boldsymbol{r}_{\mathrm{c}}(t) \tag{3.47}$$

上述结论可直接予以证明。事实上，由式(3.43)有

$$\begin{aligned}
\boldsymbol{c}(t)&=\mathrm{e}^{(\boldsymbol{A}+\boldsymbol{B}\boldsymbol{K}_1)t}\boldsymbol{c}(0)+\int_0^t\mathrm{e}^{(\boldsymbol{A}+\boldsymbol{B}\boldsymbol{K}_1)(t-\tau)}\boldsymbol{B}\boldsymbol{K}_3\boldsymbol{r}_{\mathrm{c}}(\tau)\mathrm{d}\tau\\
&=\mathrm{e}^{(\boldsymbol{A}+\boldsymbol{B}\boldsymbol{K}_1)t}\boldsymbol{c}(0)+\int_0^t\mathrm{e}^{(\boldsymbol{A}+\boldsymbol{B}\boldsymbol{K}_1)(t-\tau)}[\boldsymbol{P}_{\mathrm{c}}\boldsymbol{M}-(\boldsymbol{A}+\boldsymbol{B}\boldsymbol{K}_1)\boldsymbol{P}_{\mathrm{c}}]\boldsymbol{r}_{\mathrm{c}}(\tau)\mathrm{d}\tau\\
&=\mathrm{e}^{(\boldsymbol{A}+\boldsymbol{B}\boldsymbol{K}_1)t}\boldsymbol{c}(0)-\int_0^t\mathrm{e}^{(\boldsymbol{A}+\boldsymbol{B}\boldsymbol{K}_1)(t-\tau)}(\boldsymbol{A}+\boldsymbol{B}\boldsymbol{K}_1)\boldsymbol{P}_{\mathrm{c}}\boldsymbol{r}_{\mathrm{c}}(\tau)\mathrm{d}\tau+\\
&\quad\int_0^t\mathrm{e}^{(\boldsymbol{A}+\boldsymbol{B}\boldsymbol{K}_1)(t-\tau)}\boldsymbol{P}_{\mathrm{c}}\mathrm{d}[\boldsymbol{r}_{\mathrm{c}}(\tau)]\\
&=\mathrm{e}^{(\boldsymbol{A}+\boldsymbol{B}\boldsymbol{K}_1)t}\boldsymbol{c}(0)-\int_0^t\mathrm{e}^{(\boldsymbol{A}+\boldsymbol{B}\boldsymbol{K}_1)(t-\tau)}(\boldsymbol{A}+\boldsymbol{B}\boldsymbol{K}_1)\boldsymbol{P}_{\mathrm{c}}\boldsymbol{r}_{\mathrm{c}}(\tau)\mathrm{d}\tau+\\
&\quad\mathrm{e}^{(\boldsymbol{A}+\boldsymbol{B}\boldsymbol{K}_1)(t-\tau)}\boldsymbol{P}_{\mathrm{c}}\boldsymbol{r}_{\mathrm{c}}(\tau)\Big|_{\tau=0}^{\tau=t}+\int_0^t\mathrm{e}^{(\boldsymbol{A}+\boldsymbol{B}\boldsymbol{K}_1)(t-\tau)}(\boldsymbol{A}+\boldsymbol{B}\boldsymbol{K}_1)\boldsymbol{P}_{\mathrm{c}}\boldsymbol{r}_{\mathrm{c}}(\tau)\mathrm{d}\tau\\
&=\mathrm{e}^{(\boldsymbol{A}+\boldsymbol{B}\boldsymbol{K}_1)t}\boldsymbol{c}(0)-\mathrm{e}^{(\boldsymbol{A}+\boldsymbol{B}\boldsymbol{K}_1)t}\boldsymbol{r}_{\mathrm{c}}(0)+\boldsymbol{P}_{\mathrm{c}}\boldsymbol{r}_{\mathrm{c}}(t)
\end{aligned} \tag{3.48}$$

当 $\boldsymbol{A}+\boldsymbol{B}\boldsymbol{K}_1$ 为 Hurwitz 矩阵时，$\boldsymbol{c}(t)$ 渐近趋于 $\boldsymbol{P}_{\mathrm{c}}\boldsymbol{r}_{\mathrm{c}}(t)$，即闭环群系统[式(3.41)]的状态一致性函数可如式(3.47)所示。

若令

$$\boldsymbol{\zeta}_{\mathrm{e}}(t)=\boldsymbol{\zeta}(t)-\boldsymbol{P}_{\mathrm{c}}\boldsymbol{r}_{\mathrm{c}}(t)$$

则

$$\begin{aligned}
\dot{\boldsymbol{\zeta}}_{\mathrm{e}}(t)&=(\boldsymbol{A}+\boldsymbol{B}\boldsymbol{K}_1)\boldsymbol{\zeta}(t)+(\boldsymbol{l}_{12}^{\mathrm{T}}\otimes\boldsymbol{B}\boldsymbol{K}_2)\boldsymbol{\varphi}(t)+\boldsymbol{B}\boldsymbol{K}_3\boldsymbol{r}_{\mathrm{c}}(t)-\boldsymbol{P}_{\mathrm{c}}\boldsymbol{M}\boldsymbol{r}_{\mathrm{c}}(t)\\
&=(\boldsymbol{A}+\boldsymbol{B}\boldsymbol{K}_1)\boldsymbol{\zeta}(t)+(\boldsymbol{l}_{12}^{\mathrm{T}}\otimes\boldsymbol{B}\boldsymbol{K}_2)\boldsymbol{\varphi}(t)-(\boldsymbol{A}+\boldsymbol{B}\boldsymbol{K}_1)\boldsymbol{P}_{\mathrm{c}}\boldsymbol{r}_{\mathrm{c}}(t)\\
&=(\boldsymbol{A}+\boldsymbol{B}\boldsymbol{K}_1)\boldsymbol{\zeta}_{\mathrm{e}}(t)+(\boldsymbol{l}_{12}^{\mathrm{T}}\otimes\boldsymbol{B}\boldsymbol{K}_2)\boldsymbol{\varphi}(t)
\end{aligned} \tag{3.49}$$

比较式(3.21)和式(3.49),再比较式(3.22)和式(3.42)。可知,在状态一致性协议中加入状态一致参考信号后,闭环群系统状态非一致分量的动态特性与未加入状态一致参考信号时的状态非一致分量的动态特性是一样的;如果状态一致参考信号的外模型满足方程[式(3.46)],且 $\boldsymbol{A}+\boldsymbol{BK}_1$ 为 Hurwitz 矩阵,则闭环群系统状态一致分量与其状态一致性函数的差的动态特性与未加入状态一致参考信号时的状态一致分量的动态特性是一致的。

注 3.1 矩阵方程[式(3.46)]是一个 Sylvester 方程。当 $\boldsymbol{A}+\boldsymbol{BK}_1$ 为 Hurwitz 矩阵而外模型不含有渐近稳定模态时,矩阵方程[式(3.46)]的解 $\boldsymbol{P}$ 存在且唯一。

注 3.2 当 $\boldsymbol{A}+\boldsymbol{BK}_1$ 为 Hurwitz 矩阵时,闭环群系统[式(3.10)]的状态一致性函数是(或趋于)零向量;当 $\boldsymbol{A}+\boldsymbol{BK}_1$ 不是 Hurwitz 矩阵时,闭环群系统[式(3.10)]的状态一致性函数则可能包含有非零部分,甚至含有趋于无穷大的部分。

注 3.3 群系统[式(3.10)和式(3.41)]的状态一致性函数不是唯一的,可表示为不同的形式,因此采用了"可表示为"这样的说法;但如果忽略其所包含的渐近趋于零的部分的话,状态一致性函数则是唯一的。

3.6 基于状态估计的群系统状态一致性控制

状态一致性协议[式(3.6)]中利用了子系统的状态及其与邻居的相对状态。在实际中存在不能获得全部状态信息而只能获得输出信息的情形。此时可对各子系统设计状态观测器,重构各子系统的状态,基于重构的状态构成状态一致性协议,实现状态一致性。

基于状态估计的状态一致性(动态)协议可构成如下:

$$
\begin{aligned}
&\dot{\hat{\boldsymbol{x}}}_i(t)=\boldsymbol{A}\hat{\boldsymbol{x}}_i(t)+\boldsymbol{B}\boldsymbol{u}_i(t)+\boldsymbol{K}_{\mathrm{o}}[\boldsymbol{y}_i(t)-\hat{\boldsymbol{y}}_i(t)],\ \hat{\boldsymbol{x}}_i(0)=\hat{\boldsymbol{x}}_{0i}\\
&\hat{\boldsymbol{y}}_i(t)=\boldsymbol{C}\hat{\boldsymbol{x}}_i(t)\\
&\boldsymbol{u}_i(t)=\boldsymbol{K}_1\hat{\boldsymbol{x}}_i(t)+\boldsymbol{K}_2\sum_{j\in N_i}[\hat{\boldsymbol{x}}_j(t)-\hat{\boldsymbol{x}}_i(t)]\\
&i=1,2,\cdots,N
\end{aligned}
\tag{3.50}
$$

式中,$\boldsymbol{K}_{\mathrm{o}}$ 为观测器增益。增益矩阵 $\boldsymbol{K}_1$ 和 $\boldsymbol{K}_2$ 与 3.2 节所介绍的状态一致性协议[式(3.6)]中的增益矩阵相同。选取观测器增益 $\boldsymbol{K}_{\mathrm{o}}$ 保证观测器的状态矩阵 $\boldsymbol{A}-$

$\boldsymbol{K}_{\mathrm{o}}\boldsymbol{C}$ 为 Hurwitz 矩阵。

令

$$\begin{aligned}&\hat{\boldsymbol{x}}(t)=[\hat{\boldsymbol{x}}_1^{\mathrm{T}}(t)\quad \hat{\boldsymbol{x}}_2^{\mathrm{T}}(t)\quad \cdots\quad \hat{\boldsymbol{x}}_N^{\mathrm{T}}(t)]^{\mathrm{T}},\ \hat{\boldsymbol{x}}(0)=\hat{\boldsymbol{x}}_0\\&\boldsymbol{x}_{\mathrm{e}}(t)=[\boldsymbol{x}_{\mathrm{e1}}^{\mathrm{T}}(t)\quad \boldsymbol{x}_{\mathrm{e2}}^{\mathrm{T}}(t)\quad \cdots\quad \boldsymbol{x}_{\mathrm{e}N}^{\mathrm{T}}(t)]^{\mathrm{T}}=\boldsymbol{x}(t)-\hat{\boldsymbol{x}}(t)\end{aligned}\tag{3.51}$$

则基于状态估计的状态一致性动态协议[式(3.50)]下的闭环群系统可描述为

$$\begin{aligned}\dot{\boldsymbol{x}}(t)=&[\boldsymbol{I}_N\otimes(\boldsymbol{A}+\boldsymbol{B}\boldsymbol{K}_1)]\boldsymbol{x}(t)-(\boldsymbol{L}\otimes\boldsymbol{B}\boldsymbol{K}_2)\boldsymbol{x}(t)-\\&[(\boldsymbol{I}_N\otimes\boldsymbol{B}\boldsymbol{K}_1)-(\boldsymbol{L}\otimes\boldsymbol{B}\boldsymbol{K}_2)]\boldsymbol{x}_{\mathrm{e}}(t)\\\dot{\boldsymbol{x}}_{\mathrm{e}}(t)=&[\boldsymbol{I}_N\otimes(\boldsymbol{A}-\boldsymbol{K}_{\mathrm{o}}\boldsymbol{C})]\boldsymbol{x}_{\mathrm{e}}(t)\\\boldsymbol{x}(0)=&\boldsymbol{x}_0,\ \boldsymbol{x}_{\mathrm{e}}(0)=\boldsymbol{x}_0-\hat{\boldsymbol{x}}_0\end{aligned}\tag{3.52}$$

进行如式(3.17)的状态变换,并令

$$\begin{aligned}&\begin{bmatrix}\boldsymbol{\zeta}_{\mathrm{e}}(t)\\\boldsymbol{\varphi}_{\mathrm{e}}(t)\end{bmatrix}=(\boldsymbol{U}\otimes\boldsymbol{I}_n)\boldsymbol{x}_{\mathrm{e}}(t)\\&\boldsymbol{\zeta}_{\mathrm{e}}(t)=(\boldsymbol{U}_1\otimes\boldsymbol{I}_n)\boldsymbol{x}_{\mathrm{e}}(t)\in\mathbf{R}^n\\&\boldsymbol{\varphi}_{\mathrm{e}}(t)=(\boldsymbol{U}_2\otimes\boldsymbol{I}_n)\boldsymbol{x}_{\mathrm{e}}(t)\in\mathbf{R}^{(N-1)\times n}\end{aligned}\tag{3.53}$$

可得闭环群系统[式(3.52)]的状态一致性分解描述:

$$\begin{aligned}&\dot{\boldsymbol{\zeta}}(t)=(\boldsymbol{A}+\boldsymbol{B}\boldsymbol{K}_1)\boldsymbol{\zeta}(t)+(\boldsymbol{l}_{12}^{\mathrm{T}}\otimes\boldsymbol{B}\boldsymbol{K}_2)\boldsymbol{\varphi}(t)-\boldsymbol{B}\boldsymbol{K}_1\boldsymbol{\zeta}_{\mathrm{e}}(t)+(\boldsymbol{l}_{12}^{\mathrm{T}}\otimes\boldsymbol{B}\boldsymbol{K}_2)\boldsymbol{\varphi}_{\mathrm{e}}(t),\\&\boldsymbol{\zeta}(0)=(\boldsymbol{U}_1\otimes\boldsymbol{I}_n)\boldsymbol{x}_0\\&\dot{\boldsymbol{\zeta}}_{\mathrm{e}}(t)=(\boldsymbol{A}-\boldsymbol{K}_{\mathrm{o}}\boldsymbol{C})\boldsymbol{\zeta}_{\mathrm{e}}(t),\ \boldsymbol{\zeta}_{\mathrm{e}}(0)=(\boldsymbol{U}_1\otimes\boldsymbol{I}_n)\boldsymbol{x}_{\mathrm{e}}(0)\\&\dot{\boldsymbol{\varphi}}(t)=[\boldsymbol{I}_{N-1}\otimes(\boldsymbol{A}+\boldsymbol{B}\boldsymbol{K}_1)]\boldsymbol{\varphi}(t)-(\tilde{\boldsymbol{L}}\otimes\boldsymbol{B}\boldsymbol{K}_2)\boldsymbol{\varphi}(t)-[(\boldsymbol{I}_{N-1}\otimes\boldsymbol{B}\boldsymbol{K}_1)-\\&\qquad(\tilde{\boldsymbol{L}}\otimes\boldsymbol{B}\boldsymbol{K}_2)]\boldsymbol{\varphi}_{\mathrm{e}}(t),\ \boldsymbol{\varphi}(0)=(\boldsymbol{U}_2\otimes\boldsymbol{I}_n)\boldsymbol{x}_0\\&\dot{\boldsymbol{\varphi}}_{\mathrm{e}}(t)=[\boldsymbol{I}_{N-1}\otimes(\boldsymbol{A}-\boldsymbol{K}_{\mathrm{o}}\boldsymbol{C})]\boldsymbol{\varphi}_{\mathrm{e}}(t),\ \boldsymbol{\varphi}_{\mathrm{e}}(0)=(\boldsymbol{U}_2\otimes\boldsymbol{I}_n)\boldsymbol{x}_{\mathrm{e}}(0)\\&\boldsymbol{x}(t)=(\boldsymbol{1}_N\otimes\boldsymbol{I}_n)\boldsymbol{\zeta}(t)+(\hat{\boldsymbol{U}}\otimes\boldsymbol{I}_n)\boldsymbol{\varphi}(t)\end{aligned}\tag{3.54}$$

因为观测器状态矩阵 $\boldsymbol{A}-\boldsymbol{K}_{\mathrm{o}}\boldsymbol{C}$ 是 Hurwitz 矩阵,所以 $\boldsymbol{\zeta}_{\mathrm{e}}(t)$ 和 $\boldsymbol{\varphi}_{\mathrm{e}}(t)$ 都按指数收敛于零。由类似于 3.4 节的分析可证,当 $\boldsymbol{I}_{N-1}\otimes(\boldsymbol{A}+\boldsymbol{B}\boldsymbol{K}_1)-(\tilde{\boldsymbol{L}}\otimes\boldsymbol{B}\boldsymbol{K}_2)$ 是 Hurwitz 矩阵时,则有

$$\lim_{t\to\infty}\boldsymbol{\varphi}(t)=\mathbf{0}_{(N-1)n}\tag{3.55}$$

如果群系统的作用拓扑是无向的，则闭环群系统[式(3.52)]的状态一致性函数可表示为如下方程的解：

$$\dot{\boldsymbol{c}}(t)=(\boldsymbol{A}+\boldsymbol{B}\boldsymbol{K}_1)\boldsymbol{c}(t)-\boldsymbol{B}\boldsymbol{K}_1\frac{1}{N}\sum_{i=1}^{N}\boldsymbol{x}_{ei}(t),\ \boldsymbol{c}(0)=\frac{1}{N}\sum_{i=1}^{N}\boldsymbol{x}_i(0) \tag{3.56}$$

如果 $\boldsymbol{A}+\boldsymbol{B}\boldsymbol{K}_1$ 也为 Hurwitz 矩阵，则对任意的群系统初始状态和观测器初始状态，状态一致性函数均为零向量。如果 $\boldsymbol{A}+\boldsymbol{B}\boldsymbol{K}_1$ 不是 Hurwitz 矩阵，且观测器初始状态不等于群系统初始状态，则状态一致性函数可能与观测器参数和初始状态相关。

3.7 基于降阶观测器的群系统状态/输出一致性控制

在 3.6 节中考虑了仅能获得子系统的输出和邻居的重构状态信息时，利用全维观测器进行状态估计，实现状态一致性控制的问题。本节考虑基于降阶观测器的状态(和输出)一致性控制问题。

对于行满秩的输出矩阵 $\boldsymbol{C}$，存在矩阵 $\tilde{\boldsymbol{C}}\in\mathbf{R}^{(n-l)\times n}$，使得矩阵

$$\boldsymbol{T}=\begin{bmatrix}\boldsymbol{C}\\ \tilde{\boldsymbol{C}}\end{bmatrix}\in\mathbf{R}^{n\times n} \tag{3.57}$$

为非奇异矩阵。令

$$\hat{\boldsymbol{y}}_i(t)=\tilde{\boldsymbol{C}}\boldsymbol{x}_i(t) \tag{3.58}$$

则

$$\tilde{\boldsymbol{y}}_i(t)=\begin{bmatrix}\boldsymbol{y}_i(t)\\ \hat{\boldsymbol{y}}_i(t)\end{bmatrix}=\begin{bmatrix}\boldsymbol{C}\\ \tilde{\boldsymbol{C}}\end{bmatrix}\boldsymbol{x}_i(t)=\boldsymbol{T}\boldsymbol{x}_i(t) \tag{3.59}$$

令

$$\begin{gathered}\hat{\boldsymbol{A}}=\boldsymbol{T}\boldsymbol{A}\boldsymbol{T}^{-1}=\begin{bmatrix}\hat{\boldsymbol{A}}_{11} & \hat{\boldsymbol{A}}_{12}\\ \hat{\boldsymbol{A}}_{21} & \hat{\boldsymbol{A}}_{22}\end{bmatrix},\ \hat{\boldsymbol{B}}=\boldsymbol{T}\boldsymbol{B}=\begin{bmatrix}\hat{\boldsymbol{B}}_1\\ \hat{\boldsymbol{B}}_2\end{bmatrix}\\ \hat{\boldsymbol{C}}=\boldsymbol{C}\boldsymbol{T}^{-1}=[\boldsymbol{I}_{l\times l}\quad \boldsymbol{0}_{l\times(n-l)}]\end{gathered} \tag{3.60}$$

当 $(\boldsymbol{A},\boldsymbol{C})$ 是可检测对时，则易证 $(\hat{\boldsymbol{A}}_{22},\hat{\boldsymbol{A}}_{12})$ 也是可检测对。第 i 个子系统的状

态方程可变换为

$$\dot{\boldsymbol{y}}_i(t)=\hat{\boldsymbol{A}}_{11}\boldsymbol{y}_i(t)+\hat{\boldsymbol{A}}_{12}\hat{\boldsymbol{y}}_i(t)+\hat{\boldsymbol{B}}_1\boldsymbol{u}_i(t),\ \boldsymbol{y}_i(0)=\boldsymbol{C}\boldsymbol{x}_{0i} \tag{3.61}$$

$$\begin{aligned}&\dot{\hat{\boldsymbol{y}}}_i(t)=\hat{\boldsymbol{A}}_{21}\boldsymbol{y}_i(t)+\hat{\boldsymbol{A}}_{22}\hat{\boldsymbol{y}}_i(t)+\hat{\boldsymbol{B}}_2\boldsymbol{u}_i(t),\ \hat{\boldsymbol{y}}_i(0)=\widetilde{\boldsymbol{C}}\boldsymbol{x}_{0i}\\&i=1,2,\cdots,N\end{aligned} \tag{3.62}$$

式中，$\hat{\boldsymbol{y}}_i(t)$ 为不可量测的状态分量。

令 $\boldsymbol{\omega}_i(t)=\hat{\boldsymbol{A}}_{12}\hat{\boldsymbol{y}}_i(t)$，则由式(3.61)有

$$\boldsymbol{\omega}_i(t)=\dot{\boldsymbol{y}}_i(t)-\hat{\boldsymbol{A}}_{11}\boldsymbol{y}_i(t)-\hat{\boldsymbol{B}}_1\boldsymbol{u}_i(t) \tag{3.63}$$

因此，可以将 $\boldsymbol{\omega}_i(t)$ 视为不可量测状态分量 $\hat{\boldsymbol{y}}_i(t)$ 对应的子系统的输出。针对 $\hat{\boldsymbol{y}}_i(t)$ 构成观测器：

$$\begin{aligned}&\dot{\boldsymbol{z}}_i(t)=\hat{\boldsymbol{A}}_{22}\boldsymbol{z}_i(t)+\hat{\boldsymbol{A}}_{21}\boldsymbol{y}_i(t)+\hat{\boldsymbol{B}}_2\boldsymbol{u}_i(t)+\boldsymbol{K}_{\mathrm{o}}[\boldsymbol{\omega}_i(t)-\widetilde{\boldsymbol{\omega}}_i(t)],\ \boldsymbol{z}_i(0)=\boldsymbol{z}_{0i}\\&\widetilde{\boldsymbol{\omega}}_i(t)=\hat{\boldsymbol{A}}_{12}\boldsymbol{z}_i(t)\\&i=1,2,\cdots,N\end{aligned} \tag{3.64}$$

式中，$\boldsymbol{K}_{\mathrm{o}}$ 为观测器增益矩阵；$\boldsymbol{z}_{0i}$ 为 $n-l$ 维常数向量。适当选取 $\boldsymbol{K}_{\mathrm{o}}$，使得 $\hat{\boldsymbol{A}}_{22}-\boldsymbol{K}_{\mathrm{o}}\hat{\boldsymbol{A}}_{12}$ 为 Hurwitz 矩阵。基于式(3.63)获取 $\boldsymbol{\omega}_i(t)$ 时需要 $\boldsymbol{y}_i(t)$ 的微分，为避免此问题，引入新的变量：

$$\hat{\boldsymbol{z}}_i(t)=\boldsymbol{z}_i(t)-\boldsymbol{K}_{\mathrm{o}}\boldsymbol{y}_i(t),\ i=1,2,\cdots,N \tag{3.65}$$

则有

$$\begin{aligned}&\dot{\hat{\boldsymbol{z}}}_i(t)=(\hat{\boldsymbol{A}}_{22}-\boldsymbol{K}_{\mathrm{o}}\hat{\boldsymbol{A}}_{12})\hat{\boldsymbol{z}}_i(t)+[(\hat{\boldsymbol{A}}_{22}-\boldsymbol{K}_{\mathrm{o}}\hat{\boldsymbol{A}}_{12})\boldsymbol{K}_{\mathrm{o}}+\hat{\boldsymbol{A}}_{21}-\boldsymbol{K}_{\mathrm{o}}\hat{\boldsymbol{A}}_{11}]\boldsymbol{y}_i(t)+\\&\qquad(\hat{\boldsymbol{B}}_2-\boldsymbol{K}_{\mathrm{o}}\hat{\boldsymbol{B}}_1)\boldsymbol{u}_i(t)\\&\hat{\boldsymbol{z}}_i(0)=\hat{\boldsymbol{z}}_{0i}=\boldsymbol{z}_{0i}-\boldsymbol{K}_{\mathrm{o}}\boldsymbol{C}\boldsymbol{x}_{0i}\\&\boldsymbol{z}_i(t)=\hat{\boldsymbol{z}}_i(t)+\boldsymbol{K}_{\mathrm{o}}\boldsymbol{y}_i(t)\\&i=1,2,\cdots,N\end{aligned} \tag{3.66}$$

利用状态的估计值，可以构成如下一致性协议：

$$\boldsymbol{u}_i(t)=\boldsymbol{K}_1\hat{\boldsymbol{x}}_i(t)+\boldsymbol{K}_2\sum_{j\in N_i}[\hat{\boldsymbol{x}}_j(t)-\hat{\boldsymbol{x}}_i(t)],\ i=1,2,\cdots,N \tag{3.67}$$

式中，

$$\hat{\boldsymbol{x}}_i(t)=\boldsymbol{T}^{-1}\begin{bmatrix}\boldsymbol{y}_i(t)\\\hat{\boldsymbol{z}}_i(t)+\boldsymbol{K}_\text{o}\boldsymbol{y}_i(t)\end{bmatrix}=\boldsymbol{T}^{-1}\begin{bmatrix}\boldsymbol{I}_{l\times l} & \boldsymbol{0}_{l\times(n-l)}\\\boldsymbol{K}_\text{o} & \boldsymbol{I}_{(n-l)\times(n-l)}\end{bmatrix}\begin{bmatrix}\boldsymbol{y}_i(t)\\\hat{\boldsymbol{z}}_i(t)\end{bmatrix} \tag{3.68}$$

令

$$\begin{aligned}&\tilde{\boldsymbol{y}}_{\text{e}i}(t)=\boldsymbol{T}[\boldsymbol{x}_i(t)-\hat{\boldsymbol{x}}_i(t)]\\&\hat{\boldsymbol{y}}_{\text{e}i}(t)=\hat{\boldsymbol{y}}_i(t)-\boldsymbol{z}_i(t)=\hat{\boldsymbol{y}}_i(t)-\hat{\boldsymbol{z}}_i(t)-\boldsymbol{K}_\text{o}\boldsymbol{y}_i(t)\\&i=1,\ 2,\ \cdots,\ N\end{aligned} \tag{3.69}$$

则

$$\tilde{\boldsymbol{y}}_{\text{e}i}(t)=\begin{bmatrix}\boldsymbol{0}_{l\times(n-l)}\\\hat{\boldsymbol{y}}_{\text{e}i}(t)\end{bmatrix},\ i=1,\ 2,\ \cdots,\ N \tag{3.70}$$

由式(3.61)、式(3.62)和式(3.66)，可得

$$\dot{\hat{\boldsymbol{y}}}_{\text{e}i}(t)=(\hat{\boldsymbol{A}}_{22}-\boldsymbol{K}_\text{o}\hat{\boldsymbol{A}}_{12})\hat{\boldsymbol{y}}_{\text{e}i}(t),\ \hat{\boldsymbol{y}}_{\text{e}i}(0)=\hat{\boldsymbol{y}}_{0i}-\boldsymbol{z}_{0i},\ i=1,\ 2,\ \cdots,\ N \tag{3.71}$$

令

$$\begin{aligned}&\hat{\boldsymbol{x}}(t)=[\hat{\boldsymbol{x}}_1^\text{T}(t)\quad\hat{\boldsymbol{x}}_2^\text{T}(t)\quad\cdots\quad\hat{\boldsymbol{x}}_N^\text{T}(t)]^\text{T}\\&\tilde{\boldsymbol{y}}_\text{e}(t)=[\tilde{\boldsymbol{y}}_{\text{e}1}^\text{T}(t)\quad\tilde{\boldsymbol{y}}_{\text{e}2}^\text{T}(t)\quad\cdots\quad\tilde{\boldsymbol{y}}_{\text{e}N}^\text{T}(t)]^\text{T}\\&\boldsymbol{x}_\text{e}(t)=[\boldsymbol{x}_{\text{e}1}^\text{T}(t)\quad\boldsymbol{x}_{\text{e}2}^\text{T}(t)\quad\cdots\quad\boldsymbol{x}_{\text{e}N}^\text{T}(t)]^\text{T}=\boldsymbol{x}(t)-\hat{\boldsymbol{x}}(t)=(\boldsymbol{I}_N\otimes\boldsymbol{T}^{-1})\tilde{\boldsymbol{y}}_\text{e}(t)\\&\hat{\boldsymbol{y}}_\text{e}(t)=[\hat{\boldsymbol{y}}_{\text{e}1}^\text{T}(t)\quad\hat{\boldsymbol{y}}_{\text{e}2}^\text{T}(t)\quad\cdots\quad\hat{\boldsymbol{y}}_{\text{e}N}^\text{T}(t)]^\text{T}\end{aligned} \tag{3.72}$$

则闭环群系统可描述为

$$\begin{aligned}&\dot{\boldsymbol{x}}(t)=\{[\boldsymbol{I}_N\otimes(\boldsymbol{A}+\boldsymbol{BK}_1)]-(\boldsymbol{L}\otimes\boldsymbol{BK}_2)\}\boldsymbol{x}(t)-\\&\qquad[(\boldsymbol{I}_N\otimes\boldsymbol{BK}_1)-(\boldsymbol{L}\otimes\boldsymbol{BK}_2)]\boldsymbol{x}_\text{e}(t)\\&\dot{\hat{\boldsymbol{y}}}_\text{e}(t)=[\boldsymbol{I}_N\otimes(\hat{\boldsymbol{A}}_{22}-\boldsymbol{K}_\text{o}\hat{\boldsymbol{A}}_{12})]\hat{\boldsymbol{y}}_\text{e}(t)\\&\boldsymbol{x}_\text{e}(t)=\left(\boldsymbol{I}_N\otimes\boldsymbol{T}^{-1}\begin{bmatrix}\boldsymbol{0}_{l\times(n-l)}\\\boldsymbol{I}_{n-l}\end{bmatrix}\right)\hat{\boldsymbol{y}}_\text{e}(t)\\&\boldsymbol{x}(0)=\boldsymbol{x}_0,\ \hat{\boldsymbol{y}}_\text{e}(0)=\hat{\boldsymbol{y}}_0-\boldsymbol{z}_0\end{aligned} \tag{3.73}$$

利用式(3.11)给定的变换矩阵进行变量代换：

$$
\begin{aligned}
&\boldsymbol{\zeta}(t)=(\boldsymbol{U}_1\otimes\boldsymbol{I}_n)\boldsymbol{x}(t)\in\mathbf{R}^n\\
&\boldsymbol{\varphi}(t)=(\boldsymbol{U}_2\otimes\boldsymbol{I}_n)\boldsymbol{x}(t)\in\mathbf{R}^{(N-1)\times n}\\
&\boldsymbol{\zeta}_{\mathrm{e}}(t)=(\boldsymbol{U}_1\otimes\boldsymbol{I}_n)\boldsymbol{x}_{\mathrm{e}}(t)\in\mathbf{R}^n\\
&\boldsymbol{\varphi}_{\mathrm{e}}(t)=(\boldsymbol{U}_2\otimes\boldsymbol{I}_n)\boldsymbol{x}_{\mathrm{e}}(t)\in\mathbf{R}^{(N-1)\times n}
\end{aligned}
\tag{3.74}
$$

可得闭环群系统[式(3.73)]状态一致性分解和输出一致性分解：

$$
\begin{aligned}
&\dot{\boldsymbol{\zeta}}(t)=(\boldsymbol{A}+\boldsymbol{BK}_1)\boldsymbol{\zeta}(t)+(\boldsymbol{l}_{12}^{\mathrm{T}}\otimes\boldsymbol{BK}_2)\boldsymbol{\varphi}(t)-\boldsymbol{BK}_1\boldsymbol{\zeta}_{\mathrm{e}}(t)+(\boldsymbol{l}_{12}^{\mathrm{T}}\otimes\boldsymbol{BK}_2)\boldsymbol{\varphi}_{\mathrm{e}}(t)\\
&\boldsymbol{\zeta}(0)=(\boldsymbol{U}_1\otimes\boldsymbol{I}_n)\boldsymbol{x}_0\\
&\dot{\boldsymbol{\varphi}}(t)=\{[\boldsymbol{I}_{N-1}\otimes(\boldsymbol{A}+\boldsymbol{BK}_1)]-(\widetilde{\boldsymbol{L}}\otimes\boldsymbol{BK}_2)\}\boldsymbol{\varphi}(t)-[(\boldsymbol{I}_{N-1}\otimes\boldsymbol{BK}_1)-(\widetilde{\boldsymbol{L}}\otimes\\
&\qquad\boldsymbol{BK}_2)]\boldsymbol{\varphi}_{\mathrm{e}}(t),\ \boldsymbol{\varphi}(0)=(\boldsymbol{U}_2\otimes\boldsymbol{I}_n)\boldsymbol{x}_0\\
&\dot{\hat{\boldsymbol{y}}}_{\mathrm{e}}(t)=[\boldsymbol{I}_N\otimes(\hat{\boldsymbol{A}}_{22}-\boldsymbol{K}_{\mathrm{o}}\hat{\boldsymbol{A}}_{12})]\hat{\boldsymbol{y}}_{\mathrm{e}}(t),\ \hat{\boldsymbol{y}}_{\mathrm{e}}(0)=\hat{\boldsymbol{y}}_0-\boldsymbol{z}_0\\
&\boldsymbol{\zeta}_{\mathrm{e}}(t)=\left(\boldsymbol{U}_1\otimes\boldsymbol{T}^{-1}\begin{bmatrix}\boldsymbol{0}_{l\times(n-l)}\\ \boldsymbol{I}_{n-l}\end{bmatrix}\right)\hat{\boldsymbol{y}}_{\mathrm{e}}(t)\\
&\boldsymbol{\varphi}_{\mathrm{e}}(t)=\left(\boldsymbol{U}_2\otimes\boldsymbol{T}^{-1}\begin{bmatrix}\boldsymbol{0}_{l\times(n-l)}\\ \boldsymbol{I}_{n-l}\end{bmatrix}\right)\hat{\boldsymbol{y}}_{\mathrm{e}}(t)\\
&\boldsymbol{x}(t)=(\boldsymbol{1}_N\otimes\boldsymbol{I}_n)\boldsymbol{\zeta}(t)+(\hat{\boldsymbol{U}}\otimes\boldsymbol{I}_n)\boldsymbol{\varphi}(t)\\
&\boldsymbol{y}(t)=(\boldsymbol{1}_N\otimes\boldsymbol{C})\boldsymbol{\zeta}(t)+(\hat{\boldsymbol{U}}\otimes\boldsymbol{C})\boldsymbol{\varphi}(t)
\end{aligned}
\tag{3.75}
$$

若观测器状态矩阵 $\hat{\boldsymbol{A}}_{22}-\boldsymbol{K}_{\mathrm{o}}\hat{\boldsymbol{A}}_{12}$ 是 Hurwitz 矩阵，则 $\boldsymbol{\zeta}_{\mathrm{e}}(t)$ 和 $\boldsymbol{\varphi}_{\mathrm{e}}(t)$ 按指数收敛于零。因此实现状态一致的充要条件为 $\boldsymbol{\varphi}(t)$ 渐近趋于零，这也是实现输出一致的充分条件。由于状态反馈可能改变系统的可观性，需要对 $\{[\boldsymbol{I}_{N-1}\otimes(\boldsymbol{A}+\boldsymbol{BK}_1)]-(\widetilde{\boldsymbol{L}}\otimes\boldsymbol{BK}_2),\ \boldsymbol{C}\}$ 进行可观性分解，方可给出实现输出一致的充要条件。关于一致性函数，可得到与基于全维观测器的情形类似的结论。

3.8 基于输出静态协议的群系统输出一致性控制

如果群系统[式(3.1)]中各个子系统的状态及其与邻居的相对状态都能获得，并仍应用式(3.6)的状态一致性协议，则由闭环群系统状态一致性分解描述式[式(3.21)～式(3.23)]可得

$$\dot{\boldsymbol{\zeta}}(t)=(\boldsymbol{A}+\boldsymbol{B}\boldsymbol{K}_1)\boldsymbol{\zeta}(t)+(\boldsymbol{l}_{12}^{\mathrm{T}}\otimes\boldsymbol{B}\boldsymbol{K}_2)\boldsymbol{\varphi}(t),\ \boldsymbol{\zeta}(0)=(\boldsymbol{U}_1\otimes\boldsymbol{I}_n)\boldsymbol{x}(0) \tag{3.76}$$

$$\dot{\boldsymbol{\varphi}}(t)=\{[\boldsymbol{I}_{N-1}\otimes(\boldsymbol{A}+\boldsymbol{B}\boldsymbol{K}_1)]-(\widetilde{\boldsymbol{L}}\otimes\boldsymbol{B}\boldsymbol{K}_2)\}\boldsymbol{\varphi}(t),\ \boldsymbol{\varphi}(0)=(\boldsymbol{U}_2\otimes\boldsymbol{I}_n)\boldsymbol{x}(0) \tag{3.77}$$

$$\boldsymbol{y}(t)=(\boldsymbol{1}_N\otimes\boldsymbol{C})\boldsymbol{\zeta}(t)+(\hat{\boldsymbol{U}}\otimes\boldsymbol{C})\boldsymbol{\varphi}(t) \tag{3.78}$$

当闭环群系统能实现状态一致性时，也同时能实现输出一致性，且

$$\boldsymbol{y}_i(t)\rightarrow\boldsymbol{C}\boldsymbol{\zeta}(t),\ t\rightarrow\infty,\ i=1,\ 2,\ \cdots,\ N \tag{3.79}$$

然而，闭环群系统能实现输出一致性的充要条件并不是 $\boldsymbol{\varphi}(t)$ 趋于零，而是其可观分量趋于零。

本节讨论仅能获得各个子系统的输出及其与邻居的相对输出，且应用静态协议的情形，即考虑如下输出一致性协议：

$$\boldsymbol{u}_i(t)=\boldsymbol{K}_1\boldsymbol{y}_i(t)+\boldsymbol{K}_2\sum_{j\in N_i}[\boldsymbol{y}_j(t)-\boldsymbol{y}_i(t)],\ i=1,\ 2,\ \cdots,\ N \tag{3.80}$$

则闭环群系统可描述为

$$\begin{aligned}&\dot{\boldsymbol{x}}(t)=[\boldsymbol{I}_N\otimes(\boldsymbol{A}+\boldsymbol{B}\boldsymbol{K}_1\boldsymbol{C})]\boldsymbol{x}(t)-(\boldsymbol{L}\otimes\boldsymbol{B}\boldsymbol{K}_2\boldsymbol{C})\boldsymbol{x}(t),\ \boldsymbol{x}(0)=\boldsymbol{x}_0\\&\boldsymbol{y}(t)=(\boldsymbol{I}_N\otimes\boldsymbol{C})\boldsymbol{x}(t)\end{aligned} \tag{3.81}$$

仍如式(3.11)进行状态变量代换，可得

$$\begin{aligned}&\dot{\boldsymbol{\zeta}}(t)=(\boldsymbol{A}+\boldsymbol{B}\boldsymbol{K}_1\boldsymbol{C})\boldsymbol{\zeta}(t)+(\boldsymbol{l}_{12}^{\mathrm{T}}\otimes\boldsymbol{B}\boldsymbol{K}_2\boldsymbol{C})\boldsymbol{\varphi}(t),\ \boldsymbol{\zeta}(0)=(\boldsymbol{U}_1\otimes\boldsymbol{I}_n)\boldsymbol{x}(0)\\&\dot{\boldsymbol{\varphi}}(t)=\{[\boldsymbol{I}_{N-1}\otimes(\boldsymbol{A}+\boldsymbol{B}\boldsymbol{K}_1\boldsymbol{C})]-(\widetilde{\boldsymbol{L}}\otimes\boldsymbol{B}\boldsymbol{K}_2\boldsymbol{C})\}\boldsymbol{\varphi}(t),\ \boldsymbol{\varphi}(0)=(\boldsymbol{U}_2\otimes\boldsymbol{I}_n)\boldsymbol{x}(0)\\&\boldsymbol{y}(t)=(\boldsymbol{1}_N\otimes\boldsymbol{C})\boldsymbol{\zeta}(t)+(\hat{\boldsymbol{U}}\otimes\boldsymbol{C})\boldsymbol{\varphi}(t)\end{aligned} \tag{3.82}$$

令 $(\boldsymbol{A},\boldsymbol{C})$ 的可观子空间的维数为 n_{o}，不可观子空间的维数为 $n_{\bar{\mathrm{o}}}$，即 $n_{\bar{\mathrm{o}}}=n-n_{\mathrm{o}}$。假设 $(\boldsymbol{A},\boldsymbol{C})$ 的可观性结构分解变换矩阵为非奇异矩阵 $\boldsymbol{T}$，即

$$\boldsymbol{T}\boldsymbol{A}\boldsymbol{T}^{-1}=\begin{bmatrix}\boldsymbol{A}_{\mathrm{o}} & 0\\ \boldsymbol{A}_{21} & \boldsymbol{A}_{\bar{\mathrm{o}}}\end{bmatrix},\ \boldsymbol{C}\boldsymbol{T}^{-1}=[\boldsymbol{C}_{\mathrm{o}}\quad 0],\ \boldsymbol{T}\boldsymbol{B}=\begin{bmatrix}\boldsymbol{B}_{\mathrm{o}}\\ \boldsymbol{B}_{\bar{\mathrm{o}}}\end{bmatrix} \tag{3.83}$$

式中，$\boldsymbol{A}_{\mathrm{o}}\in\mathbf{R}^{n_{\mathrm{o}}\times n_{\mathrm{o}}}$，$\boldsymbol{C}_{\mathrm{o}}\in\mathbf{R}^{l\times n_{\mathrm{o}}}$，$(\boldsymbol{A}_{\mathrm{o}},\boldsymbol{C}_{\mathrm{o}})$ 为可观对。当 $(\boldsymbol{A},\boldsymbol{C})$ 可检测时，不可观模态 $\boldsymbol{A}_{\bar{\mathrm{o}}}$ 是渐近稳定的。

令

$$\begin{aligned}&\boldsymbol{\omega}(t)=\boldsymbol{T}\boldsymbol{\zeta}(t)\\&\boldsymbol{z}(t)=(\boldsymbol{I}_{N-1}\otimes\boldsymbol{T})\boldsymbol{\varphi}(t)\end{aligned}\tag{3.84}$$

则

$$\begin{aligned}\dot{\boldsymbol{\omega}}(t)&=\boldsymbol{T}(\boldsymbol{A}+\boldsymbol{B}\boldsymbol{K}_1\boldsymbol{C})\boldsymbol{T}^{-1}\boldsymbol{\omega}(t)+(\boldsymbol{l}_{12}^{\mathrm{T}}\otimes\boldsymbol{T}\boldsymbol{B}\boldsymbol{K}_2\boldsymbol{C}\boldsymbol{T}^{-1})\boldsymbol{z}(t)\\&=\left(\begin{bmatrix}\boldsymbol{A}_{\mathrm{o}}&0\\\boldsymbol{A}_{21}&\boldsymbol{A}_{\bar{\mathrm{o}}}\end{bmatrix}+\begin{bmatrix}\boldsymbol{B}_{\mathrm{o}}\\\boldsymbol{B}_{\bar{\mathrm{o}}}\end{bmatrix}\boldsymbol{K}_1\begin{bmatrix}\boldsymbol{C}_{\mathrm{o}}&0\end{bmatrix}\right)\boldsymbol{\omega}(t)+\left(\boldsymbol{l}_{12}^{\mathrm{T}}\otimes\begin{bmatrix}\boldsymbol{B}_{\mathrm{o}}\\\boldsymbol{B}_{\bar{\mathrm{o}}}\end{bmatrix}\boldsymbol{K}_2\begin{bmatrix}\boldsymbol{C}_{\mathrm{o}}&0\end{bmatrix}\right)\boldsymbol{z}(t)\\\boldsymbol{\omega}(0)&=\boldsymbol{T}(\boldsymbol{U}_1\otimes\boldsymbol{I}_n)\boldsymbol{x}(0)\end{aligned}\tag{3.85}$$

$$\begin{aligned}\dot{\boldsymbol{z}}(t)&=\{[\boldsymbol{I}_{N-1}\otimes\boldsymbol{T}(\boldsymbol{A}+\boldsymbol{B}\boldsymbol{K}_1\boldsymbol{C})\boldsymbol{T}^{-1}]-(\widetilde{\boldsymbol{L}}\otimes\boldsymbol{T}\boldsymbol{B}\boldsymbol{K}_2\boldsymbol{C}\boldsymbol{T}^{-1})\}\boldsymbol{z}(t)\\&=\left\{\left[\boldsymbol{I}_{N-1}\otimes\left(\begin{bmatrix}\boldsymbol{A}_{\mathrm{o}}&0\\\boldsymbol{A}_{21}&\boldsymbol{A}_{\bar{\mathrm{o}}}\end{bmatrix}+\begin{bmatrix}\boldsymbol{B}_{\mathrm{o}}\\\boldsymbol{B}_{\bar{\mathrm{o}}}\end{bmatrix}\boldsymbol{K}_1\begin{bmatrix}\boldsymbol{C}_{\mathrm{o}}&0\end{bmatrix}\right)\right]-\right.\\&\qquad\left.\left(\widetilde{\boldsymbol{L}}\otimes\begin{bmatrix}\boldsymbol{B}_{\mathrm{o}}\\\boldsymbol{B}_{\bar{\mathrm{o}}}\end{bmatrix}\boldsymbol{K}_2\begin{bmatrix}\boldsymbol{C}_{\mathrm{o}}&0\end{bmatrix}\right)\right\}\boldsymbol{z}(t)\\\boldsymbol{z}(0)&=(\boldsymbol{U}_2\otimes\boldsymbol{T})\boldsymbol{x}(0)\\\boldsymbol{y}(t)&=(\boldsymbol{1}_N\otimes\begin{bmatrix}\boldsymbol{C}_{\mathrm{o}}&0\end{bmatrix})\boldsymbol{\zeta}(t)+(\hat{\boldsymbol{U}}\otimes\begin{bmatrix}\boldsymbol{C}_{\mathrm{o}}&0\end{bmatrix})\boldsymbol{z}(t)\end{aligned}\tag{3.86}$$

进行矩阵分块：

$$\boldsymbol{T}=\begin{bmatrix}\boldsymbol{T}_{\mathrm{o}}\\\boldsymbol{T}_{\bar{\mathrm{o}}}\end{bmatrix}\tag{3.87}$$

式中，$\boldsymbol{T}_{\mathrm{o}}\in\mathbf{R}^{n_{\mathrm{o}}\times n}$，且令

$$\begin{aligned}&\boldsymbol{\omega}_{\mathrm{o}}(t)=\begin{bmatrix}\boldsymbol{I}_{n_{\mathrm{o}}}&\boldsymbol{0}_{n_{\mathrm{o}}\times n_{\bar{\mathrm{o}}}}\end{bmatrix}\boldsymbol{\omega}(t)\\&\boldsymbol{\omega}_{\bar{\mathrm{o}}}(t)=\begin{bmatrix}\boldsymbol{0}_{n_{\bar{\mathrm{o}}}\times n_{\mathrm{o}}}&\boldsymbol{I}_{n_{\bar{\mathrm{o}}}}\end{bmatrix}\boldsymbol{\omega}(t)\\&\boldsymbol{z}_{\mathrm{o}}(t)=(\boldsymbol{I}_{N-1}\otimes\begin{bmatrix}\boldsymbol{I}_{n_{\mathrm{o}}}&\boldsymbol{0}_{n_{\mathrm{o}}\times n_{\bar{\mathrm{o}}}}\end{bmatrix})\boldsymbol{z}(t)\\&\boldsymbol{z}_{\bar{\mathrm{o}}}(t)=(\boldsymbol{I}_{N-1}\otimes\begin{bmatrix}\boldsymbol{0}_{n_{\bar{\mathrm{o}}}\times n_{\mathrm{o}}}&\boldsymbol{I}_{n_{\bar{\mathrm{o}}}}\end{bmatrix})\boldsymbol{z}(t)\end{aligned}\tag{3.88}$$

则有

$$
\begin{aligned}
&\dot{\boldsymbol{\omega}}_{\mathrm{o}}(t)=(\boldsymbol{A}_{\mathrm{o}}+\boldsymbol{B}_{\mathrm{o}}\boldsymbol{K}_1\boldsymbol{C}_{\mathrm{o}})\boldsymbol{\omega}_{\mathrm{o}}(t)+(\boldsymbol{l}_{12}^{\mathrm{T}}\otimes\boldsymbol{B}_{\mathrm{o}}\boldsymbol{K}_2\boldsymbol{C}_{\mathrm{o}})\boldsymbol{z}_{\mathrm{o}}(t)\\
&\boldsymbol{\omega}_{\mathrm{o}}(0)=\boldsymbol{T}_{\mathrm{o}}(\boldsymbol{U}_1\otimes\boldsymbol{I}_n)\boldsymbol{x}(0)\\
&\dot{\boldsymbol{\omega}}_{\bar{\mathrm{o}}}(t)=\boldsymbol{A}_{\bar{\mathrm{o}}}\boldsymbol{\omega}_{\bar{\mathrm{o}}}(t)+(\boldsymbol{A}_{21}+\boldsymbol{B}_{\bar{\mathrm{o}}}\boldsymbol{K}_1\boldsymbol{C}_{\mathrm{o}})\boldsymbol{\omega}_{\mathrm{o}}(t)+(\boldsymbol{l}_{12}^{\mathrm{T}}\otimes\boldsymbol{B}_{\bar{\mathrm{o}}}\boldsymbol{K}_2\boldsymbol{C}_{\mathrm{o}})\boldsymbol{z}_{\mathrm{o}}(t)\\
&\boldsymbol{\omega}_{\bar{\mathrm{o}}}(0)=\boldsymbol{T}_{\bar{\mathrm{o}}}(\boldsymbol{U}_1\otimes\boldsymbol{I}_n)\boldsymbol{x}(0)\\
&\dot{\boldsymbol{z}}_{\mathrm{o}}(t)=\{[\boldsymbol{I}_{N-1}\otimes(\boldsymbol{A}_{\mathrm{o}}+\boldsymbol{B}_{\mathrm{o}}\boldsymbol{K}_1\boldsymbol{C}_{\mathrm{o}})]-(\widetilde{\boldsymbol{L}}\otimes\boldsymbol{B}_{\mathrm{o}}\boldsymbol{K}_2\boldsymbol{C}_{\mathrm{o}})\}\boldsymbol{z}_{\mathrm{o}}(t)\\
&\boldsymbol{z}_{\mathrm{o}}(0)=(\boldsymbol{U}_2\otimes\boldsymbol{T}_{\mathrm{o}})\boldsymbol{x}(0)\\
&\dot{\boldsymbol{z}}_{\bar{\mathrm{o}}}(t)=(\boldsymbol{I}_{N-1}\otimes\boldsymbol{A}_{\bar{\mathrm{o}}})\boldsymbol{z}_{\bar{\mathrm{o}}}(t)+\{[\boldsymbol{I}_{N-1}\otimes(\boldsymbol{A}_{21}+\boldsymbol{B}_{\bar{\mathrm{o}}}\boldsymbol{K}_1\boldsymbol{C}_{\mathrm{o}})]-(\widetilde{\boldsymbol{L}}\otimes\boldsymbol{B}_{\bar{\mathrm{o}}}\boldsymbol{K}_2\boldsymbol{C}_{\mathrm{o}})\}\boldsymbol{z}_{\mathrm{o}}(t)\\
&\boldsymbol{z}_{\bar{\mathrm{o}}}(0)=(\boldsymbol{U}_2\otimes\boldsymbol{T}_{\bar{\mathrm{o}}})\boldsymbol{x}(0)\\
&\boldsymbol{y}(t)=(\boldsymbol{1}_N\otimes\boldsymbol{C}_{\mathrm{o}})\boldsymbol{\omega}_{\mathrm{o}}(t)+(\hat{\boldsymbol{U}}\otimes\boldsymbol{C}_{\mathrm{o}})\boldsymbol{z}_{\mathrm{o}}(t)
\end{aligned}
\tag{3.89}
$$

可得到闭环群系统[式(3.81)]的输出一致性分解描述如下

$$
\begin{aligned}
&\dot{\boldsymbol{\omega}}_{\mathrm{o}}(t)=(\boldsymbol{A}_{\mathrm{o}}+\boldsymbol{B}_{\mathrm{o}}\boldsymbol{K}_1\boldsymbol{C}_{\mathrm{o}})\boldsymbol{\omega}_{\mathrm{o}}(t)+(\boldsymbol{l}_{12}^{\mathrm{T}}\otimes\boldsymbol{B}_{\mathrm{o}}\boldsymbol{K}_2\boldsymbol{C}_{\mathrm{o}})\boldsymbol{z}_{\mathrm{o}}(t)\\
&\boldsymbol{\omega}_{\mathrm{o}}(0)=\boldsymbol{T}_{\mathrm{o}}(\boldsymbol{U}_1\otimes\boldsymbol{I}_n)\boldsymbol{x}(0)\\
&\dot{\boldsymbol{z}}_{\mathrm{o}}(t)=\{[\boldsymbol{I}_{N-1}\otimes(\boldsymbol{A}_{\mathrm{o}}+\boldsymbol{B}_{\mathrm{o}}\boldsymbol{K}_1\boldsymbol{C}_{\mathrm{o}})]-(\widetilde{\boldsymbol{L}}\otimes\boldsymbol{B}_{\mathrm{o}}\boldsymbol{K}_2\boldsymbol{C}_{\mathrm{o}})\}\boldsymbol{z}_{\mathrm{o}}(t)\\
&\boldsymbol{z}_{\mathrm{o}}(0)=(\boldsymbol{U}_2\otimes\boldsymbol{T}_{\mathrm{o}})\boldsymbol{x}(0)\\
&\boldsymbol{y}(t)=(\boldsymbol{1}_N\otimes\boldsymbol{C}_{\mathrm{o}})\boldsymbol{\omega}_{\mathrm{o}}(t)+(\hat{\boldsymbol{U}}\otimes\boldsymbol{C}_{\mathrm{o}})\boldsymbol{z}_{\mathrm{o}}(t)
\end{aligned}
\tag{3.90}
$$

由上述描述可知，$\boldsymbol{\omega}_{\mathrm{o}}(t)$ 是闭环群系统[式(3.81)]的输出一致分量，$\boldsymbol{z}_{\mathrm{o}}(t)$ 是其输出非一致分量，而状态一致分量中的不可观分量 $\boldsymbol{\omega}_{\bar{\mathrm{o}}}(t)$ 对输出一致性函数没有影响，状态非一致分量中的不可观分量 $\boldsymbol{z}_{\bar{\mathrm{o}}}(t)$ 对输出一致性函数也没有影响。

令

$$
\boldsymbol{A}_z=[\boldsymbol{I}_{N-1}\otimes(\boldsymbol{A}_{\mathrm{o}}+\boldsymbol{B}_{\mathrm{o}}\boldsymbol{K}_1\boldsymbol{C}_{\mathrm{o}})]-(\widetilde{\boldsymbol{L}}\otimes\boldsymbol{B}_{\mathrm{o}}\boldsymbol{K}_2\boldsymbol{C}_{\mathrm{o}})
\tag{3.91}
$$

用 $\mathrm{rank}_{\mathrm{cl}}$ 表示矩阵的列秩。由于

$$
\begin{aligned}
&\mathrm{rank}_{\mathrm{cl}}\begin{bmatrix}\hat{\boldsymbol{U}}\otimes\boldsymbol{C}_{\mathrm{o}}\\(\boldsymbol{I}_{N-1}\otimes\boldsymbol{I}_n)\lambda-\boldsymbol{A}_z\end{bmatrix}\\
&=\mathrm{rank}_{\mathrm{cl}}\begin{bmatrix}(\boldsymbol{U}\otimes\boldsymbol{I}_l) & \boldsymbol{0}_{lN\times n(N-1)}\\ \boldsymbol{0}_{n(N-1)\times lN} & (\boldsymbol{I}_{N-1}\otimes\boldsymbol{I}_n)\end{bmatrix}\begin{bmatrix}\hat{\boldsymbol{U}}\otimes\boldsymbol{C}_{\mathrm{o}}\\(\boldsymbol{I}_{N-1}\otimes\boldsymbol{I}_n)\lambda-\boldsymbol{A}_z\end{bmatrix}
\end{aligned}
$$

$$
\begin{aligned}
&=\operatorname{rank}_{\mathrm{cl}}\begin{bmatrix}\begin{bmatrix}\mathbf{0}_{N-1}^{\mathrm{T}}\\ \boldsymbol{I}_{N-1}\end{bmatrix}\otimes\boldsymbol{C}_{\mathrm{o}}\\ (\boldsymbol{I}_{N-1}\otimes\boldsymbol{I}_n)\lambda-\boldsymbol{A}_{\mathrm{z}}\end{bmatrix}\\
&=\operatorname{rank}_{\mathrm{cl}}\begin{bmatrix}(\boldsymbol{I}_{N-1}\otimes\boldsymbol{I}_l) & \mathbf{0}_{l(N-1)\times n(N-1)}\\ (\boldsymbol{I}_{N-1}\otimes\boldsymbol{B}_{\mathrm{o}}\boldsymbol{K}_1)-(\widetilde{\boldsymbol{L}}\otimes\boldsymbol{B}_{\mathrm{o}}\boldsymbol{K}_2) & (\boldsymbol{I}_{N-1}\otimes\boldsymbol{I}_n)\end{bmatrix}\begin{bmatrix}\boldsymbol{I}_{N-1}\otimes\boldsymbol{C}_{\mathrm{o}}\\ (\boldsymbol{I}_{N-1}\otimes\boldsymbol{I}_n)\lambda-\boldsymbol{A}_{\mathrm{z}}\end{bmatrix}\\
&=\operatorname{rank}_{\mathrm{cl}}\begin{bmatrix}\boldsymbol{I}_{N-1}\otimes\boldsymbol{C}_{\mathrm{o}}\\ (\boldsymbol{I}_{N-1}\otimes\boldsymbol{I}_n)\lambda-(\boldsymbol{I}_{N-1}\otimes\boldsymbol{A}_{\mathrm{o}})\end{bmatrix}\\
&=(N-1)\operatorname{rank}_{\mathrm{cl}}\begin{bmatrix}\boldsymbol{C}_{\mathrm{o}}\\ \boldsymbol{I}_n\lambda-\boldsymbol{A}_{\mathrm{o}}\end{bmatrix}\\
&=(N-1)n_{\mathrm{o}}
\end{aligned}
\tag{3.92}
$$

因此，$\{[\boldsymbol{I}_{N-1}\otimes(\boldsymbol{A}_{\mathrm{o}}+\boldsymbol{B}_{\mathrm{o}}\boldsymbol{K}_1\boldsymbol{C}_{\mathrm{o}})]-(\widetilde{\boldsymbol{L}}\otimes\boldsymbol{B}_{\mathrm{o}}\boldsymbol{K}_2\boldsymbol{C}_{\mathrm{o}}),\hat{\boldsymbol{U}}\otimes\boldsymbol{C}_{\mathrm{o}}\}$ 为可观对。由输出一致性分解描述[式(3.90)]可知，闭环群系统[式(3.81)]实现输出一致性的充要条件是：

$$
\lim_{t\to\infty}\boldsymbol{z}_{\mathrm{o}}(t)=\mathbf{0}_{(N-1)n_{\mathrm{o}}}
\tag{3.93}
$$

即 $\{[\boldsymbol{I}_{N-1}\otimes(\boldsymbol{A}_{\mathrm{o}}+\boldsymbol{B}_{\mathrm{o}}\boldsymbol{K}_1\boldsymbol{C}_{\mathrm{o}})]-(\widetilde{\boldsymbol{L}}\otimes\boldsymbol{B}_{\mathrm{o}}\boldsymbol{K}_2\boldsymbol{C}_{\mathrm{o}})\}$ 是 Hurwitz 矩阵。因此，闭环群系统[式(3.81)]的输出一致性问题转换为其输出非一致分量的(基于静态输出反馈的)输出调节问题。

求解基于静态输出反馈的输出非一致分量的输出调节问题比求解基于静态状态反馈的状态非一致分量的状态调节问题要困难得多，类似于基于静态输出反馈的镇定问题。该问题可转化为二次矩阵不等式约束下的优化问题进行求解[150]，得到保证 $\boldsymbol{A}_{\mathrm{z}}$ 为 Hurwitz 矩阵的增益矩阵 $\boldsymbol{K}_1$ 和 $\boldsymbol{K}_2$(如果存在的话)。当 $\boldsymbol{C}_{\mathrm{o}}$ 是列满秩时，可令 $\widetilde{\boldsymbol{K}}_1=\boldsymbol{K}_1\boldsymbol{C}_{\mathrm{o}}$，$\widetilde{\boldsymbol{K}}_2=\boldsymbol{K}_2\boldsymbol{C}_{\mathrm{o}}$，利用状态一致性问题求解方法，求取 $\widetilde{\boldsymbol{K}}_1$ 和 $\widetilde{\boldsymbol{K}}_2$，从而求得增益矩阵 $\boldsymbol{K}_1$ 和 $\boldsymbol{K}_2$。

闭环群系统[式(3.81)]可实现输出一致性时，由输出一致性分解描述[式(3.90)]可得其输出一致性函数：

$$
\begin{aligned}
\boldsymbol{c}_y(t)=\boldsymbol{C}_{\mathrm{o}}\boldsymbol{\omega}_{\mathrm{o}}(t)=\boldsymbol{C}_{\mathrm{o}}\mathrm{e}^{(\boldsymbol{A}_{\mathrm{o}}+\boldsymbol{B}_{\mathrm{o}}\boldsymbol{K}_1\boldsymbol{C}_{\mathrm{o}})t}\boldsymbol{T}_{\mathrm{o}}(\boldsymbol{U}_1\otimes\boldsymbol{I}_n)\boldsymbol{x}(0)+\\
\boldsymbol{C}_{\mathrm{o}}\int_0^t\mathrm{e}^{(\boldsymbol{A}_{\mathrm{o}}+\boldsymbol{B}_{\mathrm{o}}\boldsymbol{K}_1\boldsymbol{C}_{\mathrm{o}})(t-\tau)}(\boldsymbol{l}_{12}^{\mathrm{T}}\otimes\boldsymbol{B}_{\mathrm{o}}\boldsymbol{K}_2\boldsymbol{C}_{\mathrm{o}})\boldsymbol{z}_{\mathrm{o}}(\tau)\mathrm{d}\tau
\end{aligned}
\tag{3.94}
$$

如果群系统的作用拓扑是无向的，则输出一致性函数可表示为

$$
\begin{aligned}
\boldsymbol{c}_y(t) &= \frac{1}{N}(\mathbf{1}_N^{\mathrm{T}} \otimes \boldsymbol{I}_l)\boldsymbol{y}(t) \\
&= \frac{1}{N}(\mathbf{1} \otimes \boldsymbol{C})(\mathbf{1}_N^{\mathrm{T}} \otimes \boldsymbol{I}_n)\boldsymbol{x}(t) \\
&= \boldsymbol{C}\boldsymbol{c}(t)
\end{aligned} \tag{3.95}
$$

式中，$\boldsymbol{c}(t)$ 是方程[式(3.39)]的解。

为实现期望的输出一致特性，可类似于 3.5 节中对于状态一致性函数的讨论，在输出一致性协议[式(3.80)]中加入输出一致参考信号，可得到类似的结论。

3.9 基于输出动态协议的群系统输出一致性控制

如同 3.8 节，假设群系统[式(3.1)]的子系统的可观性结构分解描述为

$$
\begin{aligned}
&\dot{\boldsymbol{x}}_{oi}(t) = \boldsymbol{A}_o\boldsymbol{x}_{oi}(t) + \boldsymbol{B}_o\boldsymbol{u}_i(t),\ \boldsymbol{x}_{oi}(0) = \boldsymbol{x}_{oi0} \\
&\dot{\boldsymbol{x}}_{\bar{o}i}(t) = \boldsymbol{A}_{21}\boldsymbol{x}_{oi}(t) + \boldsymbol{A}_{\bar{o}}\boldsymbol{x}_{\bar{o}i}(t) + \boldsymbol{B}_{\bar{o}}\boldsymbol{u}_i(t),\ \boldsymbol{x}_{\bar{o}i}(0) = \boldsymbol{x}_{\bar{o}i0} \\
&\boldsymbol{y}_i(t) = \boldsymbol{C}_o\boldsymbol{x}_{oi}(t) \\
&i = 1,\ 2,\ \cdots,\ N
\end{aligned} \tag{3.96}
$$

式中，$\boldsymbol{A}_o \in \mathbf{R}^{n_o \times n_o}$，$\boldsymbol{C}_o \in \mathbf{R}^{l \times n_o}$，$(\boldsymbol{A}_o,\ \boldsymbol{C}_o)$ 为可观对。考虑如下动态输出一致性协议：

$$
\begin{aligned}
&\dot{\hat{\boldsymbol{x}}}_{oi}(t) = \boldsymbol{A}_o\hat{\boldsymbol{x}}_{oi}(t) + \boldsymbol{B}_o\boldsymbol{u}_i(t) + \boldsymbol{K}_o[\boldsymbol{y}_i(t) - \boldsymbol{C}_o\hat{\boldsymbol{x}}_{oi}(t)],\ \hat{\boldsymbol{x}}_{oi}(0) = \hat{\boldsymbol{x}}_{oi0} \\
&\boldsymbol{u}_i(t) = \boldsymbol{K}_1\hat{\boldsymbol{x}}_{oi}(t) + \boldsymbol{K}_2\sum_{j \in N_i}[\hat{\boldsymbol{x}}_{oj}(t) - \hat{\boldsymbol{x}}_{oi}(t)] \\
&i = 1,\ 2,\ \cdots,\ N
\end{aligned} \tag{3.97}
$$

式中，$\boldsymbol{K}_o$ 为观测器增益，选取 $\boldsymbol{K}_o$ 保证观测器的状态矩阵 $\boldsymbol{A}_o - \boldsymbol{K}_o\boldsymbol{C}_o$ 为 Hurwitz 矩阵。针对可观子系统 $(\boldsymbol{A}_o,\ \boldsymbol{B}_o,\ \boldsymbol{C}_o)$，利用与状态一致性静态协议设计相同的方法确定增益矩阵 $\boldsymbol{K}_1$ 和 $\boldsymbol{K}_2$。

令

$$
\begin{aligned}
&\boldsymbol{x}_o(t) = [\boldsymbol{x}_{o1}^{\mathrm{T}}(t)\quad \boldsymbol{x}_{o2}^{\mathrm{T}}(t)\quad \cdots\quad \boldsymbol{x}_{oN}^{\mathrm{T}}(t)]^{\mathrm{T}},\ \boldsymbol{x}_o(0) = \boldsymbol{x}_{o0} \\
&\hat{\boldsymbol{x}}_o(t) = [\hat{\boldsymbol{x}}_{o1}^{\mathrm{T}}(t)\quad \hat{\boldsymbol{x}}_{o2}^{\mathrm{T}}(t)\quad \cdots\quad \hat{\boldsymbol{x}}_{oN}^{\mathrm{T}}(t)]^{\mathrm{T}},\ \hat{\boldsymbol{x}}_o(0) = \hat{\boldsymbol{x}}_{o0} \\
&\boldsymbol{x}_{oe}(t) = [\boldsymbol{x}_{oe1}^{\mathrm{T}}(t)\quad \boldsymbol{x}_{oe2}^{\mathrm{T}}(t)\quad \cdots\quad \boldsymbol{x}_{oeN}^{\mathrm{T}}(t)]^{\mathrm{T}} = \boldsymbol{x}_o(t) - \hat{\boldsymbol{x}}_o(t) \\
&\boldsymbol{x}_{\bar{o}}(t) = [\boldsymbol{x}_{\bar{o}1}^{\mathrm{T}}(t)\quad \boldsymbol{x}_{\bar{o}2}^{\mathrm{T}}(t)\quad \cdots\quad \boldsymbol{x}_{\bar{o}N}^{\mathrm{T}}(t)]^{\mathrm{T}},\ \boldsymbol{x}_{\bar{o}}(0) = \boldsymbol{x}_{\bar{o}0}
\end{aligned} \tag{3.98}
$$

则由群系统[式(3.96)]和动态输出一致性协议[式(3.97)]构成的闭环群系统可描述为

$$
\begin{aligned}
\dot{\boldsymbol{x}}_{\mathrm{o}}(t) &= [\boldsymbol{I}_N \otimes (\boldsymbol{A}_{\mathrm{o}} + \boldsymbol{B}_{\mathrm{o}}\boldsymbol{K}_1)]\boldsymbol{x}_{\mathrm{o}}(t) - (\boldsymbol{L} \otimes \boldsymbol{B}_{\mathrm{o}}\boldsymbol{K}_2)\boldsymbol{x}_{\mathrm{o}}(t) - \\
&\quad [(\boldsymbol{I}_N \otimes \boldsymbol{B}_{\mathrm{o}}\boldsymbol{K}_1) - (\boldsymbol{L} \otimes \boldsymbol{B}_{\mathrm{o}}\boldsymbol{K}_2)]\boldsymbol{x}_{\mathrm{oe}}(t) \\
\dot{\boldsymbol{x}}_{\bar{\mathrm{o}}}(t) &= (\boldsymbol{I}_N \otimes \boldsymbol{A}_{\bar{\mathrm{o}}})\boldsymbol{x}_{\bar{\mathrm{o}}}(t) + [\boldsymbol{I}_N \otimes (\boldsymbol{A}_{21} + \boldsymbol{B}_{\bar{\mathrm{o}}}\boldsymbol{K}_1)] - (\boldsymbol{L} \otimes \boldsymbol{B}_{\bar{\mathrm{o}}}\boldsymbol{K}_2)\boldsymbol{x}_{\mathrm{o}}(t) - \\
&\quad [(\boldsymbol{I}_N \otimes \boldsymbol{B}_{\bar{\mathrm{o}}}\boldsymbol{K}_1) - (\boldsymbol{L} \otimes \boldsymbol{B}_{\bar{\mathrm{o}}}\boldsymbol{K}_2)]\boldsymbol{x}_{\mathrm{oe}}(t) \\
\dot{\boldsymbol{x}}_{\mathrm{oe}}(t) &= [\boldsymbol{I}_N \otimes (\boldsymbol{A}_{\mathrm{o}} - \boldsymbol{K}_{\mathrm{o}}\boldsymbol{C}_{\mathrm{o}})]\boldsymbol{x}_{\mathrm{oe}}(t) \\
\boldsymbol{x}_{\mathrm{o}}(0) &= \boldsymbol{x}_{\mathrm{o}0},\ \boldsymbol{x}_{\bar{\mathrm{o}}}(0) = \boldsymbol{x}_{\bar{\mathrm{o}}0},\ \boldsymbol{x}_{\mathrm{oe}}(0) = \boldsymbol{x}_{\mathrm{o}0} - \hat{\boldsymbol{x}}_{\mathrm{o}0} \\
\boldsymbol{y}(t) &= (\boldsymbol{I}_N \otimes \boldsymbol{C}_{\mathrm{o}})\boldsymbol{x}_{\mathrm{o}}(t)
\end{aligned} \tag{3.99}
$$

令

$$
\begin{aligned}
\boldsymbol{\zeta}(t) &= (\boldsymbol{U}_1 \otimes \boldsymbol{I}_{n_{\mathrm{o}}})\boldsymbol{x}_{\mathrm{o}}(t) \in \mathbf{R}^{n_{\mathrm{o}}} \\
\boldsymbol{\varphi}(t) &= (\boldsymbol{U}_2 \otimes \boldsymbol{I}_{n_{\mathrm{o}}})\boldsymbol{x}_{\mathrm{o}}(t) \in \mathbf{R}^{(N-1)\times n_{\mathrm{o}}} \\
\boldsymbol{\zeta}_{\mathrm{e}}(t) &= (\boldsymbol{U}_1 \otimes \boldsymbol{I}_{n_{\mathrm{o}}})\boldsymbol{x}_{\mathrm{oe}}(t) \in \mathbf{R}^{n_{\mathrm{o}}} \\
\boldsymbol{\varphi}_{\mathrm{e}}(t) &= (\boldsymbol{U}_2 \otimes \boldsymbol{I}_{n_{\mathrm{o}}})\boldsymbol{x}_{\mathrm{oe}}(t) \in \mathbf{R}^{(N-1)\times n_{\mathrm{o}}}
\end{aligned} \tag{3.100}
$$

略去不可观状态分量后,可得闭环群系统输出一致性分解描述:

$$
\begin{aligned}
\dot{\boldsymbol{\zeta}}(t) &= (\boldsymbol{A}_{\mathrm{o}} + \boldsymbol{B}_{\mathrm{o}}\boldsymbol{K}_1)\boldsymbol{\zeta}(t) + (\boldsymbol{l}_{12}^{\mathrm{T}} \otimes \boldsymbol{B}_{\mathrm{o}}\boldsymbol{K}_2)\boldsymbol{\varphi}(t) - \boldsymbol{B}_{\mathrm{o}}\boldsymbol{K}_1\boldsymbol{\zeta}_{\mathrm{e}}(t) + \\
&\quad (\boldsymbol{l}_{12}^{\mathrm{T}} \otimes \boldsymbol{B}_{\mathrm{o}}\boldsymbol{K}_2)\boldsymbol{\varphi}_{\mathrm{e}}(t) \\
\boldsymbol{\zeta}(0) &= (\boldsymbol{U}_1 \otimes \boldsymbol{I}_{n_{\mathrm{o}}})\boldsymbol{x}_{\mathrm{o}0} \\
\dot{\boldsymbol{\zeta}}_{\mathrm{e}}(t) &= (\boldsymbol{A}_{\mathrm{o}} - \boldsymbol{K}_{\mathrm{o}}\boldsymbol{C}_{\mathrm{o}})\boldsymbol{\zeta}_{\mathrm{e}}(t),\ \boldsymbol{\zeta}_{\mathrm{e}}(0) = (\boldsymbol{U}_1 \otimes \boldsymbol{I}_{n_{\mathrm{o}}})(\boldsymbol{x}_{\mathrm{o}0} - \hat{\boldsymbol{x}}_{\mathrm{o}0}) \\
\dot{\boldsymbol{\varphi}}(t) &= [\boldsymbol{I}_{N-1} \otimes (\boldsymbol{A}_{\mathrm{o}} + \boldsymbol{B}_{\mathrm{o}}\boldsymbol{K}_1)] - (\widetilde{\boldsymbol{L}} \otimes \boldsymbol{B}_{\mathrm{o}}\boldsymbol{K}_2)\boldsymbol{\varphi}(t) - \\
&\quad [(\boldsymbol{I}_{N-1} \otimes \boldsymbol{B}_{\mathrm{o}}\boldsymbol{K}_1) - (\widetilde{\boldsymbol{L}} \otimes \boldsymbol{B}_{\mathrm{o}}\boldsymbol{K}_2)]\boldsymbol{\varphi}_{\mathrm{e}}(t),\ \boldsymbol{\varphi}(0) = (\boldsymbol{U}_2 \otimes \boldsymbol{I}_{n_{\mathrm{o}}})\boldsymbol{x}_{\mathrm{o}0} \\
\dot{\boldsymbol{\varphi}}_{\mathrm{e}}(t) &= [\boldsymbol{I}_{N-1} \otimes (\boldsymbol{A}_{\mathrm{o}} - \boldsymbol{K}_{\mathrm{o}}\boldsymbol{C}_{\mathrm{o}})]\boldsymbol{\varphi}_{\mathrm{e}}(t),\ \boldsymbol{\varphi}_{\mathrm{e}}(0) = (\boldsymbol{U}_2 \otimes \boldsymbol{I}_{n_{\mathrm{o}}})(\boldsymbol{x}_{\mathrm{o}0} - \hat{\boldsymbol{x}}_{\mathrm{o}0}) \\
\boldsymbol{y}(t) &= (\mathbf{1}_N \otimes \boldsymbol{C}_{\mathrm{o}})\boldsymbol{\zeta}(t) + (\hat{\boldsymbol{U}} \otimes \boldsymbol{C}_{\mathrm{o}})\boldsymbol{\varphi}(t)
\end{aligned} \tag{3.101}
$$

由此可知,闭环群系统[式(3.99)]实现输出一致性的充分条件为

$$
\lim_{t \to \infty} \boldsymbol{\varphi}(t) = \mathbf{0}_{(N-1)\times n_{\mathrm{o}}} \tag{3.102}
$$

因此，需要针对可观对 $(\boldsymbol{A}_o, \boldsymbol{C}_o)$ 设计观测器增益矩阵 $\boldsymbol{K}_o$，使得观测器状态矩阵 $\boldsymbol{A}_o - \boldsymbol{K}_o\boldsymbol{C}_o$ 为 Hurwitz 矩阵，并针对 $(\boldsymbol{A}_o, \boldsymbol{B}_o)$ 设计状态一致性协议中的增益矩阵 $\boldsymbol{K}_1$ 和 $\boldsymbol{K}_2$，使得输出非一致分量的状态矩阵 $[\boldsymbol{I}_{N-1} \otimes (\boldsymbol{A}_o + \boldsymbol{B}_o\boldsymbol{K}_1)] - (\tilde{\boldsymbol{L}} \otimes \boldsymbol{B}_o\boldsymbol{K}_2)$ 为 Hurwitz 矩阵。注意，当 $(\boldsymbol{A}, \boldsymbol{B})$ 为可控对时，$(\boldsymbol{A}_o, \boldsymbol{B}_o)$ 也为可控对。这里避免了 3.8 节的输出一致性静态协议设计中面临的基于静态输出反馈的镇定问题的求解。

关于闭环群系统[式(3.99)]的输出一致性函数，读者可以较为容易地推出类似于式(3.56)的方程。

对于不可检测系统，虽可利用本节方法设计输出动态协议，使得闭环群系统实现输出一致性，但不可检测模态对应的状态可能会发散，这在实际系统中通常是不允许的。

3.10 群系统一致性控制协议设计举例

例 1 考虑由 7 个子系统组成的群系统，子系统由如下动态方程描述：

$$\dot{\boldsymbol{x}}_i(t) = \begin{bmatrix} 0 & 1 & 0 \\ 0 & 0 & 1 \\ 2 & 1 & 1 \end{bmatrix} \boldsymbol{x}_i(t) + \begin{bmatrix} 0 \\ 0 \\ 1 \end{bmatrix} \boldsymbol{u}_i(t),\ \boldsymbol{x}_i(0) = \boldsymbol{x}_{0i} \tag{3.103}$$
$$\boldsymbol{y}_i(t) = [1 \quad 0 \quad 0]\, \boldsymbol{x}_i(t)$$

式中，$\boldsymbol{x}_1(0) = [10 \quad 1 \quad 0]^{\mathrm{T}}$，$\boldsymbol{x}_{i+1}(0) = \boldsymbol{x}_i(0) + [1 \quad 1 \quad 1]^{\mathrm{T}}$，$i = 1, 2, \cdots, 6$。

子系统之间的作用拓扑如图 3.1 所示。

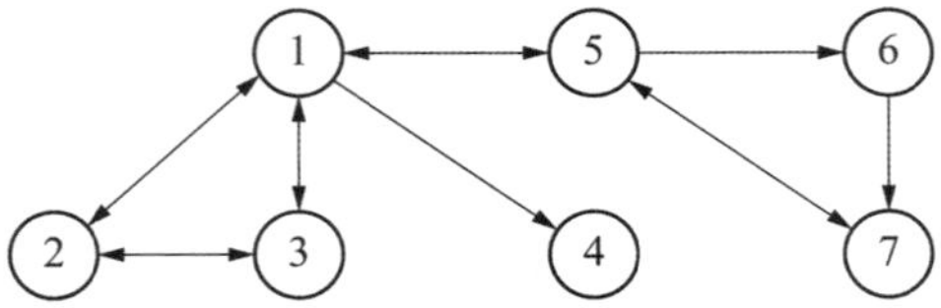

图 3.1 群系统作用拓扑

对应的 Laplace 矩阵 $\boldsymbol{L}$ 为

$$\boldsymbol{L}=\begin{bmatrix}3 & -1 & -1 & 0 & -1 & 0 & 0\\ -1 & 2 & -1 & 0 & 0 & 0 & 0\\ -1 & -1 & 2 & 0 & 0 & 0 & 0\\ -1 & 0 & 0 & 1 & 0 & 0 & 0\\ -1 & 0 & 0 & 0 & 2 & 0 & -1\\ 0 & 0 & 0 & 0 & -1 & 1 & 0\\ 0 & 0 & 0 & 0 & -1 & -1 & 2\end{bmatrix} \tag{3.104}$$

相应有

$$\boldsymbol{l}_{12}^{\mathrm{T}}=[-1\quad -1\quad 0\quad -1\quad 0\quad 0]$$

$$\widetilde{\boldsymbol{L}}=\begin{bmatrix}3 & 0 & 0 & 1 & 0 & 0\\ 0 & 3 & 0 & 1 & 0 & 0\\ 1 & 1 & 1 & 1 & 0 & 0\\ 1 & 1 & 0 & 3 & 0 & -1\\ 1 & 1 & 0 & 0 & 1 & 0\\ 1 & 1 & 0 & 0 & -1 & 2\end{bmatrix} \tag{3.105}$$

$$\boldsymbol{U}_1=[1\quad \boldsymbol{0}_6^{\mathrm{T}}] \tag{3.106}$$

$$\boldsymbol{U}_2=[\boldsymbol{1}_6\quad -\boldsymbol{I}_6] \tag{3.107}$$

$$\hat{\boldsymbol{U}}=\begin{bmatrix}\boldsymbol{0}_6^{\mathrm{T}}\\ -\boldsymbol{I}_6\end{bmatrix} \tag{3.108}$$

解 Lyapunov 方程[式(3.26)]得正定矩阵 $\boldsymbol{P}_{\mathrm{L}}$：

$$\boldsymbol{P}_{\mathrm{L}}=\begin{bmatrix}0.4062 & 0.2396 & -0.0962 & -0.1825 & -0.2871 & -0.1530\\ 0.2396 & 0.4062 & -0.0962 & -0.1825 & -0.2871 & -0.1530\\ -0.0962 & -0.0962 & 0.5000 & -0.0769 & -0.0128 & -0.0256\\ -0.1825 & -0.1825 & -0.0769 & 0.3140 & 0.1790 & 0.1291\\ -0.2871 & -0.2871 & -0.0128 & 0.1790 & 0.6645 & 0.1645\\ -0.1530 & -0.1530 & -0.0256 & 0.1291 & 0.1645 & 0.3146\end{bmatrix} \tag{3.109}$$

由于 $\lambda_{\min}(\boldsymbol{P}_{\mathrm{L}})\approx 1.2687$，故由式(3.29)知，可取 $\mu=0.788$。

若配置矩阵 $\boldsymbol{A}+\boldsymbol{B}\boldsymbol{K}_1$ 的特征值均为-1，则 $\boldsymbol{K}_1=[-3\quad -4\quad -4]$。

选取 $\boldsymbol{Q}$ 为单位阵，$\boldsymbol{R}=1$。求解 Riccati 矩阵代数方程[式(3.7)]得正定解：

$$\boldsymbol{P}=\begin{bmatrix}2.2196 & 1.7930 & 0.4279\\1.7930 & 3.0250 & 0.7000\\0.4279 & 0.7000 & 0.3809\end{bmatrix}\tag{3.110}$$

从而求得增益矩阵为

$$\boldsymbol{K}_2=[0.4279 \quad 0.7000 \quad 0.3809]\tag{3.111}$$

定义由状态非一致分量 $\boldsymbol{\varphi}_k(t)(k=1,2,\cdots,6)$ 的第 i 个元构成的向量：

$$\boldsymbol{\varphi}_{\cdot i}(t)=(\boldsymbol{I}_6\otimes\boldsymbol{e}_i^{\mathrm{T}})\boldsymbol{\varphi}(t)=(\boldsymbol{U}_2\otimes\boldsymbol{e}_i^{\mathrm{T}})x(t),\ i=1,2,3\tag{3.112}$$

式中，$\boldsymbol{e}_i\in\mathbf{R}^3$，其第 i 个元为 1，其余元均为 0。

闭环群系统的状态非一致分量(欧氏范数的平方) $\|\boldsymbol{\varphi}_{\cdot i}(t)\|_2^2(i=1,2,3)$ 随时间变化曲线如图 3.2 所示。可见所有状态非一致分量均趋于零。

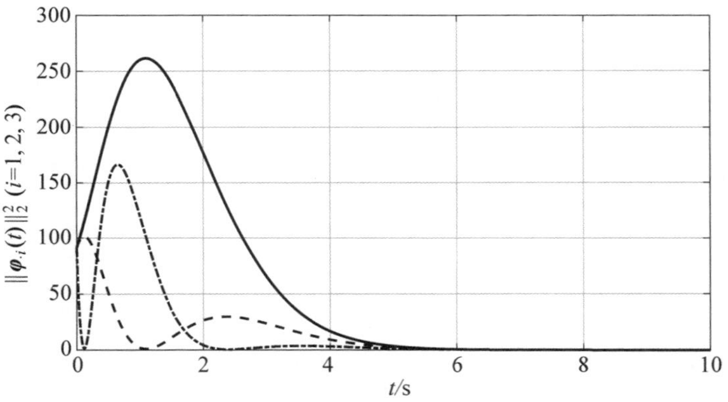

图 3.2 闭环群系统状态非一致分量 $\|\boldsymbol{\varphi}_{\cdot i}(t)\|_2^2(i=1,2,3)$ 随时间变化曲线

注：实线—— $\|\boldsymbol{\varphi}_{\cdot 1}(t)\|_2^2$；虚线 —— $\|\boldsymbol{\varphi}_{\cdot 2}(t)\|_2^2$；点划线 —— $\|\boldsymbol{\varphi}_{\cdot 3}(t)\|_2^2$。

闭环群系统的状态一致分量 $\boldsymbol{\zeta}_i(t)(i=1,2,3)$ 随时间变化曲线如图 3.3 所示。

考虑式(3.40)的状态一致性协议，其中增益矩阵 $\boldsymbol{K}_3=[1 \quad 0]$，状态一致参考信号 $\boldsymbol{r}_{\mathrm{c}}(t)$ 由如下外模型产生：

$$\dot{\boldsymbol{r}}_{\mathrm{c}}(t)=\begin{bmatrix}0 & 1\\-1 & 0\end{bmatrix}\boldsymbol{r}_{\mathrm{c}}(t),\ \boldsymbol{r}_{\mathrm{c}}(0)=\begin{bmatrix}0\\1\end{bmatrix}\tag{3.113}$$

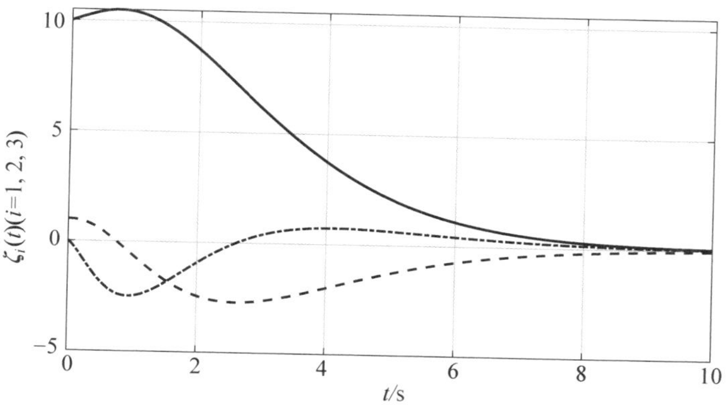

图 3.3　闭环群系统状态一致分量 $\zeta_i(t)(i=1, 2, 3)$ 随时间变化曲线

注：实线——$\zeta_1(t)$；虚线——$\zeta_2(t)$；点划线——$\zeta_3(t)$。

即 $\boldsymbol{K}_3\boldsymbol{r}_c(t)=\sin(t)$。矩阵方程[式(3.46)]的解为

$$\boldsymbol{P}_c=\begin{bmatrix}-0.2500 & -0.2500\\ 0.2500 & -0.2500\\ 0.2500 & 0.2500\end{bmatrix} \tag{3.114}$$

此时的闭环群系统状态非一致分量 $\|\boldsymbol{\varphi}_{\cdot i}(t)\|_2^2(i=1, 2, 3)$ 随时间变化曲线如图 3.4 所示。

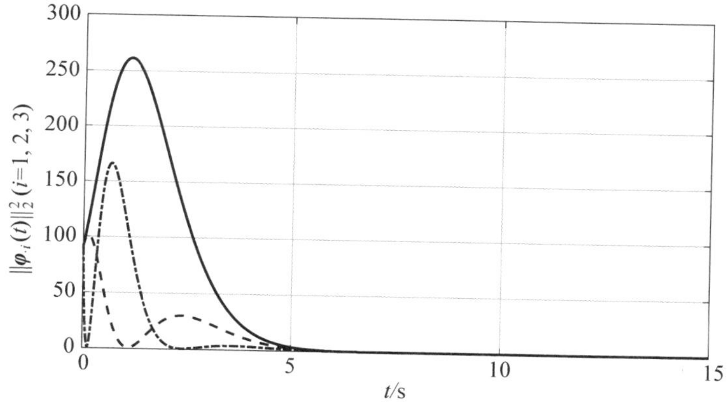

图 3.4　闭环群系统状态非一致分量 $\|\boldsymbol{\varphi}_{\cdot i}(t)\|_2^2(i=1, 2, 3)$ 随时间变化曲线（具有状态一致参考信号的情形）

注：实线——$\|\boldsymbol{\varphi}_{\cdot 1}(t)\|_2^2$；虚线——$\|\boldsymbol{\varphi}_{\cdot 2}(t)\|_2^2$；点划线——$\|\boldsymbol{\varphi}_{\cdot 3}(t)\|_2^2$。

状态一致分量 $\boldsymbol{\zeta}(t)$ 与状态一致性函数 $\boldsymbol{c}(t)[\boldsymbol{c}(t)=\boldsymbol{P}_{\mathrm{c}}\boldsymbol{r}_{\mathrm{c}}(t)]$ 的差的 3 个分量随时间变化曲线如图 3.5 所示。

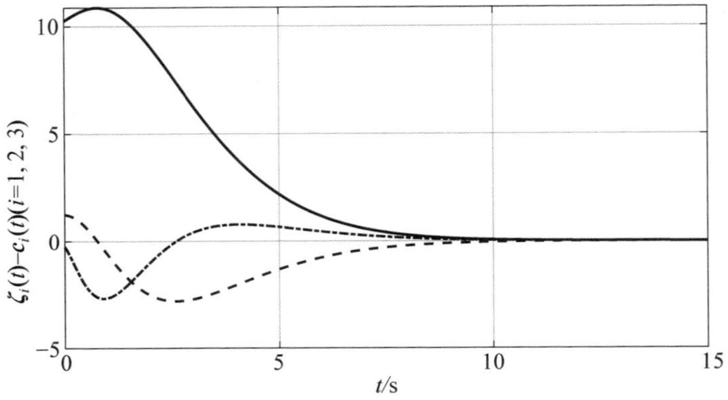

图 3.5 闭环群系统状态一致分量与状态一致性函数的差 $\zeta_i(t)-c_i(t)(i=1, 2, 3)$ 随时间变化曲线

注：实线—— $\boldsymbol{\zeta}_1(t)-\boldsymbol{c}_1(t)$；虚线 —— $\boldsymbol{\zeta}_2(t)-\boldsymbol{c}_2(t)$；点划线 —— $\boldsymbol{\zeta}_3(t)-\boldsymbol{c}_3(t)$。

比较图 3.2 和图 3.4 中的曲线可知，状态一致参考信号的加入不影响闭环群系统状态非一致分量的动态特性。比较图 3.3 和图 3.5 可知，未加入状态一致参考信号时的闭环群系统状态一致分量的动态特性和加入状态一致参考信号后的闭环群系统状态一致分量与状态一致性函数之差的动态特性相同。

对于基于状态估计的状态一致性协议[式(3.50)]，若选取观测器增益矩阵为

$$\boldsymbol{K}_{\mathrm{o}}=[16 \quad 92 \quad 235]^{\mathrm{T}} \tag{3.115}$$

则观测器的状态矩阵 $\boldsymbol{A}-\boldsymbol{K}_{\mathrm{o}}\boldsymbol{C}$ 的所有特征值均等于−5。令 $\hat{\boldsymbol{x}}_i(0)=\boldsymbol{0}_3(i=1, 2, \cdots, 7)$，则利用基于状态估计的状态一致性协议构成的闭环群系统状态非一致分量 $\|\boldsymbol{\varphi}_{\cdot i}(t)\|_2^2(i=1, 2, 3)$ 随时间变化曲线如图 3.6 所示。状态一致分量 $\boldsymbol{\zeta}(t)$ 的 3 个分量随时间变化曲线如图 3.7 所示。

现考虑基于降阶观测器的一致性控制协议。令

$$\hat{\boldsymbol{y}}_i(t)=\begin{bmatrix}\boldsymbol{x}_{i2}(t)\\ \boldsymbol{x}_{i3}(t)\end{bmatrix} \tag{3.116}$$

选取增益矩阵 $\boldsymbol{K}_{\mathrm{o}}$ 为

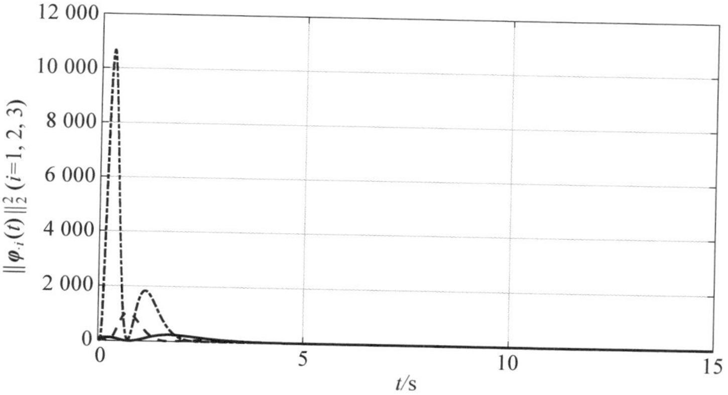

图 3.6 闭环群系统状态非一致分量 $\|\boldsymbol{\varphi}_{\cdot i}(t)\|_2^2(i=1,2,3)$ 随时间变化曲线（基于状态估计的状态一致性协议）

注：实线—— $\|\boldsymbol{\varphi}_{\cdot 1}(t)\|_2^2$；虚线 —— $\|\boldsymbol{\varphi}_{\cdot 2}(t)\|_2^2$；点划线 —— $\|\boldsymbol{\varphi}_{\cdot 3}(t)\|_2^2$。

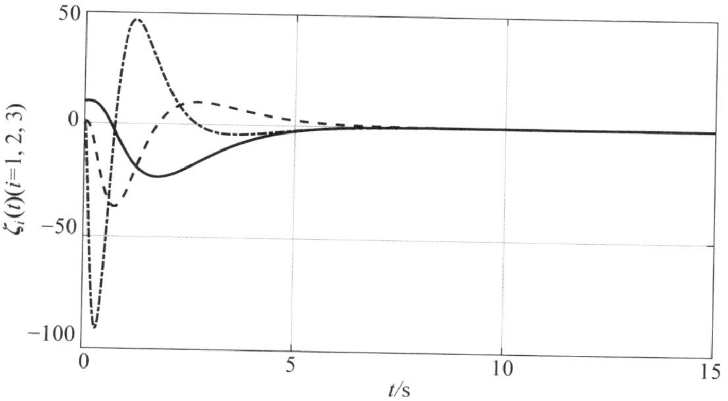

图 3.7 闭环群系统状态一致分量 $\zeta_i(t)(i=1,2,3)$ 随时间变化曲线（基于状态估计的状态一致性协议）

注：实线—— $\zeta_1(t)$；虚线 ——$\zeta_2(t)$；点划线 ——$\zeta_3(t)$。

$$K_o=[11 \quad 37]^{\mathrm{T}} \tag{3.117}$$

则由式(3.66)得降维状态观测器：

$$\begin{aligned}
\dot{\hat{\boldsymbol{z}}}_i(t) &= \begin{bmatrix} -11 & 1 \\ -36 & 1 \end{bmatrix} \hat{\boldsymbol{z}}_i(t) + \begin{bmatrix} -84 \\ -357 \end{bmatrix} \boldsymbol{y}_i(t) + \begin{bmatrix} 0 \\ 1 \end{bmatrix} \boldsymbol{u}_i(t) \\
\boldsymbol{z}_i(t) &= \hat{\boldsymbol{z}}_i(t) + \begin{bmatrix} 11 \\ 37 \end{bmatrix} \boldsymbol{y}_i(t) \\
i &= 1, 2, \cdots, 7
\end{aligned} \tag{3.118}$$

由式(3.67)构成状态一致性协议如下：

$$\boldsymbol{u}_i(t)=\boldsymbol{K}_1\hat{\boldsymbol{x}}_i(t)+\boldsymbol{K}_2\sum_{j\in N_i}[\hat{\boldsymbol{x}}_j(t)-\hat{\boldsymbol{x}}_i(t)],\ i=1,\ 2,\ \cdots,\ 7 \quad (3.119)$$

式中，$\boldsymbol{K}_1$ 和 $\boldsymbol{K}_2$ 的选取与基于状态静态反馈的状态一致性协议相同，则

$$\hat{\boldsymbol{x}}_i(t)=\begin{bmatrix}1&0&0\\11&1&0\\37&0&1\end{bmatrix}\begin{bmatrix}\boldsymbol{y}_i(t)\\\hat{\boldsymbol{z}}_i(t)\end{bmatrix},\ i=1,\ 2,\ \cdots,\ 7 \quad (3.120)$$

选取观测器的初始值均为零，即 $\dot{\hat{\boldsymbol{z}}}_i(0)=\boldsymbol{0}_2(i=1,\ 2,\ \cdots,\ 7)$。利用基于降阶观测器的状态一致性协议构成的闭环群系统状态非一致分量 $\|\boldsymbol{\varphi}_{\cdot i}(t)\|_2^2(i=1,\ 2,\ 3)$ 随时间变化曲线如图 3.8 所示。状态一致分量 $\boldsymbol{\zeta}(t)$ 的 3 个分量随时间变化曲线如图 3.9 所示。

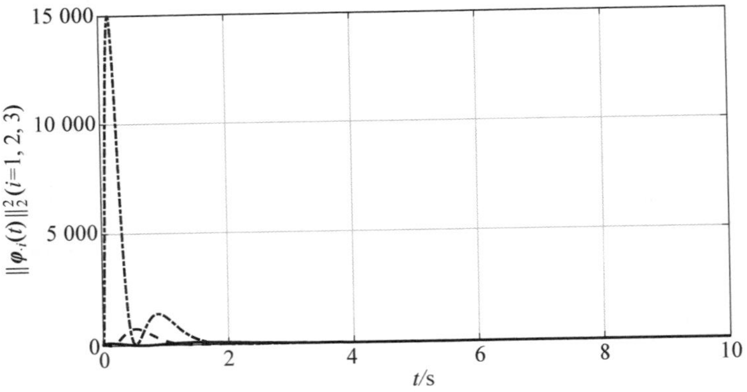

图 3.8 闭环群系统状态非一致分量 $\|\boldsymbol{\varphi}_{\cdot i}(t)\|_2^2(i=1,\ 2,\ 3)$ 随时间变化曲线（基于降阶观测器的状态一致性协议）

注：实线—— $\|\boldsymbol{\varphi}_{\cdot 1}(t)\|_2^2$；虚线 —— $\|\boldsymbol{\varphi}_{\cdot 2}(t)\|_2^2$；点划线 —— $\|\boldsymbol{\varphi}_{\cdot 3}(t)\|_2^2$。

对于基于输出静态反馈的输出一致性控制问题，考虑子系统不是状态完全可观的情形，假设群系统[式(3.103)]中输出矩阵改为

$$\boldsymbol{C}=[1\quad 1\quad 1] \quad (3.121)$$

相应的可观性结构分解变换矩阵可选为

$$\boldsymbol{T}=\begin{bmatrix}1&1&1\\0&1&0\\0&0&1\end{bmatrix} \quad (3.122)$$

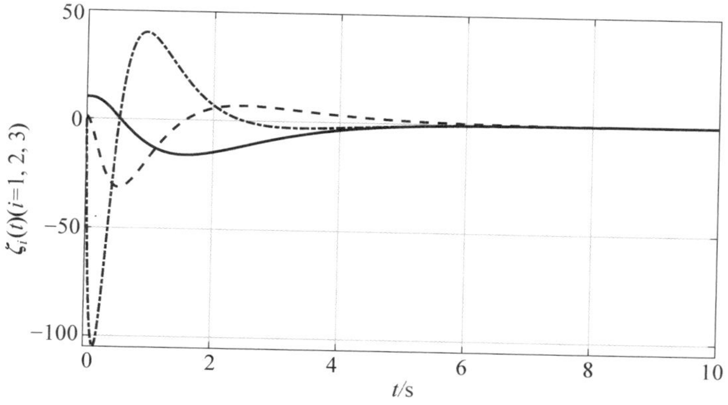

图 3.9 闭环群系统状态一致分量 $\zeta_i(t)(i=1,2,3)$ 随时间变化曲线（基于降阶观测器的状态一致性协议）

注：实线——$\zeta_1(t)$；虚线——$\zeta_2(t)$；点划线——$\zeta_3(t)$。

则

$$\boldsymbol{TAT}^{-1}=\begin{bmatrix}2&0&0\\0&0&1\\2&-1&-1\end{bmatrix},\ \boldsymbol{CT}^{-1}=\begin{bmatrix}1&0&0\end{bmatrix},\ \boldsymbol{TB}=\begin{bmatrix}1\\0\\1\end{bmatrix} \tag{3.123}$$

$$\boldsymbol{T}_{\mathrm{o}}=\begin{bmatrix}1&1&1\end{bmatrix},\ \boldsymbol{T}_{\bar{\mathrm{o}}}=\begin{bmatrix}0&1&0\\0&0&1\end{bmatrix}$$

对于输出一致性协议[式(3.80)]，选取 $\boldsymbol{K}_1=-3$ 和 $\boldsymbol{K}_2=1$，相应的闭环群系统输出一致性分解描述为

$$\begin{aligned}&\dot{\boldsymbol{\omega}}_{\mathrm{o}}(t)=-\boldsymbol{\omega}_{\mathrm{o}}(t)+\boldsymbol{l}_{12}^{\mathrm{T}}\boldsymbol{z}_{\mathrm{o}}(t),\ \boldsymbol{\omega}_{\mathrm{o}}(0)=\boldsymbol{T}_{\mathrm{o}}(\boldsymbol{U}_1\otimes\boldsymbol{I}_3)\boldsymbol{x}(0)\\&\dot{\boldsymbol{z}}_{\mathrm{o}}(t)=-(\boldsymbol{I}_6+\widetilde{\boldsymbol{L}})\boldsymbol{z}_{\mathrm{o}}(t),\ \boldsymbol{z}_{\mathrm{o}}(0)=(\boldsymbol{U}_2\otimes\boldsymbol{T}_{\mathrm{o}})\boldsymbol{x}(0)\\&\boldsymbol{y}(t)=\boldsymbol{1}_7\boldsymbol{\omega}_{\mathrm{o}}(t)+\hat{\boldsymbol{U}}\boldsymbol{z}_{\mathrm{o}}(t)\end{aligned} \tag{3.124}$$

式中，$\boldsymbol{l}_{12}^{\mathrm{T}}$ 和 $\widetilde{\boldsymbol{L}}$ 由式(3.105)给定；$\boldsymbol{U}_1$、$\boldsymbol{U}_2$ 和 $\hat{\boldsymbol{U}}$ 分别由式(3.106)、式(3.107)和式(3.108)给定。显然 $-(\boldsymbol{I}_6+\widetilde{\boldsymbol{L}})$ 是 Hurwitz 矩阵，所以 $\boldsymbol{z}_{\mathrm{o}}(t)$ 按指数收敛于零，$\boldsymbol{y}_i(t)$ 趋于输出一致性函数 $\boldsymbol{\omega}_{\mathrm{o}}(t)$。

例 2 考虑一群系统，其由 7 个子系统组成，子系统之间的作用拓扑如图 3.1 所示，而子系统由如下(可观性结构分解)运动方程描述：

$$\begin{aligned}&\dot{\boldsymbol{x}}_i(t)=\begin{bmatrix}0&1&0&0\\0&0&0&0\\0&1&0&1\\0&0&-1&0\end{bmatrix}\boldsymbol{x}_i(t)+\begin{bmatrix}0\\1\\0\\1\end{bmatrix}\boldsymbol{u}_i(t),\ \boldsymbol{x}_i(0)=\boldsymbol{x}_{0i}\\&\boldsymbol{y}_i(t)=[-1\quad 1\quad 0\quad 0]\boldsymbol{x}_i(t)\\&i=1,\ 2,\ \cdots,\ 7\end{aligned}\tag{3.125}$$

式中，$\boldsymbol{x}_1(0)=[10\quad 1\quad 0\quad 1]^{\mathrm{T}}$，$\boldsymbol{x}_{i+1}(0)=\boldsymbol{x}_i(0)+[1\quad 1\quad 1\quad 1]^{\mathrm{T}}$，$i=1$，2，…，6。考虑此系统的输出一致性控制问题。该群系统的子系统是不可检测的，因此，不存在全维和降维状态观测器。考虑静态输出一致性协议[式(3.80)]，则由式(3.90)可得闭环群系统输出一致性分解描述：

$$\begin{aligned}&\dot{\boldsymbol{\omega}}_{\mathrm{o}}(t)=\begin{bmatrix}0&1\\-\boldsymbol{K}_1&\boldsymbol{K}_1\end{bmatrix}\boldsymbol{\omega}_{\mathrm{o}}(t)+\left(\boldsymbol{l}_{12}^{\mathrm{T}}\otimes\begin{bmatrix}0&0\\-\boldsymbol{K}_2&\boldsymbol{K}_2\end{bmatrix}\right)\boldsymbol{z}_{\mathrm{o}}(t)\\&\boldsymbol{\omega}_{\mathrm{o}}(0)=\left(\boldsymbol{U}_1\otimes\begin{bmatrix}1&0&0&0\\0&1&0&0\end{bmatrix}\right)\boldsymbol{x}(0)\\&\dot{\boldsymbol{z}}_{\mathrm{o}}(t)=\left[\left(\boldsymbol{I}_{N-1}\otimes\begin{bmatrix}0&1\\-\boldsymbol{K}_1&\boldsymbol{K}_1\end{bmatrix}\right)-\left(\widetilde{\boldsymbol{L}}\otimes\begin{bmatrix}0&0\\-\boldsymbol{K}_2&\boldsymbol{K}_2\end{bmatrix}\right)\right]\boldsymbol{z}_{\mathrm{o}}(t)\\&\boldsymbol{z}_{\mathrm{o}}(0)=\left(\boldsymbol{U}_2\otimes\begin{bmatrix}1&0&0&0\\0&1&0&0\end{bmatrix}\right)\boldsymbol{x}(0)\\&\boldsymbol{y}(t)=(\boldsymbol{1}_N\otimes[-1\quad 1])\boldsymbol{\omega}_{\mathrm{o}}(t)+(\hat{\boldsymbol{U}}\otimes[-1\quad 1])\boldsymbol{z}_{\mathrm{o}}(t)\end{aligned}\tag{3.126}$$

式中，$\boldsymbol{l}_{12}^{\mathrm{T}}$、$\widetilde{\boldsymbol{L}}$、$\boldsymbol{U}_1$、$\boldsymbol{U}_2$ 和 $\hat{\boldsymbol{U}}$ 的定义与前面相同。容易验证，对于任意选取的 $\boldsymbol{K}_1$ 和 $\boldsymbol{K}_2$，$\left(\boldsymbol{I}_{N-1}\otimes\begin{bmatrix}0&1\\-\boldsymbol{K}_1&\boldsymbol{K}_1\end{bmatrix}\right)-\left(\widetilde{\boldsymbol{L}}\otimes\begin{bmatrix}0&0\\-\boldsymbol{K}_2&\boldsymbol{K}_2\end{bmatrix}\right)$ 均不是 Hurwitz 矩阵。因此，静态输出一致性协议[式(3.80)]不能实现输出一致性。

考虑群系统[式(3.125)]的可观子系统：

$$\begin{aligned}&\dot{\boldsymbol{x}}_{\mathrm{o}i}(t)=\begin{bmatrix}0&1\\0&0\end{bmatrix}\boldsymbol{x}_{\mathrm{o}i}(t)+\begin{bmatrix}0\\1\end{bmatrix}\boldsymbol{u}_i(t)\\&\boldsymbol{y}_i(t)=[-1\quad 1]\boldsymbol{x}_{\mathrm{o}i}(t)\\&i=1,\ 2,\ \cdots,\ 7\end{aligned}\tag{3.127}$$

动态输出一致性协议[式(3.97)]中的增益矩阵为

$$\boldsymbol{K}_o=\begin{bmatrix}-35\\-25\end{bmatrix},\ \boldsymbol{K}_1=[-1\quad -2],\ \boldsymbol{K}_2=[0.4279\quad 0.4279]\tag{3.128}$$

则可验证输出非一致分量子系统状态矩阵 $[\boldsymbol{I}_{N-1}\otimes(\boldsymbol{A}_o+\boldsymbol{B}_o\boldsymbol{K}_1)]-(\widetilde{\boldsymbol{L}}\otimes\boldsymbol{B}_o\boldsymbol{K}_2)$ 和观测器状态矩阵 $\boldsymbol{A}_o-\boldsymbol{K}_o\boldsymbol{C}_o$ 均是 Hurwitz 矩阵。闭环群系统输出非一致分量 $\|\boldsymbol{\varphi}_{\cdot i}(t)\|_2^2(i=1,2)$ 随时间变化曲线如图 3.10 所示，输出一致分量 $\boldsymbol{\zeta}(t)$ 的两个分量随时间变化曲线如图 3.11 所示。

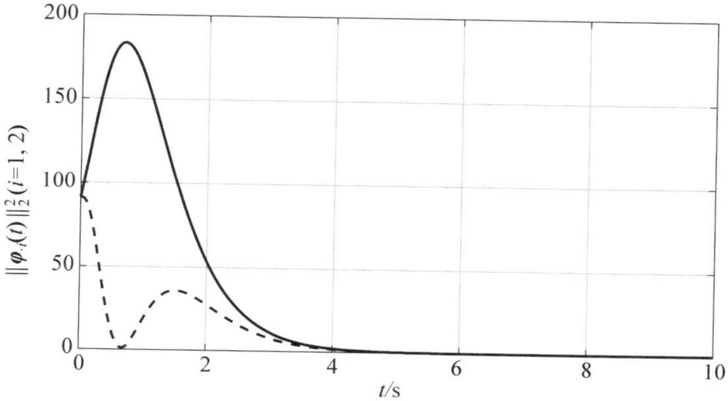

图 3.10　闭环群系统输出非一致分量 $\|\boldsymbol{\varphi}_{\cdot i}(t)\|_2^2(i=1,2)$ 随时间变化曲线（基于动态输出一致性协议）

注：实线—— $\|\boldsymbol{\varphi}_{\cdot 1}(t)\|_2^2$；虚线 —— $\|\boldsymbol{\varphi}_{\cdot 2}(t)\|_2^2$。

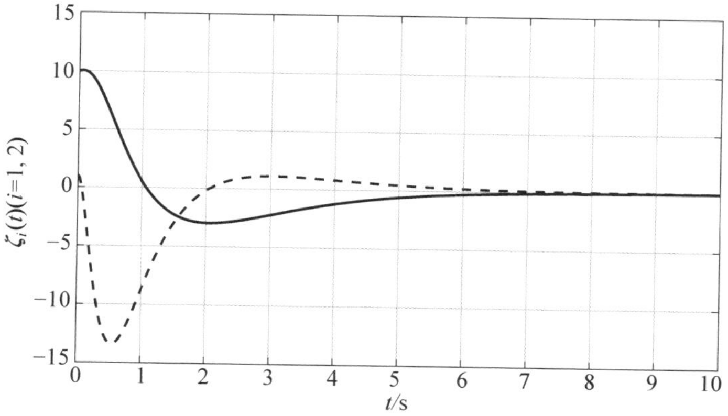

图 3.11　闭环群系统输出一致分量 $\zeta_i(t)(i=1,2)$ 随时间变化曲线（基于动态输出一致性协议）

注：实线—— $\zeta_1(t)$；虚线 ——$\zeta_2(t)$。

4 群系统鲁棒一致性控制

本章考虑群系统的子系统包含有不确定性时的一致性控制问题，给出鲁棒状态一致性控制方法和实现鲁棒状态一致性的条件，并给出状态一致性函数的表达式。最后讨论了鲁棒输出一致性控制问题。

4.1 群系统鲁棒一致性控制问题

考虑由 N 个子系统组成的群系统，其运动方程如下：

$$\begin{aligned}&\dot{\boldsymbol{x}}_i(t)=\boldsymbol{A}\boldsymbol{x}_i(t)+\boldsymbol{B}\{\boldsymbol{u}_i(t)+q_i[\boldsymbol{x}_i(t),\ \boldsymbol{u}_i(t),\ \boldsymbol{d}_i(t),\ t]\},\ \boldsymbol{x}_i(0)=\boldsymbol{x}_{i0}\\&\boldsymbol{y}_i(t)=\boldsymbol{C}\boldsymbol{x}_i(t)\\&i=1,\ 2,\ \cdots,\ N\end{aligned}\tag{4.1}$$

式中，$q_i[\boldsymbol{x}_i(t),\ \boldsymbol{u}_i(t),\ \boldsymbol{d}_i(t),\ t]$ 表示第 i 个子系统所具有的不确定性，有时将其简写为 $\boldsymbol{q}_i(t)$；$\boldsymbol{d}_i(t)$ 是外扰。假设 ($\boldsymbol{A}$, $\boldsymbol{B}$) 是可镇定对，$\boldsymbol{B}$ 是列满秩的；($\boldsymbol{A}$, $\boldsymbol{C}$) 是可检测对，$\boldsymbol{C}$ 是行满秩的。不同的子系统所含的不确定性 $q_i[\boldsymbol{x}_i(t),\ \boldsymbol{u}_i(t),\ \boldsymbol{d}_i(t),\ t]$ 可以是相异的，因此，式(4.1)可以描述由阶次相同、动态特性不同的子系统构成的异构群系统。

假设 4.1 群系统[式(4.1)]中包含的不确定性 $q_i[\boldsymbol{x}_i(t),\ \boldsymbol{u}_i(t),\ \boldsymbol{d}_i(t),\ t]$ 关于 $\boldsymbol{x}_i(t)$, $\boldsymbol{u}_i(t)$, $\boldsymbol{d}_i(t)$ 和 t 是分段连续的，满足如下不等式：

$$\begin{aligned}&\|q_i[\boldsymbol{x}_i(t),\ \boldsymbol{u}_i(t),\ \boldsymbol{d}_i(t),\ t]\|_2\leqslant\alpha\|\boldsymbol{x}_i(t)\|_2+\beta\|\boldsymbol{u}_i(t)\|_2+\gamma\|\boldsymbol{d}_i(t)\|_2\\&i=1,\ 2,\ \cdots,\ N\end{aligned}\tag{4.2}$$

外扰存在常数界：

$$\| \boldsymbol{d}_i(t) \|_2 \leqslant \mu \tag{4.3}$$

式中，$\| \cdot \|_2$ 表示欧氏范数；α、β、γ 和 μ 均为已知正常数，称之为界常数，且 $\beta < 1$。

注 4.1 在假设 4.1 中，虽然对不同子系统的不确定性 $\boldsymbol{q}_i[\boldsymbol{x}_i(t), \boldsymbol{u}_i(t), \boldsymbol{d}_i(t), t]$ 具有相同的界常数 α、β 和 γ，但不意味着不同子系统具有相同形式的不确定性。例如，如下形式的不确定性具有相同的界常数：

$$\boldsymbol{q}_i[\boldsymbol{x}_i(t), \boldsymbol{u}_i(t), \boldsymbol{d}_i(t), t] = \sin(\omega t)\boldsymbol{x}_i(t) + 0.5\cos[\boldsymbol{u}_i(t)]u_i(t) + \cos(\omega t)\boldsymbol{d}_i(t)$$

$$\boldsymbol{q}_j[\boldsymbol{x}_j(t), \boldsymbol{u}_j(t), \boldsymbol{d}_j(t), t] = \frac{\sin[\boldsymbol{x}_j(t)]}{1+\boldsymbol{x}_j^2(t)}\boldsymbol{x}_j(t) + \frac{\cos[\boldsymbol{x}_j^2(t)]}{2+\boldsymbol{u}_j^2(t)}|\boldsymbol{u}_j(t)| + \cos[\boldsymbol{x}_j(t)]\boldsymbol{d}_j(t)$$

而具有不同界常数的不确定性总存在共同的界常数。

定义 4.1(鲁棒状态一致性) 如果群系统[式(4.1)]对于任意给定的初始状态和满足假设 4.1 的不确定性，存在控制协议 $\boldsymbol{u}_i(t)(i=1, 2, \cdots, N)$，成立

$$\lim_{t\to\infty}[\boldsymbol{x}_i(t) - \boldsymbol{x}_j(t)] = 0, \ \forall i, j = 1, 2, \cdots, N \tag{4.4}$$

或等价地，如果存在控制协议 $\boldsymbol{u}_i(t)(i=1, 2, \cdots, N)$ 和函数向量 $\boldsymbol{c}(t) \in \mathbf{R}^n$，成立

$$\lim_{t\to\infty}[\boldsymbol{x}_i(t) - \boldsymbol{c}(t)] = 0, \ \forall i = 1, 2, \cdots, N \tag{4.5}$$

则称群系统[式(4.1)]能实现鲁棒状态一致性，并称函数向量 $\boldsymbol{c}(t)$ 为鲁棒状态一致性函数。

定义 4.2($\boldsymbol{\varepsilon}$ -鲁棒状态一致性) 对于给定正常数 ε，如果群系统[式(4.1)]对于任意给定的初始状态和满足假设 4.1 的不确定性，存在控制协议 $\boldsymbol{u}_i(t)(i=1, 2, \cdots, N)$ 和常数 $T>0$，成立

$$\| \boldsymbol{x}_i(t) - \boldsymbol{x}_j(t) \|_2 \leqslant \varepsilon, \ t \geqslant T, \ \forall i, j = 1, 2, \cdots, N \tag{4.6}$$

或等价地，存在控制协议 $\boldsymbol{u}_i(t)(i=1, 2, \cdots, N)$、函数向量 $\boldsymbol{c}(t) \in \mathbf{R}^n$ 和常数 $T>0$，成立

$$\| \boldsymbol{x}_i(t) - \boldsymbol{c}(t) \|_2 \leqslant \varepsilon, \ t \geqslant T, \ \forall i = 1, 2, \cdots, N \tag{4.7}$$

则称群系统[式(4.1)]能实现 ε -鲁棒状态一致性，并称函数向量 $\boldsymbol{c}(t)$ 为 ε -鲁棒状态一致性函数。

定义 4.3(鲁棒输出一致性) 如果群系统[式(4.1)]对于任意给定的初始状态和满足假设 4.1 的不确定性扰，存在控制协议 $\boldsymbol{u}_i(t)(i=1,2,\cdots,N)$，成立

$$\lim_{t\to\infty}[\boldsymbol{y}_i(t)-\boldsymbol{y}_j(t)]=0,\ \forall i,j=1,2,\cdots,N \tag{4.8}$$

或等价地，如果存在控制协议 $\boldsymbol{u}_i(t)(i=1,2,\cdots,N)$ 和函数向量 $\boldsymbol{c}_y(t)\in\mathbf{R}^l$，成立

$$\lim_{t\to\infty}[\boldsymbol{y}_i(t)-\boldsymbol{c}_y(t)]=0,\ \forall i=1,2,\cdots,N \tag{4.9}$$

则称群系统[式(4.1)]能实现鲁棒输出一致性，并称函数向量 $\boldsymbol{c}_y(t)$ 为鲁棒输出一致性函数。

定义 4.4($\boldsymbol{\varepsilon}$-鲁棒输出一致性) 对于给定正常数 ε，如果群系统[式(4.1)]对于任意给定的初始状态和满足假设 4.1 的不确定性，存在控制协议 $\boldsymbol{u}_i(t)(i=1,2,\cdots,N)$ 和常数 $T>0$，成立

$$\|\boldsymbol{y}_i(t)-\boldsymbol{y}_j(t)\|_2\leqslant\varepsilon,\ t\geqslant T,\ \forall i,j=1,2,\cdots,N \tag{4.10}$$

或等价地，存在控制协议 $\boldsymbol{u}_i(t)(i=1,2,\cdots,N)$、函数向量 $\boldsymbol{c}_y(t)\in\mathbf{R}^l$ 和常数 $T>0$，成立

$$\|\boldsymbol{y}_i(t)-\boldsymbol{c}_y(t)\|_2\leqslant\varepsilon,\ t\geqslant T,\ \forall i=1,2,\cdots,N \tag{4.11}$$

则称群系统[式(4.1)]能实现 ε-鲁棒输出一致性，并称函数向量 $\boldsymbol{c}_y(t)$ 为 ε-鲁棒输出一致性函数。

4.2 基于状态信息的鲁棒状态一致性控制协议设计

考虑如下基于状态信息的鲁棒状态一致性控制协议：

$$\begin{aligned}
&\boldsymbol{u}_i(t)=\boldsymbol{u}_{oi}(t)+\boldsymbol{u}_{Ri}(t)\\
&\boldsymbol{u}_{oi}(t)=\boldsymbol{K}_1\boldsymbol{x}_i(t)+\boldsymbol{K}_2\sum_{j\in N_i}[\boldsymbol{x}_j(t)-\boldsymbol{x}_i(t)]+\boldsymbol{K}_3\boldsymbol{r}_c(t)\\
&\dot{\boldsymbol{u}}_{Ri}(t)=-f\boldsymbol{u}_{Ri}(t)-f\boldsymbol{q}_i(t),\ \boldsymbol{u}_{Ri}(0)=0\\
&i=1,2,\cdots,N
\end{aligned} \tag{4.12}$$

式中，$\boldsymbol{K}_1\in\mathbf{R}^{m\times n}$、$\boldsymbol{K}_2\in\mathbf{R}^{m\times n}$ 和 $\boldsymbol{K}_3\in\mathbf{R}^{m\times m_r}$ 是常数增益矩阵；N_i 是第 i 个子系

统的邻居集；$\boldsymbol{u}_{oi}(t)$ 是状态一致性控制协议的标称部分，简称为(第 i 个子系统的)标称一致(控制)协议；$\boldsymbol{u}_{Ri}(t)$ 是状态一致性控制协议的鲁棒部分，简称为(第 i 个子系统的)鲁棒补偿协议；f 是一正常数。假设相互作用拓扑对应的拉普拉斯矩阵为 $\boldsymbol{L}\in\mathbf{R}^{N\times N}$，并假设相互作用拓扑包含生成树。$\boldsymbol{r}_c(t)\in\mathbf{R}^{m_r}$ 为有界状态一致参考信号。

针对标称群系统[式(4.1)中 $\boldsymbol{q}_i(t)=0$ 时所对应的系统]，利用第 3 章中介绍的方法，确定增益矩阵 $\boldsymbol{K}_1$ 和 $\boldsymbol{K}_2$，即根据对状态一致性函数的要求确定增益矩阵 $\boldsymbol{K}_1$，而增益矩阵 $\boldsymbol{K}_2$ 由下式给定：

$$\boldsymbol{K}_2=\boldsymbol{R}^{-1}\boldsymbol{B}^{\mathrm{T}}\boldsymbol{P} \tag{4.13}$$

式中，$\boldsymbol{P}$ 是如下 Riccati 矩阵代数方程的正定解：

$$\boldsymbol{P}(\boldsymbol{A}+\boldsymbol{B}\boldsymbol{K}_1)+(\boldsymbol{A}+\boldsymbol{B}\boldsymbol{K}_1)^{\mathrm{T}}\boldsymbol{P}-\mu\boldsymbol{P}\boldsymbol{B}\boldsymbol{R}^{-1}\boldsymbol{B}^{\mathrm{T}}\boldsymbol{P}+\boldsymbol{Q}=0 \tag{4.14}$$

式中，$\boldsymbol{Q}$ 和 $\boldsymbol{R}$ 是任意选定的正定矩阵；μ 为满足式(3.29)的正数。

鲁棒补偿协议的频域描述为

$$\boldsymbol{u}_{Ri}=-F(s)\boldsymbol{q}_i,\ i=1,\ 2,\ \cdots,\ N \tag{4.15}$$

式中，$F(s)$ 是鲁棒滤波器(的传递函数)，定义如下：

$$F(s)=\frac{f}{s+f} \tag{4.16}$$

式中，f 是待定正常数。如果鲁棒滤波器的带宽足够宽，即鲁棒滤波器参数 f 足够大，则可期望 $\boldsymbol{u}_{Ri}(t)$ 充分近似 $-\boldsymbol{q}_i(t)$，即可期望 $\boldsymbol{u}_{Ri}(t)$ 抑制不确定性 $\boldsymbol{q}_i(t)$ 的影响。

令

$$\begin{aligned}
\boldsymbol{x}(t)&=[\boldsymbol{x}_1^{\mathrm{T}}(t)\quad \boldsymbol{x}_2^{\mathrm{T}}(t)\quad \cdots\quad \boldsymbol{x}_N^{\mathrm{T}}(t)]^{\mathrm{T}}\in\mathbf{R}^{N\times n}\\
\boldsymbol{u}(t)&=[\boldsymbol{u}_1^{\mathrm{T}}(t)\quad \boldsymbol{u}_2^{\mathrm{T}}(t)\quad \cdots\quad \boldsymbol{u}_N^{\mathrm{T}}(t)]^{\mathrm{T}}\in\mathbf{R}^{N\times m}\\
\boldsymbol{u}_o(t)&=[\boldsymbol{u}_{o1}^{\mathrm{T}}(t)\quad \boldsymbol{u}_{o2}^{\mathrm{T}}(t)\quad \cdots\quad \boldsymbol{u}_{oN}^{\mathrm{T}}(t)]^{\mathrm{T}}\in\mathbf{R}^{N\times m}\\
\boldsymbol{u}_R(t)&=[\boldsymbol{u}_{R1}^{\mathrm{T}}(t)\quad \boldsymbol{u}_{R2}^{\mathrm{T}}(t)\quad \cdots\quad \boldsymbol{u}_{RN}^{\mathrm{T}}(t)]^{\mathrm{T}}\in\mathbf{R}^{N\times m}\\
\boldsymbol{q}(t)&=[\boldsymbol{q}_1^{\mathrm{T}}(t)\quad \boldsymbol{q}_2^{\mathrm{T}}(t)\quad \cdots\quad \boldsymbol{q}_N^{\mathrm{T}}(t)]^{\mathrm{T}}\in\mathbf{R}^{N\times m}\\
\boldsymbol{x}_0&=[\boldsymbol{x}_{10}^{\mathrm{T}}\quad \boldsymbol{x}_{20}^{\mathrm{T}}\quad \cdots\quad \boldsymbol{x}_{N0}^{\mathrm{T}}]^{\mathrm{T}}\in\mathbf{R}^{N\times n}
\end{aligned} \tag{4.17}$$

则

$$\begin{aligned}\boldsymbol{u}(t) &= \boldsymbol{u}_{\mathrm{o}}(t)+\boldsymbol{u}_{\mathrm{R}}(t)\\ &= (\boldsymbol{I}_N\otimes\boldsymbol{K}_1)\boldsymbol{x}(t)-(\boldsymbol{L}\otimes\boldsymbol{K}_2)\boldsymbol{x}(t)+(\boldsymbol{1}_N\otimes\boldsymbol{K}_3)\boldsymbol{r}_{\mathrm{c}}(t)+\boldsymbol{u}_{\mathrm{R}}(t)\end{aligned}\tag{4.18}$$

群系统[式(4.1)]与鲁棒状态一致性控制协议[式(4.12)]构成的闭环群系统可描述为

$$\begin{aligned}\dot{\boldsymbol{x}}(t) &= [\boldsymbol{I}_N\otimes(\boldsymbol{A}+\boldsymbol{B}\boldsymbol{K}_1)]\boldsymbol{x}(t)-(\boldsymbol{L}\otimes\boldsymbol{B}\boldsymbol{K}_2)\boldsymbol{x}(t)+\\ &\qquad(\boldsymbol{1}_N\otimes\boldsymbol{B}\boldsymbol{K}_3)\boldsymbol{r}_{\mathrm{c}}(t)+(\boldsymbol{I}_N\otimes\boldsymbol{B})[\boldsymbol{u}_{\mathrm{R}}(t)+\boldsymbol{q}(t)]\\ \dot{\boldsymbol{u}}_{\mathrm{R}}(t) &= -(\boldsymbol{I}_N\otimes f\boldsymbol{I}_m)\boldsymbol{u}_{\mathrm{R}}(t)-(\boldsymbol{I}_N\otimes f\boldsymbol{I}_m)\boldsymbol{q}(t)\\ \boldsymbol{x}(0) &= \boldsymbol{x}_0,\ \boldsymbol{u}_{\mathrm{R}}(0)=0\end{aligned}\tag{4.19}$$

由于 $\boldsymbol{q}(t)$ 是无法通过量测得到的，因此式(4.12)中描述的鲁棒补偿协议是无法直接实现的。利用 2.3 节中所示的方法，可得到如下鲁棒补偿协议的实现：

$$\begin{aligned}\dot{\boldsymbol{x}}_{\mathrm{c}i}(t) &= -f\boldsymbol{x}_{\mathrm{c}i}(t)+\boldsymbol{B}^{\#}(\boldsymbol{A}+f\boldsymbol{I}_n)\boldsymbol{x}_i(t)+\boldsymbol{u}_i(t),\ \boldsymbol{x}_{\mathrm{c}i}(0)=\boldsymbol{B}^{\#}\boldsymbol{x}_{i0}\\ \boldsymbol{u}_{\mathrm{R}i}(t) &= -f\boldsymbol{B}^{\#}\boldsymbol{x}_i(t)+f\boldsymbol{x}_{\mathrm{c}i}(t)\end{aligned}\tag{4.20}$$

式中，$\boldsymbol{x}_{\mathrm{c}i}(t)\in\mathbf{R}^m$ 是第 i 个子系统的鲁棒补偿协议的状态。整个群系统的鲁棒补偿协议可描述为

$$\begin{aligned}\dot{\boldsymbol{x}}_{\mathrm{c}}(t) &= -(\boldsymbol{I}_N\otimes f\boldsymbol{I}_m)\boldsymbol{x}_{\mathrm{c}}(t)+[\boldsymbol{I}_N\otimes\boldsymbol{B}^{\#}(\boldsymbol{A}+f\boldsymbol{I}_n)]\boldsymbol{x}(t)+\boldsymbol{u}(t)\\ \boldsymbol{x}_{\mathrm{c}}(0) &= (\boldsymbol{I}_N\otimes\boldsymbol{B}^{\#})\boldsymbol{x}_0\\ \boldsymbol{u}_{\mathrm{R}}(t) &= -(\boldsymbol{I}_N\otimes f\boldsymbol{B}^{\#})\boldsymbol{x}(t)+(\boldsymbol{I}_N\otimes f\boldsymbol{I}_m)\boldsymbol{x}_{\mathrm{c}}(t)\end{aligned}\tag{4.21}$$

式中，$\boldsymbol{x}_{\mathrm{c}}(t)=[\boldsymbol{x}_{\mathrm{c}1}^{\mathrm{T}}(t)\quad\boldsymbol{x}_{\mathrm{c}2}^{\mathrm{T}}(t)\quad\cdots\quad\boldsymbol{x}_{\mathrm{c}N}^{\mathrm{T}}(t)]^{\mathrm{T}}\in\mathbf{R}^{N\times n}$。

如上述设计的鲁棒状态一致性控制协议[式(4.12)和式(4.21)]是线性定常的，其中鲁棒补偿协议中的参数 f 的取值决定整个群系统的鲁棒特性，其取值要求，将在后续分析中给出。

4.3 基于状态信息的鲁棒控制群系统状态一致性分解

对于闭环群系统，类似于第 3 章，通过状态变换导出其状态一致性分解描述，将鲁棒状态一致性控制问题转换成鲁棒镇定问题。

下面用到的矩阵 $\boldsymbol{U}$、$\boldsymbol{U}_1$、$\boldsymbol{U}_2$ 和 $\widetilde{\boldsymbol{L}}$ 等如同 3.3 节中所定义的。

令

$$\begin{bmatrix}\boldsymbol{\zeta}(t)\\ \boldsymbol{\varphi}(t)\end{bmatrix}=(\boldsymbol{U}\otimes\boldsymbol{I}_n)\boldsymbol{x}(t)\in\mathbf{R}^{N\times n}$$

$$\begin{aligned}&\boldsymbol{\zeta}(t)=(\boldsymbol{U}_1\otimes\boldsymbol{I}_n)\boldsymbol{x}(t)\in\mathbf{R}^{n}\\&\boldsymbol{\varphi}(t)=(\boldsymbol{U}_2\otimes\boldsymbol{I}_n)\boldsymbol{x}(t)=[\boldsymbol{\varphi}_1^{\mathrm{T}}(t)\quad\boldsymbol{\varphi}_2^{\mathrm{T}}(t)\quad\cdots\quad\boldsymbol{\varphi}_{N-1}^{\mathrm{T}}(t)]^{\mathrm{T}}\in\mathbf{R}^{(N-1)\times n}\end{aligned}\tag{4.22}$$

$$\boldsymbol{v}_{\mathrm{R}}(t)=\begin{bmatrix}\boldsymbol{v}_{\mathrm{R1}}(t)\\ \widetilde{\boldsymbol{v}}_{\mathrm{R}}(t)\end{bmatrix}=(\boldsymbol{U}\otimes\boldsymbol{I}_m)\boldsymbol{u}_{\mathrm{R}}(t)\in\mathbf{R}^{N\times m}$$

$$\begin{aligned}&\boldsymbol{v}_{\mathrm{R1}}(t)=(\boldsymbol{U}_1\otimes\boldsymbol{I}_m)\boldsymbol{u}_{\mathrm{R}}(t)\in\mathbf{R}^{m}\\&\widetilde{\boldsymbol{v}}_{\mathrm{R}}(t)=(\boldsymbol{U}_2\otimes\boldsymbol{I}_m)\boldsymbol{u}_{\mathrm{R}}(t)=[\boldsymbol{v}_{\mathrm{R2}}^{\mathrm{T}}(t)\quad\boldsymbol{v}_{\mathrm{R3}}^{\mathrm{T}}(t)\quad\cdots\quad\boldsymbol{v}_{\mathrm{R}N}^{\mathrm{T}}(t)]^{\mathrm{T}}\in\mathbf{R}^{(N-1)\times m}\end{aligned}\tag{4.23}$$

则有

$$\begin{aligned}(\boldsymbol{U}\otimes\boldsymbol{I}_m)\boldsymbol{u}(t)&=(\boldsymbol{I}_N\otimes\boldsymbol{K}_1)(\boldsymbol{U}\otimes\boldsymbol{I}_n)\boldsymbol{x}(t)-(\boldsymbol{U}\boldsymbol{L}\boldsymbol{U}^{-1}\otimes\boldsymbol{K}_2)(\boldsymbol{U}\otimes\boldsymbol{I}_n)\boldsymbol{x}(t)+\\&\quad(\boldsymbol{U}\mathbf{1}_N\otimes\boldsymbol{K}_3)\boldsymbol{r}_{\mathrm{c}}(t)+(\boldsymbol{U}\otimes\boldsymbol{I}_m)\boldsymbol{u}_{\mathrm{R}}(t)\\&=(\boldsymbol{I}_N\otimes\boldsymbol{K}_1)\begin{bmatrix}\boldsymbol{\zeta}(t)\\ \boldsymbol{\varphi}(t)\end{bmatrix}-\left(\begin{bmatrix}0&-\boldsymbol{l}_{12}^{\mathrm{T}}\\ \mathbf{0}_{N-1}&\widetilde{\boldsymbol{L}}\end{bmatrix}\otimes\boldsymbol{K}_2\right)\begin{bmatrix}\boldsymbol{\zeta}(t)\\ \boldsymbol{\varphi}(t)\end{bmatrix}+\\&\quad\left(\begin{bmatrix}1\\ \mathbf{0}_{N-1}\end{bmatrix}\otimes\boldsymbol{K}_3\right)\boldsymbol{r}_{\mathrm{c}}(t)+\boldsymbol{v}_{\mathrm{R}}(t)\end{aligned}\tag{4.24}$$

再令

$$\begin{aligned}&\boldsymbol{\rho}(t)=\begin{bmatrix}\boldsymbol{\rho}_1(t)\\ \widetilde{\boldsymbol{\rho}}(t)\end{bmatrix}=(\boldsymbol{U}\otimes\boldsymbol{I}_m)\boldsymbol{q}(t)\in\mathbf{R}^{N\times m}\\&\widetilde{\boldsymbol{\rho}}(t)=(\boldsymbol{U}_2\otimes\boldsymbol{I}_m)\boldsymbol{q}(t)=[\boldsymbol{\rho}_2^{\mathrm{T}}(t)\quad\boldsymbol{\rho}_3^{\mathrm{T}}(t)\quad\cdots\quad\boldsymbol{\rho}_N^{\mathrm{T}}(t)]^{\mathrm{T}}\in\mathbf{R}^{(N-1)\times m}\end{aligned}\tag{4.25}$$

则可得到闭环群系统[式(4.19)]的状态一致性分解描述：

$$\dot{\boldsymbol{\zeta}}(t)=(\boldsymbol{A}+\boldsymbol{B}\boldsymbol{K}_1)\boldsymbol{\zeta}(t)+(\boldsymbol{l}_{12}^{\mathrm{T}}\otimes\boldsymbol{B}\boldsymbol{K}_2)\boldsymbol{\varphi}(t)+\boldsymbol{K}_3\boldsymbol{r}_{\mathrm{c}}(t)+\boldsymbol{B}[\boldsymbol{v}_{\mathrm{R1}}(t)+\boldsymbol{\rho}_1(t)]\tag{4.26}$$

$$\begin{aligned}\dot{\boldsymbol{\varphi}}(t)&=\{[\boldsymbol{I}_{N-1}\otimes(\boldsymbol{A}+\boldsymbol{B}\boldsymbol{K}_1)]-(\widetilde{\boldsymbol{L}}\otimes\boldsymbol{B}\boldsymbol{K}_2)\}\boldsymbol{\varphi}(t)+\\&\quad(\boldsymbol{I}_{N-1}\otimes\boldsymbol{B})[\widetilde{\boldsymbol{v}}_{\mathrm{R}}(t)+\widetilde{\boldsymbol{\rho}}(t)]\end{aligned}\tag{4.27}$$

$$\dot{\boldsymbol{v}}_{\mathrm{R}}(t)=-(\boldsymbol{I}_N\otimes f\boldsymbol{I}_m)\boldsymbol{v}_{\mathrm{R}}(t)-(\boldsymbol{I}_N\otimes f\boldsymbol{I}_m)\boldsymbol{\rho}(t)\tag{4.28}$$

$$\begin{bmatrix}\boldsymbol{\zeta}(0)\\ \boldsymbol{\varphi}(0)\end{bmatrix}=(\boldsymbol{U}\otimes\boldsymbol{I}_n)\boldsymbol{x}_0,\ \boldsymbol{v}_{\mathrm{R}}(0)=0$$

$$\boldsymbol{x}(t)=(\boldsymbol{1}_N\otimes\boldsymbol{I}_n)\boldsymbol{\zeta}(t)+(\hat{\boldsymbol{U}}\otimes\boldsymbol{I}_n)\boldsymbol{\varphi}(t)\tag{4.29}$$

式中，$\boldsymbol{\zeta}(t)$ 是群系统状态 $\boldsymbol{x}(t)$ 的一致分量；$\boldsymbol{\varphi}(t)$ 是其非一致分量。式(4.26)～式(4.29)是闭环群系统[式(4.19)]的状态一致性分解描述。

由式(4.29)可知，闭环群系统[式(4.19)]实现鲁棒状态一致的充要条件是：

$$\lim_{t\to\infty}\boldsymbol{\varphi}_i(t)=0,\ i=1,\ 2,\ \cdots,\ N-1$$

然而实现 ε -鲁棒状态一致性的充要条件是对于给定正数 ε，存在正数 T，成立

$$\|\boldsymbol{\varphi}_i(t)\|_2\leqslant\varepsilon,\ t\geqslant T,\ i=1,\ 2,\ \cdots,\ N$$

因此，鲁棒状态一致性控制问题转换为状态非一致分量的鲁棒状态调节问题。

4.4 基于状态信息的鲁棒控制群系统状态一致性分析

对于闭环群系统[式(4.19)]，若令 $\boldsymbol{q}(t)=0$，$\boldsymbol{u}_{\mathrm{R}}(t)=0$，则可得标称闭环群系统描述：

$$\begin{aligned}&\dot{\boldsymbol{x}}_{\mathrm{B}}(t)=[\boldsymbol{I}_N\otimes(\boldsymbol{A}+\boldsymbol{BK}_1)]\boldsymbol{x}_{\mathrm{B}}(t)-(\boldsymbol{L}\otimes\boldsymbol{BK}_2)\boldsymbol{x}_{\mathrm{B}}(t)+(\boldsymbol{1}_N\otimes\boldsymbol{BK}_3)\boldsymbol{r}_{\mathrm{c}}(t)\\&\boldsymbol{x}_{\mathrm{B}}(0)=\boldsymbol{x}_0\end{aligned}\tag{4.30}$$

相应的标称闭环群系统的状态一致性分解描述可表示为

$$\dot{\boldsymbol{\zeta}}_{\mathrm{B}}(t)=(\boldsymbol{A}+\boldsymbol{BK}_1)\boldsymbol{\zeta}_{\mathrm{B}}(t)+(\boldsymbol{l}_{12}^{\mathrm{T}}\otimes\boldsymbol{BK}_2)\boldsymbol{\varphi}_{\mathrm{B}}(t)+\boldsymbol{K}_3\boldsymbol{r}_{\mathrm{c}}(t)\tag{4.31}$$

$$\dot{\boldsymbol{\varphi}}_{\mathrm{B}}(t)=\{[\boldsymbol{I}_{N-1}\otimes(\boldsymbol{A}+\boldsymbol{BK}_1)]-(\tilde{\boldsymbol{L}}\otimes\boldsymbol{BK}_2)\}\boldsymbol{\varphi}_{\mathrm{B}}(t)\tag{4.32}$$

$$\begin{bmatrix}\boldsymbol{\zeta}_{\mathrm{B}}(0)\\ \boldsymbol{\varphi}_{\mathrm{B}}(0)\end{bmatrix}=(\boldsymbol{U}\otimes\boldsymbol{I}_n)\boldsymbol{x}_0\tag{4.33}$$

$$\boldsymbol{x}_{\mathrm{B}}(t)=(\boldsymbol{1}_N\otimes\boldsymbol{I}_n)\boldsymbol{\zeta}_{\mathrm{B}}(t)+(\hat{\boldsymbol{U}}\otimes\boldsymbol{I}_n)\boldsymbol{\varphi}_{\mathrm{B}}(t)\tag{4.34}$$

如果一致性控制协议的增益矩阵 $\boldsymbol{K}_1$ 和 $\boldsymbol{K}_2$ 由第 3 章中介绍的方法确定，保证上述标称闭环群系统能实现状态一致，则对于任意的初始状态 $\boldsymbol{x}_0$，成立

$$\lim_{t\to\infty}\boldsymbol{\varphi}_{\mathrm{B}}(t)=0\tag{4.35}$$

定义实际闭环群系统状态与标称闭环群系统状态的差为

$$\boldsymbol{x}_{\Delta}(t)=\boldsymbol{x}(t)-\boldsymbol{x}_{\mathrm{B}}(t) \tag{4.36}$$

则有

$$\begin{aligned}&\dot{\boldsymbol{x}}_{\Delta}(t)=\boldsymbol{A}_{\mathrm{C}}\boldsymbol{x}_{\Delta}(t)+(\boldsymbol{I}_N\otimes\boldsymbol{B})[\boldsymbol{u}_{\mathrm{R}}(t)+\boldsymbol{q}(t)],\ \boldsymbol{x}_{\Delta}(0)=0\\&\dot{\boldsymbol{v}}_{\mathrm{R}}(t)=-(\boldsymbol{I}_N\otimes f\boldsymbol{I}_m)\boldsymbol{u}_{\mathrm{R}}(t)-(\boldsymbol{I}_N\otimes f\boldsymbol{I}_m)\boldsymbol{q}(t),\ \boldsymbol{u}_{\mathrm{R}}(0)=0\end{aligned} \tag{4.37}$$

其中，

$$\boldsymbol{A}_{\mathrm{C}}=[\boldsymbol{I}_N\otimes(\boldsymbol{A}+\boldsymbol{BK}_1)]-(\boldsymbol{L}\otimes\boldsymbol{BK}_2) \tag{4.38}$$

定义实际闭环群系统的一致性分量和非一致性分量与标称闭环群系统相应分量的差分别为

$$\begin{aligned}&\boldsymbol{\zeta}_{\Delta}(t)=\boldsymbol{\zeta}(t)-\boldsymbol{\zeta}_{\mathrm{B}}(t)\\&\boldsymbol{\varphi}_{\Delta}(t)=\boldsymbol{\varphi}(t)-\boldsymbol{\varphi}_{\mathrm{B}}(t)\end{aligned} \tag{4.39}$$

并定义

$$\boldsymbol{\psi}_{\Delta}(t)=\begin{bmatrix}\boldsymbol{\zeta}_{\Delta}(t)\\\boldsymbol{\varphi}_{\Delta}(t)\end{bmatrix} \tag{4.40}$$

则有

$$\begin{aligned}&\dot{\boldsymbol{\psi}}_{\Delta}(t)=\boldsymbol{A}_{\psi}\boldsymbol{\psi}_{\Delta}(t)+(\boldsymbol{I}_N\otimes\boldsymbol{B})[\boldsymbol{v}_{\mathrm{R}}(t)+\boldsymbol{\rho}(t)]\\&\dot{\boldsymbol{v}}_{\mathrm{R}}(t)=-(\boldsymbol{I}_N\otimes f\boldsymbol{I}_m)\boldsymbol{v}_{\mathrm{R}}(t)-(\boldsymbol{I}_N\otimes f\boldsymbol{I}_m)\boldsymbol{\rho}(t)\\&\boldsymbol{\psi}_{\Delta}(0)=\boldsymbol{0}_{n\times N},\ \boldsymbol{v}_{\mathrm{R}}(0)=\boldsymbol{0}_{m\times N}\end{aligned} \tag{4.41}$$

其中，

$$\boldsymbol{A}_{\psi}=\begin{bmatrix}\boldsymbol{A}+\boldsymbol{BK}_1 & \boldsymbol{l}_{12}^{\mathrm{T}}\otimes\boldsymbol{BK}_2\\\boldsymbol{0}_{n(N-1)\times n} & [\boldsymbol{I}_{N-1}\otimes(\boldsymbol{A}+\boldsymbol{BK}_1)]-(\widetilde{\boldsymbol{L}}\otimes\boldsymbol{BK}_2)\end{bmatrix} \tag{4.42}$$

由第 3 章的结论可知，标称闭环群系统实现状态一致的充要条件是标称非一致性分量动态系统的状态矩阵 $[\boldsymbol{I}_{N-1}\otimes(\boldsymbol{A}+\boldsymbol{BK}_1)]-(\widetilde{\boldsymbol{L}}\otimes\boldsymbol{BK}_2)$ 是 Hurwitz 矩阵。根据闭环群系统的状态非一致分量动态方程[式(4.27)]可知，由于不确定性的耦合[式(4.27)中包含有 $\widetilde{\boldsymbol{\rho}}(t)$]，状态非一致分量会受到一致分量的影响。要通过施加(有界的)鲁棒补偿控制 $\widetilde{\boldsymbol{v}}_{\mathrm{R}}(t)$，抑制不确定性 $\widetilde{\boldsymbol{\rho}}(t)$ 的影响，需

要保证状态一致分量的有界性。因此，为实现不确定群系统的鲁棒一致性控制，需要设计控制协议的增益矩阵 $\boldsymbol{K}_1$ 和 $\boldsymbol{K}_2$，在保证 $[\boldsymbol{I}_{N-1}\otimes(\boldsymbol{A}+\boldsymbol{B}\boldsymbol{K}_1)]-(\widetilde{\boldsymbol{L}}\otimes\boldsymbol{B}\boldsymbol{K}_2)$ 为 Hurwitz 矩阵的同时，还须保证 $\boldsymbol{A}+\boldsymbol{B}\boldsymbol{K}_1$ 也为 Hurwitz 矩阵，即保证 $\boldsymbol{A}_{\mathrm{C}}$ 为 Hurwitz 矩阵。接下来在闭环群系统状态矩阵 $\boldsymbol{A}_{\mathrm{C}}$ 为 Hurwitz 矩阵的假设下，进行状态鲁棒一致性分析。

假设 f 大于 $\boldsymbol{A}_{\mathrm{C}}$ 的谱半径。令

$$\begin{aligned}&\boldsymbol{M}_1=[(\boldsymbol{I}_N\otimes f\boldsymbol{I}_n)+\boldsymbol{A}_{\mathrm{C}}]^{-1}(\boldsymbol{I}_N\otimes\boldsymbol{B}f)\\&\hat{\boldsymbol{M}}_1=(\boldsymbol{I}_N\otimes\boldsymbol{B}f)-\boldsymbol{M}_1f=[(\boldsymbol{I}_N\otimes f\boldsymbol{I}_n)+\boldsymbol{A}_{\mathrm{C}}]^{-1}\boldsymbol{A}_{\mathrm{C}}(\boldsymbol{I}_N\otimes\boldsymbol{B}f)=\boldsymbol{A}_{\mathrm{C}}\boldsymbol{M}_1\end{aligned}\tag{4.43}$$

注意，当 f 趋于无穷大时，$\hat{\boldsymbol{M}}_1$ 和 $\boldsymbol{M}_1$ 分别趋于 $(\boldsymbol{I}_N\otimes\boldsymbol{B})$ 和 $\boldsymbol{A}_{\mathrm{C}}(\boldsymbol{I}_N\otimes\boldsymbol{B})$。

定义

$$\begin{aligned}&\boldsymbol{\omega}_1(t)=\boldsymbol{x}_{\Delta}(t)+\boldsymbol{M}_1\boldsymbol{\omega}_2(t)\\&\boldsymbol{\omega}_2(t)=f^{-1}\boldsymbol{u}_{\mathrm{R}}(t)\end{aligned}\tag{4.44}$$

则有

$$\begin{aligned}&\dot{\boldsymbol{\omega}}_1(t)=\boldsymbol{A}_{\mathrm{C}}\boldsymbol{\omega}_1(t)+\hat{\boldsymbol{M}}_1f^{-1}\boldsymbol{q}(t),\ \boldsymbol{\omega}_1(0)=0\\&\dot{\boldsymbol{\omega}}_2(t)=-(\boldsymbol{I}_N\otimes f\boldsymbol{I}_m)\boldsymbol{\omega}_2(t)-(\boldsymbol{I}_N\otimes\boldsymbol{I}_m)\boldsymbol{q}(t),\ \boldsymbol{\omega}_2(0)=0\\&\boldsymbol{x}_{\Delta}(t)=\boldsymbol{\omega}_1(t)-\boldsymbol{M}_1\boldsymbol{\omega}_2(t)\end{aligned}\tag{4.45}$$

由式(4.18)，有

$$\begin{aligned}\|\boldsymbol{u}_i(t)\|_2\leqslant&\|(\boldsymbol{I}_N\otimes\boldsymbol{K}_2)+(\boldsymbol{L}\otimes\boldsymbol{K}_2)\|_2\|\boldsymbol{x}(t)\|_2+\\&\|\boldsymbol{K}_3\boldsymbol{r}_{\mathrm{c}}(t)\|_2+\|\boldsymbol{u}_{\mathrm{R}i}(t)\|_2\end{aligned}\tag{4.46}$$

由假设 4.1、式(4.46)、式(4.44)和式(4.36)，有

$$\begin{aligned}\|\boldsymbol{q}_i(t)\|_2\leqslant&\alpha\|\boldsymbol{x}_i(t)\|_2+\beta\|\boldsymbol{u}_i(t)\|_2+\gamma\|\boldsymbol{d}_i(t)\|_2\\\leqslant&\alpha\|\boldsymbol{x}_i(t)\|_2+\beta[\|(\boldsymbol{I}_N\otimes\boldsymbol{K}_1)+(\boldsymbol{L}\otimes\boldsymbol{K}_2)\|_2\|\boldsymbol{x}(t)\|_2+\\&\|\boldsymbol{K}_3\boldsymbol{r}_{\mathrm{c}}(t)\|_2+\|\boldsymbol{u}_{\mathrm{R}i}(t)\|_2]+\gamma\|\boldsymbol{d}_i(t)\|_2\\\leqslant&[\alpha+\beta\|(\boldsymbol{I}_N\otimes\boldsymbol{K}_2)+(\boldsymbol{L}\otimes\boldsymbol{K}_2)\|_2]\|\boldsymbol{x}(t)\|_2+\\&\beta f\|\boldsymbol{\omega}_{2i}(t)\|_2+\beta\|\boldsymbol{K}_3\boldsymbol{r}_{\mathrm{c}}(t)\|_2+\gamma\|\boldsymbol{d}_i(t)\|_2\\\leqslant&\hat{\alpha}\|\boldsymbol{\omega}_1(t)\|_2+\hat{\alpha}\|\boldsymbol{M}_1\|_2\|\boldsymbol{\omega}_2(t)\|_2+\beta f\|\boldsymbol{\omega}_{2i}(t)\|_2+\boldsymbol{\pi}_i(t)\end{aligned}\tag{4.47}$$

式中，

$$\boldsymbol{\pi}_i(t)=\hat{\alpha}\,\|\boldsymbol{x}_{\mathrm{B}}(t)\|_2+\beta\,\|\boldsymbol{K}_3\boldsymbol{r}_{\mathrm{c}}(t)\|_2+\gamma\,\|\boldsymbol{d}_i(t)\|_2 \tag{4.48}$$

$$\hat{\alpha}=\alpha+\beta\,\|(\boldsymbol{I}_N\otimes\boldsymbol{K}_2)+(\boldsymbol{L}\otimes\boldsymbol{K}_2)\|_2 \tag{4.49}$$

注意，$\boldsymbol{\pi}_i(t)$ 是一有界函数。

考虑如下正定函数：

$$\boldsymbol{V}(t)=\boldsymbol{\omega}_1^{\mathrm{T}}(t)\boldsymbol{P}_{\mathrm{C}}\boldsymbol{\omega}_1(t)+\boldsymbol{\omega}_2^{\mathrm{T}}(t)\boldsymbol{\omega}_2(t) \tag{4.50}$$

式中，$\boldsymbol{P}_{\mathrm{C}}$ 是如下 Lyapunov 方程的正定解：

$$\boldsymbol{P}_{\mathrm{C}}\boldsymbol{A}_{\mathrm{C}}+\boldsymbol{A}_{\mathrm{C}}^{\mathrm{T}}\boldsymbol{P}_{\mathrm{C}}=-2\boldsymbol{I}_{nN} \tag{4.51}$$

则

$$\begin{aligned}\dot{\boldsymbol{V}}(t)=&-2\boldsymbol{\omega}_1^{\mathrm{T}}(t)\boldsymbol{\omega}_1(t)+2\boldsymbol{\omega}_1^{\mathrm{T}}(t)\boldsymbol{P}_{\mathrm{C}}\hat{\boldsymbol{M}}_1f^{-1}\boldsymbol{q}(t)-\\&2f\boldsymbol{\omega}_2^{\mathrm{T}}(t)\boldsymbol{\omega}_2(t)-2\boldsymbol{\omega}_2^{\mathrm{T}}(t)\boldsymbol{q}(t)\\=&-2\|\boldsymbol{\omega}_1(t)\|_2^2+2f^{-1}\boldsymbol{\omega}_1^{\mathrm{T}}(t)\boldsymbol{P}_{\mathrm{C}}\hat{\boldsymbol{M}}_1\sum_{i=1}^{N}(\boldsymbol{e}_i\otimes\boldsymbol{I}_m)\boldsymbol{q}_i(t)-\\&2f\|\boldsymbol{\omega}_2(t)\|_2^2-2\sum_{i=1}^{N}\boldsymbol{\omega}_2^{\mathrm{T}}(t)(\boldsymbol{e}_i\otimes\boldsymbol{I}_m)\boldsymbol{q}_i(t)\\\leqslant&-2\|\boldsymbol{\omega}_1(t)\|_2^2+2f^{-1}\|\boldsymbol{\omega}_1(t)\|_2\|\boldsymbol{P}_{\mathrm{C}}\hat{\boldsymbol{M}}_1\|_2\sum_{i=1}^{N}\|\boldsymbol{q}_i(t)\|_2-\\&2f\|\boldsymbol{\omega}_2(t)\|_2^2+2\sum_{i=1}^{N}\|\boldsymbol{\omega}_{2i}(t)\|_2\|\boldsymbol{q}_i(t)\|_2\\\leqslant&-\|\boldsymbol{\omega}_1(t)\|_2^2-\|\boldsymbol{\omega}_2(t)\|_2^2+\frac{1}{f}\left(\|\boldsymbol{P}_{\mathrm{C}}\hat{\boldsymbol{M}}_1\|_2+\frac{1}{1-\beta}\right)\|\boldsymbol{\pi}(t)\|_2^2-\\&\left[\|\boldsymbol{\omega}_1(t)\|_2\quad\sqrt{f}\,\|\boldsymbol{\omega}_2(t)\|_2\right]\boldsymbol{\Omega}(f)\begin{bmatrix}\|\boldsymbol{\omega}_1(t)\|_2\\\sqrt{f}\,\|\boldsymbol{\omega}_2(t)\|_2\end{bmatrix}\end{aligned} \tag{4.52}$$

式中，

$$\boldsymbol{\Omega}(f)=\begin{bmatrix}1-\dfrac{\boldsymbol{\xi}_{11}}{f} & -\dfrac{1}{f^{\frac{3}{2}}}\boldsymbol{\xi}_{12}-\dfrac{\boldsymbol{\zeta}_{12}}{f^{\frac{1}{2}}}\\ * & (1-\beta)-\dfrac{\boldsymbol{\zeta}_{22}}{f}\end{bmatrix} \tag{4.53}$$

$$\boldsymbol{\xi}_{11}=(2\hat{\alpha}+1)N\,\|\boldsymbol{P}_{\mathrm{C}}\hat{\boldsymbol{M}}_1\|_2$$

$$\boldsymbol{\xi}_{12}=\hat{\alpha}\boldsymbol{N}\,\|\boldsymbol{M}_1\|_2\,\|\boldsymbol{P}_{\mathrm{C}}\hat{\boldsymbol{M}}_1\|_2,\ \boldsymbol{\zeta}_{12}=\beta\sqrt{N}\,\|\boldsymbol{P}_{\mathrm{C}}\hat{\boldsymbol{M}}_1\|_2+\sqrt{\boldsymbol{N}}\hat{\alpha}$$

$$\boldsymbol{\zeta}_{22}=2\sqrt{\boldsymbol{N}}\hat{\alpha}\,\|\boldsymbol{M}_1\|_2+1$$

由

$$\lim_{f\to\infty}\boldsymbol{\Omega}(f)=\begin{bmatrix}1 & 0\\0 & 1-\beta\end{bmatrix}>0$$

可见，当 f 充分大时，$\boldsymbol{\Omega}(f)$ 为正定矩阵。令

$$\begin{aligned}\eta&=\min\left\{\frac{1}{\lambda_{\max}(\boldsymbol{P}_{\mathrm{C}})},\ 1\right\}\\\hat{\pi}&=\left[\|\boldsymbol{P}_{\mathrm{C}}\hat{\boldsymbol{M}}_1\|_2+\frac{1}{1-\beta}\right]\sup_{t\geqslant 0}\|\boldsymbol{\pi}(t)\|_2^2\end{aligned}\tag{4.54}$$

则当 f 充分大时，由式(4.52)，有

$$\dot{\boldsymbol{V}}(t)\leqslant-\eta\boldsymbol{V}(t)+\frac{\hat{\boldsymbol{\pi}}}{f}\tag{4.55}$$

进而有

$$\boldsymbol{V}(t)\leqslant \mathrm{e}^{-\eta t}\boldsymbol{V}(0)+\frac{\hat{\boldsymbol{\pi}}}{f\eta}\tag{4.56}$$

令

$$\underline{\alpha}=\min\{1,\ \lambda_{\min}(\boldsymbol{P}_{\mathrm{C}})\}\tag{4.57}$$

由 $\boldsymbol{\omega}_1(0)=0$ 和 $\boldsymbol{\omega}_2(0)=0$，可知 $\boldsymbol{V}(0)=0$，则

$$\underline{\alpha}[\|\boldsymbol{\omega}_1(t)\|_2^2+\|\boldsymbol{\omega}_2(t)\|_2^2]\leqslant\boldsymbol{V}(t)\leqslant\frac{\hat{\boldsymbol{\pi}}}{f\eta}\tag{4.58}$$

因此有

$$\begin{aligned}\|\boldsymbol{x}_{\Delta}(t)\|_2^2&=\left\|[\boldsymbol{I}\quad -\boldsymbol{M}_1]\begin{bmatrix}\boldsymbol{\omega}_1(t)\\\boldsymbol{\omega}_2(t)\end{bmatrix}\right\|_2^2\\&\leqslant\frac{1}{\underline{\alpha}}\|[\boldsymbol{I}\quad -\boldsymbol{M}_1]\|_2^2\boldsymbol{V}(t)\end{aligned}\tag{4.59}$$

故有

$$\|\boldsymbol{x}_{\Delta}(t)\|_2^2\leqslant(1+\|\boldsymbol{M}_1\|_2^2)\frac{\hat{\boldsymbol{\pi}}}{f\underline{\alpha}\eta}\tag{4.60}$$

由此可得

$$\begin{aligned}\|\boldsymbol{\psi}_{\Delta}(t)\|_2^2&=\left\|\begin{bmatrix}\boldsymbol{\zeta}_{\Delta}(t)\\ \boldsymbol{\varphi}_{\Delta}(t)\end{bmatrix}\right\|_2^2=\|(\boldsymbol{U}\otimes\boldsymbol{I}_n)\boldsymbol{x}_{\Delta}(t)\|_2^2\\&\leqslant\|(\boldsymbol{U}\otimes\boldsymbol{I}_n)\|_2^2\|\boldsymbol{x}_{\Delta}(t)\|_2^2\\&\leqslant\|\boldsymbol{U}\|_2^2(1+\|\boldsymbol{M}_1\|_2^2)\frac{\hat{\boldsymbol{\pi}}}{f\underline{\alpha}\eta}\end{aligned}\tag{4.61}$$

对于给定的正常数 $\varepsilon>0$，选取正常数 f^*，其满足如下条件：

(1) $\boldsymbol{\Omega}(f)\geqslant 0$，$\forall f\geqslant f^*$。

(2) $f^*\geqslant\|\boldsymbol{U}\|_2^2(1+\|\boldsymbol{M}_1\|_2^2)\dfrac{4\hat{\boldsymbol{\pi}}}{\varepsilon^2\underline{\alpha}\eta}$，$\forall f\geqslant f^*$。

则当 $f\geqslant f^*$ 时，成立

$$\|\boldsymbol{\zeta}_{\Delta}(t)\|_2\leqslant\frac{\varepsilon}{2},\ \|\boldsymbol{\varphi}_{\Delta}(t)\|_2\leqslant\frac{\varepsilon}{2}\tag{4.62}$$

由式(4.62)可知，当鲁棒滤波器参数 f 足够大时，实际闭环群系统的一致性控制特性与标称闭环群系统的一致性控制特性可充分接近。又因 $\lim\limits_{t\to\infty}\boldsymbol{\varphi}_{\mathrm{B}}(t)=0$，所以存在 $T>0$，成立

$$\|\boldsymbol{\varphi}(t)\|_2\leqslant\varepsilon,\ t\geqslant T\tag{4.63}$$

上述分析结果可总结如下。

定理 4.1　对于群系统[式(4.1)]，其所包含的不确定性满足假设 4.1，利用鲁棒状态一致性控制协议[式(4.12)]构成闭环群系统[式(4.19)]，则对任意给定初始状态 $\boldsymbol{x}_0$ 和正数 ε，存在正数 f^* 和 T，当 $f\geqslant f^*$ 时，闭环群系统状态的非一致分量满足：

$$\|\boldsymbol{\varphi}_i(t)\|_2\leqslant\varepsilon,\ t\geqslant T,\ i=1,\ 2,\ \cdots,\ N-1\tag{4.64}$$

且闭环群系统状态的一致分量与标称闭环群系统状态的一致分量(即无不确定性时的状态一致性函数)充分接近，即成立

$$\|\boldsymbol{\zeta}(t)-\boldsymbol{\zeta}_{\mathrm{B}}(t)\|_2\leqslant\varepsilon,\ t\geqslant 0$$

由式(4.31)和式(4.32)有

$$\boldsymbol{\zeta}_{\mathrm{B}}(t)=\mathrm{e}^{(\boldsymbol{A}+\boldsymbol{BK}_1)t}\boldsymbol{\zeta}_{\mathrm{B}}(0)+\int_0^t\mathrm{e}^{(\boldsymbol{A}+\boldsymbol{BK}_1)(t-\tau)}(\boldsymbol{l}_{12}^{\mathrm{T}}\otimes\boldsymbol{BK}_2)\boldsymbol{\varphi}_{\mathrm{B}}(\tau)\mathrm{d}\tau+\int_0^t\mathrm{e}^{(\boldsymbol{A}+\boldsymbol{BK}_1)(t-\tau)}\boldsymbol{K}_3\boldsymbol{r}_{\mathrm{c}}(\tau)\mathrm{d}\tau$$

因 $\lim\limits_{t\to\infty}\boldsymbol{\varphi}_{\mathrm{B}}(t)=0$，当 $\boldsymbol{A}+\boldsymbol{BK}_1$ 为 Hurwitz 矩阵时，有

$$\boldsymbol{\zeta}_{\mathrm{B}}(t)\to\int_0^t \mathrm{e}^{(\boldsymbol{A}+\boldsymbol{BK}_1)(t-\tau)}\boldsymbol{K}_3\boldsymbol{r}_{\mathrm{c}}(\tau)\mathrm{d}\tau,\ t\to\infty$$

即闭环群系统的状态一致性函数充分接近如下方程的解：

$$\dot{\boldsymbol{\zeta}}(t)=(\boldsymbol{A}+\boldsymbol{BK}_1)\boldsymbol{\zeta}(t)+\boldsymbol{K}_3\boldsymbol{r}_{\mathrm{c}}(t),\ \boldsymbol{\zeta}(0)=(\boldsymbol{U}_1\otimes\boldsymbol{I}_n)\boldsymbol{x}_0$$

4.5 基于状态估计的鲁棒状态一致性控制协议设计

当不能获得群系统的全部状态信息，而只能获得其输出信息时，可考虑如下基于状态估计的标称状态一致性控制协议：

$$\begin{aligned}
&\dot{\hat{\boldsymbol{x}}}_i(t)=\boldsymbol{A}\hat{\boldsymbol{x}}_i(t)+\boldsymbol{Bu}_{\mathrm{o}i}(t)+\boldsymbol{K}_{\mathrm{o}}[\boldsymbol{y}_i(t)-\hat{\boldsymbol{y}}_i(t)],\ \hat{\boldsymbol{x}}_i(0)=\hat{\boldsymbol{x}}_{0i}\\
&\hat{\boldsymbol{y}}_i(t)=\boldsymbol{C}\hat{\boldsymbol{x}}_i(t)\\
&\boldsymbol{u}_{\mathrm{o}i}(t)=\boldsymbol{K}_1\hat{\boldsymbol{x}}_i(t)+\boldsymbol{K}_2\sum_{j\in N_i}[\hat{\boldsymbol{x}}_j(t)-\hat{\boldsymbol{x}}_i(t)]+\boldsymbol{K}_3\boldsymbol{r}_{\mathrm{c}}(t)\\
&i=1,\ 2,\ \cdots,\ N
\end{aligned}\tag{4.65}$$

式中，$\boldsymbol{K}_{\mathrm{o}}$ 为观测器增益。增益矩阵 $\boldsymbol{K}_1$ 和 $\boldsymbol{K}_2$ 与 4.2 节的状态一致性控制协议相同，选取观测器增益 $\boldsymbol{K}_{\mathrm{o}}$ 使得观测器状态矩阵 $\boldsymbol{A}-\boldsymbol{K}_{\mathrm{o}}\boldsymbol{C}$ 为 Hurwitz 矩阵。其中，$\boldsymbol{u}_{\mathrm{R}i}(t)$ 是第 i 个子系统的鲁棒补偿协议。如果已知子系统的初始状态 $\boldsymbol{x}_i(0)(i=1,\ 2,\ \cdots,\ N)$，则标称状态一致性控制协议[式(4.65)]的初始状态可设为 $\hat{\boldsymbol{x}}_i(0)=\boldsymbol{x}_i(0)(i=1,\ 2,\ \cdots,\ N)$。

假设标称子系统的传递函数矩阵可表示为

$$\boldsymbol{C}(s\boldsymbol{I}-\boldsymbol{A})^{-1}\boldsymbol{B}=\boldsymbol{D}^{-1}(s)\boldsymbol{N}(s)\tag{4.66}$$

式中，$\boldsymbol{D}(s)$ 与 $\boldsymbol{N}(s)$ 是左互质的行既约实系数多项式矩阵，假设 $\hat{\boldsymbol{N}}(s)$ 是满足式(4.67)的实系数多项式矩阵：

$$\boldsymbol{C}(s\boldsymbol{I}-\boldsymbol{A})^{-1}=\boldsymbol{D}^{-1}(s)\hat{\boldsymbol{N}}(s)\tag{4.67}$$

假设 4.2 群系统[式(4.1)]的标称子系统是最小相位的，即实系数多项式矩阵 $\boldsymbol{N}(s)$ 是非奇异方阵，且多项式 $\det[\boldsymbol{N}(s)]$ 是 Hurwitz 多项式，$\boldsymbol{N}(s)$ 的行阶次和阶次分别为 $\{p_1,\ p_2,\ \cdots,\ p_m\}$ 和 $p\left(=\sum_{i=1}^m p_i\right)$，传递函数矩阵

$D^{-1}(s)N(s)$ 的行相对阶为 $\{d_1, d_2, \cdots, d_m\}$。

对式(4.1)两端作拉普拉斯变换可得

$$\begin{aligned} \boldsymbol{y}_i &= \boldsymbol{C}(s\boldsymbol{I}-\boldsymbol{A})^{-1}[\boldsymbol{B}(\boldsymbol{u}_i+\boldsymbol{q}_i)+\boldsymbol{x}_i(0)] \\ &= \boldsymbol{D}^{-1}(s)[\boldsymbol{N}(s)(\boldsymbol{u}_i+\boldsymbol{q}_i)+\hat{\boldsymbol{N}}(s)\boldsymbol{x}_i(0)] \end{aligned} \tag{4.68}$$

由此有

$$\boldsymbol{q}_i = \boldsymbol{N}^{-1}(s)\boldsymbol{D}(s)\boldsymbol{y}_i - \boldsymbol{u}_i - \boldsymbol{N}^{-1}(s)\hat{\boldsymbol{N}}(s)\boldsymbol{x}_i(0) \tag{4.69}$$

则构成鲁棒补偿协议为

$$\boldsymbol{u}_{\mathrm{R}i} = -F(s)\boldsymbol{q}_i,\ i=1, 2, \cdots, N \tag{4.70}$$

式中，$F(s)$ 为鲁棒滤波器，定义为

$$F(s) = \left(\frac{f}{s+f}\right)^d,\ d = \max_{1\leqslant i\leqslant m} d_i \tag{4.71}$$

第 i 个子系统的鲁棒补偿协议的时域描述为

$$\begin{aligned}
&\dot{\boldsymbol{x}}_{\mathrm{R1},i}(t) = -f\boldsymbol{x}_{\mathrm{R1},i}(t) - f\boldsymbol{q}_i(t),\ \boldsymbol{x}_{\mathrm{R1},i}(0)=\boldsymbol{0},\ \boldsymbol{x}_{\mathrm{R1},i}(t)\in\mathbf{R}^m \\
&\dot{\boldsymbol{x}}_{\mathrm{R2},i}(t) = -f\boldsymbol{x}_{\mathrm{R2},i}(t) + f\boldsymbol{x}_{\mathrm{R1},i}(t),\ \boldsymbol{x}_{\mathrm{R2},i}(0)=\boldsymbol{0},\ \boldsymbol{x}_{\mathrm{R2},i}(t)\in\mathbf{R}^m \\
&\vdots \\
&\dot{\boldsymbol{x}}_{\mathrm{R}(d-1),i}(t) = -f\boldsymbol{x}_{\mathrm{R}(d-1),i}(t) + f\boldsymbol{x}_{\mathrm{R}(d-2),i}(t),\ \boldsymbol{x}_{\mathrm{R}(d-1),i}(0)=\boldsymbol{0},\ \boldsymbol{x}_{\mathrm{R}(d-1),i}(t)\in\mathbf{R}^m \\
&\dot{\boldsymbol{u}}_{\mathrm{R}i}(t) = -f\boldsymbol{u}_{\mathrm{R}i}(t) + f\boldsymbol{x}_{\mathrm{R}(d-1),i}(t),\ \boldsymbol{u}_{\mathrm{R}i}(0)=\boldsymbol{0},\ \boldsymbol{u}_{\mathrm{R}i}(t)\in\mathbf{R}^m
\end{aligned} \tag{4.72}$$

令

$$\begin{aligned}
&\boldsymbol{x}_{\mathrm{R}}(t) = \begin{bmatrix} \boldsymbol{x}_{\mathrm{R1}}(t) \\ \boldsymbol{x}_{\mathrm{R2}}(t) \\ \vdots \\ \boldsymbol{x}_{\mathrm{R}(d-1)}(t) \end{bmatrix} \in \mathbf{R}^{m\times N\times(d-1)},\ \boldsymbol{x}_{\mathrm{R}i}(t) = \begin{bmatrix} \boldsymbol{x}_{\mathrm{R}i,1}(t) \\ \boldsymbol{x}_{\mathrm{R}i,2}(t) \\ \vdots \\ \boldsymbol{x}_{\mathrm{R}i,N}(t) \end{bmatrix} \in \mathbf{R}^{m\times N}, \\
&\boldsymbol{u}_{\mathrm{R}}(t) = \begin{bmatrix} \boldsymbol{u}_{\mathrm{R1}}(t) \\ \boldsymbol{u}_{\mathrm{R2}}(t) \\ \vdots \\ \boldsymbol{u}_{\mathrm{R}N}(t) \end{bmatrix} \in \mathbf{R}^{m\times N}
\end{aligned} \tag{4.73}$$

则群系统的鲁棒补偿协议可描述为

$$
\begin{aligned}
&\dot{\boldsymbol{x}}_{\mathrm{R}1}(t)=-(\boldsymbol{I}_N\otimes f\boldsymbol{I}_m)\boldsymbol{x}_{\mathrm{R}1}(t)-(\boldsymbol{I}_N\otimes f\boldsymbol{I}_m)\boldsymbol{q}(t),\ \boldsymbol{x}_{\mathrm{R}1}(0)=\boldsymbol{0}\\
&\dot{\boldsymbol{x}}_{\mathrm{R}2}(t)=-(\boldsymbol{I}_N\otimes f\boldsymbol{I}_m)\boldsymbol{x}_{\mathrm{R}2}(t)+(\boldsymbol{I}_N\otimes f\boldsymbol{I}_m)\boldsymbol{x}_{\mathrm{R}1}(t),\ \boldsymbol{x}_{\mathrm{R}2}(0)=\boldsymbol{0}\\
&\vdots\\
&\dot{\boldsymbol{x}}_{\mathrm{R}(d-1)}(t)=-(\boldsymbol{I}_N\otimes f\boldsymbol{I}_m)\boldsymbol{x}_{\mathrm{R}(d-1)}(t)+(\boldsymbol{I}_N\otimes f\boldsymbol{I}_m)\boldsymbol{x}_{\mathrm{R}(d-2)}(t),\ \boldsymbol{x}_{\mathrm{R}(d-1)}(0)=\boldsymbol{0}\\
&\dot{\boldsymbol{u}}_{\mathrm{R}}(t)=-(\boldsymbol{I}_N\otimes f\boldsymbol{I}_m)\boldsymbol{u}_{\mathrm{R}}(t)+(\boldsymbol{I}_N\otimes f\boldsymbol{I}_m)\boldsymbol{x}_{\mathrm{R}(d-1)}(t),\ \boldsymbol{u}_{\mathrm{R}}(0)=\boldsymbol{0}
\end{aligned}\tag{4.74}
$$

或

$$
\begin{aligned}
&\dot{\boldsymbol{x}}_{\mathrm{R}}(t)=(\boldsymbol{A}_{\mathrm{R}}\otimes f\boldsymbol{I}_{N\times m})\boldsymbol{x}_{\mathrm{R}1}(t)-(\boldsymbol{B}_{\mathrm{R}}\otimes f\boldsymbol{I}_{N\times m})\boldsymbol{q}(t),\ \boldsymbol{x}_{\mathrm{R}}(0)=\boldsymbol{0}\\
&\dot{\boldsymbol{u}}_{\mathrm{R}}(t)=-(\boldsymbol{I}_N\otimes f\boldsymbol{I}_m)\boldsymbol{u}_{\mathrm{R}}(t)+(\boldsymbol{C}_{\mathrm{R}}\otimes f\boldsymbol{I}_{N\times m})\boldsymbol{x}_{\mathrm{R}}(t),\ \boldsymbol{u}_{\mathrm{R}}(0)=\boldsymbol{0}
\end{aligned}\tag{4.75}
$$

式中，

$$
\begin{aligned}
&\boldsymbol{A}_{\mathrm{R}}=\begin{bmatrix}-1&0&0&\ddots&0\\1&-1&0&\ddots&0\\0&1&\ddots&\ddots&\vdots\\\vdots&\ddots&\ddots&\ddots&0\\0&\cdots&0&1&-1\end{bmatrix}\in\mathbf{R}^{(d-1)\times(d-1)},\ \boldsymbol{B}_{\mathrm{R}}=\begin{bmatrix}1\\0\\0\\\vdots\\0\end{bmatrix}\in\mathbf{R}^{(d-1)\times1},\\
&\boldsymbol{C}_{\mathrm{R}}=[0\quad 0\quad\cdots\quad 0\quad 1]\in\mathbf{R}^{1\times(d-1)}
\end{aligned}\tag{4.76}
$$

注意，式(4.73)中的 $\boldsymbol{x}_{\mathrm{R}i}(t)$ 是由各子系统的鲁棒补偿协议的第 i 个状态分量构成的向量。

鲁棒补偿协议时域描述[式(4.74)]中作为输入信号包含有等价干扰 $\boldsymbol{q}_i(t)$，该描述在实际应用中是无法实现的，因为等价干扰 $\boldsymbol{q}_i(t)$ 是无法通过量测得到的。此描述仅用于后面的分析。

下面基于式(4.70)和式(4.69)给出一种实际应用中可实现的鲁棒补偿协议状态空间描述，其所有输入信号都是可量测到的量，即子系统输出 $\boldsymbol{y}_i$ 和控制输入 $\boldsymbol{u}_i$。

因实系数多项式矩阵 $\boldsymbol{N}(s)$ 是非奇异方阵，对于给定的实系数多项式矩阵 $\boldsymbol{D}(s)$ 和 $\hat{\boldsymbol{N}}(s)$，存在实系数多项式矩阵对 $\{\boldsymbol{H}_{\mathrm{D}}(s),\ \boldsymbol{R}_{\mathrm{D}}(s)\}$ 和 $\{\boldsymbol{H}_{\hat{\mathrm{N}}}(s),\ \boldsymbol{R}_{\hat{\mathrm{N}}}(s)\}$，分别满足

$$
\begin{aligned}
\boldsymbol{D}(s)&=\boldsymbol{N}(s)\boldsymbol{H}_{\mathrm{D}}(s)+\boldsymbol{R}_{\mathrm{D}}(s)\\
\hat{\boldsymbol{N}}(s)&=\boldsymbol{N}(s)\boldsymbol{H}_{\hat{\mathrm{N}}}(s)+\boldsymbol{R}_{\hat{\mathrm{N}}}(s)
\end{aligned}\tag{4.77}
$$

式中，$\boldsymbol{R}_{\mathrm{D}}(s)$ 和 $\boldsymbol{R}_{\hat{\mathrm{N}}}(s)$ 的行阶次小于 $\boldsymbol{N}(s)$ 的相应行阶次，因此 $\boldsymbol{N}^{-1}(s)\boldsymbol{R}_{\mathrm{D}}(s)$

和 $\boldsymbol{N}^{-1}(s)\boldsymbol{R}_{\hat{\mathrm{N}}}(s)$ 是严格真的实有理矩阵。

第 i 个子系统的鲁棒补偿协议可描述为

$$\boldsymbol{u}_{\mathrm{R}i}=-F(s)[\boldsymbol{H}_{\mathrm{D}}(s)\boldsymbol{y}_i-\boldsymbol{H}_{\hat{\mathrm{N}}}(s)\boldsymbol{x}_i(0)-\boldsymbol{u}_i+\boldsymbol{\eta}_i],\ i=1,\ 2,\ \cdots,\ N \tag{4.78}$$

式中，

$$\boldsymbol{\eta}_i=\boldsymbol{N}^{-1}(s)\boldsymbol{R}_{\mathrm{D}}(s)\boldsymbol{y}_i-\boldsymbol{N}^{-1}(s)\boldsymbol{R}_{\hat{\mathrm{N}}}(s)\boldsymbol{x}_i(0) \tag{4.79}$$

多项式矩阵 $\boldsymbol{N}(s)$、$\boldsymbol{R}_{\mathrm{D}}(s)$ 和 $\boldsymbol{R}_{\hat{\mathrm{N}}}(s)$ 可分别表示为

$$\begin{aligned}\boldsymbol{N}(s)&=\boldsymbol{S}_{\mathrm{N}}(s)\boldsymbol{N}_{\mathrm{h}}+\boldsymbol{\Psi}_{\mathrm{N}}(s)\boldsymbol{N}_{\mathrm{l}}\\ \boldsymbol{R}_{\mathrm{D}}(s)&=\boldsymbol{\Psi}_{\mathrm{N}}(s)\boldsymbol{R}_{\mathrm{Dl}}\\ \boldsymbol{R}_{\hat{\mathrm{N}}}(s)&=\boldsymbol{\Psi}_{\mathrm{N}}(s)\boldsymbol{R}_{\hat{\mathrm{N}}\mathrm{l}}\end{aligned} \tag{4.80}$$

式中，$\boldsymbol{N}_{\mathrm{h}}$、$\boldsymbol{N}_{\mathrm{l}}$、$\boldsymbol{R}_{\mathrm{Dl}}$ 和 $\boldsymbol{R}_{\hat{\mathrm{N}}\mathrm{l}}$ 是实数矩阵。

$$\begin{aligned}&\boldsymbol{S}_{\mathrm{N}}(s)=\operatorname{diag}\{s^{p_i},\ i=1,\ 2,\ \cdots,\ m\}\\ &\boldsymbol{\Psi}_{\mathrm{N}}(s)=\text{block diag}\{[s^{p_i-1}\quad s^{p_i-2}\quad\cdots\quad s\quad 1],\ i=1,\ 2,\ \cdots,\ m\}\end{aligned} \tag{4.81}$$

式中，$p_i(i=1,\ 2,\ \cdots,\ m)$ 是 $\boldsymbol{N}(s)$ 的行阶次。假设 $\boldsymbol{S}_{\mathrm{N}}^{-1}(s)\boldsymbol{\Psi}_{\mathrm{N}}(s)$ 的状态空间实现为 $(\boldsymbol{A}_\eta^\circ,\ \boldsymbol{B}_\eta^\circ,\ \boldsymbol{C}_\eta^\circ)$，则 $\boldsymbol{\eta}_i(t)$ 可描述为如下系统的输出：

$$\begin{aligned}&\dot{\boldsymbol{x}}_{\eta_i}(t)=(\boldsymbol{A}_\eta^\circ-\boldsymbol{B}_\eta^\circ\boldsymbol{N}_{\mathrm{l}}\boldsymbol{N}_{\mathrm{h}}^{-1}\boldsymbol{C}_\eta^\circ)\boldsymbol{x}_{\eta_i}(t)+\boldsymbol{B}_\eta^\circ\boldsymbol{R}_{\mathrm{Dl}}\boldsymbol{y}_i(t),\ \boldsymbol{x}_{\eta_i}(0)=-\boldsymbol{B}_\eta^\circ\boldsymbol{R}_{\hat{\mathrm{N}}\mathrm{l}}\boldsymbol{x}_i(0)\\ &\boldsymbol{\eta}_i(t)=\boldsymbol{N}_{\mathrm{h}}^{-1}\boldsymbol{C}_\eta^\circ\boldsymbol{x}_{\eta_i}(t)\end{aligned} \tag{4.82}$$

多项式矩阵 $\boldsymbol{H}_{\mathrm{D}}(s)$ 和 $\boldsymbol{H}_{\hat{\mathrm{N}}}(s)$ 可分别表示为

$$\begin{aligned}\boldsymbol{H}_{\mathrm{D}}(s)&=\boldsymbol{S}_{\mathrm{h}}(s)\boldsymbol{H}_{\mathrm{Dh}}+\boldsymbol{\Psi}_{\mathrm{h}}(s)\boldsymbol{H}_{\mathrm{Dl}}\\ \boldsymbol{H}_{\hat{\mathrm{N}}}(s)&=\boldsymbol{\Psi}_{\mathrm{h}}(s)\boldsymbol{H}_{\hat{\mathrm{N}}\mathrm{l}}\end{aligned} \tag{4.83}$$

式中，$\boldsymbol{H}_{\mathrm{Dh}}$、$\boldsymbol{H}_{\mathrm{Dl}}$ 和 $\boldsymbol{H}_{\hat{\mathrm{N}}\mathrm{l}}$ 是实数矩阵，

$$\begin{aligned}&\boldsymbol{S}_{\mathrm{h}}(s)=\boldsymbol{I}_{m\times m}\otimes(s+f)^d\\ &\boldsymbol{\Psi}_{\mathrm{h}}(s)=\boldsymbol{I}_{m\times m}\otimes[(s+f)^{d-1}\quad(s+f)^{d-2}\quad\cdots\quad(s+f)\quad 1]\end{aligned}$$

则

$$\boldsymbol{u}_{\mathrm{R}i}=-f^d\boldsymbol{H}_{\mathrm{Dh}}\boldsymbol{y}_i-f^d\boldsymbol{\sigma}_i \tag{4.84}$$

其中，

$$
\begin{aligned}
&\boldsymbol{\sigma}_i = \boldsymbol{S}_{\mathrm{h}}^{-1}(s)\boldsymbol{\Psi}_{\mathrm{h}}(s)[\boldsymbol{H}_{\mathrm{Dl}}\boldsymbol{y}_i - \boldsymbol{H}_{\hat{\mathrm{N}}\mathrm{l}}\boldsymbol{x}_i(0) - \boldsymbol{H}_{\mathrm{ul}}\boldsymbol{u}_i + \boldsymbol{H}_{\eta\mathrm{l}}\boldsymbol{\eta}_i] \\
&\boldsymbol{H}_{\mathrm{ul}} = \boldsymbol{H}_{\eta\mathrm{l}} = \boldsymbol{I}_{m\times m} \otimes \begin{bmatrix} \boldsymbol{0}_{(d-1)\times 1} \\ 1 \end{bmatrix}
\end{aligned} \tag{4.85}
$$

假设 $\boldsymbol{S}_{\mathrm{h}}^{-1}(s)\boldsymbol{\Psi}_{\mathrm{h}}(s)$ 的状态空间实现为 $(\boldsymbol{A}_{\sigma}^{\circ}, \boldsymbol{B}_{\sigma}^{\circ}, \boldsymbol{C}_{\sigma}^{\circ})$，则 $\boldsymbol{\sigma}_i(t)$ 可描述为如下系统的输出：

$$
\begin{aligned}
&\dot{\boldsymbol{x}}_{\sigma_i}(t) = \boldsymbol{A}_{\sigma}^{\circ}\boldsymbol{x}_{\sigma_i}(t) + \boldsymbol{B}_{\sigma}^{\circ}H_{\mathrm{Dl}}y_i(t) - \boldsymbol{B}_{\sigma}^{\circ}\boldsymbol{H}_{\mathrm{ul}}\boldsymbol{u}_i(t) + \boldsymbol{B}_{\sigma}^{\circ}\boldsymbol{H}_{\eta\mathrm{l}}\boldsymbol{\eta}_i(t) \\
&\boldsymbol{x}_{\sigma_i}(0) = -\boldsymbol{B}_{\sigma}^{\circ}\boldsymbol{H}_{\hat{\mathrm{N}}\mathrm{l}}\boldsymbol{x}_i(0) \\
&\boldsymbol{\sigma}_i(t) = \boldsymbol{C}_{\sigma}^{\circ}\boldsymbol{x}_{\sigma_i}(t)
\end{aligned} \tag{4.86}
$$

到此得到了第 i 个子系统的鲁棒补偿协议的状态空间实现式(4.84)、式(4.82)和式(4.86)。如果子系统的初始状态 $\boldsymbol{x}_i(0)(i=1, 2, \cdots, N)$ 未知，鲁棒补偿协议的状态方程[式(4.82)和式(4.86)]中的初始条件可设置为 $\boldsymbol{x}_{\eta_i}(0)=0$，$\boldsymbol{x}_{\sigma_i}(0)=0(i=1, 2, \cdots, N)$。

如果 $(\boldsymbol{A}_{\eta}^{\circ}, \boldsymbol{B}_{\eta}^{\circ}, \boldsymbol{C}_{\eta}^{\circ})$ 是 $\boldsymbol{S}_{\mathrm{N}}^{-1}(s)\boldsymbol{\Psi}_{\mathrm{N}}(s)$ 的“观测器核”实现[151]，则

$$
\begin{aligned}
&\boldsymbol{A}_{\eta}^{\circ} = \text{block diag}\left\{\begin{bmatrix} 0 & 1 & 0 & \cdots & 0 \\ 0 & 0 & 1 & \ddots & \vdots \\ \vdots & \ddots & \ddots & \ddots & 0 \\ 0 & \cdots & 0 & 0 & 1 \\ 0 & 0 & \cdots & 0 & 0 \end{bmatrix} \in \mathbf{R}^{p_i\times p_i},\ i=1, 2, \cdots, m\right\},\ \boldsymbol{B}_{\eta}^{\circ} = \boldsymbol{I}_p \\
&\boldsymbol{C}_{\eta}^{\circ} = \text{block diag}\{[1\quad 0\quad \cdots\quad 0] \in \mathbf{R}^{1\times p_i},\ i=1, 2, \cdots, m\}
\end{aligned} \tag{4.87}
$$

而 $\boldsymbol{S}_{\mathrm{h}}^{-1}(s)\boldsymbol{\Psi}_{\mathrm{h}}(s)$ 的观测器核实现为

$$
\begin{aligned}
&\boldsymbol{A}_{\sigma}^{\circ} = \boldsymbol{I}_m \otimes \boldsymbol{A}_f^0,\ \boldsymbol{A}_f^0 = \begin{bmatrix} -f & 1 & 0 & \cdots & 0 \\ 0 & -f & 1 & \ddots & \vdots \\ \vdots & \ddots & \ddots & \ddots & 0 \\ 0 & \cdots & 0 & -f & 1 \\ 0 & 0 & \cdots & 0 & -f \end{bmatrix} \in \mathbf{R}^{d\times d},\ \boldsymbol{B}_{\sigma}^{\circ} = \boldsymbol{I}_m \otimes \boldsymbol{I}_d \\
&\boldsymbol{C}_{\sigma}^{\circ} = \boldsymbol{I}_m \otimes \boldsymbol{e}_1^{\mathrm{T}},\ \boldsymbol{e}_1^{\mathrm{T}} = [1\quad 0\quad \cdots\quad 0] \in \mathbf{R}^{1\times d}
\end{aligned} \tag{4.88}
$$

4.6 基于状态估计的鲁棒控制群系统状态一致性分析

式(4.65)给出的基于状态估计的标称状态一致性控制协议可改写成

$$\begin{aligned}\dot{\hat{x}}(t)=&[I_N\otimes(A+BK_1)]\hat{x}_i(t)-(L\otimes BK_2)\hat{x}(t)+(1_N\otimes BK_3)r_c(t)+\\&(I_N\otimes K_oC)[x(t)-\hat{x}(t)],\ \hat{x}(0)=\hat{x}_0\\u_o(t)=&[(I_N\otimes K_1)-(L\otimes K_2)]\hat{x}(t)+(1_N\otimes K_3)r_c(t)\end{aligned}\tag{4.89}$$

令

$$x_e(t)=x(t)-\hat{x}(t)\tag{4.90}$$

则

$$\begin{aligned}&\dot{x}_e(t)=[I_N\otimes(A-K_oC)]x_e(t)+(I_N\otimes B)[u_R(t)+q(t)]\\&x_e(t)=x_0-\hat{x}_0\end{aligned}\tag{4.91}$$

由式(4.1)和式(4.65)可得

$$\begin{aligned}\dot{x}(t)=&[I_N\otimes(A+BK_1)]x(t)-(L\otimes BK_2)x(t)-\\&(I_N\otimes BK_1)x_e(t)+(L\otimes BK_2)x_e(t)+\\&(1_N\otimes BK_3)r_c(t)+(I_N\otimes B)[u_R(t)+q(t)]\\x(0)=&x_0\end{aligned}\tag{4.92}$$

如式(4.22)进行变量代换,可得闭环群系统的状态一致性分解描述:

$$\begin{aligned}\dot{\zeta}(t)=&(A+BK_1)\zeta(t)+(l_{12}^{\mathrm{T}}\otimes BK_2)\varphi(t)-(U_1\otimes BK_1)x_e(t)+\\&(U_1L\otimes BK_2)x_e(t)+BK_3r_c(t)+(U_1\otimes B)[u_R(t)+q(t)]\\\zeta(0)=&(U_1\otimes I_n)x_0\end{aligned}\tag{4.93}$$

$$\begin{aligned}\dot{\varphi}(t)=&\{[I_{N-1}\otimes(A+BK_1)]-(\widetilde{L}\otimes BK_2)\}\varphi(t)-(U_2\otimes BK_1)x_e(t)+\\&(U_2L\otimes BK_2)x_e(t)+(U_2\otimes B)[u_R(t)+q(t)]\\\varphi(0)=&(U_2\otimes I_n)x_0\end{aligned}\tag{4.94}$$

$$x(t)=(1_N\otimes I_n)\zeta(t)+(\hat{U}\otimes I_n)\varphi(t)\tag{4.95}$$

则闭环群系统实现 ε -鲁棒状态一致性的充要条件是对于给定初始状态 $\boldsymbol{x}_0$ 和正数 ε，存在正数 T，成立

$$\|\boldsymbol{\varphi}_i(t)\|_2 \leqslant \varepsilon,\ t \geqslant T,\ i=1,\ 2,\ \cdots,\ N \tag{4.96}$$

由式(4.92)可知，相应的(基于状态信息)标称闭环群系统可描述为

$$\begin{aligned} &\dot{\boldsymbol{x}}_{\mathrm{B}}(t)=\boldsymbol{A}_{\mathrm{C}}\boldsymbol{x}_{\mathrm{B}}(t)+(\boldsymbol{1}_N \otimes \boldsymbol{BK}_3)\boldsymbol{r}_{\mathrm{c}}(t) \\ &\boldsymbol{x}_{\mathrm{B}}(0)=\boldsymbol{x}_0 \end{aligned} \tag{4.97}$$

标称闭环群系统的状态一致性分解描述可表示为

$$\begin{aligned} &\dot{\boldsymbol{\zeta}}_{\mathrm{B}}(t)=(\boldsymbol{A}+\boldsymbol{BK}_1)\boldsymbol{\zeta}_{\mathrm{B}}(t)+(\boldsymbol{l}_{12}^{\mathrm{T}} \otimes \boldsymbol{BK}_2)\boldsymbol{\varphi}_{\mathrm{B}}(t)+\boldsymbol{BK}_3\boldsymbol{r}_{\mathrm{c}}(t) \\ &\boldsymbol{\zeta}_{\mathrm{B}}(0)=(\boldsymbol{U}_1 \otimes \boldsymbol{I}_n)\boldsymbol{x}_0 \end{aligned} \tag{4.98}$$

$$\begin{aligned} &\dot{\boldsymbol{\varphi}}_{\mathrm{B}}(t)=\{[\boldsymbol{I}_{N-1} \otimes (\boldsymbol{A}+\boldsymbol{BK}_1)]-(\widetilde{\boldsymbol{L}} \otimes \boldsymbol{BK}_2)\}\,\boldsymbol{\varphi}_{\mathrm{B}}(t) \\ &\boldsymbol{\varphi}_{\mathrm{B}}(0)=(\boldsymbol{U}_2 \otimes \boldsymbol{I}_n)\boldsymbol{x}_0 \end{aligned} \tag{4.99}$$

$$\boldsymbol{x}_{\mathrm{B}}(t)=(\boldsymbol{1}_N \otimes \boldsymbol{I}_n)\boldsymbol{\zeta}_{\mathrm{B}}(t)+(\hat{\boldsymbol{U}} \otimes \boldsymbol{I}_n)\boldsymbol{\varphi}_{\mathrm{B}}(t) \tag{4.100}$$

如果适当设计增益矩阵 $\boldsymbol{K}_1$ 和 $\boldsymbol{K}_2$，保证状态矩阵 $\boldsymbol{A}_{\mathrm{C}}$ 为 Hurwitz 矩阵，则标称闭环群系统能实现状态一致性，即

$$\lim_{t\to\infty}\boldsymbol{\varphi}_{\mathrm{B}}(t)=0 \tag{4.101}$$

定义：

$$\boldsymbol{x}_{\Delta}(t)=\boldsymbol{x}(t)-\boldsymbol{x}_{\mathrm{B}}(t) \tag{4.102}$$

则有

$$\dot{\boldsymbol{x}}_{\Delta}(t)=\boldsymbol{A}_{\mathrm{C}}\boldsymbol{x}_{\Delta}(t)+\boldsymbol{A}_{\mathrm{Ce}}\boldsymbol{x}_{\mathrm{e}}(t)+(\boldsymbol{I}_N \otimes \boldsymbol{B})[\boldsymbol{u}_{\mathrm{R}}(t)+\boldsymbol{q}(t)],\ \boldsymbol{x}_{\Delta}(0)=0 \tag{4.103}$$

$$\dot{\boldsymbol{x}}_{\mathrm{e}}(t)=\boldsymbol{A}_{\mathrm{e}}\boldsymbol{x}_{\mathrm{e}}(t)+(\boldsymbol{I}_N \otimes \boldsymbol{B})[\boldsymbol{u}_{\mathrm{R}}(t)+\boldsymbol{q}(t)],\ \boldsymbol{x}_{\mathrm{e}}(t)=\boldsymbol{x}_0-\hat{\boldsymbol{x}}_0 \tag{4.104}$$

$$\begin{aligned} &\dot{\boldsymbol{x}}_{\mathrm{R}}(t)=(\boldsymbol{A}_{\mathrm{R}} \otimes f\boldsymbol{I}_{N\times m})\boldsymbol{x}_{\mathrm{R1}}(t)-(\boldsymbol{B}_{\mathrm{R}} \otimes f\boldsymbol{I}_{N\times m})\boldsymbol{q}(t),\ \boldsymbol{x}_{\mathrm{R}}(0)=0 \\ &\dot{\boldsymbol{u}}_{\mathrm{R}}(t)=-(\boldsymbol{I}_{\mathrm{N}} \otimes f\boldsymbol{I}_m)\boldsymbol{u}_{\mathrm{R}}(t)+(\boldsymbol{C}_{\mathrm{R}} \otimes f\boldsymbol{I}_{N\times m})\boldsymbol{x}_{\mathrm{R}}(t),\ \boldsymbol{u}_{\mathrm{R}}(0)=0 \end{aligned} \tag{4.105}$$

式中，

$$\begin{aligned}\boldsymbol{A}_{\mathrm{e}}&=\boldsymbol{I}_N\otimes(\boldsymbol{A}-\boldsymbol{K}_{\mathrm{o}}\boldsymbol{C})\\ \boldsymbol{A}_{\mathrm{Ce}}&=-(\boldsymbol{I}_N\otimes\boldsymbol{BK}_1)+(\boldsymbol{L}\otimes\boldsymbol{BK}_2)\end{aligned}\tag{4.106}$$

再令

$$\boldsymbol{\psi}_{\Delta}(t)=(\boldsymbol{U}\otimes\boldsymbol{I}_n)\boldsymbol{x}_{\Delta}(t)=\begin{bmatrix}\boldsymbol{\zeta}_{\Delta}(t)\\ \boldsymbol{\varphi}_{\Delta}(t)\end{bmatrix}=\begin{bmatrix}\boldsymbol{\zeta}(t)-\boldsymbol{\zeta}_{\mathrm{B}}(t)\\ \boldsymbol{\varphi}(t)-\boldsymbol{\varphi}_{\mathrm{B}}(t)\end{bmatrix}\tag{4.107}$$

则需证明存在正数 T，成立

$$\|\boldsymbol{\varphi}_{\Delta i}(t)\|_2\leqslant\tilde{\varepsilon},\ \forall t\geqslant T,\ i=1,2,\cdots,N-1\tag{4.108}$$

式中，$\tilde{\varepsilon}$ 是小于 ε 的正实数，例如取 $\tilde{\varepsilon}=\varepsilon/2$。

假设 f 大于 $\boldsymbol{A}_{\mathrm{C}}$ 和 $\boldsymbol{A}_{\mathrm{e}}$ 的谱半径。令矩阵 $\boldsymbol{M}_{1\mathrm{R}}$、$\boldsymbol{M}_{1\mathrm{u}}$、$\boldsymbol{M}_{2\mathrm{R}}$ 和 $\boldsymbol{M}_{2\mathrm{u}}$ 分别为如下 Sylvester 方程的解：

$$\begin{aligned}&\boldsymbol{A}_{\mathrm{C}}\boldsymbol{M}_{1\mathrm{R}}-\boldsymbol{M}_{1\mathrm{R}}(\boldsymbol{A}_{\mathrm{R}}\otimes f\boldsymbol{I}_{N\times m})=\boldsymbol{M}_{1\mathrm{u}}(\boldsymbol{C}_{\mathrm{R}}\otimes f\boldsymbol{I}_{N\times m})-\boldsymbol{A}_{\mathrm{Ce}}\boldsymbol{M}_{2\mathrm{R}}\\ &\boldsymbol{A}_{\mathrm{C}}\boldsymbol{M}_{1\mathrm{u}}+\boldsymbol{M}_{1\mathrm{u}}(\boldsymbol{I}_N\otimes f\boldsymbol{I}_m)=(\boldsymbol{I}_N\otimes f\boldsymbol{B})-\boldsymbol{A}_{\mathrm{Ce}}\boldsymbol{M}_{2\mathrm{u}}\end{aligned}\tag{4.109}$$

$$\begin{aligned}&\boldsymbol{A}_{\mathrm{e}}\boldsymbol{M}_{2\mathrm{R}}-\boldsymbol{M}_{2\mathrm{R}}(\boldsymbol{A}_{\mathrm{R}}\otimes f\boldsymbol{I}_{N\times m})=\boldsymbol{M}_{2\mathrm{u}}(\boldsymbol{C}_{\mathrm{R}}\otimes f\boldsymbol{I}_{N\times m})\\ &\boldsymbol{A}_{\mathrm{e}}\boldsymbol{M}_{2\mathrm{u}}+\boldsymbol{M}_{2\mathrm{u}}(\boldsymbol{I}_N\otimes f\boldsymbol{I}_m)=\boldsymbol{I}_N\otimes f\boldsymbol{B}\end{aligned}\tag{4.110}$$

且令

$$\hat{\boldsymbol{M}}_1=(\boldsymbol{I}_N\otimes f\boldsymbol{B})-\boldsymbol{M}_{1\mathrm{R}}(\boldsymbol{B}_{\mathrm{R}}\otimes f\boldsymbol{I}_{N\times m})\tag{4.111}$$

$$\hat{\boldsymbol{M}}_2=(\boldsymbol{I}_N\otimes f\boldsymbol{B})-\boldsymbol{M}_{2\mathrm{R}}(\boldsymbol{B}_{\mathrm{R}}\otimes f\boldsymbol{I}_{N\times m})\tag{4.112}$$

易证，当 f 趋于无穷大时，$\boldsymbol{M}_{1\mathrm{R}}$ 和 $\boldsymbol{M}_{2\mathrm{R}}$ 趋于 $-(\boldsymbol{I}_N\otimes\boldsymbol{B})(\boldsymbol{C}_{\mathrm{R}}\boldsymbol{A}_{\mathrm{R}}^{-1}\otimes\boldsymbol{I}_{N\times m})$，$\boldsymbol{M}_{1\mathrm{u}}$ 和 $\boldsymbol{M}_{2\mathrm{u}}$ 趋于 $(\boldsymbol{I}_N\otimes\boldsymbol{B})$，$\hat{\boldsymbol{M}}_1$ 和 $\hat{\boldsymbol{M}}_2$ 分别趋于 $d(\boldsymbol{I}_N\otimes\boldsymbol{AB})$ 和 $d\boldsymbol{A}_{\mathrm{e}}(\boldsymbol{I}_N\otimes\boldsymbol{B})$。注意 Sylvester 方程[式(4.109)]和[式(4.110)]的求解顺序为 $\boldsymbol{M}_{2\mathrm{u}}\Rightarrow\boldsymbol{M}_{2\mathrm{R}}$，$\boldsymbol{M}_{1\mathrm{u}}\Rightarrow\boldsymbol{M}_{1\mathrm{R}}$。

进行如下变量代换：

$$\begin{aligned}\boldsymbol{\omega}_1(t)&=\boldsymbol{x}_{\Delta}(t)+\boldsymbol{M}_{1\mathrm{R}}\boldsymbol{\omega}_{\mathrm{R}}(t)+\boldsymbol{M}_{1\mathrm{u}}\boldsymbol{\omega}_{\mathrm{u}}(t)\\ \boldsymbol{\omega}_2(t)&=\boldsymbol{x}_{\mathrm{e}}(t)+\boldsymbol{M}_{2\mathrm{R}}\boldsymbol{\omega}_{\mathrm{R}}(t)+\boldsymbol{M}_{2\mathrm{u}}\boldsymbol{\omega}_{\mathrm{u}}(t)\\ \boldsymbol{\omega}_{\mathrm{R}}(t)&=f^{-1}\boldsymbol{x}_{\mathrm{R}}(t)\\ \boldsymbol{\omega}_{\mathrm{u}}(t)&=f^{-1}\boldsymbol{u}_{\mathrm{R}}(t)\end{aligned}\tag{4.113}$$

则有

$$\begin{aligned}
&\dot{\boldsymbol{\omega}}_1(t)=\boldsymbol{A}_{\mathrm{C}}\boldsymbol{\omega}_1(t)+\boldsymbol{A}_{\mathrm{Ce}}\boldsymbol{\omega}_2(t)+\hat{\boldsymbol{M}}_1 f^{-1}\boldsymbol{q}(t),\ \boldsymbol{\omega}_1(0)=0\\
&\dot{\boldsymbol{\omega}}_2(t)=\boldsymbol{A}_{\mathrm{e}}\boldsymbol{\omega}_2(t)+\hat{\boldsymbol{M}}_2 f^{-1}\boldsymbol{q}(t),\ \boldsymbol{\omega}_2(0)=\boldsymbol{x}_0-\hat{\boldsymbol{x}}_0\\
&\dot{\boldsymbol{\omega}}_{\mathrm{R}}(t)=(\boldsymbol{A}_{\mathrm{R}}\otimes f\boldsymbol{I}_{N\times m})\boldsymbol{\omega}_{\mathrm{R}}(t)-(\boldsymbol{B}_{\mathrm{R}}\otimes \boldsymbol{I}_{N\times m})\boldsymbol{q}(t),\ \boldsymbol{\omega}_{\mathrm{R}}(0)=0\\
&\dot{\boldsymbol{\omega}}_{\mathrm{u}}(t)=-(\boldsymbol{I}_N\otimes f\boldsymbol{I}_m)\boldsymbol{\omega}_{\mathrm{u}}(t)+(\boldsymbol{C}_{\mathrm{R}}\otimes f\boldsymbol{I}_{N\times m})\boldsymbol{\omega}_{\mathrm{R}}(t),\ \boldsymbol{\omega}_{\mathrm{u}}(0)=0\\
&\boldsymbol{x}_{\Delta}(t)=\boldsymbol{\omega}_1(t)-\boldsymbol{M}_{1\mathrm{R}}\boldsymbol{\omega}_{\mathrm{R}}(t)-\boldsymbol{M}_{1\mathrm{u}}\boldsymbol{\omega}_{\mathrm{u}}(t)
\end{aligned}\tag{4.114}$$

由式(4.89)可得

$$\begin{aligned}
\|\boldsymbol{u}_i(t)\|_2\leqslant{}&\|(\boldsymbol{I}_N\otimes\boldsymbol{K}_1)-(\boldsymbol{L}\otimes\boldsymbol{K}_2)\|_2\|\hat{\boldsymbol{x}}(t)\|_2+\\
&\|\boldsymbol{u}_{\mathrm{R}i}(t)\|_2+\|\boldsymbol{K}_3\|_2\|\boldsymbol{r}_{\mathrm{c}}(t)\|_2
\end{aligned}\tag{4.115}$$

由假设 4.1 和式(4.115)可得

$$\begin{aligned}
\|\boldsymbol{q}_i(t)\|_2\leqslant{}&\alpha\|\boldsymbol{x}_i(t)\|_2+\beta\|(\boldsymbol{I}_N\otimes\boldsymbol{K}_1)-(\boldsymbol{L}\otimes\boldsymbol{K}_2)\|_2\|\hat{\boldsymbol{x}}(t)\|_2+\\
&\beta\|\boldsymbol{u}_{\mathrm{R}i}(t)\|_2+\beta\|\boldsymbol{K}_3\|_2\|\boldsymbol{r}_{\mathrm{c}}(t)\|_2+\gamma\|\boldsymbol{d}_i(t)\|_2
\end{aligned}\tag{4.116}$$

再由式(4.116)、式(4.90)、式(4.102)、式(4.89)和式(4.113)可得

$$\begin{aligned}
\|\boldsymbol{q}_i(t)\|_2\leqslant{}&\alpha\|\boldsymbol{x}_i(t)\|_2+\beta\|(\boldsymbol{I}_N\otimes\boldsymbol{K}_1)-(\boldsymbol{L}\otimes\boldsymbol{K}_2)\|_2\|\hat{\boldsymbol{x}}(t)\|_2+\\
&\beta\|\boldsymbol{u}_{\mathrm{R}i}(t)\|_2+\beta\|\boldsymbol{K}_3\|_2\|\boldsymbol{r}_{\mathrm{c}}(t)\|_2+\gamma\|\boldsymbol{d}_i(t)\|_2\\
\leqslant{}&\hat{\alpha}_1\|\boldsymbol{x}_{\Delta}(t)\|_2+\hat{\alpha}_2\|\boldsymbol{x}_{\mathrm{e}}(t)\|_2+\beta\|\boldsymbol{u}_{\mathrm{R}i}(t)\|_2+\boldsymbol{\pi}_i(t)\\
\leqslant{}&\hat{\alpha}_1\|\boldsymbol{\omega}_1(t)\|_2+\hat{\alpha}_2\|\boldsymbol{\omega}_2(t)\|_2+\hat{\alpha}_{\mathrm{R}}\|\boldsymbol{\omega}_{\mathrm{R}}(t)\|_2+\\
&\hat{\alpha}_{\mathrm{u}}\|\boldsymbol{\omega}_{\mathrm{u}}(t)\|_2+\beta f\|\boldsymbol{\omega}_{\mathrm{u}i}(t)\|_2+\boldsymbol{\pi}_i(t)
\end{aligned}\tag{4.117}$$

式中，$\hat{\alpha}_i(i=1,\ 2,\ \mathrm{R},\ \mathrm{u})$ 和 $\boldsymbol{\pi}_i(t)$ 定义如下：

$$\begin{aligned}
\hat{\alpha}_1&=\alpha+\beta\|(\boldsymbol{I}_N\otimes\boldsymbol{K}_1)-(\boldsymbol{L}\otimes\boldsymbol{K}_2)\|_2\\
\hat{\alpha}_2&=\beta\|(\boldsymbol{I}_N\otimes\boldsymbol{K}_1)-(\boldsymbol{L}\otimes\boldsymbol{K}_2)\|_2\\
\boldsymbol{\pi}_i(t)&=\hat{\alpha}_1\|\boldsymbol{x}_{\mathrm{B}}(t)\|_2+\beta\|\boldsymbol{K}_3\|_2\|\boldsymbol{r}_{\mathrm{c}}(t)\|_2+\gamma\|\boldsymbol{d}_i(t)\|_2\\
\hat{\alpha}_{\mathrm{R}}&=\hat{\alpha}_1\|\boldsymbol{M}_{1\mathrm{R}}\|_2+\hat{\alpha}_2\|\boldsymbol{M}_{2\mathrm{R}}\|_2\\
\hat{\alpha}_{\mathrm{u}}&=\hat{\alpha}_1\|\boldsymbol{M}_{1\mathrm{u}}\|_2+\hat{\alpha}_2\|\boldsymbol{M}_{2\mathrm{u}}\|_2
\end{aligned}\tag{4.118}$$

对应式(4.73) $\boldsymbol{x}_{\mathrm{R}}(t)$ 的定义，将 $\boldsymbol{\omega}_{\mathrm{R}}(t)$ 表示为

$$\boldsymbol{\omega}_{\mathrm{R}}(t)=\begin{bmatrix}\boldsymbol{\omega}_{\mathrm{R1}}(t)\\ \boldsymbol{\omega}_{\mathrm{R2}}(t)\\ \vdots\\ \boldsymbol{\omega}_{\mathrm{R}(d-1)}(t)\end{bmatrix}\in\mathbf{R}^{m\times N\times(d-1)},\ \boldsymbol{\omega}_{\mathrm{R}i}(t)=\begin{bmatrix}\boldsymbol{\omega}_{\mathrm{R}i,1}(t)\\ \boldsymbol{\omega}_{\mathrm{R}i,2}(t)\\ \vdots\\ \boldsymbol{\omega}_{\mathrm{R}i,N}(t)\end{bmatrix}\in\mathbf{R}^{m\times N}\tag{4.119}$$

定义

$$\|\boldsymbol{\omega}_{\mathrm{R}\cdot}(t)\|_2=[\|\boldsymbol{\omega}_{\mathrm{R1}}(t)\|_2\quad\|\boldsymbol{\omega}_{\mathrm{R2}}(t)\|_2\quad\cdots\quad\|\boldsymbol{\omega}_{\mathrm{R}(d-1)}(t)\|_2]^{\mathrm{T}}\in\mathbf{R}^{d-1}\tag{4.120}$$

则

$$\begin{aligned}&\boldsymbol{\omega}_{\mathrm{R}}^{\mathrm{T}}(t)[(\boldsymbol{A}_{\mathrm{R}}+\boldsymbol{A}_{\mathrm{R}}^{\mathrm{T}})\otimes f\boldsymbol{I}_{N\times m}]\boldsymbol{\omega}_{\mathrm{R}}(t)-2\boldsymbol{\omega}_{\mathrm{R}}^{\mathrm{T}}(t)(\boldsymbol{B}_{\mathrm{R}}\otimes\boldsymbol{I}_{N\times m})\boldsymbol{q}(t)\leqslant\\&f\|\boldsymbol{\omega}_{\mathrm{R}\cdot}^{\mathrm{T}}(t)\|_2(\boldsymbol{A}_{\mathrm{R}}+\boldsymbol{A}_{\mathrm{R}}^{\mathrm{T}})\|\boldsymbol{\omega}_{\mathrm{R}\cdot}(t)\|_2+2\|\boldsymbol{\omega}_{\mathrm{R1}}(t)\|_2\|\boldsymbol{q}(t)\|_2\\&\|\boldsymbol{\omega}_{\mathrm{R}}(t)\|_2\leqslant\|\boldsymbol{\omega}_{\mathrm{R1}}(t)\|_2+\|\boldsymbol{\omega}_{\mathrm{R2}}(t)\|_2+\cdots+\|\boldsymbol{\omega}_{\mathrm{R}(d-1)}(t)\|_2\\&\qquad=\mathbf{1}_{d-1}^{\mathrm{T}}\|\boldsymbol{\omega}_{\mathrm{R}\cdot}(t)\|_2\\&\|\boldsymbol{\omega}_{\mathrm{R1}}(t)\|_2=\boldsymbol{e}_1^{\mathrm{T}}\|\boldsymbol{\omega}_{\mathrm{R}\cdot}(t)\|_2\\&\|\boldsymbol{\omega}_{\mathrm{R}(d-1)}(t)\|_2=\boldsymbol{e}_{d-1}^{\mathrm{T}}\|\boldsymbol{\omega}_{\mathrm{R}\cdot}(t)\|_2\end{aligned}\tag{4.121}$$

式中，$\boldsymbol{e}_k$ 是第 k 个元为 1，其余元均为 0 的向量。

令 $\boldsymbol{P}_{\mathrm{C}}$ 和 $\boldsymbol{P}_{\mathrm{e}}$ 分别是如下 Lyapunov 方程的解：

$$\boldsymbol{P}_{\mathrm{C}}\boldsymbol{A}_{\mathrm{C}}+\boldsymbol{A}_{\mathrm{C}}^{\mathrm{T}}\boldsymbol{P}_{\mathrm{C}}=-2\boldsymbol{I}\tag{4.122}$$

$$\boldsymbol{P}_{\mathrm{e}}\boldsymbol{A}_{\mathrm{e}}+\boldsymbol{A}_{\mathrm{e}}^{\mathrm{T}}\boldsymbol{P}_{\mathrm{e}}=-(2\|\boldsymbol{P}_{\mathrm{C}}\boldsymbol{A}_{\mathrm{Ce}}\|_2^2+1)\boldsymbol{I}\tag{4.123}$$

因 $\boldsymbol{A}_{\mathrm{C}}$ 和 $\boldsymbol{A}_{\mathrm{e}}$ 均为 Hurwitz 矩阵，上述 Lyapunov 方程的解 $\boldsymbol{P}_{\mathrm{C}}$ 和 $\boldsymbol{P}_{\mathrm{e}}$ 均是正定的。

考虑如下正定函数：

$$\boldsymbol{V}(t)=\boldsymbol{\omega}_1^{\mathrm{T}}\boldsymbol{P}_C\boldsymbol{\omega}_1+\boldsymbol{\omega}_2^{\mathrm{T}}\boldsymbol{P}_{\mathrm{e}}\boldsymbol{\omega}_2+\boldsymbol{\omega}_{\mathrm{R}}^{\mathrm{T}}\boldsymbol{\omega}_{\mathrm{R}}+\boldsymbol{\omega}_{\mathrm{u}}^{\mathrm{T}}\boldsymbol{\omega}_{\mathrm{u}}\tag{4.124}$$

则由式(4.114)、式(4.121)和式(4.124)，有

$$\begin{aligned}\dot{\boldsymbol{V}}(t)=&-2\boldsymbol{\omega}_1^{\mathrm{T}}(t)\boldsymbol{\omega}_1(t)+2\boldsymbol{\omega}_1^{\mathrm{T}}(t)\boldsymbol{P}_{\mathrm{C}}[\boldsymbol{A}_{\mathrm{Ce}}\boldsymbol{\omega}_2(t)+\hat{\boldsymbol{M}}_1f^{-1}\boldsymbol{q}(t)]-\\&(2\|\boldsymbol{P}_{\mathrm{C}}\boldsymbol{A}_{\mathrm{Ce}}\|_2^2+1)\boldsymbol{\omega}_2^{\mathrm{T}}(t)\boldsymbol{\omega}_2(t)+2\boldsymbol{\omega}_2^{\mathrm{T}}(t)\boldsymbol{P}_{\mathrm{e}}\hat{\boldsymbol{M}}_2f^{-1}\boldsymbol{q}(t)+\\&\boldsymbol{\omega}_{\mathrm{R}}^{\mathrm{T}}(t)[(\boldsymbol{A}_{\mathrm{R}}+\boldsymbol{A}_{\mathrm{R}}^{\mathrm{T}})\otimes f\boldsymbol{I}_{N\times m}]\boldsymbol{\omega}_{\mathrm{R}}(t)-2\boldsymbol{\omega}_{\mathrm{R}}^{\mathrm{T}}(t)(\boldsymbol{B}_{\mathrm{R}}\otimes\boldsymbol{I}_{N\times m})\boldsymbol{q}(t)-\end{aligned}$$

$$
\begin{aligned}
&2\boldsymbol{\omega}_{\mathrm{u}}^{\mathrm{T}}(t)(\boldsymbol{I}_N\otimes f\boldsymbol{I}_m)\boldsymbol{\omega}_{\mathrm{u}}(t)+2\boldsymbol{\omega}_{\mathrm{u}}^{\mathrm{T}}(t)(\boldsymbol{C}_{\mathrm{R}}\otimes f\boldsymbol{I}_{N\times m})\boldsymbol{\omega}_{\mathrm{R}}(t)\\
\leqslant&-2\|\boldsymbol{\omega}_1(t)\|_2^2+2\|\boldsymbol{P}_{\mathrm{C}}\boldsymbol{A}_{\mathrm{Ce}}\|_2\|\boldsymbol{\omega}_1(t)\|_2\|\boldsymbol{\omega}_2(t)\|_2+\\
&2f^{-1}\sum_{i=1}^{N}\boldsymbol{\omega}_1^{\mathrm{T}}(t)\boldsymbol{P}_{\mathrm{C}}\hat{\boldsymbol{M}}_1(\boldsymbol{e}_i\otimes\boldsymbol{I}_m)\boldsymbol{q}_i(t)-(2\|\boldsymbol{P}_{\mathrm{C}}\boldsymbol{A}_{\mathrm{Ce}}\|_2^2+1)\boldsymbol{\omega}_2^{\mathrm{T}}(t)\boldsymbol{\omega}_2(t)+\\
&2f^{-1}\sum_{i=1}^{N}\boldsymbol{\omega}_2^{\mathrm{T}}(t)\boldsymbol{P}_{\mathrm{e}}\hat{\boldsymbol{M}}_2(\boldsymbol{e}_i\otimes\boldsymbol{I}_m)\boldsymbol{q}_i(t)+f\|\boldsymbol{\omega}_{\mathrm{R}\cdot}^{\mathrm{T}}(t)\|_2(\boldsymbol{A}_{\mathrm{R}}+\boldsymbol{A}_{\mathrm{R}}^{\mathrm{T}})\|\boldsymbol{\omega}_{\mathrm{R}\cdot}(t)\|_2-\\
&2\sum_{i=1}^{N}\boldsymbol{\omega}_{\mathrm{R1},i}^{\mathrm{T}}(t)\boldsymbol{q}_i(t)-2f\|\boldsymbol{\omega}_{\mathrm{u}}(t)\|_2^2+2f\|\boldsymbol{\omega}_{\mathrm{R}(d-1)}(t)\|_2\|\boldsymbol{\omega}_{\mathrm{u}}(t)\|_2
\end{aligned}
\tag{4.125}
$$

令

$$
\boldsymbol{W}(t)=\left[\|\boldsymbol{\omega}_1(t)\|_2\quad\|\boldsymbol{\omega}_2(t)\|_2\quad\sqrt{f}\|\boldsymbol{\omega}_{\mathrm{R}\cdot}^{\mathrm{T}}(t)\|\quad\sqrt{f}\|\boldsymbol{\omega}_{\mathrm{u}}(t)\|\right]^{\mathrm{T}}
\tag{4.126}
$$

由式(4.117)和式(4.125)，有

$$
\begin{aligned}
\dot{\boldsymbol{V}}(t)\leqslant&-\|\boldsymbol{\omega}_1(t)\|_2^2-\|\boldsymbol{\omega}_2(t)\|_2^2-\|\boldsymbol{\omega}_{\mathrm{R}}(t)\|_2^2-\|\boldsymbol{\omega}_{\mathrm{u}}(t)\|_2^2-\boldsymbol{W}^{\mathrm{T}}(t)\boldsymbol{\Omega}(f)\boldsymbol{W}(t)+\\
&(f^{-1}\|\boldsymbol{P}_{\mathrm{C}}\hat{\boldsymbol{M}}_1\|_2+f^{-1}\|\boldsymbol{P}_{\mathrm{e}}\hat{\boldsymbol{M}}_2\|_2+f^{-\frac{1}{2}})\|\boldsymbol{\pi}(t)\|_2^2
\end{aligned}
\tag{4.127}
$$

式中，$\boldsymbol{\Omega}(f)$ 为对称矩阵，定义如下：

$$
\boldsymbol{\Omega}(f)=\begin{bmatrix}
1-f^{-1}\boldsymbol{\xi}_{11} & -\boldsymbol{\zeta}_{12}-f^{-1}\boldsymbol{\xi}_{12} & \dfrac{-\boldsymbol{\zeta}_{1\mathrm{R}}-f^{-1}\boldsymbol{\xi}_{1\mathrm{R}}}{\sqrt{f}} & \dfrac{-\boldsymbol{\zeta}_{1\mathrm{u}}-f^{-1}\boldsymbol{\xi}_{1\mathrm{u}}}{\sqrt{f}}\\
* & 2\|\boldsymbol{P}_{\mathrm{C}}\boldsymbol{A}_{\mathrm{Ce}}\|_2^2-f^{-1}\boldsymbol{\xi}_{22} & \dfrac{-\boldsymbol{\zeta}_{2\mathrm{R}}-f^{-1}\boldsymbol{\xi}_{2\mathrm{R}}}{\sqrt{f}} & \dfrac{-\boldsymbol{\zeta}_{2\mathrm{u}}-f^{-1}\boldsymbol{\xi}_{2\mathrm{u}}}{\sqrt{f}}\\
* & * & \dfrac{f\boldsymbol{\zeta}_{\mathrm{RR}}-\boldsymbol{\xi}_{\mathrm{RR}}-f^{1/2}\boldsymbol{e}_1\boldsymbol{e}_1^{\mathrm{T}}}{f} & \dfrac{f\boldsymbol{\zeta}_{\mathrm{Ru}}-\boldsymbol{\xi}_{\mathrm{Ru}}}{f}\\
* & * & * & \dfrac{f\boldsymbol{\zeta}_{\mathrm{uu}}-\boldsymbol{\xi}_{\mathrm{uu}}}{f}
\end{bmatrix}
\tag{4.128}
$$

$$\boldsymbol{\xi}_{11}=(2\hat{\alpha}_1+1)N\|\boldsymbol{P}_{\mathrm{C}}\hat{\boldsymbol{M}}_1\|_2$$

$$\boldsymbol{\xi}_{12}=\hat{\alpha}_2N\|\boldsymbol{P}_{\mathrm{C}}\hat{\boldsymbol{M}}_1\|_2+\hat{\alpha}_1N\|\boldsymbol{P}_{\mathrm{e}}\hat{\boldsymbol{M}}_2\|_2,\ \boldsymbol{\zeta}_{12}=\|\boldsymbol{P}_{\mathrm{C}}\boldsymbol{A}_{\mathrm{Ce}}\|_2$$

$$\boldsymbol{\xi}_{1\mathrm{R}}=\hat{\alpha}_{\mathrm{R}}N\|\boldsymbol{P}_{\mathrm{C}}\hat{\boldsymbol{M}}_1\|_2\boldsymbol{1}_{d-1}^{\mathrm{T}},\ \boldsymbol{\zeta}_{1\mathrm{R}}=\hat{\alpha}_1\sqrt{N}\boldsymbol{e}_1^{\mathrm{T}}$$

$$
\begin{aligned}
&\boldsymbol{\xi}_{1u}=\hat{\alpha}_{u}N\|\boldsymbol{P}_{C}\hat{\boldsymbol{M}}_{1}\|_{2},\ \boldsymbol{\zeta}_{1u}=\beta\sqrt{N}\|\boldsymbol{P}_{C}\hat{\boldsymbol{M}}_{1}\|_{2}\\
&\boldsymbol{\xi}_{22}=(2\hat{\alpha}_{2}+1)N\|\boldsymbol{P}_{e}\hat{\boldsymbol{M}}_{2}\|_{2}\\
&\boldsymbol{\xi}_{2R}=\hat{\alpha}_{R}N\|\boldsymbol{P}_{e}\hat{\boldsymbol{M}}_{2}\|_{2}\boldsymbol{1}_{d-1}^{T},\ \boldsymbol{\zeta}_{2R}=\hat{\alpha}_{2}\sqrt{N}\boldsymbol{e}_{1}^{T}\\
&\boldsymbol{\xi}_{2u}=\hat{\alpha}_{u}N\|\boldsymbol{P}_{e}\hat{\boldsymbol{M}}_{2}\|_{2},\ \boldsymbol{\zeta}_{2u}=\beta\sqrt{N}\|\boldsymbol{P}_{e}\hat{\boldsymbol{M}}_{2}\|_{2}\\
&\boldsymbol{\xi}_{RR}=2\hat{\alpha}_{R}\sqrt{N}\boldsymbol{e}_{1}\boldsymbol{1}_{d-1}^{T}+\boldsymbol{I}_{d-1},\ \boldsymbol{\zeta}_{RR}=-\boldsymbol{A}_{R}-\boldsymbol{A}_{R}^{T}-\beta\boldsymbol{e}_{1}\boldsymbol{e}_{1}^{T}\\
&\boldsymbol{\xi}_{Ru}=\hat{\alpha}_{u}\sqrt{N}\boldsymbol{e}_{1},\ \boldsymbol{\zeta}_{Ru}=-\boldsymbol{e}_{d-1}\\
&\boldsymbol{\xi}_{uu}=1,\ \boldsymbol{\zeta}_{uu}=2-\beta
\end{aligned}
\tag{4.129}
$$

令

$$
\boldsymbol{\Omega}_{\infty}=\lim_{f\to\infty}\boldsymbol{\Omega}(f)=\begin{bmatrix}1 & -\|\boldsymbol{P}_{C}\boldsymbol{A}_{Ce}\|_{2} & 0 & 0\\ * & 2\|\boldsymbol{P}_{C}\boldsymbol{A}_{Ce}\|_{2}^{2} & 0 & 0\\ * & * & \boldsymbol{\zeta}_{RR} & \boldsymbol{\zeta}_{Ru}\\ * & * & * & \boldsymbol{\zeta}_{uu}\end{bmatrix}\tag{4.130}
$$

显然,

$$
\begin{bmatrix}1 & -\|\boldsymbol{P}_{C}\boldsymbol{A}_{Ce}\|_{2}\\ -\|\boldsymbol{P}_{C}\boldsymbol{A}_{Ce}\|_{2} & 2\|\boldsymbol{P}_{C}\boldsymbol{A}_{Ce}\|_{2}^{2}\end{bmatrix}>0\tag{4.131}
$$

对于 $0\leqslant\beta<1$,有

$$
\boldsymbol{\zeta}_{RR}=-\boldsymbol{A}_{R}-\boldsymbol{A}_{R}^{T}-\beta\boldsymbol{e}_{1}\boldsymbol{e}_{1}^{T}=\begin{bmatrix}2-\beta & -1 & 0 & \cdots & 0\\ -1 & 2 & -1 & 0 & \vdots\\ 0 & -1 & \ddots & \ddots & 0\\ \vdots & \ddots & \ddots & 2 & -1\\ 0 & \cdots & 0 & -1 & 2\end{bmatrix}>0\tag{4.132}
$$

可证当 $d\geqslant 1$ 和 $\beta<1$ 时,

$$
\begin{aligned}
\det\begin{bmatrix}\boldsymbol{\zeta}_{RR} & \boldsymbol{\zeta}_{Ru}\\ \boldsymbol{\zeta}_{Ru}^{T} & \boldsymbol{\zeta}_{uu}\end{bmatrix}&=\det\begin{bmatrix}-\boldsymbol{A}_{R}-\boldsymbol{A}_{R}^{T}-\beta\boldsymbol{e}_{1}\boldsymbol{e}_{1}^{T} & -\boldsymbol{e}_{d-1}\\ -\boldsymbol{e}_{d-1}^{T} & 2-\beta\end{bmatrix}\\
&=(1-\beta)[2+(d-1)(1-\beta)]>0
\end{aligned}
\tag{4.133}
$$

此时,如果 f 充分大,使得 $\boldsymbol{\Omega}(f)$ 为半正定矩阵或正定矩阵,则存在正常数 f^{*},当 $f\geqslant f^{*}$ 时,有

$$\dot{\boldsymbol{V}}(t) \leqslant -\|\boldsymbol{\omega}_1(t)\|_2^2 - \|\boldsymbol{\omega}_2(t)\|_2^2 - \|\boldsymbol{\omega}_{\mathrm{R}}(t)\|_2^2 - \|\boldsymbol{\omega}_{\mathrm{u}}(t)\|_2^2 + \frac{\hat{\boldsymbol{\pi}}}{\sqrt{f}} \tag{4.134}$$

式中，

$$\hat{\boldsymbol{\pi}} = \left(\frac{\|\boldsymbol{P}_{\mathrm{C}}\hat{\boldsymbol{M}}_1\|_2 + \|\boldsymbol{P}_{\mathrm{e}}\hat{\boldsymbol{M}}_2\|_2}{\sqrt{f^*}} + 1\right)\sup_{t\geqslant 0}\|\boldsymbol{\pi}(t)\|_2^2 \tag{4.135}$$

令

$$\eta = \min\left\{\frac{1}{\lambda_{\max}(\boldsymbol{P}_{\mathrm{C}})},\ \frac{1}{\lambda_{\max}(\boldsymbol{P}_{\mathrm{e}})},\ 1\right\} \tag{4.136}$$

则由式(4.134)可得

$$\dot{\boldsymbol{V}}(t) \leqslant -\eta\boldsymbol{V}(t) + \frac{\hat{\boldsymbol{\pi}}}{\sqrt{f}} \tag{4.137}$$

因此，

$$\boldsymbol{V}(t) \leqslant \mathrm{e}^{-\eta t}\boldsymbol{V}(0) + \frac{\hat{\boldsymbol{\pi}}}{\sqrt{f}\eta} \tag{4.138}$$

令

$$\underline{\alpha} = \min\{1,\ \lambda_{\min}(\boldsymbol{P}_{\mathrm{C}}),\ \lambda_{\min}(\boldsymbol{P}_{\mathrm{e}})\} \tag{4.139}$$

则

$$\underline{\alpha}(\|\boldsymbol{\omega}_1(t)\|_2^2 + \|\boldsymbol{\omega}_2(t)\|_2^2 + \|\boldsymbol{\omega}_{\mathrm{R}}(t)\|_2^2 + \|\boldsymbol{\omega}_{\mathrm{u}}(t)\|_2^2) \leqslant V(t) \tag{4.140}$$

由 $\boldsymbol{x}_{\Delta}(t)$ 的定义[式(4.114)]、式(4.140)和式(4.138)可得

$$\begin{aligned}
\|\boldsymbol{x}_{\Delta}(t)\|_2^2 &= \left\|\begin{bmatrix}1 & -\boldsymbol{M}_{1\mathrm{R}} & -\boldsymbol{M}_{1\mathrm{u}}\end{bmatrix}\begin{bmatrix}\boldsymbol{\omega}_1(t)\\ \boldsymbol{\omega}_{\mathrm{R}}(t)\\ \boldsymbol{\omega}_{\mathrm{u}}(t)\end{bmatrix}\right\|_2^2 \\
&\leqslant \frac{1}{\underline{\alpha}}\|[1 \quad -\boldsymbol{M}_{1\mathrm{R}} \quad -\boldsymbol{M}_{1\mathrm{u}}]\|_2^2\boldsymbol{V}(t) \\
&\leqslant \frac{1}{\underline{\alpha}}\|[1 \quad -\boldsymbol{M}_{1\mathrm{R}} \quad -\boldsymbol{M}_{1\mathrm{u}}]\|_2^2\left(\mathrm{e}^{-\eta t}\boldsymbol{V}(0) + \frac{\hat{\boldsymbol{\pi}}}{\sqrt{f}\eta}\right)
\end{aligned} \tag{4.141}$$

因 $\boldsymbol{V}(0)=\boldsymbol{\omega}_2^{\mathrm{T}}(0)\boldsymbol{P}_{\mathrm{e}}\boldsymbol{\omega}_2(0)=(\boldsymbol{x}_0-\hat{\boldsymbol{x}}_0)^{\mathrm{T}}\boldsymbol{P}_{\mathrm{e}}(\boldsymbol{x}_0-\hat{\boldsymbol{x}}_0)$，故由式(4.107)和式(4.141)，有

$$\begin{aligned}\|\boldsymbol{\psi}_\Delta(t)\|_2^2&=\left\|\begin{bmatrix}\boldsymbol{\zeta}_\Delta(t)\\\boldsymbol{\varphi}_\Delta(t)\end{bmatrix}\right\|_2^2\leqslant\|(\boldsymbol{U}\otimes\boldsymbol{I}_n)\|_2^2\|\boldsymbol{x}_\Delta(t)\|_2^2\\&\leqslant\frac{1}{\underline{\alpha}}\|\boldsymbol{U}\|_2^2(1+\|\boldsymbol{M}_{1\mathrm{R}}\|_2^2+\|\boldsymbol{M}_{1\mathrm{u}}\|_2^2)\\&\quad\left[\mathrm{e}^{-\eta t}(\boldsymbol{x}_0-\hat{\boldsymbol{x}}_0)^{\mathrm{T}}\boldsymbol{P}_{\mathrm{e}}(\boldsymbol{x}_0-\hat{\boldsymbol{x}}_0)+\frac{\hat{\boldsymbol{\pi}}}{\sqrt{f}\,\eta}\right]\end{aligned}\tag{4.142}$$

对于给定的正常数 ε，如果选取正常数 f^*，使得如下条件成立：

(1) f^* 大于 $\boldsymbol{A}_{\mathrm{C}}$ 和 $\boldsymbol{A}_{\mathrm{e}}$ 的谱半径，$(\boldsymbol{A}_{\mathrm{R}}\otimes f^*\boldsymbol{I}_{N\times m})$ 与 $\boldsymbol{A}_{\mathrm{C}}$ 和的 $\boldsymbol{A}_{\mathrm{e}}$ 特征值相异。

(2) $\boldsymbol{\Omega}(f)\geqslant 0,\ \forall f\geqslant f^*$。

(3) $\sqrt{f^*}\geqslant\|\boldsymbol{U}\|_2^2(1+\|\boldsymbol{M}_{1\mathrm{R}}\|_2^2+\|\boldsymbol{M}_{1\mathrm{u}}\|_2^2)\dfrac{4\hat{\boldsymbol{\pi}}}{\varepsilon^2\underline{\alpha}\eta}$。

则当 $f\geqslant f^*$ 时，可保证

$$\begin{aligned}\|\boldsymbol{\psi}_\Delta(t)\|_2^2\leqslant&\ \mathrm{e}^{-\eta t}\frac{1}{\underline{\alpha}}\|\boldsymbol{U}\|_2^2(1+\|\boldsymbol{M}_{1R}\|_2^2+\|\boldsymbol{M}_{1\mathrm{u}}\|_2^2)\\&(\boldsymbol{x}_0-\hat{\boldsymbol{x}}_0)^{\mathrm{T}}\boldsymbol{P}_{\mathrm{e}}(\boldsymbol{x}_0-\hat{\boldsymbol{x}}_0)+\frac{\varepsilon^2}{4},\ \forall t\geqslant 0\end{aligned}\tag{4.143}$$

因此存在 $\widetilde{T}\geqslant 0$，当 $f\geqslant f^*$ 时，成立

$$\|\boldsymbol{\zeta}_\Delta(t)\|_2<\frac{\varepsilon}{2},\ \|\boldsymbol{\varphi}_\Delta(t)\|_2<\frac{\varepsilon}{2},\ t\geqslant\widetilde{T}\tag{4.144}$$

又因 $\lim\limits_{t\to\infty}\boldsymbol{\varphi}_{\mathrm{B}}(t)=0$，故存在 $T\geqslant 0$，成立

$$\|\boldsymbol{\varphi}_i(t)\|_2<\varepsilon,\ i=1,2,\cdots,N-1,\ t\geqslant T\tag{4.145}$$

由上述分析可以得到如下类似定理 4.1 的鲁棒状态一致性控制的结论。

定理 4.2 对于群系统[式(4.1)]，其所包含的不确定性满足假设 4.1，利用基于状态估计的鲁棒状态一致性控制协议[式(4.65)]构成闭环群系统，如果选取观测器增益矩阵 $\boldsymbol{K}_{\mathrm{o}}$ 使得 $\boldsymbol{A}-\boldsymbol{K}_{\mathrm{o}}\boldsymbol{C}$ 为 Hurwitz 矩阵，则对任意给定初始状态 $\boldsymbol{x}_0$ 和正数 ε，存在正数 f^* 和 T，当 $f\geqslant f^*$ 时，闭环群系统状态的非一致分量满足：

$$\|\boldsymbol{\varphi}_i(t)\|_2<\varepsilon,\ i=1,2,\cdots,N-1,\ t\geqslant T\tag{4.146}$$

由式(4.107)和式(4.144)可知，当 $f \geqslant f^*$ 时，存在 $\widetilde{T} \geqslant 0$，成立

$$\| \boldsymbol{\zeta}(t) - \boldsymbol{\zeta}_{\mathrm{B}}(t) \|_2 < \frac{\varepsilon}{2}, \ t \geqslant \widetilde{T} \tag{4.147}$$

即当鲁棒滤波器参数 f 足够大时，实际闭环群系统的状态一致性函数可与标称闭环群系统的一致性函数充分接近。由与 4.5 节类似的分析可得到相似的表达式，只是须增加状态估计误差 $\boldsymbol{x}_{\mathrm{e}}(t)$ 的影响。

4.7 群系统鲁棒输出一致性控制

当群系统[式(4.1)]实现了状态一致性时，自然也实现了输出一致性。因此，前面介绍的鲁棒状态一致性控制方法，均可以处理鲁棒输出一致性控制问题。然而，对于仅关注输出一致性的问题，这样处理是否具有一定的保守性?

对于无不确定性的群系统，输出一致性控制问题可转换为部分镇定问题，那些对输出的非一致分量没有影响的模态的稳定性不会影响群系统的输出一致性。因此，只需要设计输出一致性控制协议，保证对输出非一致分量有影响的模态是渐近稳定的，从而保证输出非一致分量收敛于零即可。对输出非一致分量没有影响的一致分量和不可观分量的特性，则可以置之不顾。

对于具有不确定性的群系统，由于不确定性的耦合，每个子系统的所有状态都可能影响输出的非一致分量，因此需要设计鲁棒补偿协议产生补偿控制信号来抑制不确定性的影响。为了在实现输出一致的同时，保证控制输入的有界性，仅保证对输出的非一致分量有影响的模态的稳定性是不够的，发散的一致分量或不可观分量也会导致控制输入趋于发散。因此，在处理不确定性群系统的鲁棒输出一致性问题时，如同鲁棒状态一致性问题，需要考虑整个闭环群系统的鲁棒稳定性，而不是部分子系统的鲁棒稳定性。

将群系统[式(4.1)]的描述改写为

$$\begin{aligned} \dot{\boldsymbol{x}}(t) &= (\boldsymbol{I}_N \otimes \boldsymbol{A})\boldsymbol{x}(t) + (\boldsymbol{I}_N \otimes \boldsymbol{B})[\boldsymbol{u}(t) + \boldsymbol{q}(t)], \ \boldsymbol{x}(0) = \boldsymbol{x}_0 \\ \boldsymbol{y}(t) &= (\boldsymbol{I}_N \otimes \boldsymbol{C})\boldsymbol{x}(t) \end{aligned} \tag{4.148}$$

考虑如下鲁棒输出一致性控制协议：

$$\boldsymbol{u}_i = \boldsymbol{u}_{\mathrm{o}i} + \boldsymbol{u}_{\mathrm{R}i}, \ i = 1, 2, \cdots, N \tag{4.149}$$

式中，$\boldsymbol{u}_{\mathrm{o}i}(t)$ 是第 i 个子系统的标称输出一致性控制输入；$\boldsymbol{u}_{\mathrm{R}i}(t)$ 是第 i 个子系

统的鲁棒补偿输入。若标称输出一致性控制协议是如下输出偏差的静态反馈，

$$\boldsymbol{u}_{oi}(t)=\boldsymbol{K}_1\boldsymbol{y}_i(t)+\boldsymbol{K}_2\sum_{j\in N_i}[\boldsymbol{y}_j(t)-\boldsymbol{y}_i(t)],\ i=1,\ 2,\ \cdots,\ N \tag{4.150}$$

则式(3.90)中的状态矩阵 $[\boldsymbol{I}_{N-1}\otimes(\boldsymbol{A}_{o}+\boldsymbol{B}_{o}\boldsymbol{K}_1\boldsymbol{C}_{o})]-(\tilde{\boldsymbol{L}}\otimes\boldsymbol{B}_{o}\boldsymbol{K}_2\boldsymbol{C}_{o})$ 的稳定性不足以保证实现鲁棒输出一致的控制协议的存在，而需要设计增益矩阵 $\boldsymbol{K}_1$ 和 $\boldsymbol{K}_2$，保证标称闭环群系统[式(3.81)]是渐近稳定的。

将鲁棒输出一致性控制协议[式(4.149)和式(4.150)]代入群系统[式(4.148)]，得

$$\begin{aligned}\dot{\boldsymbol{x}}(t)&=[\boldsymbol{I}_N\otimes(\boldsymbol{A}+\boldsymbol{B}\boldsymbol{K}_1\boldsymbol{C})]\boldsymbol{x}(t)-(\boldsymbol{L}\otimes\boldsymbol{B}\boldsymbol{K}_2\boldsymbol{C})\boldsymbol{x}(t)+\\&\quad(\boldsymbol{I}_N\otimes\boldsymbol{B})[\boldsymbol{u}_{\mathrm{R}}(t)+\boldsymbol{q}(t)]\\\boldsymbol{x}(0)&=\boldsymbol{x}_0\\\boldsymbol{y}(t)&=(\boldsymbol{I}_N\otimes\boldsymbol{C})\boldsymbol{x}(t)\end{aligned} \tag{4.151}$$

式中，鲁棒补偿输入 $\boldsymbol{u}_{\mathrm{R}}(t)$ 的作用是抑制不确定性 $\boldsymbol{q}(t)$ 的影响。显然，只有标称闭环群系统为渐近稳定时，即状态矩阵 $[\boldsymbol{I}_N\otimes(\boldsymbol{A}+\boldsymbol{B}\boldsymbol{K}_1\boldsymbol{C})]-(\boldsymbol{L}\otimes\boldsymbol{B}\boldsymbol{K}_2\boldsymbol{C})$ 为 Hurwitz 矩阵时，才可能保证闭环群系统的鲁棒稳定性，从而保证闭环系统状态 $\boldsymbol{x}(t)$ 和鲁棒补偿输入 $\boldsymbol{u}_{\mathrm{R}}(t)$ 的有界性。然而如果闭环群系统是鲁棒稳定的，不仅闭环群系统的状态一致性分解中的可观分量[式(3.89)中的 $\boldsymbol{z}_{o}(t)$] 会趋于零，相应的不可观分量[式(3.89)中的 $\boldsymbol{z}_{\bar{o}}(t)$] 也会趋于零，因此状态非一致分量也会收敛于零，即能实现状态一致性。故对于不确定群系统，只需要考虑鲁棒状态一致性问题，而不必对鲁棒输出一致性问题进行特别处理。

4.8 鲁棒一致性控制协议设计举例

对于 3.10 节中考虑的群系统，考虑存在不确定性的情形，其子系统由如下状态方程描述(标称部分与 3.10 节考虑的系统相同)：

$$\begin{aligned}\dot{\boldsymbol{x}}_i(t)&=\begin{bmatrix}0&1&0\\0&0&1\\2&1&1\end{bmatrix}\boldsymbol{x}_i(t)+\begin{bmatrix}0\\0\\1\end{bmatrix}[\boldsymbol{u}_i(t)+\boldsymbol{q}_i(t)]\\\boldsymbol{y}_i(t)&=[1\quad 0\quad 0]\boldsymbol{x}_i(t)\\i&=1,\ 2,\ \cdots,\ 7\end{aligned} \tag{4.152}$$

其中，

$$\boldsymbol{q}_i(t)=a_1\sin(t)\boldsymbol{x}_{i2}(t)+a_2\cos(t)\boldsymbol{u}_i(t)+a_3\sin(t+\theta_i)$$
$$a_1\in[-2\quad 2],\ a_2\in[-0.1\quad 0.1],\ a_3\in[-1\quad 1]$$
$$\boldsymbol{x}_1(0)=[10\quad 1\quad 0]^{\mathrm{T}};\ \boldsymbol{x}_{i+1}(0)=\boldsymbol{x}_i(0)+[1\quad 1\quad 1]^{\mathrm{T}},\ i=1,\ 2,\ \cdots,\ 6 \tag{4.153}$$

则假设 4.1 中的界常数可取为

$$\alpha_i=2,\ \beta_i=0.1,\ \gamma_i=1,\ i=1,\ 2,\ \cdots,\ 7 \tag{4.154}$$

在如下仿真中，取

$$a_1=2,\ a_2=0.1,\ a_3=1,\ \theta_i=(i-1)15^\circ,\ i=1,\ 2,\ \cdots,\ 7 \tag{4.155}$$

作用拓扑如图 3.1 所示，相应的 Laplace 矩阵 $\boldsymbol{L}$ 和矩阵 $\widetilde{\boldsymbol{L}}$ 分别如式(3.104)和式(3.105)所示。

4.8.1 基于状态信息的群系统鲁棒状态一致性控制协议设计

首先考虑基于状态信息的鲁棒状态一致性控制协议[式(4.12)和式(4.20)]。

解 Lyapunov 方程[式(3.26)]得正定矩阵 $\boldsymbol{P}_{\mathrm{L}}$ 如式(3.109)所示，并取 $\mu=0.788$。选取 $\boldsymbol{Q}$ 为单位阵，$R=1$，求解 Riccati 矩阵代数方程[式(4.14)]的正定解 $\boldsymbol{P}$ 如式(3.110)所示，从而求得增益矩阵 $\boldsymbol{K}_2$ 如式(3.111)所示。同样设计增益矩阵 $\boldsymbol{K}_1=[-3\quad -4\quad -4]$，则矩阵 $\boldsymbol{A}+\boldsymbol{BK}_1$ 的特征值均为-1。

由式(4.20)，鲁棒补偿协议设计如下：

$$\dot{\boldsymbol{x}}_{ci}(t)=-f\boldsymbol{x}_{ci}(t)+[2\quad 1\quad f+1]\boldsymbol{x}_i(t)+\boldsymbol{u}_i(t),\ \boldsymbol{x}_{ci}(0)=\boldsymbol{x}_{0i3}$$
$$\boldsymbol{u}_{\mathrm{R}i}(t)=-f\boldsymbol{x}_{i3}(t)+f\boldsymbol{x}_{ci}(t) \tag{4.156}$$

对于 $f\in[30,\ 200]$，式(4.53)的矩阵 $\boldsymbol{\Omega}(f)$ 的最小特征值随鲁棒滤波器参数 f 变化的曲线如图 4.1 所示。当 $f>207.6$ 时，$\boldsymbol{\Omega}(f)>0$。这样计算得到的 f 的下界通常是保守的。接下来将对 $f=10$ 和 $f=120$ 两种取值分别进行仿真。

为观察闭环群系统[式(4.18)]的状态趋于一致的特性，令 $\boldsymbol{\varphi}_{\cdot i}(t)$ 表示状态非一致分量 $\boldsymbol{\varphi}_k(t)(k=1,\ 2,\ \cdots,\ N-1)$ 的第 i 个元构成的向量，即

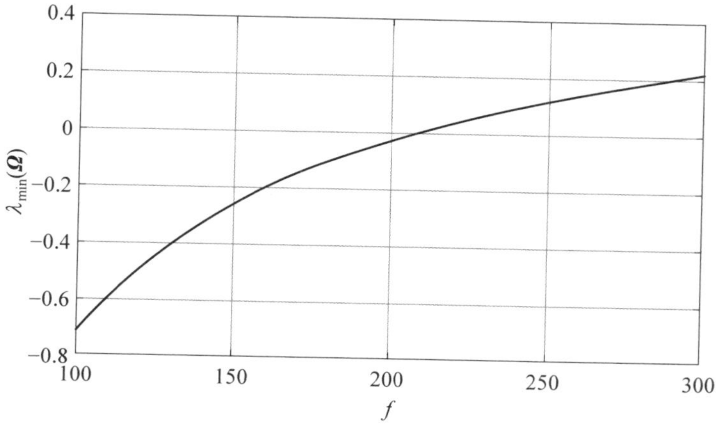

图 4.1 矩阵 $\boldsymbol{\Omega}(f)$ 的最小特征值随 f 变化的曲线

$$\boldsymbol{\varphi}_{\cdot i}(t)=(\boldsymbol{I}_6\otimes\boldsymbol{e}_i^{\mathrm{T}})\boldsymbol{\varphi}(t)=(\boldsymbol{U}_2\otimes\boldsymbol{e}_i^{\mathrm{T}})\boldsymbol{x}(t),\ i=1,2,3 \tag{4.157}$$

式中，$\boldsymbol{x}(t)$ 为闭环群系统[式(4.19)]的状态；$\boldsymbol{e}_i\in\mathbf{R}^3$，其第 i 个元为 1,其余元均为 0。

1) 情形 1：$\boldsymbol{r}_{\mathrm{c}}(t)=0(t\geqslant 0)$ 的情形

对于标称闭环群系统[即 $\boldsymbol{u}_{\mathrm{R}}(t)=0$]，当 $\boldsymbol{q}(t)=0$ 时，$\|\boldsymbol{\varphi}_{\cdot i}(t)\|_2^2(i=1,2,3)$ 随时间变化的曲线分别如图 4.2～图 4.7 中实线所示。当 $\boldsymbol{q}(t)\neq 0$ 时，$\|\boldsymbol{\varphi}_{\cdot i}(t)\|_2^2(i=1,2,3)$ 随时间变化的曲线分别如图 4.2～图 4.7 中虚线所示。

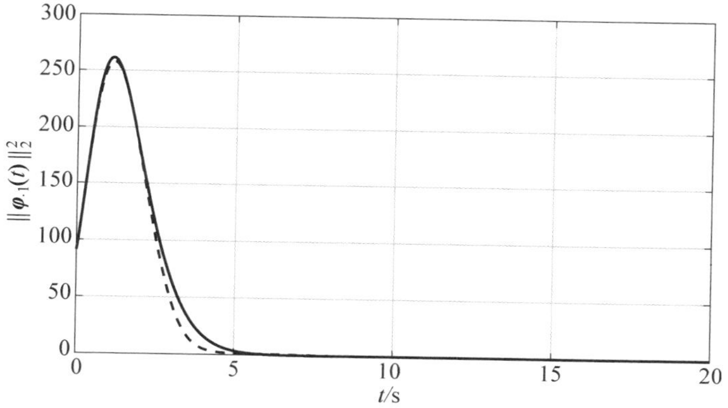

图 4.2 标称闭环群系统 $\|\boldsymbol{\varphi}_{\cdot 1}(t)\|_2^2$ 随时间变化的曲线

注：实线—— $\boldsymbol{q}(t)=0$；虚线 —— $\boldsymbol{q}(t)\neq 0$。

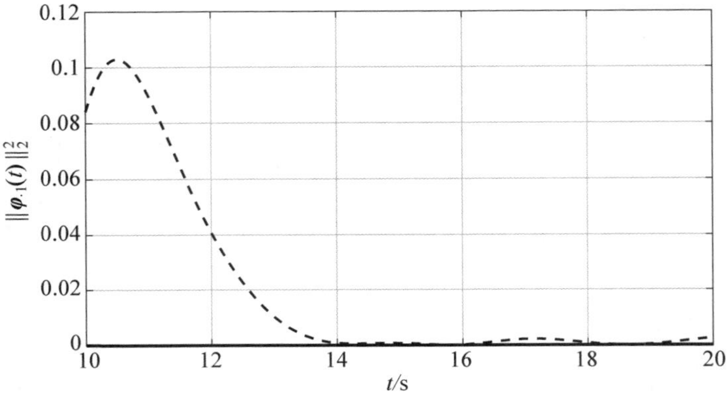

图 4.3 标称闭环群系统 $\|\boldsymbol{\varphi}_{\cdot 1}(t)\|_2^2$ 在时间区间[10, 20]上的曲线

注:实线—— $\boldsymbol{q}(t)=0$;虚线—— $\boldsymbol{q}(t)\neq 0$。

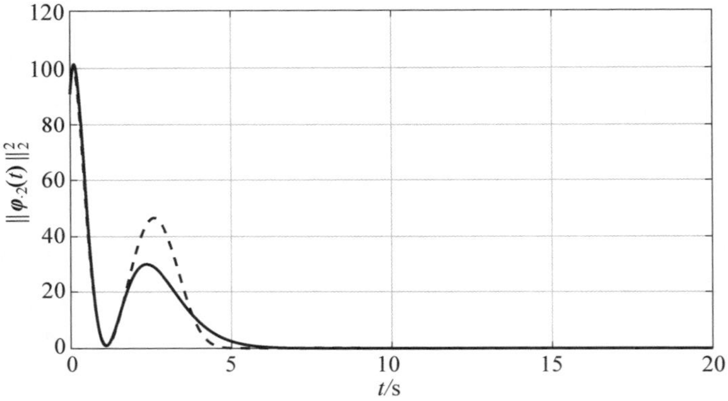

图 4.4 标称闭环群系统 $\|\boldsymbol{\varphi}_{\cdot 2}(t)\|_2^2$ 随时间变化的曲线

注:实线—— $\boldsymbol{q}(t)=0$;虚线—— $\boldsymbol{q}(t)\neq 0$。

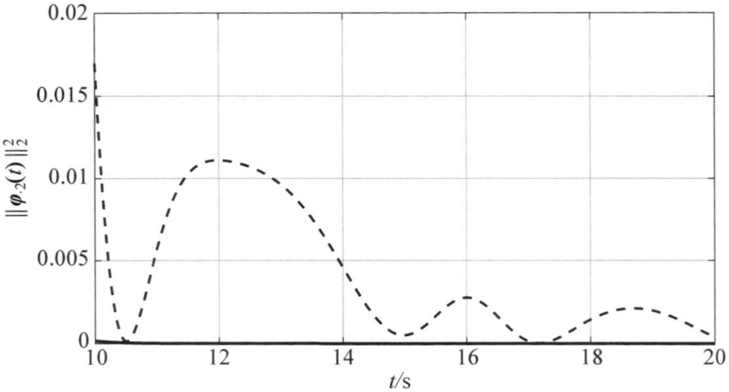

图 4.5 标称闭环群系统 $\|\boldsymbol{\varphi}_{\cdot 2}(t)\|_2^2$ 在时间区间[10, 20]上的曲线

注:实线—— $\boldsymbol{q}(t)=0$;虚线—— $\boldsymbol{q}(t)\neq 0$。

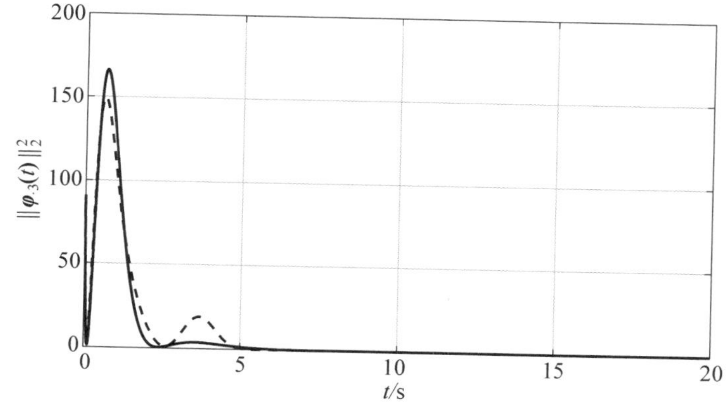

图 4.6 标称闭环群系统 $\|\boldsymbol{\varphi}_{\cdot 3}(t)\|_2^2$ 随时间变化的曲线

注:实线—— $\boldsymbol{q}(t)=0$;虚线—— $\boldsymbol{q}(t)\neq 0$。

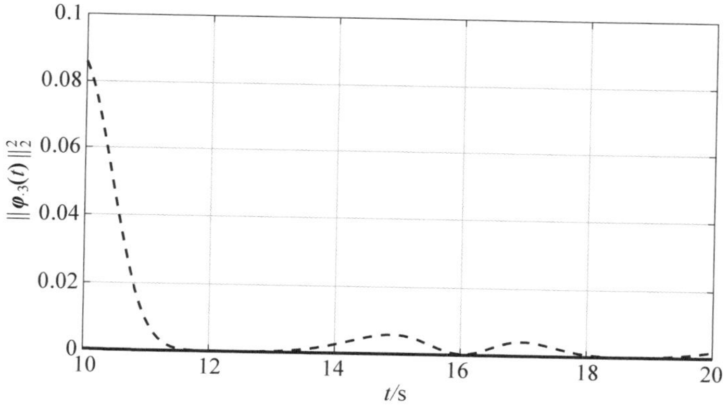

图 4.7 标称闭环群系统 $\|\boldsymbol{\varphi}_{\cdot 3}(t)\|_2^2$ 在时间区间[10, 20]上的曲线

注:实线—— $\boldsymbol{q}(t)=0$;虚线—— $\boldsymbol{q}(t)\neq 0$。

对于鲁棒闭环群系统 $[\boldsymbol{q}(t)\neq 0,\ \boldsymbol{u}_R(t)\neq 0,\ f=10]$,$\|\boldsymbol{\varphi}_{\cdot i}(t)\|_2^2(i=1,2,3)$ 随时间变化的曲线分别如图 4.8～图 4.13 中的虚线所示。图中实线是标称闭环群系统当 $\boldsymbol{q}(t)=0$,$\boldsymbol{u}_R(t)=0$ 时的 $\|\boldsymbol{\varphi}_{\cdot i}(t)\|_2^2(i=1,2,3)$ 随时间变化的曲线。可以看出,鲁棒闭环群系统的非一致分量与标称闭环群系统的非一致分量的差别明显减小。

若将 f 的值增大到 120,则相应的鲁棒闭环群系统 $\|\boldsymbol{\varphi}_{\cdot i}(t)\|_2^2(i=1,2,3)$ 随时间变化的曲线分别如图 4.14、图 4.15 和图 4.16 所示。

比较图 4.9、图 4.11、图 4.13 和图 4.14、图 4.15、图 4.16 可知,随着 f 取值的增大,非一致分量的差别也相应减小。

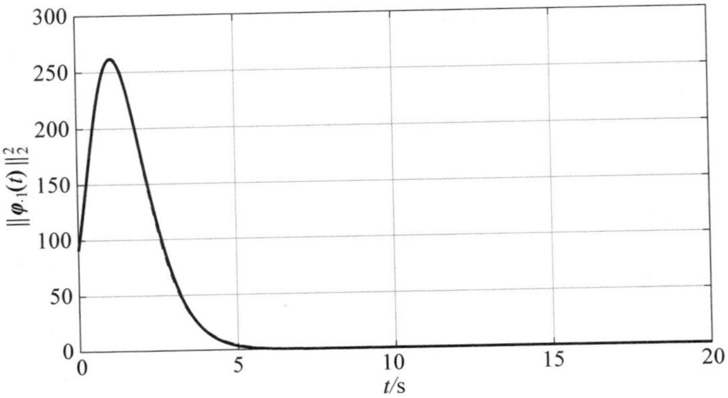

图 4.8　鲁棒闭环群系统 $\|\boldsymbol{\varphi}_{\cdot 1}(t)\|_2^2$ 随时间变化的曲线

注:实线—— $\boldsymbol{q}(t)=0$; 虚线—— $\boldsymbol{q}(t)\neq 0$, $f=10$。

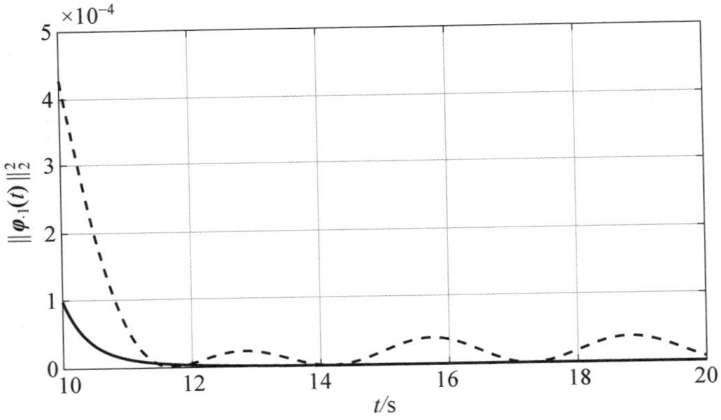

图 4.9　鲁棒闭环群系统 $\|\boldsymbol{\varphi}_{\cdot 1}(t)\|_2^2$ 在时间区间[10, 20]上的曲线

注:实线—— $\boldsymbol{q}(t)=0$; 虚线—— $\boldsymbol{q}(t)\neq 0$, $f=10$。

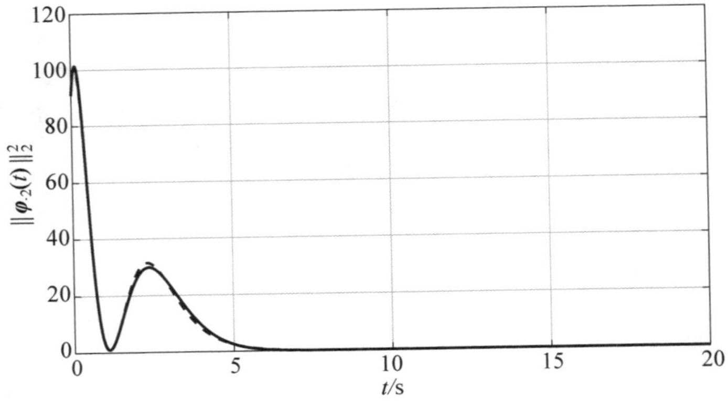

图 4.10　鲁棒闭环群系统 $\|\boldsymbol{\varphi}_{\cdot 2}(t)\|_2^2$ 随时间变化的曲线

注:实线—— $\boldsymbol{q}(t)=0$; 虚线—— $\boldsymbol{q}(t)\neq 0$, $f=10$。

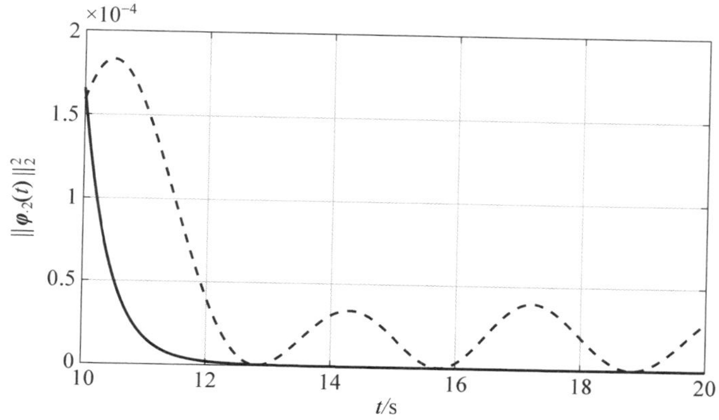

图 4.11 鲁棒闭环群系统 $\|\boldsymbol{\varphi}_{\cdot 2}(t)\|_2^2$ 在时间区间[10，20]上的曲线

注:实线—— $\boldsymbol{q}(t)=0$；虚线—— $\boldsymbol{q}(t)\neq 0$，$f=10$。

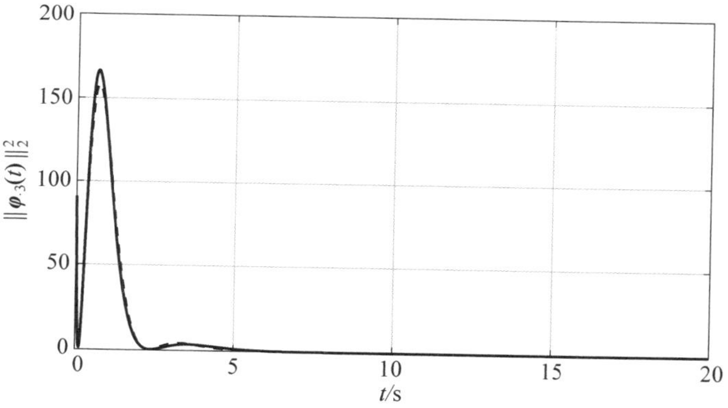

图 4.12 鲁棒闭环群系统 $\|\boldsymbol{\varphi}_{\cdot 3}(t)\|_2^2$ 随时间变化的曲线

注:实线—— $\boldsymbol{q}(t)=0$；虚线—— $\boldsymbol{q}(t)\neq 0$，$f=10$。

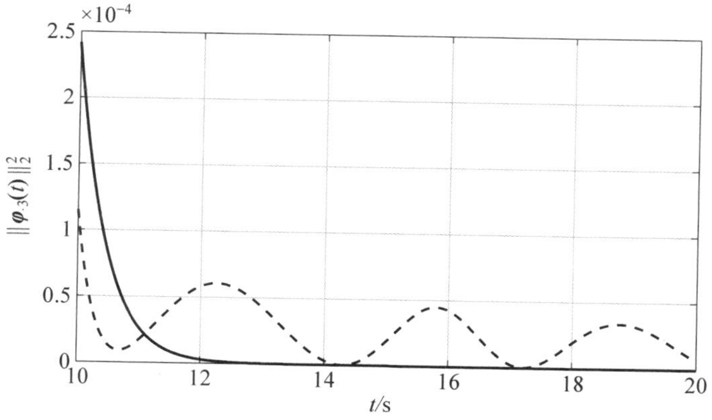

图 4.13 鲁棒闭环群系统 $\|\boldsymbol{\varphi}_{\cdot 3}(t)\|_2^2$ 在时间区间[10，20]上的曲线

注:实线—— $\boldsymbol{q}(t)=0$；虚线—— $\boldsymbol{q}(t)\neq 0$，$f=10$。

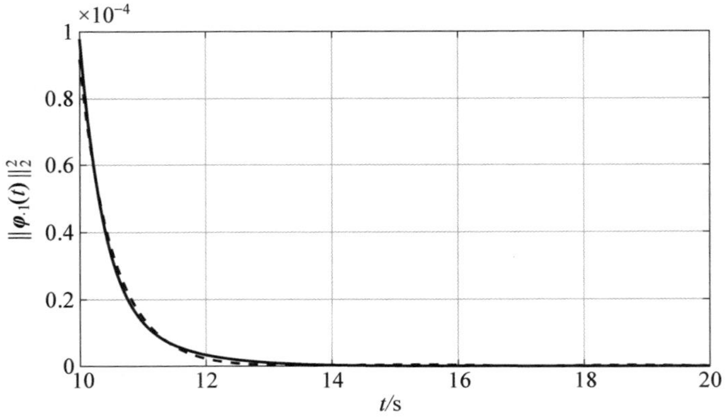

图 4.14 鲁棒闭环群系统 $\|\boldsymbol{\varphi}_{\cdot 1}(t)\|_2^2$ 在时间区间[10, 20]上的曲线

注:实线—— $\boldsymbol{q}(t)=0$; 虚线—— $\boldsymbol{q}(t)\neq 0$, $f=120$。

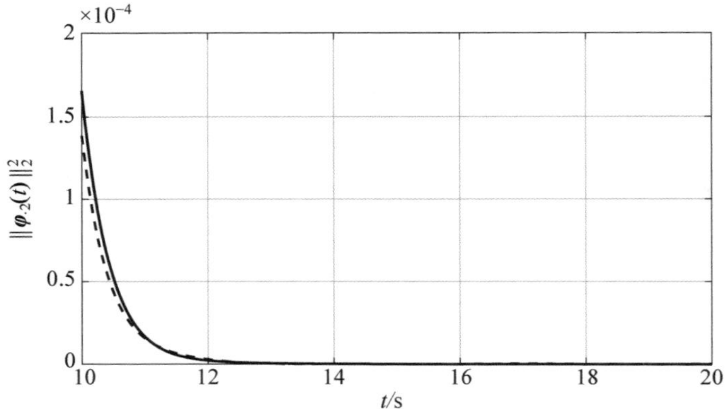

图 4.15 鲁棒闭环群系统 $\|\boldsymbol{\varphi}_{\cdot 2}(t)\|_2^2$ 在时间区间[10, 20]上的曲线

注:实线—— $\boldsymbol{q}(t)=0$; 虚线—— $\boldsymbol{q}(t)\neq 0$, $f=120$。

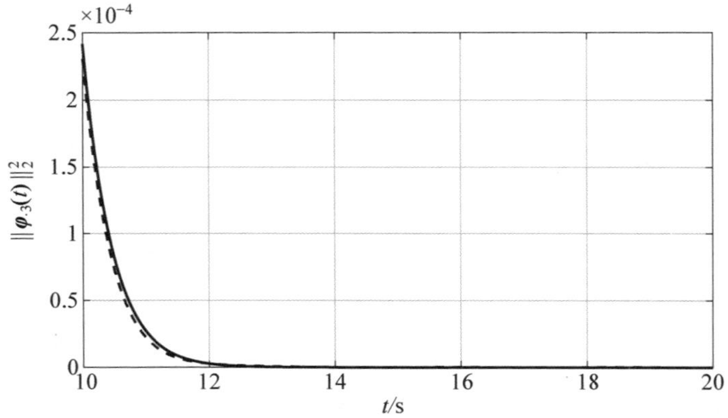

图 4.16 鲁棒闭环群系统 $\|\boldsymbol{\varphi}_{\cdot 3}(t)\|_2^2$ 在时间区间[10, 20]上的曲线

注:实线—— $\boldsymbol{q}(t)=0$; 虚线—— $\boldsymbol{q}(t)\neq 0$, $f=120$。

2）情形 2：$\boldsymbol{r}_c(t) \neq 0(t \geqslant 0)$ 的情形

假设 $\boldsymbol{r}_c(t) = \sin(0.4t)(t \geqslant 0)$，$\boldsymbol{K}_3 = 1$。对于鲁棒闭环群系统，当 $\boldsymbol{q}(t) \neq 0$，$\boldsymbol{u}_R(t) \neq 0$，$f = 120$ 时，$\|\boldsymbol{\varphi}_{\cdot i}(t)\|_2^2 (i = 1, 2, 3)$ 随时间变化的曲线分别如图 4.17～图 4.22 中的虚线所示；图中实线是当 $\boldsymbol{q}(t) = 0$，$\boldsymbol{u}_R(t) = 0$ 时，标称闭环群系统的 $\|\boldsymbol{\varphi}_{\cdot i}(t)\|_2^2 (i = 1, 2, 3)$ 随时间变化的曲线。

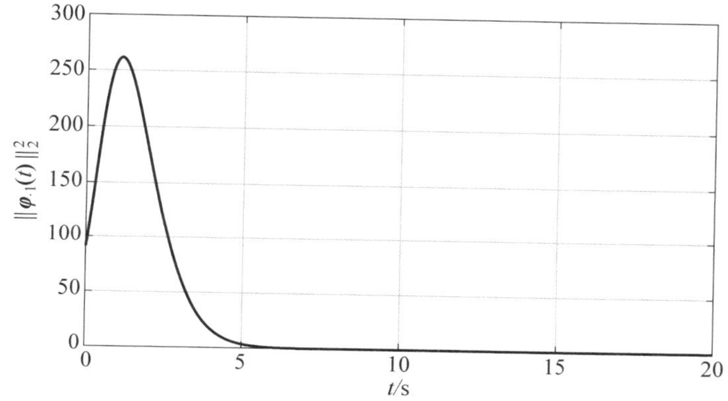

图 4.17　鲁棒闭环群系统 $\|\boldsymbol{\varphi}_{\cdot 1}(t)\|_2^2$ 随时间变化的曲线 $[\boldsymbol{r}_c(t) = \sin(0.4t)]$

注：实线—— $\boldsymbol{q}(t) = 0$；虚线—— $\boldsymbol{q}(t) \neq 0$，$f = 120$。

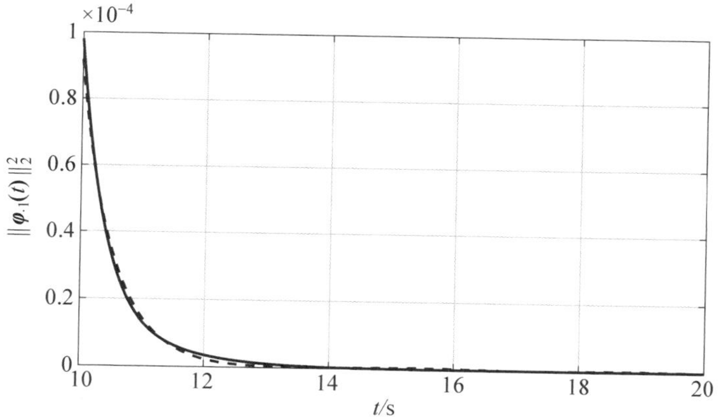

图 4.18　鲁棒闭环群系统 $\|\boldsymbol{\varphi}_{\cdot 1}(t)\|_2^2$ 在时间区间[10, 20]上的曲线 $[\boldsymbol{r}_c(t) = \sin(0.4t)]$

注：实线—— $\boldsymbol{q}(t) = 0$；虚线—— $\boldsymbol{q}(t) \neq 0$，$f = 120$。

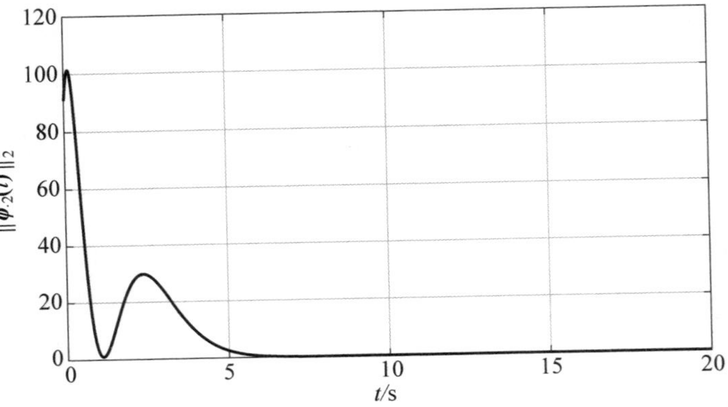

图 4.19　鲁棒闭环群系统 $\|\boldsymbol{\varphi}_{\cdot 2}(t)\|_2^2$ 随时间变化的曲线$[r_c(t)=\sin(0.4t)]$

注：实线—— $\boldsymbol{q}(t)=0$；虚线—— $\boldsymbol{q}(t)\neq 0$，$f=120$。

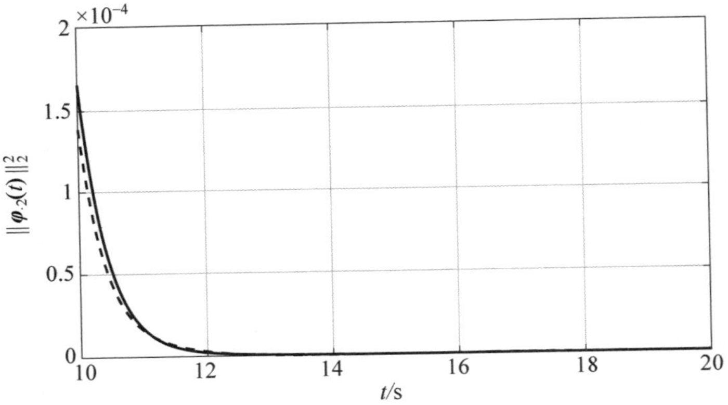

图 4.20　鲁棒闭环群系统 $\|\boldsymbol{\varphi}_{\cdot 2}(t)\|_2^2$ 在时间区间[10, 20]上的曲线$[r_c(t)=\sin(0.4t)]$

注：实线—— $\boldsymbol{q}(t)=0$；虚线—— $\boldsymbol{q}(t)\neq 0$，$f=120$。

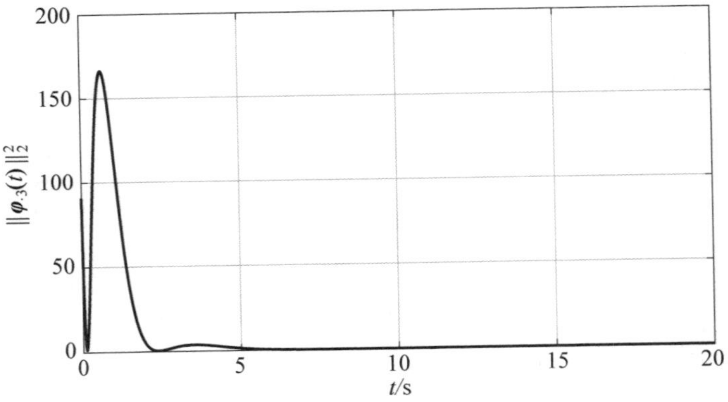

图 4.21　鲁棒闭环群系统 $\|\boldsymbol{\varphi}_{\cdot 3}(t)\|_2^2$ 随时间变化的曲线$[r_c(t)=\sin(0.4t)]$

注：实线—— $\boldsymbol{q}(t)=0$；虚线—— $\boldsymbol{q}(t)\neq 0$，$f=120$。

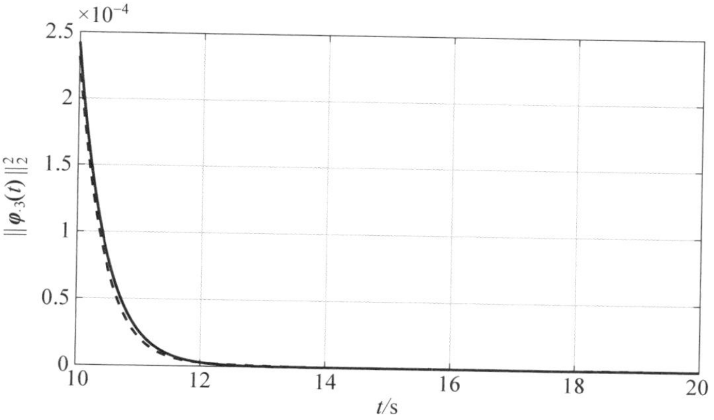

图 4.22 鲁棒闭环群系统 $\|\boldsymbol{\varphi}_{\cdot 3}(t)\|_2^2$ 在时间区间[10, 20]上的曲线 [$r_c(t) = \sin(0.4t)$]

注:实线—— $\boldsymbol{q}(t)=0$;虚线—— $\boldsymbol{q}(t)\neq 0$, $f=120$。

4.8.2 基于状态估计的群系统鲁棒状态一致性控制协议设计

现考虑基于状态估计的鲁棒状态一致性控制协议[式(4.65)、式(4.84)、式(4.86)和式(4.82)]。标称一致性控制协议部分的设计与前文相同。将观测器的状态矩阵 $\boldsymbol{A}-\boldsymbol{K}_o\boldsymbol{C}$ 的所有特征值均配置于 -30 处,求得状态观测器的增益矩阵为 $\boldsymbol{K}_o=[91\quad 2\,792\quad 29\,885]^{\mathrm{T}}$,观测器初始状态设置为 $\hat{\boldsymbol{x}}_i(0)=0(i=1, 2, \cdots, 7)$。假设 $\boldsymbol{r}_c(t)=\sin(0.4t)(t\geqslant 0)$, $\boldsymbol{K}_3=1$。

由

$$\boldsymbol{C}(s\boldsymbol{I}-\boldsymbol{A})^{-1}\boldsymbol{B}=\frac{1}{s^3-s^2-s-2} \tag{4.158}$$

和

$$\boldsymbol{C}(s\boldsymbol{I}-\boldsymbol{A})^{-1}=\frac{1}{s^3-s^2-s-2}[s^2-s-1\quad s-1\quad 1] \tag{4.159}$$

可得

$$\begin{aligned}
&\boldsymbol{D}(s)=s^3-s^2-s-2\\
&\boldsymbol{N}(s)=1\\
&\hat{\boldsymbol{N}}(s)=[s^2-s-1\quad s-1\quad 1]
\end{aligned} \tag{4.160}$$

由式(4.77),可得

$$
\begin{aligned}
&\boldsymbol{H}_{\mathrm{D}}(s)=s^3-s^2-s-2\\
&\boldsymbol{R}_{\mathrm{D}}(s)=0
\end{aligned}
\tag{4.161}
$$

和

$$
\begin{aligned}
&\boldsymbol{H}_{\hat{\mathrm{N}}}(s)=\begin{bmatrix} s^2-s-1 & s-1 & 1\end{bmatrix}\\
&\boldsymbol{R}_{\hat{\mathrm{N}}}(s)=\begin{bmatrix} 0 & 0 & 0\end{bmatrix}
\end{aligned}
\tag{4.162}
$$

由式(4.80)和式(4.83)，分别可得

$$
\boldsymbol{N}_{\mathrm{h}}=1,\ \boldsymbol{N}_{\mathrm{l}}=0,\ \boldsymbol{R}_{\mathrm{Dl}}=0,\ \boldsymbol{R}_{\hat{\mathrm{N}}\mathrm{l}}=\begin{bmatrix} 0 & 0 & 0\end{bmatrix}
\tag{4.163}
$$

和

$$
\boldsymbol{H}_{\mathrm{Dh}}=1,\ \boldsymbol{H}_{\mathrm{Dl}}=\begin{bmatrix} -1-3f \\ -1+2f+3f^2 \\ -2+f-f^2-f^3\end{bmatrix},\ \boldsymbol{H}_{\hat{\mathrm{N}}\mathrm{l}}=\begin{bmatrix} 1 & 0 & 0\\ -1-2f & 1 & 0\\ -1+f+f^2 & -1-f & 1\end{bmatrix}
\tag{4.164}
$$

由式(4.86)和式(4.84)，可得鲁棒补偿协议的状态空间实现：

$$
\begin{aligned}
&\dot{\boldsymbol{x}}_{\sigma_i}(t)=\begin{bmatrix} -f & 1 & 0\\ 0 & -f & 1\\ 0 & 0 & -f\end{bmatrix}\boldsymbol{x}_{\sigma_i}(t)+\begin{bmatrix} -(3f+1)\\ 3f^2+2f-1\\ -f^3-f^2+f-2\end{bmatrix}\boldsymbol{y}_i(t)\\
&\boldsymbol{x}_{\sigma i}(0)=-\begin{bmatrix} 1 & 0 & 0\\ -2f-1 & 1 & 0\\ f^2+f-1 & -f-1 & 1\end{bmatrix}\boldsymbol{x}_i(0)\\
&\boldsymbol{u}_{\mathrm{R}i}(t)=-f^3\boldsymbol{y}_i(t)-f^3\begin{bmatrix} 1 & 0 & 0\end{bmatrix}\boldsymbol{x}_{\sigma_i}(t)
\end{aligned}
\tag{4.165}
$$

鲁棒滤波器参数为 $f=120$。假设子系统初始状态 $\boldsymbol{x}_i(0)(i=1,2,\cdots,7)$ 是未知的，鲁棒补偿协议[式(4.165)]中的初始条件设为 $\boldsymbol{x}_{\sigma_i}(0)=[0\quad 0\quad 0]^{\mathrm{T}}(i=1,2,\cdots,7)$。

对于由基于状态估计的标称状态一致性控制闭环群系统(无不确定性也无鲁棒补偿协议)、非鲁棒状态一致性控制闭环群系统(存在不确定性但无鲁棒补偿协议)和鲁棒状态一致性控制闭环群系统[鲁棒补偿协议如式(4.165)构成]的 $\|\boldsymbol{\varphi}_{\cdot i}(t)\|_2^2(i=1,2,3)$ 随时间变化的曲线分别如图 4.23～图 4.25 中的实线、点划线和虚线所示。

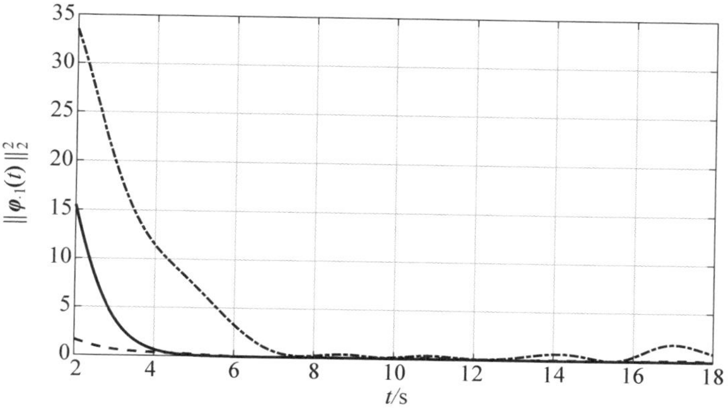

图 4.23 基于状态估计的鲁棒闭环群系统 $\|\boldsymbol{\varphi}_{\cdot 1}(t)\|_2^2$ 随时间变化的曲线

注:实线—— $\boldsymbol{q}(t)=0$, $f=0$;虚线 ——$\boldsymbol{q}(t)\neq 0$, $f=120$; 点划线—— $\boldsymbol{q}(t)\neq 0$, $f=0$。

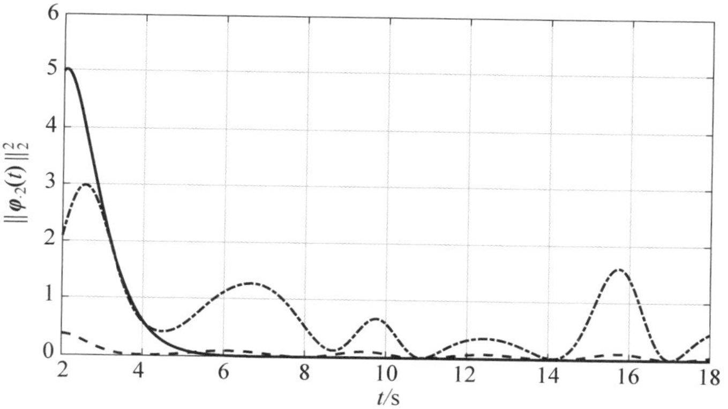

图 4.24 基于状态估计的鲁棒闭环群系统 $\|\boldsymbol{\varphi}_{\cdot 2}(t)\|_2^2$ 随时间变化的曲线

注:实线—— $\boldsymbol{q}(t)=0$, $f=0$;虚线 ——$\boldsymbol{q}(t)\neq 0$, $f=120$; 点划线—— $\boldsymbol{q}(t)\neq 0$, $f=0$。

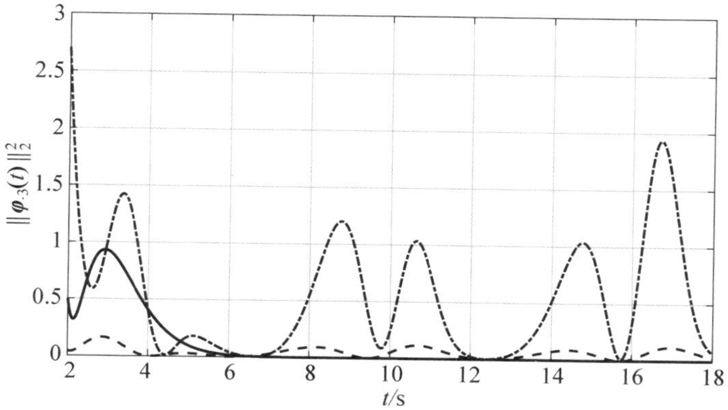

图 4.25 基于状态估计的鲁棒闭环群系统 $\|\boldsymbol{\varphi}_{\cdot 3}(t)\|_2^2$ 随时间变化的曲线

注:实线—— $\boldsymbol{q}(t)=0$, $f=0$;虚线 ——$\boldsymbol{q}(t)\neq 0$, $f=120$; 点划线—— $\boldsymbol{q}(t)\neq 0$, $f=0$。

5 群系统编队控制

本章针对群系统编队控制问题，将给出群系统编队的定义，介绍基于编队误差的状态编队控制协议构成，并对状态编队控制闭环群系统的特性进行分析，给出状态编队参考函数的描述，还对基于编队误差的状态编队控制协议的设计过程进行归纳总结。对于状态信息未知的情况，将介绍基于状态估计的状态编队控制协议的设计方法；对于输出编队问题，讨论其与状态编队的关系，介绍将输出编队控制问题转换为状态编队控制问题的方法。最后给出编队控制协议的设计举例。

5.1 群系统编队控制问题

考虑由 N 个子系统组成的群系统，其运动方程如下：

$$\begin{aligned}&\dot{\boldsymbol{x}}_i(t)=\boldsymbol{A}\boldsymbol{x}_i(t)+\boldsymbol{B}\boldsymbol{u}_i(t),\ \boldsymbol{x}_i(0)=\boldsymbol{x}_{i0}\\&\boldsymbol{y}_i(t)=\boldsymbol{C}\boldsymbol{x}_i(t)\\&i=1,\ 2,\ \cdots,\ N\end{aligned}\tag{5.1}$$

关于矩阵 $\boldsymbol{A}$、$\boldsymbol{B}$ 和 $\boldsymbol{C}$ 的假设如同第 3 章。

对于群系统[式(5.1)]，期望实现的状态编队由如下函数向量指定：

$$\boldsymbol{h}(t)=[\boldsymbol{h}_1^{\mathrm{T}}(t)\quad \boldsymbol{h}_2^{\mathrm{T}}(t)\quad \cdots\quad \boldsymbol{h}_N^{\mathrm{T}}(t)]^{\mathrm{T}},\ \boldsymbol{h}(0)=\boldsymbol{h}_0$$

式中，$\boldsymbol{h}_i(t)\in\mathbf{R}^n(i=1,\ 2,\ \cdots,\ N)$，$\boldsymbol{h}_0\in\mathbf{R}^{N\times n}$ 是一给定常数向量。

假设 5.1 状态编队 $\boldsymbol{h}(t)$ 及其微分 $\dot{\boldsymbol{h}}(t)$ 均是已知的有界分段一致连续函数向量。

定义 5.1(状态编队) 对于群系统[式(5.1)]和满足假设 5.1 的状态编队

$\boldsymbol{h}(t)$，若成立

$$\lim_{t\to\infty}\{\boldsymbol{x}_i(t)-\boldsymbol{h}_i(t)-[\boldsymbol{x}_j(t)-\boldsymbol{h}_j(t)]\}=0,\ \forall i, j=1, 2, \cdots, N \tag{5.2}$$

或等价地，如果存在函数向量 $\boldsymbol{c}(t)\in\mathbf{R}^n$，使式(5.3)成立

$$\lim_{t\to\infty}[\boldsymbol{x}_i(t)-\boldsymbol{h}_i(t)-\boldsymbol{c}(t)]=0,\ \forall i=1, 2, \cdots, N \tag{5.3}$$

则称群系统[式(5.1)]能实现状态编队 $\boldsymbol{h}(t)$，并称函数向量 $\boldsymbol{c}(t)$ 为状态编队参考函数。

图 5.1 所示为由 3 个子系统组成的群系统形成三角形编队的示意图。$\boldsymbol{h}_1(t)$、$\boldsymbol{h}_2(t)$ 和 $\boldsymbol{h}_3(t)$ 分别表示三个子系统在编队队形中的相对位置/姿态关系。若当 $t\to\infty$ 时，有 $\boldsymbol{x}_i(t)-\boldsymbol{h}_i(t)\to\boldsymbol{c}(t)(i=1, 2, 3)$，即由 $\boldsymbol{x}_i(t)(i=1, 2, 3)$ 组成的三角形与由 $\boldsymbol{h}_i(t)(i=1, 2, 3)$ 组成的三角形是趋于全等的，这意味着实现了由 $\boldsymbol{h}(t)$ 描述的编队。

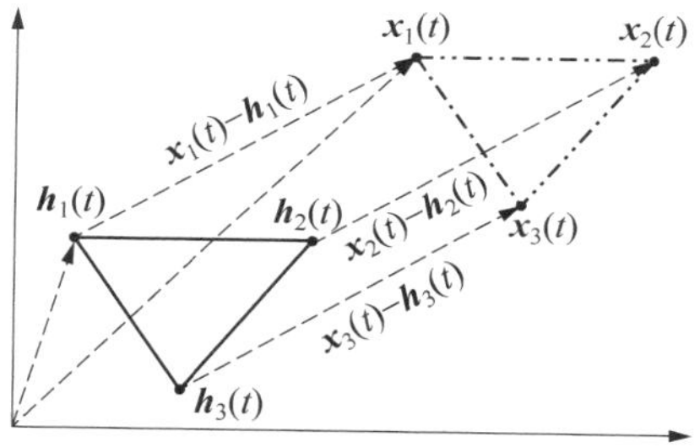

图 5.1 三角形编队

定义 5.2(状态编队可行性) 给定满足假设 5.1 的状态编队向量 $\boldsymbol{h}(t)$，如果存在控制协议 $\boldsymbol{u}_i(t)(i=1, 2, \cdots, N)$，对任意初始状态，群系统[式(5.1)]都能实现状态编队，则称该状态编队 $\boldsymbol{h}(t)$ 对于群系统[式(5.1)]是可行的。

关于输出编队，做如下类似的定义和假设。

假设期望实现的输出编队由如下函数向量指定：

$$\boldsymbol{\eta}(t)=[\boldsymbol{\eta}_1^{\mathrm{T}}(t)\quad\boldsymbol{\eta}_2^{\mathrm{T}}(t)\quad\cdots\quad\boldsymbol{\eta}_N^{\mathrm{T}}(t)]^{\mathrm{T}},\ \boldsymbol{\eta}(0)=\boldsymbol{\eta}_0$$

式中，$\boldsymbol{\eta}_i(t)\in\mathbf{R}^l(i=1, 2, \cdots, N)$，$\boldsymbol{\eta}_0\in\mathbf{R}^{N\times l}$ 是一给定常数向量。

假设 5.2 输出编队 $\boldsymbol{\eta}(t)$ 及其微分 $\dot{\boldsymbol{\eta}}(t)$ 均是已知的有界分段一致连续函数向量。

定义 5.3(输出编队) 对于群系统[式(5.1)]和满足假设 5.2 的输出编队

$\boldsymbol{\eta}(t)$，若成立

$$\lim_{t\to\infty}\{\boldsymbol{y}_i(t)-\boldsymbol{\eta}_i(t)-[\boldsymbol{y}_j(t)-\boldsymbol{\eta}_j(t)]\}=0,\ \forall i,\ j=1,\ 2,\ \cdots,\ N \tag{5.4}$$

或等价地，如果存在函数向量 $\boldsymbol{c}_{\boldsymbol{\eta}}(t)\in\mathbf{R}^l$，成立

$$\lim_{t\to\infty}[\boldsymbol{y}_i(t)-\boldsymbol{\eta}_i(t)-\boldsymbol{c}_{\boldsymbol{\eta}}(t)]=0,\ i=1,\ 2,\ \cdots,\ N \tag{5.5}$$

则称群系统[式(5.1)]能实现输出编队 $\boldsymbol{\eta}(t)$，并称函数向量 $\boldsymbol{c}_{\boldsymbol{\eta}}(t)$ 为输出编队参考函数。

定义 5.4(输出编队可行性) 给定满足假设 5.2 的输出编队向量 $\boldsymbol{\eta}(t)$，如果存在控制协议 $\boldsymbol{u}_i(t)(i=1,\ 2,\ \cdots,\ N)$，对任意初始状态，群系统[式(5.1)]都能实现输出编队 $\boldsymbol{\eta}(t)$，则称该输出编队 $\boldsymbol{\eta}(t)$ 对于群系统[式(5.1)]是可行的。

要实现状态(或输出)编队，不必要求状态编队误差 $\boldsymbol{x}_i(t)-\boldsymbol{\eta}_i(t)(i=1,\ 2,\ \cdots,\ N)$[或输出编队误差 $\boldsymbol{y}_i(t)-\boldsymbol{\eta}_i(t)(i=1,\ 2,\ \cdots,\ N)$]趋于零，仅要求其趋于相同即可。

本章接下来将给出群系统能实现状态编队和状态编队可行性的充分必要条件，介绍实现状态编队的控制协议的设计方法，给出状态编队参考函数的描述，并介绍将输出编队控制问题转换为状态编队控制问题的方法。

5.2 基于编队误差的群系统状态编队控制协议构成

考虑如下状态编队控制协议：

$$\boldsymbol{u}_i(t)=\boldsymbol{K}_1[\boldsymbol{x}_i(t)-\boldsymbol{h}_i(t)]+\boldsymbol{K}_2\sum_{j\in N_i}\{\boldsymbol{x}_j(t)-\boldsymbol{h}_j(t)-[\boldsymbol{x}_i(t)-\boldsymbol{h}_i(t)]\}+\boldsymbol{w}_i(t),\ i=1,\ 2,\ \cdots,\ N \tag{5.6}$$

式中，$\boldsymbol{K}_1\in\mathbf{R}^{m\times n}$ 和 $\boldsymbol{K}_2\in\mathbf{R}^{m\times n}$ 是常数增益矩阵；N_i 是第 i 个子系统邻居集；$w_i(t)\in\mathbf{R}^m(i=1,\ 2,\ \cdots,\ N)$ 是待定函数向量，称之为编队控制前馈补偿(向量/信号)。假设相互作用拓扑包含有生成树。

当作用拓扑包含有生成树时，相应的 Laplace 阵有一个零特征值，其余特征值的实部均为正，因此，$\widetilde{\boldsymbol{L}}$ 是 Hurwitz 矩阵，其中矩阵 $\widetilde{\boldsymbol{L}}$ 如式(3.16)中所定义。假设 $\boldsymbol{P}_{\mathrm{L}}$ 是如下 Lyapunov 方程的正定解：

$$\boldsymbol{P}_{\mathrm{L}}\widetilde{\boldsymbol{L}}+\widetilde{\boldsymbol{L}}^{\mathrm{T}}\boldsymbol{P}_{\mathrm{L}}=\boldsymbol{I}_{N-1} \tag{5.7}$$

根据对状态编队参考函数的要求确定状态编队控制协议[式(5.6)]中的增益矩阵 $\boldsymbol{K}_1$。增益矩阵 $\boldsymbol{K}_2$ 由下式给定：

$$\boldsymbol{K}_2=\boldsymbol{R}^{-1}\boldsymbol{B}^{\mathrm{T}}\boldsymbol{P} \tag{5.8}$$

式中，$\boldsymbol{P}$ 为如下 Riccati 矩阵代数方程的正定解：

$$\boldsymbol{P}(\boldsymbol{A}+\boldsymbol{B}\boldsymbol{K}_1)+(\boldsymbol{A}+\boldsymbol{B}\boldsymbol{K}_1)^{\mathrm{T}}\boldsymbol{P}-\mu\boldsymbol{P}\boldsymbol{B}\boldsymbol{R}^{-1}\boldsymbol{B}^{\mathrm{T}}\boldsymbol{P}+\boldsymbol{Q}=0 \tag{5.9}$$

式中，$\boldsymbol{Q}$ 是任意选定的正定矩阵；μ 为正数，满足

$$\mu\leqslant\frac{1}{\lambda_{\max}(\boldsymbol{P}_{\mathrm{L}})} \tag{5.10}$$

令

$$\begin{aligned}
\boldsymbol{x}(t)&=[\boldsymbol{x}_1^{\mathrm{T}}(t)\quad \boldsymbol{x}_2^{\mathrm{T}}(t)\quad \cdots\quad \boldsymbol{x}_N^{\mathrm{T}}(t)]^{\mathrm{T}}\in\mathbf{R}^{N\times n}\\
\boldsymbol{u}(t)&=[\boldsymbol{u}_1^{\mathrm{T}}(t)\quad \boldsymbol{u}_2^{\mathrm{T}}(t)\quad \cdots\quad \boldsymbol{u}_N^{\mathrm{T}}(t)]^{\mathrm{T}}\in\mathbf{R}^{N\times m}\\
\boldsymbol{w}(t)&=[\boldsymbol{w}_1^{\mathrm{T}}(t)\quad \boldsymbol{w}_2^{\mathrm{T}}(t)\quad \cdots\quad \boldsymbol{w}_N^{\mathrm{T}}(t)]^{\mathrm{T}}\in\mathbf{R}^{N\times m}\\
\boldsymbol{x}_0&=[\boldsymbol{x}_{10}^{\mathrm{T}}\quad \boldsymbol{x}_{20}^{\mathrm{T}}\quad \cdots\quad \boldsymbol{x}_{N0}^{\mathrm{T}}]^{\mathrm{T}}\in\mathbf{R}^{N\times n}
\end{aligned} \tag{5.11}$$

则状态编队控制协议[式(5.6)]可改写为

$$\boldsymbol{u}(t)=(\boldsymbol{I}_N\otimes\boldsymbol{K}_1)[\boldsymbol{x}(t)-\boldsymbol{h}(t)]-(\boldsymbol{L}\otimes\boldsymbol{K}_2)[\boldsymbol{x}(t)-\boldsymbol{h}(t)]+\boldsymbol{w}(t) \tag{5.12}$$

群系统[式(5.1)]与状态编队协议[式(5.6)]构成的闭环群系统可描述为

$$\begin{aligned}
\dot{\boldsymbol{x}}(t)=&[\boldsymbol{I}_N\otimes(\boldsymbol{A}+\boldsymbol{B}\boldsymbol{K}_1)][\boldsymbol{x}(t)-\boldsymbol{h}(t)]-(\boldsymbol{L}\otimes\boldsymbol{B}\boldsymbol{K}_2)[\boldsymbol{x}(t)-\boldsymbol{h}(t)]+\\
&(\boldsymbol{I}_N\otimes\boldsymbol{B})\boldsymbol{w}(t)+(\boldsymbol{I}_N\otimes\boldsymbol{A})\boldsymbol{h}(t)\\
\boldsymbol{x}(0)=&\boldsymbol{x}_0
\end{aligned} \tag{5.13}$$

5.3 基于编队误差的群系统状态编队控制特性分析

为了分析闭环群系统[式(5.13)]的状态编队控制特性，首先将状态编队控制问题转换为一致性控制问题，再将一致性控制问题转换为输出调节问题，从而导出实现状态编队的条件和状态编队的可行性条件。

令状态编队偏差：

$$\boldsymbol{z}(t)=\boldsymbol{x}(t)-\boldsymbol{h}(t) \tag{5.14}$$

则闭环群系统描述[式(5.13)]可改写为

$$\begin{aligned}\dot{\boldsymbol{z}}(t)=&[\boldsymbol{I}_N\otimes(\boldsymbol{A}+\boldsymbol{BK}_1)]\boldsymbol{z}(t)-(\boldsymbol{L}\otimes\boldsymbol{BK}_2)\boldsymbol{z}(t)\\&+(\boldsymbol{I}_N\otimes\boldsymbol{B})\boldsymbol{w}(t)+\boldsymbol{\psi}(t)\\\boldsymbol{z}(0)=&\boldsymbol{z}_0=\boldsymbol{x}_0-\boldsymbol{h}_0\end{aligned} \tag{5.15}$$

式中，$\boldsymbol{\psi}(t)=(\boldsymbol{I}_N\otimes\boldsymbol{A})\boldsymbol{h}(t)-\dot{\boldsymbol{h}}(t)$。这样闭环群系统[式(5.13)]的编队控制问题转换为闭环群系统[式(5.15)]的状态编队偏差一致性控制问题。

类似于第3章，进行如下变量代换，其中变换矩阵$\boldsymbol{U}$如式(3.11)所定义。

$$\begin{aligned}&\begin{bmatrix}\boldsymbol{\zeta}(t)\\\boldsymbol{\varphi}(t)\end{bmatrix}=(\boldsymbol{U}\otimes\boldsymbol{I}_n)\boldsymbol{z}(t)\in\mathbf{R}^{N\times n}\\&\boldsymbol{\zeta}(t)=(\boldsymbol{U}_1\otimes\boldsymbol{I}_n)\boldsymbol{z}(t)\in\mathbf{R}^{n}\\&\boldsymbol{\varphi}(t)=(\boldsymbol{U}_2\otimes\boldsymbol{I}_n)\boldsymbol{z}(t)=[\boldsymbol{\varphi}_1^{\mathrm{T}}(t)\quad\boldsymbol{\varphi}_2^{\mathrm{T}}(t)\quad\cdots\quad\boldsymbol{\varphi}_{N-1}^{\mathrm{T}}(t)]^{\mathrm{T}}\in\mathbf{R}^{(N-1)\times n}\end{aligned} \tag{5.16}$$

$$\begin{aligned}&\boldsymbol{\varpi}(t)=\begin{bmatrix}\boldsymbol{\varpi}_1(t)\\\tilde{\boldsymbol{\varpi}}(t)\end{bmatrix}=(\boldsymbol{U}\otimes\boldsymbol{I}_m)\boldsymbol{w}(t)\in\mathbf{R}^{N\times m}\\&\boldsymbol{\varpi}_1(t)=(\boldsymbol{U}_1\otimes\boldsymbol{I}_m)\boldsymbol{w}(t)=\boldsymbol{w}_1(t)\in\mathbf{R}^{m}\\&\tilde{\boldsymbol{\varpi}}(t)=(\boldsymbol{U}_2\otimes\boldsymbol{I}_m)\boldsymbol{w}(t)=[\boldsymbol{\varpi}_2^{\mathrm{T}}(t)\quad\boldsymbol{\varpi}_3^{\mathrm{T}}(t)\quad\cdots\quad\boldsymbol{\varpi}_N^{\mathrm{T}}(t)]^{\mathrm{T}}\in\mathbf{R}^{(N-1)\times m}\end{aligned} \tag{5.17}$$

$$\begin{aligned}&\boldsymbol{\vartheta}(t)=\begin{bmatrix}\boldsymbol{\vartheta}_1(t)\\\tilde{\boldsymbol{\vartheta}}(t)\end{bmatrix}=(\boldsymbol{U}\otimes\boldsymbol{I}_n)\boldsymbol{\psi}(t)\in\mathbf{R}^{N\times n}\\&\boldsymbol{\vartheta}_1(t)=(\boldsymbol{U}_1\otimes\boldsymbol{I}_n)\boldsymbol{\psi}(t)=\boldsymbol{A}\boldsymbol{h}_1(t)-\dot{\boldsymbol{h}}_1(t)\in\mathbf{R}^{n}\\&\tilde{\boldsymbol{\vartheta}}(t)=(\boldsymbol{U}_2\otimes\boldsymbol{I}_n)\boldsymbol{\psi}(t)=\left[\tilde{\boldsymbol{\vartheta}}_2^{\mathrm{T}}(t)\quad\tilde{\boldsymbol{\vartheta}}_3^{\mathrm{T}}(t)\quad\cdots\quad\tilde{\boldsymbol{\vartheta}}_N^{\mathrm{T}}(t)\right]^{\mathrm{T}}\in\mathbf{R}^{(N-1)\times n}\end{aligned} \tag{5.18}$$

由式(5.12)、式(5.16)和式(5.17)可得

$$(\boldsymbol{U}\otimes\boldsymbol{I}_m)\boldsymbol{u}(t)=(\boldsymbol{I}_N\otimes\boldsymbol{K}_1)\begin{bmatrix}\boldsymbol{\zeta}(t)\\\boldsymbol{\varphi}(t)\end{bmatrix}-\left(\begin{bmatrix}0&-\boldsymbol{l}_{12}^{\mathrm{T}}\\\boldsymbol{0}_{N-1}&\tilde{\boldsymbol{L}}\end{bmatrix}\otimes\boldsymbol{K}_2\right)\begin{bmatrix}\boldsymbol{\zeta}(t)\\\boldsymbol{\varphi}(t)\end{bmatrix}+\boldsymbol{\varpi}(t) \tag{5.19}$$

则闭环群系统[式(5.15)]可改写为

$$
\begin{aligned}
\dot{\boldsymbol{\zeta}}(t) &= (\boldsymbol{A}+\boldsymbol{BK}_1)\boldsymbol{\zeta}(t)+(\boldsymbol{l}_{12}^{\mathrm{T}}\otimes \boldsymbol{BK}_2)\boldsymbol{\varphi}(t)+\boldsymbol{B}\,\boldsymbol{\varpi}_1(t)+\boldsymbol{\vartheta}_1(t)\\
\boldsymbol{\zeta}(0) &= (\boldsymbol{U}_1\otimes \boldsymbol{I}_n)\boldsymbol{z}_0
\end{aligned}
\tag{5.20}
$$

$$
\begin{aligned}
\dot{\boldsymbol{\varphi}}(t) &= [\boldsymbol{I}_{N-1}\otimes(\boldsymbol{A}+\boldsymbol{BK}_1)]\boldsymbol{\varphi}(t)-(\widetilde{\boldsymbol{L}}\otimes \boldsymbol{BK}_2)\boldsymbol{\varphi}(t)+(\boldsymbol{I}_{N-1}\otimes \boldsymbol{B})\,\widetilde{\boldsymbol{\varpi}}(t)+\widetilde{\boldsymbol{\vartheta}}(t)\\
\boldsymbol{\varphi}(0) &= (\boldsymbol{U}_2\otimes \boldsymbol{I}_n)\boldsymbol{z}_0
\end{aligned}
\tag{5.21}
$$

$$
\boldsymbol{z}(t)=(\boldsymbol{1}_N\otimes \boldsymbol{I}_n)\boldsymbol{\zeta}(t)+(\hat{\boldsymbol{U}}\otimes \boldsymbol{I}_n)\boldsymbol{\varphi}(t) \tag{5.22}
$$

由式(5.22)可知,式(5.20)～式(5.22)是状态编队偏差闭环群系统[式(5.15)]的一致性分解描述,其状态趋于一致的充要条件是其非一致分量满足

$$
\|\boldsymbol{\varphi}(t)\|_2\to 0,\ t\to\infty \tag{5.23}
$$

因此,闭环群系统[式(5.13)]的编队控制问题转换为状态编队偏差闭环群系统[式(5.15)]的非一致分量子系统[式(5.21)]的状态调节器问题。

因为 $\boldsymbol{B}$ 是列满秩的,所以存在矩阵 $\hat{\boldsymbol{B}}$,使得 $\begin{bmatrix}\boldsymbol{B} & \hat{\boldsymbol{B}}\end{bmatrix}$ 为非奇异矩阵。令

$$
\widetilde{\boldsymbol{B}}=\begin{bmatrix}\boldsymbol{B} & \hat{\boldsymbol{B}}\end{bmatrix}^{-1}=\begin{bmatrix}\widetilde{\boldsymbol{B}}_1\\ \widetilde{\boldsymbol{B}}_2\end{bmatrix},\ \widetilde{\boldsymbol{B}}_1\in\mathbf{R}^{m\times n} \tag{5.24}
$$

则有

$$
\begin{aligned}
&(\boldsymbol{I}_{N-1}\otimes \boldsymbol{B})\,\widetilde{\boldsymbol{\varpi}}(t)+\widetilde{\boldsymbol{\vartheta}}(t)=(\boldsymbol{U}_2\otimes \boldsymbol{I}_n)[(\boldsymbol{I}_N\otimes \boldsymbol{B})\boldsymbol{w}(t)+(\boldsymbol{I}_N\otimes \boldsymbol{A})\boldsymbol{h}(t)-\dot{\boldsymbol{h}}(t)]\\
&=(\boldsymbol{U}_2\otimes \widetilde{\boldsymbol{B}}^{-1})[(\boldsymbol{I}_N\otimes \widetilde{\boldsymbol{B}}\boldsymbol{B})\boldsymbol{w}(t)+(\boldsymbol{I}_N\otimes \widetilde{\boldsymbol{B}}\boldsymbol{A})\boldsymbol{h}(t)-(\boldsymbol{I}_N\otimes \widetilde{\boldsymbol{B}})\dot{\boldsymbol{h}}(t)]\\
&=(\boldsymbol{U}_2\otimes \widetilde{\boldsymbol{B}}^{-1})\left[\left(\boldsymbol{I}_N\otimes\begin{bmatrix}\boldsymbol{I}_m\\ \boldsymbol{0}\end{bmatrix}\right)\boldsymbol{w}(t)+\left(\boldsymbol{I}_N\otimes\begin{bmatrix}\widetilde{\boldsymbol{B}}_1\\ \widetilde{\boldsymbol{B}}_2\end{bmatrix}\boldsymbol{A}\right)\boldsymbol{h}(t)-\left(\boldsymbol{I}_N\otimes\begin{bmatrix}\widetilde{\boldsymbol{B}}_1\\ \widetilde{\boldsymbol{B}}_2\end{bmatrix}\right)\dot{\boldsymbol{h}}(t)\right]
\end{aligned}
\tag{5.25}
$$

若令

$$
\boldsymbol{w}_i(t)=\boldsymbol{w}_1(t)+\widetilde{\boldsymbol{B}}_1[\dot{\boldsymbol{h}}_i(t)-\dot{\boldsymbol{h}}_1(t)]-\widetilde{\boldsymbol{B}}_1\boldsymbol{A}[\boldsymbol{h}_i(t)-\boldsymbol{h}_1(t)],\ i=2,3,\cdots,N \tag{5.26}
$$

则非一致分量子系统[式(5.21)]可改写为

$$
\begin{aligned}
\dot{\boldsymbol{\varphi}}(t)=&[\boldsymbol{I}_{N-1}\otimes(\boldsymbol{A}+\boldsymbol{B}\boldsymbol{K}_1)]\boldsymbol{\varphi}(t)-(\widetilde{\boldsymbol{L}}\otimes\boldsymbol{B}\boldsymbol{K}_2)\boldsymbol{\varphi}(t)+(\boldsymbol{I}_{N-1}\otimes\boldsymbol{B})\widetilde{\boldsymbol{\varpi}}(t)+\widetilde{\boldsymbol{\vartheta}}(t)\\
=&[\boldsymbol{I}_{N-1}\otimes(\boldsymbol{A}+\boldsymbol{B}\boldsymbol{K}_1)]\boldsymbol{\varphi}(t)-(\widetilde{\boldsymbol{L}}\otimes\boldsymbol{B}\boldsymbol{K}_2)\boldsymbol{\varphi}(t)+\\
&(\boldsymbol{U}_2\otimes\hat{\boldsymbol{B}}\widetilde{\boldsymbol{B}}_2)[(\boldsymbol{I}_N\otimes\boldsymbol{A})\boldsymbol{h}(t)-\dot{\boldsymbol{h}}(t)]
\end{aligned}\tag{5.27}
$$

定理 5.1 对于群系统[式(5.1)]和满足假设 5.1 的状态编队向量 $\boldsymbol{h}(t)$，若采用状态编队控制协议[式(5.6)]，其中编队控制前馈向量满足式(5.26)，则闭环群系统能实现状态编队的充分必要条件是：

(1) $[\boldsymbol{I}_{N-1}\otimes(\boldsymbol{A}+\boldsymbol{B}\boldsymbol{K}_1)]-(\widetilde{\boldsymbol{L}}\otimes\boldsymbol{B}\boldsymbol{K}_2)$ 是 Hurwitz 矩阵。

(2) 如下状态编队可行性条件成立：

$$
\widetilde{\boldsymbol{B}}_2\{\boldsymbol{A}[\boldsymbol{h}_i(t)-\boldsymbol{h}_1(t)]-[\dot{\boldsymbol{h}}_i(t)-\dot{\boldsymbol{h}}_1(t)]\}\rightarrow 0,\ t\rightarrow\infty,\ i=2,3,\cdots,N \tag{5.28}
$$

证明：由式(5.27)和式(5.23)，定理 5.1 的条件(1)和(2)的充分性以及条件(1)的必要性显见，须证条件(2)的必要性。令

$$
\boldsymbol{\omega}(t)=(\boldsymbol{U}_2\otimes\hat{\boldsymbol{B}}\widetilde{\boldsymbol{B}}_2)[(\boldsymbol{I}_N\otimes\boldsymbol{A})\boldsymbol{h}(t)-\dot{\boldsymbol{h}}(t)] \tag{5.29}
$$

由假设 5.1 可知 $\boldsymbol{\omega}(t)$ 是一致连续有界的。若条件(1)成立，则非一致分量 $\boldsymbol{\varphi}(t)$ 是有界的，从而 $\dot{\boldsymbol{\varphi}}(t)$ 是有界的，进而 $\boldsymbol{\varphi}(t)$ 是一致连续的，因此 $\dot{\boldsymbol{\varphi}}(t)$ 是一致连续有界的。如果闭环群系统能实现状态编队，则其非一致分量 $\boldsymbol{\varphi}(t)$ 趋于零。此时有

$$
\lim_{t\rightarrow\infty}\int_0^t\dot{\boldsymbol{\varphi}}(\tau)\mathrm{d}\tau=\lim_{t\rightarrow\infty}\boldsymbol{\varphi}(t)-\boldsymbol{\varphi}(0)=-\boldsymbol{\varphi}(0) \tag{5.30}
$$

由 Barbalat 引理可知 $\dot{\boldsymbol{\varphi}}(t)\rightarrow 0,\ t\rightarrow\infty$，故由式(5.27)知，$\boldsymbol{\omega}(t)\rightarrow 0,\ t\rightarrow\infty$。因 $\hat{\boldsymbol{B}}$ 是列满秩的，故有

$$
\begin{aligned}
&(\boldsymbol{U}_2\otimes\widetilde{\boldsymbol{B}}_2)[(\boldsymbol{I}_N\otimes\boldsymbol{A})\boldsymbol{h}(t)-\dot{\boldsymbol{h}}(t)]=\\
&(\boldsymbol{I}_{N-1}\otimes\widetilde{\boldsymbol{B}}_2)(\boldsymbol{U}_2\otimes\boldsymbol{I}_n)[(\boldsymbol{I}_N\otimes\boldsymbol{A})\boldsymbol{h}(t)-\dot{\boldsymbol{h}}(t)]\rightarrow 0,\ t\rightarrow\infty
\end{aligned}\tag{5.31}
$$

可知条件(2)成立。因此定理 5.1 得证。

因 $\widetilde{\boldsymbol{B}}_2$ 是行满秩的，其行向量张成 $\boldsymbol{B}$ 的左零空间，因此编队可行性条件[式(5.28)]意味着 $\boldsymbol{A}[\boldsymbol{h}_i(t)-\boldsymbol{h}_1(t)]-[\dot{\boldsymbol{h}}_i(t)-\dot{\boldsymbol{h}}_1(t)]$ 趋于 $\boldsymbol{B}$ 的值域空间内，即

存在一致连续有界函数向量 $\boldsymbol{\varsigma}_{i1}(t)(i=2, 3, \cdots, N)$，成立

$$[\dot{\boldsymbol{h}}_i(t)-\dot{\boldsymbol{h}}_1(t)]-A[\boldsymbol{h}_i(t)-\boldsymbol{h}_1(t)]-\boldsymbol{B}\boldsymbol{\varsigma}_{i1}(t)\to 0,\ t\to\infty,\ i=2,3,\cdots,N \tag{5.32}$$

这等价于存在一致连续有界函数向量 $\boldsymbol{\varsigma}_{ij}(t)(i, j=1, 2, 3, \cdots, N, i\neq j)$，成立

$$\begin{aligned}&[\dot{\boldsymbol{h}}_i(t)-\dot{\boldsymbol{h}}_j(t)]-\boldsymbol{A}[\boldsymbol{h}_i(t)-\boldsymbol{h}_j(t)]-\boldsymbol{B}\boldsymbol{\varsigma}_{ij}(t)\to 0,\ t\to\infty\\&i,j=1,2,3,\cdots,N,\ i\neq j\end{aligned} \tag{5.33}$$

5.4 基于编队误差的群系统状态编队参考函数

闭环群系统[式(5.15)]的状态编队偏差一致分量子系统可描述为

$$\begin{aligned}&\dot{\boldsymbol{\zeta}}(t)=(\boldsymbol{A}+\boldsymbol{BK}_1)\boldsymbol{\zeta}(t)+(\boldsymbol{l}_{12}^{\mathrm{T}}\otimes\boldsymbol{BK}_2)\boldsymbol{\varphi}(t)+\boldsymbol{Bw}_1(t)+\boldsymbol{Ah}_1(t)-\dot{\boldsymbol{h}}_1(t)\\&\boldsymbol{\zeta}(0)=\boldsymbol{x}_1(0)-\boldsymbol{h}_1(0)\end{aligned} \tag{5.34}$$

由式(5.22)可知，当实现状态编队时，状态编队参考函数可表示为

$$\begin{aligned}\boldsymbol{c}(t)=\boldsymbol{\zeta}(t)=&\ \mathrm{e}^{(\boldsymbol{A}+\boldsymbol{BK}_1)t}\boldsymbol{\zeta}(0)+\int_0^t\mathrm{e}^{(\boldsymbol{A}+\boldsymbol{BK}_1)(t-\tau)}(\boldsymbol{l}_{12}^{\mathrm{T}}\otimes\boldsymbol{BK}_2)\boldsymbol{\varphi}(\tau)\mathrm{d}\tau+\\&\int_0^t\mathrm{e}^{(\boldsymbol{A}+\boldsymbol{BK}_1)(t-\tau)}[\boldsymbol{Bw}_1(\tau)+\boldsymbol{Ah}_1(\tau)-\dot{\boldsymbol{h}}_1(\tau)]\mathrm{d}\tau\end{aligned} \tag{5.35}$$

如果 $\boldsymbol{A}+\boldsymbol{BK}_1$ 是 Hurwitz 矩阵，$\mathrm{e}^{(\boldsymbol{A}+\boldsymbol{BK}_1)t}\boldsymbol{\zeta}(0)$ 会收敛于零；当实现状态编队时，状态编队误差的非一致分量 $\boldsymbol{\varphi}(t)$ 也会趋于零，此时状态编队参考函数满足如下方程：

$$\dot{\boldsymbol{c}}(t)=(\boldsymbol{A}+\boldsymbol{BK}_1)\boldsymbol{c}(t)+\boldsymbol{Bw}_1(t)+\boldsymbol{Ah}_1(t)-\dot{\boldsymbol{h}}_1(t),\ \boldsymbol{c}(0)=0 \tag{5.36}$$

可以适当选取编队控制前馈补偿信号 $\boldsymbol{w}_1(t)$ 以满足对状态编队参考函数的要求，例如对群系统整体的运动轨迹的要求，即实现状态编队跟踪控制。此时称 $\boldsymbol{w}_1(t)$ 为状态编队参考指令(信号或函数)。

注意，第 1 个子系统在群系统中并不特殊，只是在分析中任选其为“参考系统”，即采用了如式(3.11)所示的变换矩阵。可以改变子系统的编号，指定任意子系统为第 1 个子系统。

此外，当实现状态编队时，存在向量 $\boldsymbol{\xi} \in \mathbf{R}^N$，其满足 $0 \leqslant \xi_i \leqslant 1(i=1, 2, \cdots, N)$，$\sum_{i=1}^{N} \xi_i = 1$，$\boldsymbol{\xi}^{\mathrm{T}}\boldsymbol{L}=0$，因此成立

$$\lim_{t\to\infty}\left\{\boldsymbol{c}(t)-\sum_{i=1}^{N}\xi_i[\boldsymbol{x}_i(t)-\boldsymbol{h}_i(t)]\right\}=\lim_{t\to\infty}[\boldsymbol{c}(t)-(\boldsymbol{\xi}^{\mathrm{T}}\otimes\boldsymbol{I}_n)\boldsymbol{z}(t)]=0 \tag{5.37}$$

由式(5.15)可得

$$\dot{\boldsymbol{c}}(t)=(\boldsymbol{A}+\boldsymbol{B}\boldsymbol{K}_1)\boldsymbol{c}(t)+\boldsymbol{B}\bar{\boldsymbol{w}}(t)+\boldsymbol{A}\bar{\boldsymbol{h}}(t)-\dot{\bar{\boldsymbol{h}}}(t),\ \boldsymbol{c}(0)=\bar{\boldsymbol{x}}_0-\bar{\boldsymbol{h}}_0 \tag{5.38}$$

其中，

$$\begin{aligned}&\bar{\boldsymbol{h}}(t)=\sum_{i=1}^{N}\xi_i\boldsymbol{h}_i(t),\ \dot{\bar{\boldsymbol{h}}}(t)=\sum_{i=1}^{N}\xi_i\dot{\boldsymbol{h}}_i(t),\ \bar{\boldsymbol{w}}_i(t)=\sum_{i=1}^{N}\xi_i\boldsymbol{w}_i(t)\\&\bar{\boldsymbol{x}}_0=\sum_{i=1}^{N}\xi_i\boldsymbol{x}_i(0),\ \bar{\boldsymbol{h}}_0=\sum_{i=1}^{N}\xi_i\boldsymbol{h}_i(0)\end{aligned} \tag{5.39}$$

如果作用拓扑是无向的(或是强连通的平衡图)，则 $\boldsymbol{\xi}=\frac{1}{N}\mathbf{1}$。注意，式(5.38)成立，并不要求 $\boldsymbol{A}+\boldsymbol{B}\boldsymbol{K}_1$ 是 Hurwitz 矩阵。

5.5 基于编队误差的群系统状态编队控制协议设计

根据 5.4 节中对状态编队特性和状态编队参考函数的分析，可以归纳并给出基于状态编队误差的状态编队控制协议的设计步骤：

(1) 依据实际任务需求和群系统特性，确定满足条件[式(5.28)]的状态编队向量 $\boldsymbol{h}(t)$，并确定作用拓扑。

(2) 根据对状态编队参考函数的要求确定 $\boldsymbol{K}_1$ 和编队控制前馈补偿信号 $\boldsymbol{w}_1(t)$。通常可选取 $\boldsymbol{K}_1$ 使得矩阵 $\boldsymbol{A}+\boldsymbol{B}\boldsymbol{K}_1$ 为 Hurwitz 矩阵。

(3) 由式(5.8)～式(5.10)，确定增益矩阵 $\boldsymbol{K}_2$。

(4) 由式(5.26)，确定编队控制前馈补偿信号 $\boldsymbol{w}_i(t)(i=2, 3, \cdots, N)$。

当给定状态编队向量 $\boldsymbol{h}(t)$ 后，可根据对状态编队参考函数的要求“事先”由式(5.36)确定编队控制前馈补偿信号 $\boldsymbol{w}_1(t)$，再由式(5.26)确定 $\boldsymbol{w}_i(t)(i=2, 3, \cdots, N)$。在群系统开始运动之前，可将前馈补偿信号 $\boldsymbol{w}_i(t)(i=1, 2, \cdots,$

N）下装到各个子系统，在群系统开始运动之后，子系统 $i(i=2, 3, \cdots, N)$ 不必通过通信来获取 $\boldsymbol{w}_1(t)$ 的信息。

当状态编队参考指令信号 $\boldsymbol{w}_1(t)$ 由群系统外部（例如无人机系统的地面站）给定时，为了由式(5.26)确定 $\boldsymbol{w}_i(t)(i=2, 3, \cdots, N)$，子系统 $i(i=2, 3, \cdots, N)$ 需要通过通信来获取 $\boldsymbol{w}_1(t)$ 的信息，这就要求子系统 1 与子系统 $i(i=2, 3, \cdots, N)$ 之间是联通的（存在通信），并对作用拓扑带来约束。

式(5.26)等价于：

$$\boldsymbol{w}_i(t)=\boldsymbol{w}_j(t)+\widetilde{\boldsymbol{B}}_1[\dot{\boldsymbol{h}}_i(t)-\dot{\boldsymbol{h}}_j(t)]-\widetilde{\boldsymbol{B}}_1\boldsymbol{A}[\boldsymbol{h}_i(t)-\boldsymbol{h}_j(t)]$$
$$i, j=1, 2, \cdots, N \tag{5.40}$$

考虑作用拓扑的某生成树，并对子系统进行适当的编号，使得子系统 1 为此生成树的根节点，则式(5.40)等价于：

$$\boldsymbol{w}_k(t)=\boldsymbol{w}_p(t)+\widetilde{\boldsymbol{B}}_1[\dot{\boldsymbol{h}}_k(t)-\dot{\boldsymbol{h}}_p(t)]-\widetilde{\boldsymbol{B}}_1\boldsymbol{A}[\boldsymbol{h}_k(t)-\boldsymbol{h}_p(t)] \tag{5.41}$$

式中，节点 p 和节点 k 都是生成树上的相邻节点；节点 p 是节点 k 的前件，即子系统 p 的信息会发送给子系统 k。这样任意子系统 $i(i=2, 3, \cdots, N)$ 都可根据作用拓扑选取适当的数据链，从其邻居处获取必要的信息，确定其前馈补偿信号 $\boldsymbol{w}_i(t)(i=2, 3, \cdots, N)$。

通常群系统外部给群系统发送状态编队参考指令 $\boldsymbol{w}_1(t)$ 和状态编队 $\boldsymbol{h}(t)$ 时，并非发送其实时值，而是其函数描述。

5.6 基于状态估计的群系统状态编队控制协议设计

当不能获得状态信息时，可利用状态观测器重构各子系统的状态，基于重构的状态构成状态编队控制协议：

$$\dot{\hat{\boldsymbol{x}}}_i(t)=\boldsymbol{A}\hat{\boldsymbol{x}}_i(t)+\boldsymbol{B}\boldsymbol{u}_i(t)+\boldsymbol{K}_o[\boldsymbol{y}_i(t)-\hat{\boldsymbol{y}}_i(t)],\ \hat{\boldsymbol{x}}_i(0)=\hat{\boldsymbol{x}}_{0i}$$
$$\hat{\boldsymbol{y}}_i(t)=\boldsymbol{C}\hat{\boldsymbol{x}}_i(t)$$
$$\boldsymbol{u}_i(t)=\boldsymbol{K}_1[\hat{\boldsymbol{x}}_i(t)-\boldsymbol{h}_i(t)]+\boldsymbol{K}_2\sum_{j\in N_i}\{\hat{\boldsymbol{x}}_j(t)-\boldsymbol{h}_j(t)-[\hat{\boldsymbol{x}}_i(t)-\boldsymbol{h}_i(t)]\}+\boldsymbol{w}_i(t)$$
$$i=1, 2, \cdots, N \tag{5.42}$$

式中，$\boldsymbol{K}_o$ 为观测器增益。增益矩阵 $\boldsymbol{K}_1$ 和 $\boldsymbol{K}_2$ 由 5.5 节中所述方法确定。选取观测器增益 $\boldsymbol{K}_o$ 保证观测器的状态矩阵 $\boldsymbol{A}-\boldsymbol{K}_o\boldsymbol{C}$ 为 Hurwitz 矩阵。

令

$$\begin{aligned}&\hat{\boldsymbol{x}}(t)=[\hat{\boldsymbol{x}}_1^{\mathrm{T}}(t)\quad \hat{\boldsymbol{x}}_2^{\mathrm{T}}(t)\quad \cdots\quad \hat{\boldsymbol{x}}_N^{\mathrm{T}}(t)]^{\mathrm{T}},\ \hat{\boldsymbol{x}}(0)=\hat{\boldsymbol{x}}_0\\&\boldsymbol{x}_{\mathrm{e}}(t)=[\boldsymbol{x}_{\mathrm{e}1}^{\mathrm{T}}(t)\quad \boldsymbol{x}_{\mathrm{e}2}^{\mathrm{T}}(t)\quad \cdots\quad \boldsymbol{x}_{\mathrm{e}N}^{\mathrm{T}}(t)]^{\mathrm{T}}=\boldsymbol{x}(t)-\hat{\boldsymbol{x}}(t)\end{aligned}\tag{5.43}$$

则状态编队控制协议[式(5.42)]可改写为

$$\begin{aligned}&\dot{\boldsymbol{x}}_{\mathrm{e}}(t)=[\boldsymbol{I}_N\otimes(\boldsymbol{A}-\boldsymbol{K}_{\mathrm{o}}\boldsymbol{C})]\boldsymbol{x}_{\mathrm{e}}(t),\ \boldsymbol{x}_{\mathrm{e}}(0)=\boldsymbol{x}_0-\hat{\boldsymbol{x}}_0\\&\boldsymbol{u}(t)=(\boldsymbol{I}_N\otimes\boldsymbol{K}_1)[\boldsymbol{x}(t)-\boldsymbol{h}(t)]-(\boldsymbol{L}\otimes\boldsymbol{K}_2)[\boldsymbol{x}(t)-\boldsymbol{h}(t)]+\boldsymbol{w}(t)-\\&\qquad[(\boldsymbol{I}_N\otimes\boldsymbol{K}_1)-(\boldsymbol{L}\otimes\boldsymbol{K}_2)]\boldsymbol{x}_{\mathrm{e}}(t)\end{aligned}\tag{5.44}$$

相应的闭环群系统可描述为

$$\begin{aligned}&\dot{\boldsymbol{x}}(t)=[\boldsymbol{I}_N\otimes(\boldsymbol{A}+\boldsymbol{B}\boldsymbol{K}_1)][\boldsymbol{x}(t)-\boldsymbol{h}(t)]-(\boldsymbol{L}\otimes\boldsymbol{B}\boldsymbol{K}_2)[\boldsymbol{x}(t)-\boldsymbol{h}(t)]+\\&\qquad(\boldsymbol{I}_N\otimes\boldsymbol{B})\boldsymbol{w}(t)+(\boldsymbol{I}_N\otimes\boldsymbol{A})\boldsymbol{h}(t)-[(\boldsymbol{I}_N\otimes\boldsymbol{B}\boldsymbol{K}_1)-(\boldsymbol{L}\otimes\boldsymbol{B}\boldsymbol{K}_2)]\boldsymbol{x}_{\mathrm{e}}(t)\\&\dot{\boldsymbol{x}}_{\mathrm{e}}(t)=[\boldsymbol{I}_N\otimes(\boldsymbol{A}-\boldsymbol{K}_{\mathrm{o}}\boldsymbol{C})]\boldsymbol{x}_{\mathrm{e}}(t)\\&\boldsymbol{x}(0)=\boldsymbol{x}_0,\ \boldsymbol{x}_{\mathrm{e}}(0)=\boldsymbol{x}_0-\hat{\boldsymbol{x}}_0\end{aligned}\tag{5.45}$$

令

$$\begin{aligned}&\begin{bmatrix}\boldsymbol{\zeta}_{\mathrm{e}}(t)\\\boldsymbol{\varphi}_{\mathrm{e}}(t)\end{bmatrix}=(\boldsymbol{U}\otimes\boldsymbol{I}_n)\boldsymbol{x}_{\mathrm{e}}(t)\\&\boldsymbol{\zeta}_{\mathrm{e}}(t)=(\boldsymbol{U}_1\otimes\boldsymbol{I}_n)\boldsymbol{x}_{\mathrm{e}}(t)\in\mathbf{R}^n\\&\boldsymbol{\varphi}_{\mathrm{e}}(t)=(\boldsymbol{U}_2\otimes\boldsymbol{I}_n)\boldsymbol{x}_{\mathrm{e}}(t)\in\mathbf{R}^{(N-1)\times n}\end{aligned}\tag{5.46}$$

式中，$\boldsymbol{U}$、$\boldsymbol{U}_1$ 和 $\boldsymbol{U}_2$ 如 3.3 节中所定义，则闭环群系统描述[式(5.45)]可改写为

$$\begin{aligned}&\dot{\boldsymbol{\zeta}}(t)=(\boldsymbol{A}+\boldsymbol{B}\boldsymbol{K}_1)\boldsymbol{\zeta}(t)+(\boldsymbol{l}_{12}^{\mathrm{T}}\otimes\boldsymbol{B}\boldsymbol{K}_2)\boldsymbol{\varphi}(t)+\boldsymbol{B}\boldsymbol{\varpi}_1(t)+\boldsymbol{\vartheta}_1(t)-\\&\qquad\boldsymbol{B}\boldsymbol{K}_1\boldsymbol{\zeta}_{\mathrm{e}}(t)+(\boldsymbol{l}_{12}^{\mathrm{T}}\otimes\boldsymbol{B}\boldsymbol{K}_2)\boldsymbol{\varphi}_{\mathrm{e}}(t),\ \boldsymbol{\zeta}(0)=(\boldsymbol{U}_1\otimes\boldsymbol{I}_n)\boldsymbol{x}_0\\&\dot{\boldsymbol{\zeta}}_{\mathrm{e}}(t)=(\boldsymbol{A}-\boldsymbol{K}_{\mathrm{o}}\boldsymbol{C})\boldsymbol{\zeta}_{\mathrm{e}}(t),\ \boldsymbol{\zeta}_{\mathrm{e}}(0)=(\boldsymbol{U}_1\otimes\boldsymbol{I}_n)(\boldsymbol{x}_0-\hat{\boldsymbol{x}}_0)\end{aligned}\tag{5.47}$$

$$\begin{aligned}&\dot{\boldsymbol{\varphi}}(t)=[\boldsymbol{I}_{N-1}\otimes(\boldsymbol{A}+\boldsymbol{B}\boldsymbol{K}_1)]\boldsymbol{\varphi}(t)-(\widetilde{\boldsymbol{L}}\otimes\boldsymbol{B}\boldsymbol{K}_2)\boldsymbol{\varphi}(t)+(\boldsymbol{I}_{N-1}\otimes\boldsymbol{B})\widetilde{\boldsymbol{\varpi}}(t)+\\&\qquad\widetilde{\boldsymbol{\vartheta}}(t)-[(\boldsymbol{I}_{N-1}\otimes\boldsymbol{B}\boldsymbol{K}_1)-(\widetilde{\boldsymbol{L}}\otimes\boldsymbol{B}\boldsymbol{K}_2)]\boldsymbol{\varphi}_{\mathrm{e}}(t),\ \boldsymbol{\varphi}(0)=(\boldsymbol{U}_2\otimes\boldsymbol{I}_n)\boldsymbol{x}_0\\&\dot{\boldsymbol{\varphi}}_{\mathrm{e}}(t)=[\boldsymbol{I}_{N-1}\otimes(\boldsymbol{A}-\boldsymbol{K}_{\mathrm{o}}\boldsymbol{C})]\boldsymbol{\varphi}_{\mathrm{e}}(t),\ \boldsymbol{\varphi}_{\mathrm{e}}(0)=(\boldsymbol{U}_2\otimes\boldsymbol{I}_n)(\boldsymbol{x}_0-\hat{\boldsymbol{x}}_0)\end{aligned}\tag{5.48}$$

$$\boldsymbol{z}(t)=(\mathbf{1}_N\otimes\boldsymbol{I}_n)\boldsymbol{\zeta}(t)+(\hat{\boldsymbol{U}}\otimes\boldsymbol{I}_n)\boldsymbol{\varphi}(t)\tag{5.49}$$

式中，变量 $\boldsymbol{\zeta}(t)$ 和 $\boldsymbol{\varphi}(t)$ 的定义与 5.3 节中的相同。

当观测器状态矩阵 $\boldsymbol{A}-\boldsymbol{K}_{\mathrm{o}}\boldsymbol{C}$ 是 Hurwitz 矩阵时，$\boldsymbol{\zeta}_{\mathrm{e}}(t)$ 和 $\boldsymbol{\varphi}_{\mathrm{e}}(t)$ 均按指数收敛于零。因此，编队控制与状态估计具有分离特性，即利用状态估计不改变实现状态编队的充分必要条件，状态编队控制协议的参数和观测器的参数可以分别设计。此时，若状态编队误差一致分量子系统是渐近稳定的，即 $\boldsymbol{A}+\boldsymbol{B}\boldsymbol{K}_1$ 是 Hurwitz 矩阵时，则状态编队参考函数也不会改变。

基于降阶观测器的状态编队控制问题，可类似于 3.7 节的方法进行处理，读者可自行推导给出相应结果。

5.7 群系统输出编队控制

群系统输出编队控制可以转换为状态编队问题来处理。当输出矩阵 $\boldsymbol{C}$ 为行满秩时，对于任意给定的有界分段一致连续可微输出编队向量 $\boldsymbol{\eta}(t)$，总能求得同为有界分段一致连续可微的函数向量 $\boldsymbol{h}(t)$，满足

$$\boldsymbol{\eta}_i(t)=\boldsymbol{C}\boldsymbol{h}_i(t),\ i=1,\ 2,\ \cdots,\ N \tag{5.50}$$

例如，

$$\boldsymbol{h}_i(t)=\boldsymbol{C}^{\mathrm{T}}(\boldsymbol{C}\boldsymbol{C}^{\mathrm{T}})^{-1}\boldsymbol{\eta}_i(t)+\boldsymbol{T}^{-1}\begin{bmatrix}0\\ \boldsymbol{I}_{n-l}\end{bmatrix}\boldsymbol{s}_i(t),\ i=1,\ 2,\ \cdots,\ N \tag{5.51}$$

式中，$\boldsymbol{s}_i(t)$ 是 $n-l$ 维任意有界分段一致连续可微函数向量，$\boldsymbol{T}$ 为式(3.57)中定义的矩阵。注意 $\boldsymbol{C}\boldsymbol{T}^{-1}\begin{bmatrix}\boldsymbol{0}_{l\times(n-l)}\\ \boldsymbol{I}_{n-l}\end{bmatrix}=\boldsymbol{0}_{l\times(n-l)}$，因此，$\boldsymbol{T}^{-1}\begin{bmatrix}0\\ \boldsymbol{I}_{n-l}\end{bmatrix}\boldsymbol{s}_i(t)$ 是 $\boldsymbol{C}$ 的右零空间中的函数向量。可适当选取 $\boldsymbol{s}_i(t)$，以使条件[式(5.28)]成立。对于这样求得的函数向量 $\boldsymbol{h}(t)$，求解相应的状态编队问题，便可求得输出编队问题的解。

可以类似于 3.8 节，仅针对可观子系统讨论输出编队问题，但对于实际系统，是不能对不可观子系统的状态置之不顾的。需要在保证输出编队的前提下，兼顾考虑其余状态的特性，比如有界性等，而这可以通过适当选取式(5.51)中的自由函数向量 $\boldsymbol{s}(t)$ 来实现。

5.8 群系统编队控制协议设计举例

本节通过两个数例，详细介绍编队控制协议的设计过程。

5.8.1 第一个数例

例 5.1 考虑 3.10 节中所示群系统，其由 7 个子系统组成，子系统由如下状态方程描述：

$$
\begin{aligned}
\dot{\boldsymbol{x}}_i(t) &= \begin{bmatrix} 0 & 1 & 0 \\ 0 & 0 & 1 \\ 2 & 1 & 1 \end{bmatrix} \boldsymbol{x}_i(t) + \begin{bmatrix} 0 \\ 0 \\ 1 \end{bmatrix} \boldsymbol{u}_i(t) \\
\boldsymbol{y}_i(t) &= \begin{bmatrix} 1 & 0 & 0 \end{bmatrix} \boldsymbol{x}_i(t) \\
i &= 1,\ 2,\ \cdots,\ 7
\end{aligned}
\tag{5.52}
$$

初始状态为

$$
\begin{aligned}
&\boldsymbol{x}_1(0) = [10 \quad 1 \quad 0]^{\mathrm{T}} \\
&\boldsymbol{x}_i(0) = \boldsymbol{x}_{i-1}(0) + [1 \quad 1 \quad 1]^{\mathrm{T}},\ i = 2,\ 4,\ 6 \\
&\boldsymbol{x}_i(0) = \boldsymbol{x}_{i-1}(0) - [0.5 \quad 0.5 \quad 0.5]^{\mathrm{T}},\ i = 3,\ 5,\ 7
\end{aligned}
\tag{5.53}
$$

作用拓扑如图 3.1 所示。控制增益矩阵 $\boldsymbol{K}_1$、$\boldsymbol{K}_2$ 和观测器增益矩阵 $\boldsymbol{K}_{\mathrm{o}}$ 也如同第 3 章给定为

$$
\begin{aligned}
&\boldsymbol{K}_1 = [-3 \quad -4 \quad -4] \\
&\boldsymbol{K}_2 = [0.4279 \quad 0.7000 \quad 0.3809] \\
&\boldsymbol{K}_{\mathrm{o}} = [16 \quad 92 \quad 235]^{\mathrm{T}}
\end{aligned}
\tag{5.54}
$$

观测器初始值状态设置为 $\hat{\boldsymbol{x}}_i(0) = \boldsymbol{0}_3(\forall i = 1,\ 2,\ \cdots,\ 7)$。

考虑两种状态编队的情况，即状态定常编队和状态时变编队，相应的状态编队向量分别为

$$
\boldsymbol{h}_i(t) = \boldsymbol{h}_i = \begin{bmatrix} i \\ 0 \\ 0 \end{bmatrix};\ \boldsymbol{h}_i(t) = \begin{bmatrix} i + \sin 2t \\ 2\cos 2t \\ -4\sin 2t \end{bmatrix},\ i = 1,\ 2,\ \cdots,\ 7 \tag{5.55}
$$

可以验证，对于群系统[式(5.52)]和式(5.55)中指定的两种状态编队 $\boldsymbol{h}_i(t)(i = 1,\ 2,\ \cdots,\ 7)$，式(5.28)均成立，因此都是可行的。

由式(5.26)，有

$$
\boldsymbol{w}_i(t) = \boldsymbol{w}_1(t) + 2(1-i),\ i = 2,\ 3,\ \cdots,\ 7 \tag{5.56}
$$

考虑非航迹跟踪和航迹跟踪两种情形，即状态编队参考指令信号等于零和非零两种情形。容易证明，对于式(5.55)给定的状态定常编队和状态时变编队，当编队控制前馈补偿信号如式(5.56)给定时，其中 $\boldsymbol{w}_1(t)$ 为任意分段连续状态编队参考指令信号，成立

$$(\boldsymbol{I}_{N-1} \otimes \boldsymbol{B})\tilde{\boldsymbol{\varpi}}(t) + \tilde{\boldsymbol{\vartheta}}(t) = 0 \tag{5.57}$$

因此，由式(5.21)和式(5.48)可知，在上述情形下，基于编队误差的状态编队闭环群系统和基于编队误差估计的状态编队闭环群系统的状态编队偏差非一致分量均分别相等。基于编队误差估计的状态编队闭环群系统的状态、状态编队偏差非一致分量和一致分量均分别收敛于基于编队误差的状态编队闭环群系统的状态、状态编队偏差非一致分量和一致分量。对于这些结论，将通过仿真进行验证。

1) **基于编队误差的状态编队控制**

首先考虑各子系统状态均可量测得到的情形。

(1) 状态定常编队非航迹跟踪的情形。

考虑状态定常编队非航迹跟踪的情形，即假设

$$\boldsymbol{h}_i(t) = \begin{bmatrix} i \\ 0 \\ 0 \end{bmatrix},\ i = 1,\ 2,\ \cdots,\ 7,\ \boldsymbol{w}_1(t) = 0 \tag{5.58}$$

应用式(5.6)的状态编队控制协议。由式(5.36)可知，闭环群系统状态编队偏差趋于状态编队参考函数向量 $\boldsymbol{c}(t) = [2\quad 0\quad 0]^{\mathrm{T}}$，因此闭环群系统状态 $\boldsymbol{x}_i(t)(i = 1,\ 2,\ \cdots,\ 7)$ 趋于

$$\boldsymbol{x}_i(t) \rightarrow \boldsymbol{h}_i(t) + \boldsymbol{c}(t) = \begin{bmatrix} i+2 \\ 0 \\ 0 \end{bmatrix},\ i = 1,\ 2,\ \cdots,\ 7 \tag{5.59}$$

$\boldsymbol{x}_{ij}(t)(i = 1,\ 2,\ \cdots,\ 7;\ j = 1,\ 2,\ 3)$ 随时间变化曲线分别如图 5.2、图 5.3 和图 5.4 所示，$\boldsymbol{x}_i(t)(i = 1,\ 2,\ \cdots,\ 7)$ 随时间变化的三维曲线如图 5.5 所示，图 5.6 和图 5.7 所示是相轨迹曲线 $(\boldsymbol{x}_{i1}(t),\ \boldsymbol{x}_{i2}(t))(i = 1,\ 2,\ \cdots,\ 7)$ 和 $(\boldsymbol{x}_{i1}(t),\ \boldsymbol{x}_{i3}(t))(i = 1,\ 2,\ \cdots,\ 7)$，其中“∘”表示 $t = 20$ 的状态。由于线型种类有限，在图中使用了相同的线型绘制不相同的曲线，例如图 5.2 中用实线描绘 $\boldsymbol{x}_{11}(t)$ 和 $\boldsymbol{x}_{51}(t)$，依据式(5.59)不难予以区分。

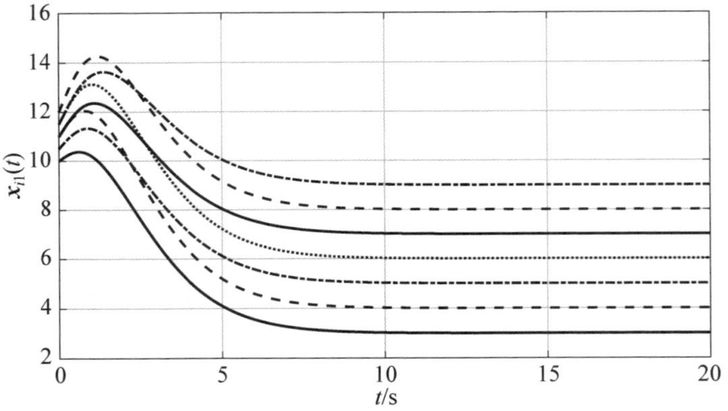

图5.2 基于编队误差的定常编队非航迹跟踪闭环群系统状态 $x_{i1}(t)(i=1, 2, \cdots, 7)$ 随时间变化曲线

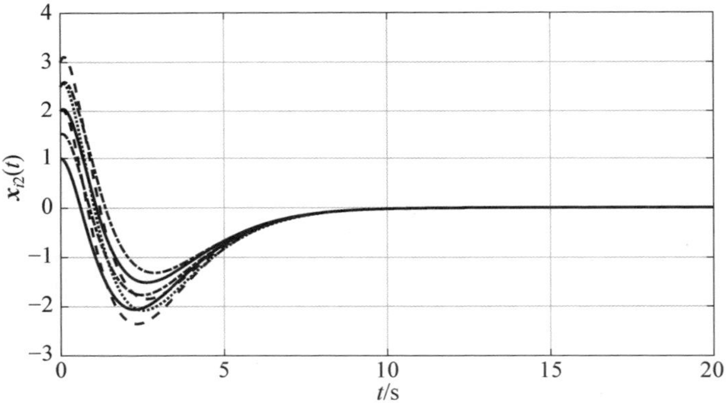

图5.3 基于编队误差的定常编队非航迹跟踪闭环群系统状态 $x_{i2}(t)(i=1, 2, \cdots, 7)$ 随时间变化曲线

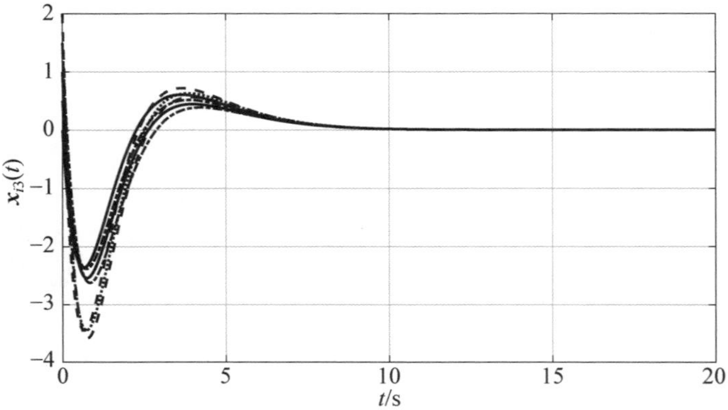

图5.4 基于编队误差的定常编队非航迹跟踪闭环群系统状态 $x_{i3}(t)(i=1, 2, \cdots, 7)$ 随时间变化曲线

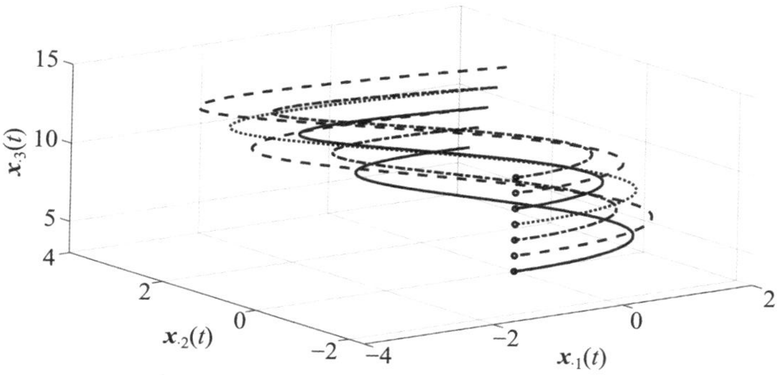

图 5.5 基于编队误差的定常编队非航迹跟踪闭环群系统状态 $x_i(t)(i=1, 2, \cdots, 7)$ 随时间变化曲线

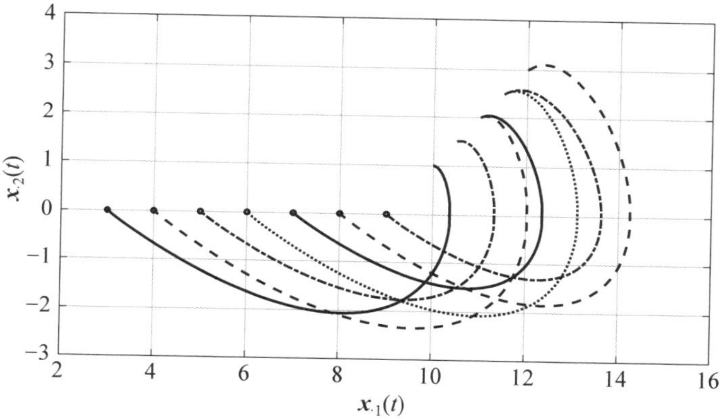

图 5.6 基于编队误差的定常编队非航迹跟踪闭环群系统状态 $(x_{i1}(t), x_{i2}(t))(i=1, 2, \cdots, 7)$ 相轨迹曲线

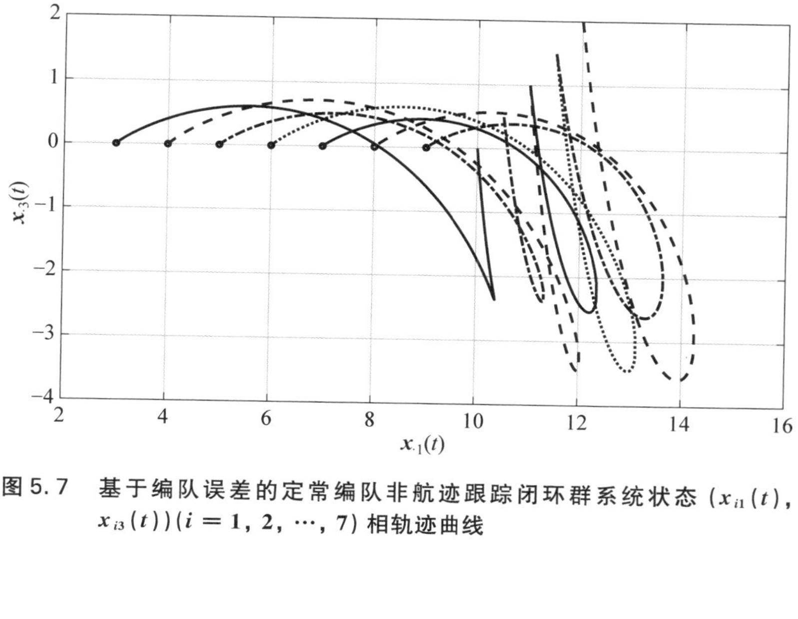

图 5.7 基于编队误差的定常编队非航迹跟踪闭环群系统状态 $(x_{i1}(t), x_{i3}(t))(i=1, 2, \cdots, 7)$ 相轨迹曲线

状态编队偏差非一致分量 $\|\boldsymbol{\varphi}_{\cdot i}(t)\|_2^2(i=1, 2, 3)$ 随时间变化曲线如图 5.8 所示，状态编队偏差一致分量 $\boldsymbol{\zeta}_i(t)(i=1, 2, 3)$ 随时间变化曲线如图 5.9 所示。

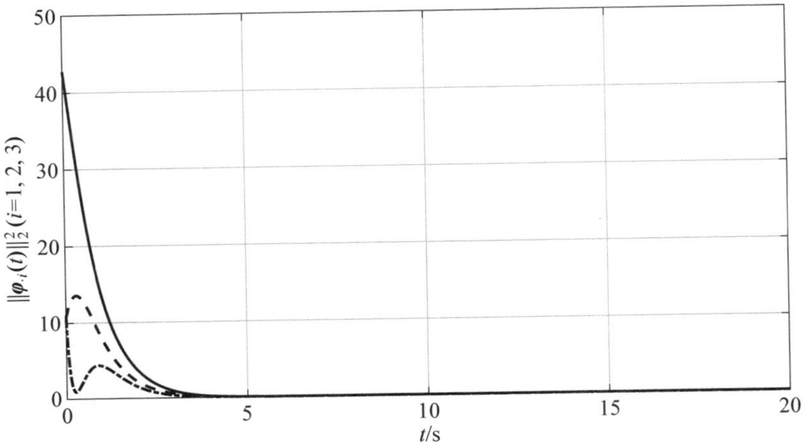

图 5.8　基于编队误差的定常编队非航迹跟踪闭环群系统编队偏差非一致分量 $\|\boldsymbol{\varphi}_{\cdot i}(t)\|_2^2(i=1, 2, 3)$ 随时间变化曲线

注：实线—— $\|\boldsymbol{\varphi}_{\cdot 1}(t)\|_2^2$；虚线 —— $\|\boldsymbol{\varphi}_{\cdot 2}(t)\|_2^2$；点划线 —— $\|\boldsymbol{\varphi}_{\cdot 3}(t)\|_2^2$。

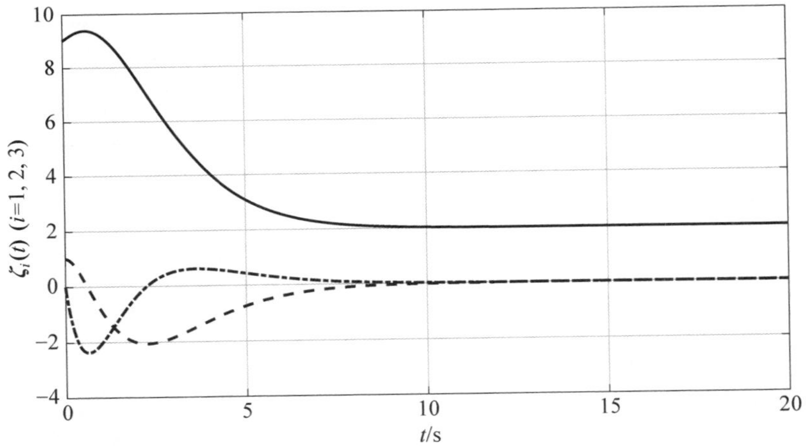

图 5.9　基于编队误差的定常编队非航迹跟踪闭环群系统编队偏差一致分量 $\boldsymbol{\zeta}_i(t)(i=1, 2, 3)$ 随时间变化曲线

注：实线—— $\boldsymbol{\zeta}_1(t)$；虚线 ——$\boldsymbol{\zeta}_2(t)$；点划线 ——$\boldsymbol{\zeta}_3(t)$。

(2) 状态定常编队航迹跟踪的情形。

考虑状态定常编队航迹跟踪的情形，即

$$\boldsymbol{h}_i(t)=\begin{bmatrix} i \\ 0 \\ 0 \end{bmatrix},\ i=1,\ 2,\ \cdots,\ 7,\ \boldsymbol{w}_1(t)=\begin{cases} 15 & (0\leqslant t<10) \\ 15+1.5(10-t) & (10\leqslant t<20) \\ 0 & (20\leqslant t\leqslant 30) \end{cases} \tag{5.60}$$

闭环群系统状态编队偏差趋于如下状态编队参考函数向量：

$$\boldsymbol{c}(t)=\begin{bmatrix} 17 \\ 0 \\ 0 \end{bmatrix},\ t\in[0,\ 10)\ ;\ \boldsymbol{c}(t)=\begin{bmatrix} 2 \\ 0 \\ 0 \end{bmatrix},\ t\in[10,\ 30] \tag{5.61}$$

因此,闭环群系统状态 $\boldsymbol{x}_i(t)(i=1,\ 2,\ \cdots,\ 7)$ 趋于：

$$\begin{aligned} &\boldsymbol{x}_i(t)\rightarrow\boldsymbol{h}_i(t)+\boldsymbol{c}(t)=\begin{bmatrix} i+17 \\ 0 \\ 0 \end{bmatrix},\ t\in[0,\ 10) \\ &\boldsymbol{x}_i(t)\rightarrow\boldsymbol{h}_i(t)+\boldsymbol{c}(t)=\begin{bmatrix} i+2 \\ 0 \\ 0 \end{bmatrix},\ t\in[10,\ 30] \\ &i=1,\ 2,\ \cdots,\ 7 \end{aligned} \tag{5.62}$$

闭环群系统状态 $\boldsymbol{x}_{ij}(t)(i=1,\ 2,\ \cdots,\ 7;j=1,\ 2,\ 3)$ 随时间变化曲线分别如图 5.10、图 5.11 和图 5.12 所示。图 5.13 是闭环群系统状态 $\boldsymbol{x}_i(t)(i=1,\ 2,\ \cdots,\ 7)$ 随时间变化的三维曲线。图 5.14 是闭环群系统状态 $\boldsymbol{x}_i(t)(i=1,\ 2,\ \cdots,\ 7)$ 在时间区间[10, 30]内随时间变化的三维曲线。闭环群系统状态相轨迹曲线 $(\boldsymbol{x}_{i1}(t),\ \boldsymbol{x}_{i2}(t))(i=1,\ 2,\ \cdots,\ 7)$ 和 $(\boldsymbol{x}_{i1}(t),\ \boldsymbol{x}_{i3}(t))(i=1,\ 2,\ \cdots,\ 7)$ 分别如图 5.15、图 5.16 所示,其中“▪”和“∘”分别表示 $t=10$ 和 $t=30$ 时的状态。

闭环群系统状态编队偏差非一致分量 $\|\boldsymbol{\varphi}_{\cdot i}(t)\|_2^2(i=1,\ 2,\ 3)$ 随时间变化曲线如图 5.17 所示,状态编队偏差一致分量 $\boldsymbol{\zeta}_i(t)(i=1,\ 2,\ 3)$ 随时间变化曲线如图 5.18 所示。

比较图 5.8 和图 5.17,可知,当编队控制前馈补偿信号 $\boldsymbol{w}_i(t)(i=1,\ 2,\ \cdots,\ 7)$ 满足式(5.26)时,非航迹跟踪和航迹跟踪的状态编队偏差的非一致分量的动态特性是相同的。

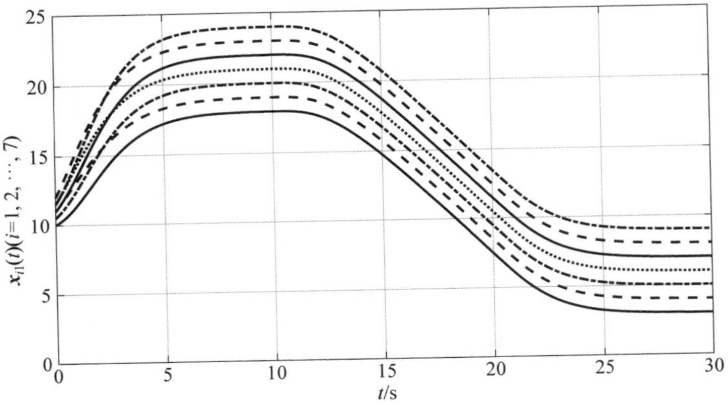

图 5.10 基于编队误差的定常编队航迹跟踪闭环群系统状态 $x_{i1}(t)(i=1, 2, \cdots, 7)$ 随时间变化曲线

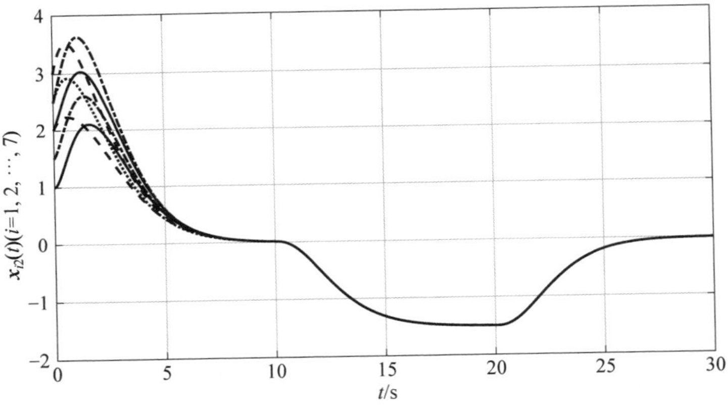

图 5.11 基于编队误差的定常编队航迹跟踪闭环群系统状态 $x_{i2}(t)(i=1, 2, \cdots, 7)$ 随时间变化曲线

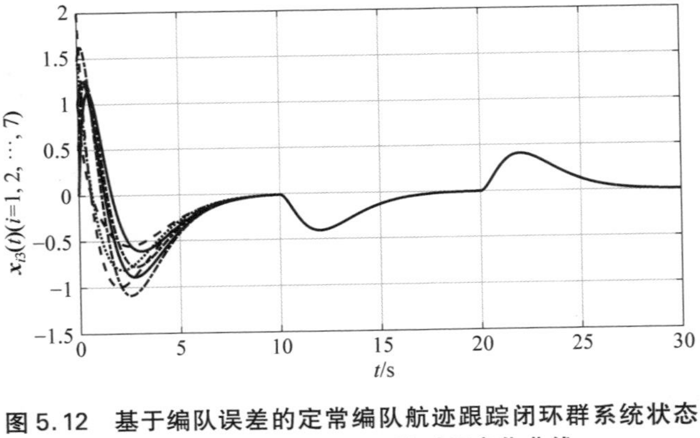

图 5.12 基于编队误差的定常编队航迹跟踪闭环群系统状态 $x_{i3}(t)(i=1, 2, \cdots, 7)$ 随时间变化曲线

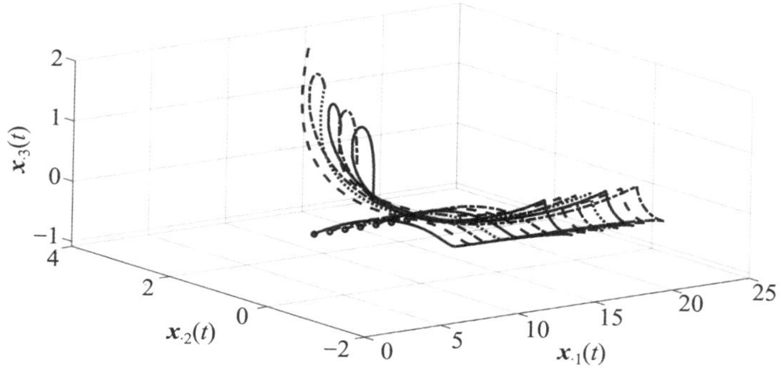

图 5.13 基于编队误差的定常编队航迹跟踪闭环群系统状态 $x_i(t)(i=1, 2, \cdots, 7)$ 随时间变化曲线

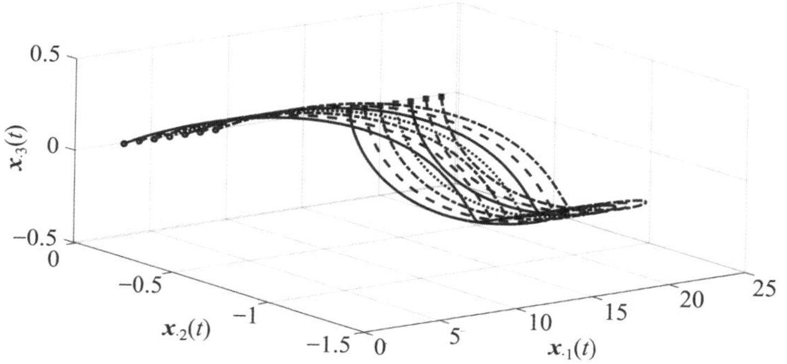

图 5.14 基于编队误差的定常编队航迹跟踪闭环群系统状态 $x_i(t)(i=1, 2, \cdots, 7)$, $t \in [10, 30]$ 随时间变化曲线

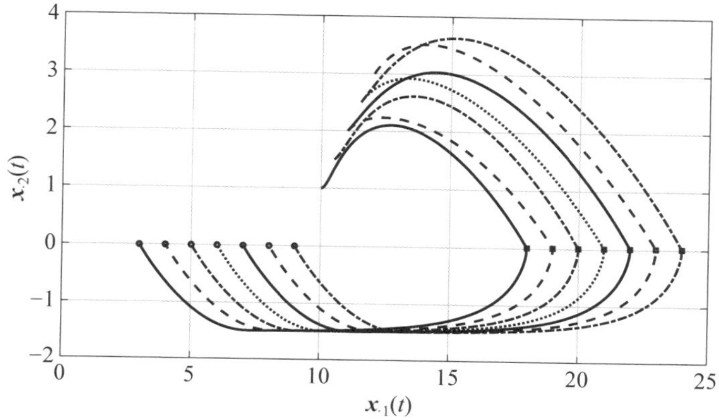

图 5.15 基于编队误差的定常编队航迹跟踪闭环群系统状态 $(x_{i1}(t), x_{i2}(t))(i=1, 2, \cdots, 7)$ 相轨迹曲线

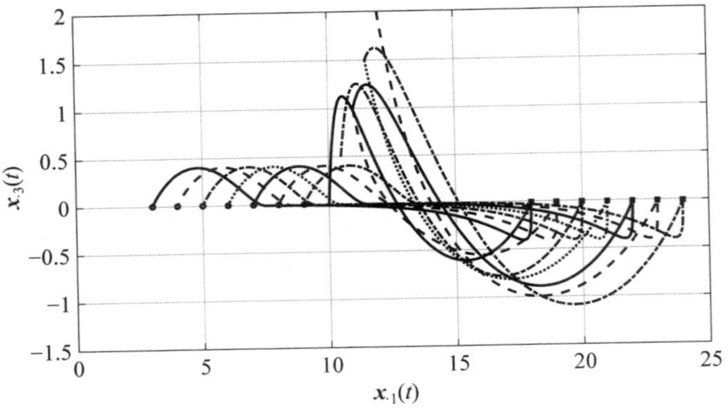

图 5.16 基于编队误差的定常编队航迹跟踪闭环群系统状态 $(x_{i1}(t), x_{i3}(t))(i=1, 2, \cdots, 7)$ 相轨迹曲线

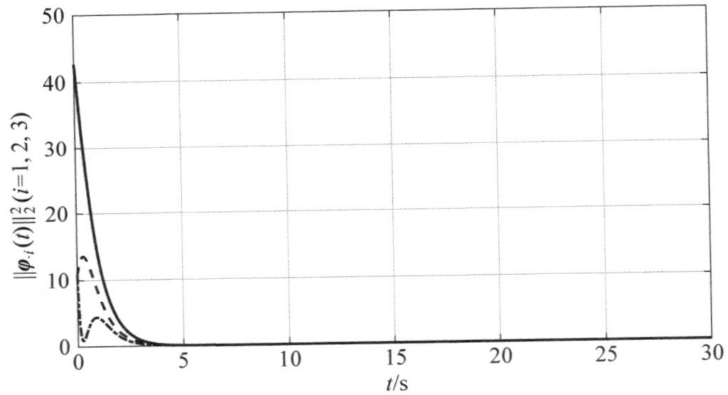

图 5.17 基于编队误差的定常编队航迹跟踪闭环群系统编队偏差非一致分量 $\|\boldsymbol{\varphi}_{\cdot i}(t)\|_2^2(i=1, 2, 3)$ 随时间变化曲线

注:实线—— $\|\boldsymbol{\varphi}_{\cdot 1}(t)\|_2^2$;虚线 —— $\|\boldsymbol{\varphi}_{\cdot 2}(t)\|_2^2$;点划线 —— $\|\boldsymbol{\varphi}_{\cdot 3}(t)\|_2^2$。

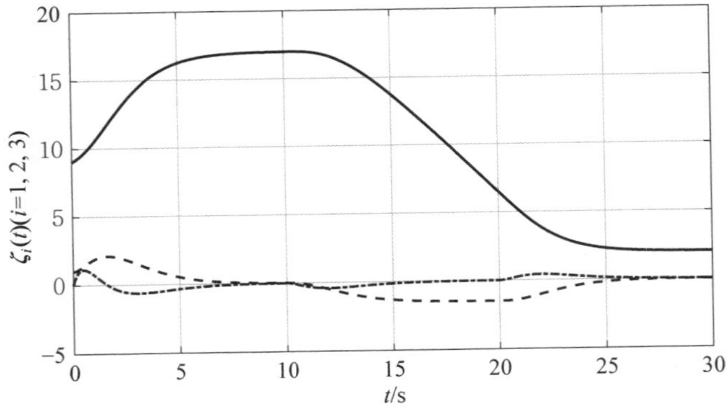

图 5.18 基于编队误差的定常编队航迹跟踪闭环群系统编队偏差一致分量 $\zeta_i(t)(i=1, 2, 3)$ 随时间变化曲线

注:实线—— $\zeta_1(t)$;虚线 —— $\zeta_2(t)$;点划线 —— $\zeta_3(t)$。

(3) 状态时变编队非航迹跟踪的情形。

考虑状态时变编队非航迹跟踪的情形，即假设

$$\boldsymbol{h}_i(t)=\begin{bmatrix} i+\sin 2t \\ 2\cos 2t \\ -4\sin 2t \end{bmatrix},\ i=1,\ 2,\ \cdots,\ 7,\ \boldsymbol{w}_1(t)=0 \tag{5.63}$$

由式(5.36)可知，闭环群系统状态编队偏差趋于如下状态编队参考函数向量：

$$\boldsymbol{c}(t)=\begin{bmatrix} \boldsymbol{c}_1(t) \\ \boldsymbol{c}_2(t) \\ \boldsymbol{c}_3(t) \end{bmatrix}=\begin{bmatrix} 2-\frac{114}{5^3}\cos(2t)+\frac{2}{5^3}\sin(2t) \\ \frac{4}{5^3}\cos(2t)+\frac{228}{5^3}\sin(2t) \\ \frac{456}{5^3}\cos(2t)-\frac{8}{5^3}\sin(2t) \end{bmatrix} \tag{5.64}$$

因此，闭环群系统状态 $\boldsymbol{x}_i(t)(i=1,\ 2,\ \cdots,\ 7)$ 趋于：

$$\boldsymbol{x}_i(t)\rightarrow \boldsymbol{h}_i(t)+\boldsymbol{c}(t)=\begin{bmatrix} i+2-\frac{114}{5^3}\cos(2t)+\frac{2+5^3}{5^3}\sin(2t) \\ 2\left[\frac{2+5^3}{5^3}\cos(2t)+\frac{114}{5^3}\sin(2t)\right] \\ 4\left[\frac{114}{5^3}\cos(2t)-\frac{2+5^3}{5^3}\sin(2t)\right] \end{bmatrix} \tag{5.65}$$

$$i=1,\ 2,\ \cdots,\ 7$$

并趋于满足如下方程：

$$\begin{gathered} \boldsymbol{x}_{i+1}(t)-\boldsymbol{x}_i(t)=[1\quad 0\quad 0]^{\mathrm{T}},\ i=1,\ 2,\ \cdots,\ 6 \\ [\boldsymbol{x}_{i1}(t)-i-2]^2+\left[\frac{\boldsymbol{x}_{i2}(t)}{2}\right]^2=1.365\,3^2 \\ \boldsymbol{x}_{i1}(t)-i-2=-\frac{1}{4}\boldsymbol{x}_{i3}(t) \\ i=1,\ 2,\ \cdots,\ 7 \end{gathered} \tag{5.66}$$

即闭环群系统状态 $\boldsymbol{x}_i(t)(i=1,\ 2,\ \cdots,\ 7)$ 相对位置趋于保持不变，整体趋于椭圆运动。

闭环群系统状态 $\boldsymbol{x}_{ij}(t)(i=1,\ 2,\ \cdots,\ 7;j=1,\ 2,\ 3)$ 随时间变化曲线分别

如图 5.19、图 5.20 和图 5.21 所示。图 5.22 是闭环群系统状态 $\boldsymbol{x}_i(t)(i=1, 2, \cdots, 7)$ 随时间变化的三维曲线，图 5.23 是闭环群系统状态 $\boldsymbol{x}_i(t)(i=1, 2, \cdots, 7)$ 在时间区间[8, 20]内随时间变化的三维曲线，闭环群系统在时间区间[8, 20]内的状态相轨迹曲线 $(\boldsymbol{x}_{i1}(t), \boldsymbol{x}_{i2}(t))(i=1, 2, \cdots, 7)$ 和 $(\boldsymbol{x}_{i1}(t), \boldsymbol{x}_{i3}(t))(i=1, 2, \cdots, 7)$ 分别如图 5.24、图 5.25 所示，其中“∘”表示 $t=20$ 时的状态。

闭环群系统状态编队偏差非一致分量 $\|\boldsymbol{\varphi}_{\cdot i}(t)\|_2^2(i=1, 2, 3)$ 随时间变化曲线如图 5.26 所示，状态编队偏差一致分量 $\boldsymbol{\zeta}_i(t)(i=1, 2, 3)$ 随时间变化曲线如图 5.27 所示。

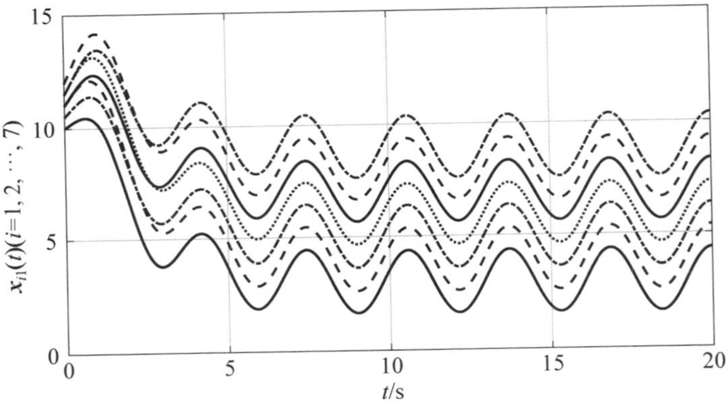

图 5.19　基于编队误差的时变编队非航迹跟踪闭环群系统状态 $\boldsymbol{x}_{i1}(t)(i=1, 2, \cdots, 7)$ 随时间变化曲线

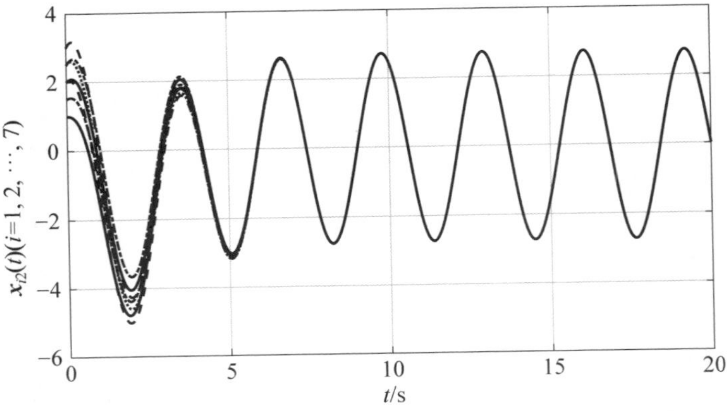

图 5.20　基于编队误差的时变编队非航迹跟踪闭环群系统状态 $\boldsymbol{x}_{i2}(t)(i=1, 2, \cdots, 7)$ 随时间变化曲线

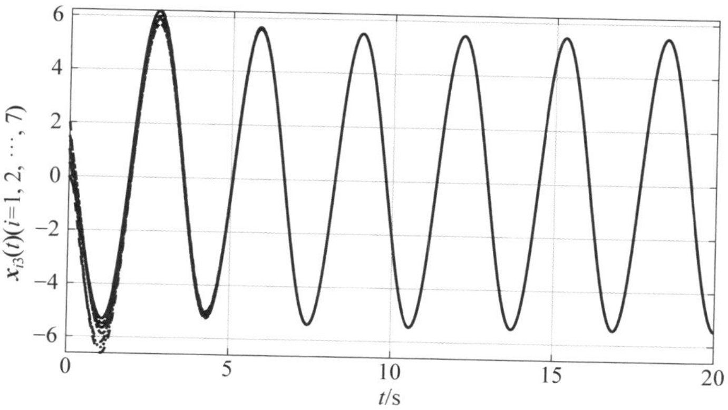

图 5.21 基于编队误差的时变编队非航迹跟踪闭环群系统状态 $x_{i3}(t)(i=1, 2, \cdots, 7)$ 随时间变化曲线

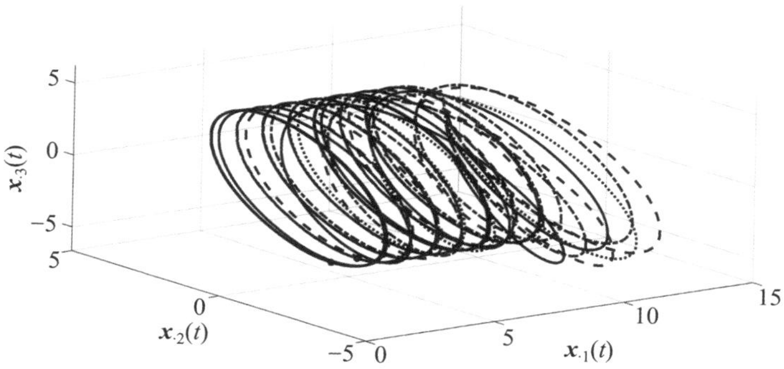

图 5.22 基于编队误差的时变编队非航迹跟踪闭环群系统状态 $x_i(t)(i=1, 2, \cdots, 7)$ 随时间变化曲线

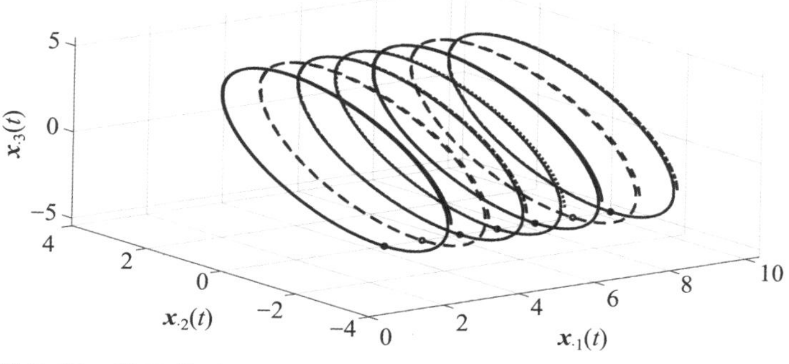

图 5.23 基于编队误差的时变编队非航迹跟踪闭环群系统状态 $x_i(t)(i=1, 2, \cdots, 7)$，$t \in [8, 20]$ 随时间变化曲线

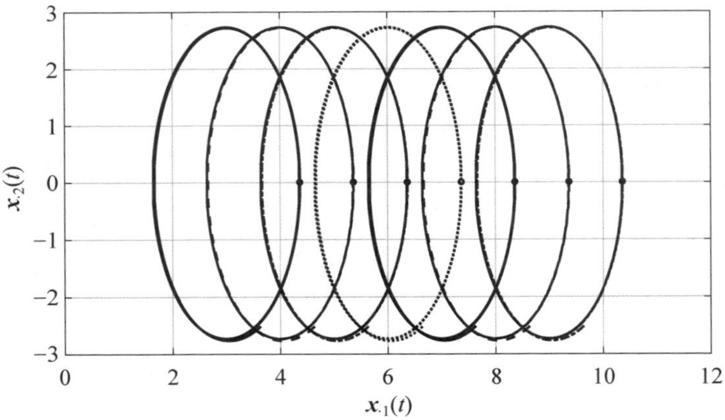

图 5.24 基于编队误差的时变编队非航迹跟踪闭环群系统状态 $(x_{i1}(t),\ x_{i2}(t))$，$t\in[8,\ 20](i=1,\ 2,\ \cdots,\ 7)$ 相轨迹曲线

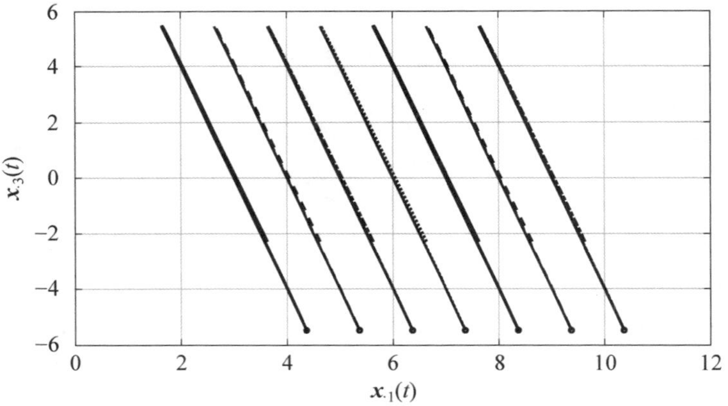

图 5.25 基于编队误差的时变编队非航迹跟踪闭环群系统状态 $(x_{i1}(t),\ x_{i3}(t))$，$t\in[8,\ 20](i=1,\ 2,\ \cdots,\ 7)$ 相轨迹曲线

(4) 状态时变编队航迹跟踪的情形。

考虑状态时变编队航迹跟踪的情形，即假设：

$$\boldsymbol{h}_i(t)=\begin{bmatrix} i+\sin 2t \\ 2\cos 2t \\ -4\sin 2t \end{bmatrix},\ i=1,\ 2,\ \cdots,\ 7,\ \boldsymbol{w}_1(t)=\begin{cases} 15 & (0\leqslant t<18) \\ 42-1.5t & (18\leqslant t<28) \\ 0 & (28\leqslant t\leqslant 40) \end{cases} \tag{5.67}$$

由式(5.36)可知，闭环群系统的状态编队参考函数向量在时间区间 $t\in[0,$

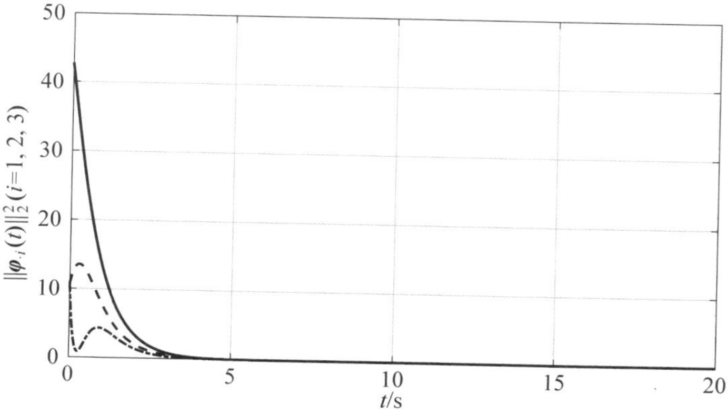

图 5.26 基于编队误差的时变编队非航迹跟踪闭环群系统编队偏差非一致分量 $\|\boldsymbol{\varphi}_{\cdot i}(t)\|_2^2(i=1, 2, 3)$ 随时间变化曲线

注:实线—— $\|\boldsymbol{\varphi}_{\cdot 1}(t)\|_2^2$;虚线 —— $\|\boldsymbol{\varphi}_{\cdot 2}(t)\|_2^2$;点划线 —— $\|\boldsymbol{\varphi}_{\cdot 3}(t)\|_2^2$。

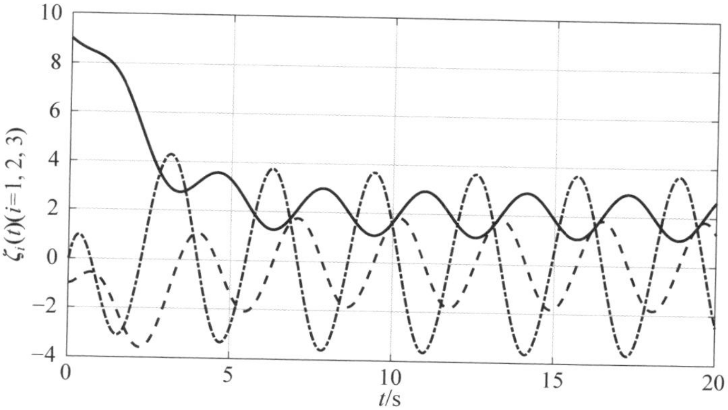

图 5.27 基于编队误差的时变编队非航迹跟踪闭环群系统编队偏差一致分量 $\zeta_i(t)(i=1, 2, 3)$ 随时间变化曲线

注:实线—— $\boldsymbol{\zeta}_1(t)$;虚线 —— $\boldsymbol{\zeta}_2(t)$;点划线 —— $\boldsymbol{\zeta}_3(t)$。

18) 和 $t \in [28, 40]$ 内趋于:

$$\boldsymbol{c}(t)=\begin{bmatrix}\boldsymbol{c}_1(t)\\\boldsymbol{c}_2(t)\\\boldsymbol{c}_3(t)\end{bmatrix}=\begin{bmatrix}\boldsymbol{w}_1+2-\frac{114}{5^3}\cos(2t)+\frac{2}{5^3}\sin(2t)\\\frac{4}{5^3}\cos(2t)+\frac{228}{5^3}\sin(2t)\\\frac{456}{5^3}\cos(2t)-\frac{8}{5^3}\sin(2t)\end{bmatrix}\tag{5.68}$$

式中，$\boldsymbol{w}_1=15$，$t\in[0,18)$，$\boldsymbol{w}_1=0$，$t\in[28,40]$。因此，闭环群系统状态 $\boldsymbol{x}_i(t)(i=1,2,\cdots,7)$ 趋于：

$$\boldsymbol{x}_i(t)\to\boldsymbol{h}_i(t)+\boldsymbol{c}(t)=\begin{bmatrix}\boldsymbol{w}_1+i+2-\dfrac{114}{5^3}\cos(2t)+\dfrac{2+5^3}{5^3}\sin(2t)\\ 2\left[\dfrac{2+5^3}{5^3}\cos(2t)+\dfrac{114}{5^3}\sin(2t)\right]\\ 4\left[\dfrac{114}{5^3}\cos(2t)-\dfrac{2+5^3}{5^3}\sin(2t)\right]\end{bmatrix}$$
$$i=1,2,\cdots,7 \tag{5.69}$$

闭环群系统状态 $\boldsymbol{x}_i(t)(i=1,2,\cdots,7)$ 在时间区间 $t\in[0,18)$ 和 $t\in[28,40]$ 内趋于满足如下方程：

$$\begin{aligned}&\boldsymbol{x}_{i+1}(t)-\boldsymbol{x}_i(t)=[1\quad 0\quad 0]^{\mathrm{T}},\ i=1,2,\cdots,6\\ &[\boldsymbol{x}_{i1}(t)-\boldsymbol{w}_1-i-2]^2+\left[\frac{\boldsymbol{x}_{i2}(t)}{2}\right]^2=1.365\,3^2\\ &\boldsymbol{x}_{i1}(t)-\boldsymbol{w}_1-i-2=-\frac{1}{4}\boldsymbol{x}_{i3}(t)\\ &i=1,2,\cdots,7\end{aligned} \tag{5.70}$$

即闭环群系统状态 $\boldsymbol{x}_i(t)(i=1,2,\cdots,7)$ 相对位置趋于保持不变，整体趋于椭圆运动。

闭环群系统状态 $\boldsymbol{x}_{ij}(t)(i=1,2,\cdots,7;j=1,2,3)$ 随时间变化曲线分别如图 5.28、图 5.29 和图 5.30 所示。图 5.31 是闭环群系统状态 $\boldsymbol{x}_i(t)(i=1,2,\cdots,7)$ 在时间区间[10，18]和[36，40]内随时间变化的三维曲线，闭环群系统在时间区间[10，18]和[36，40]内的状态相轨迹曲线 $(\boldsymbol{x}_{i1}(t),\boldsymbol{x}_{i2}(t))(i=1,2,\cdots,7)$ 和 $(\boldsymbol{x}_{i1}(t),\boldsymbol{x}_{i3}(t))(i=1,2,\cdots,7)$ 分别如图 5.32、图 5.33 所示，其中“▪”和“∘”分别表示 $t=18$ 和 $t=40$ 时的状态。

闭环群系统状态编队偏差非一致分量 $\|\boldsymbol{\varphi}_{\cdot i}(t)\|_2^2(i=1,2,3)$ 随时间变化曲线如图 5.34 所示，状态编队偏差一致分量 $\boldsymbol{\zeta}_i(t)(i=1,2,3)$ 随时间变化曲线如图 5.35 所示。

比较图 5.26 和图 5.34 可知，对于时变编队，当编队前馈补偿控制信号 $\boldsymbol{w}_i(t)(i=1,2,\cdots,7)$ 满足式(5.26)时，非航迹跟踪和航迹跟踪的状态编队偏差的非一致分量的动态特性也是相同的。

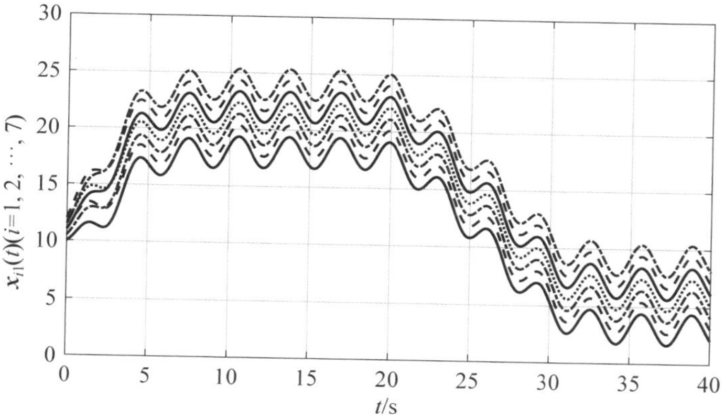

图 5.28 基于编队误差的时变编队航迹跟踪闭环群系统状态 $x_{i1}(t)(i=1, 2, \cdots, 7)$ 随时间变化曲线

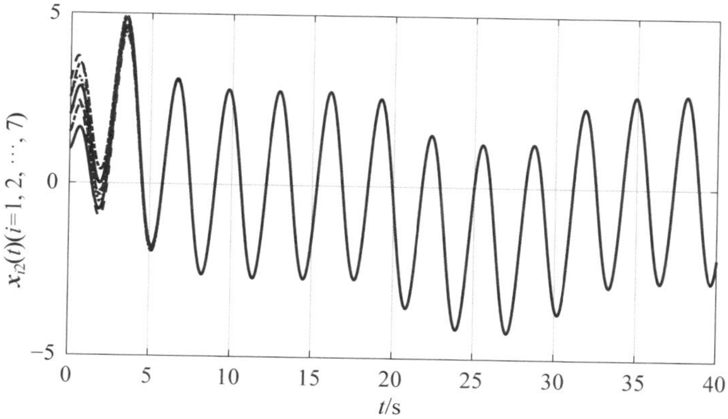

图 5.29 基于编队误差的时变编队航迹跟踪闭环群系统状态 $x_{i2}(t)(i=1, 2, \cdots, 7)$ 随时间变化曲线

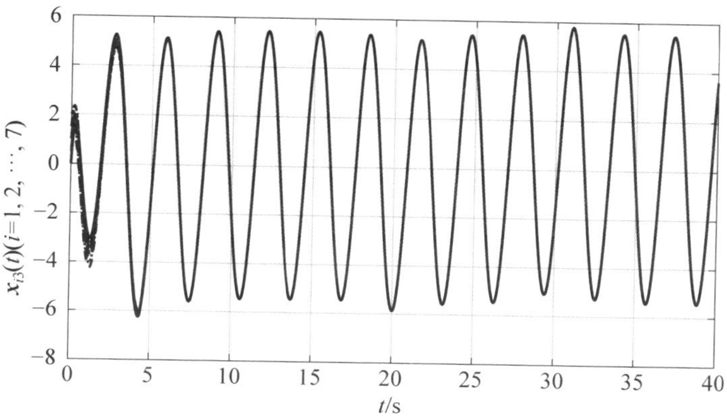

图 5.30 基于编队误差的时变编队航迹跟踪闭环群系统状态 $x_{i3}(t)(i=1, 2, \cdots, 7)$ 随时间变化曲线

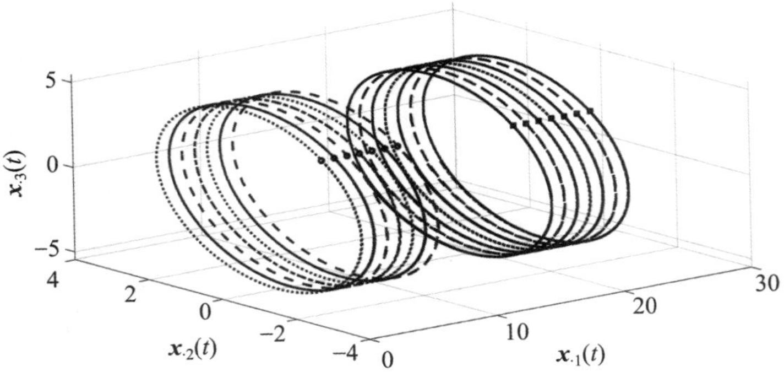

图 5.31 基于编队误差的时变编队航迹跟踪闭环群系统状态 $x_i(t)(i=1, 2, \cdots, 7)$，$t\in[10, 18]$，$t\in[36, 40]$ 随时间变化曲线

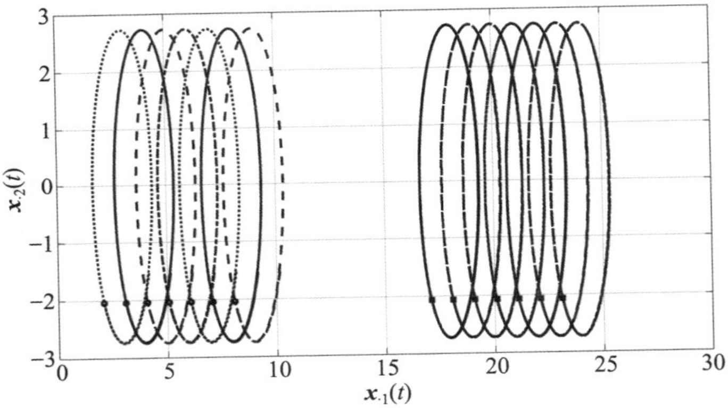

图 5.32 基于编队误差的时变编队航迹跟踪闭环群系统状态 $(x_{i1}(t), x_{i2}(t))(i=1, 2, \cdots, 7)$，$t\in[10, 18]$，$t\in[36, 40]$ 相轨迹曲线

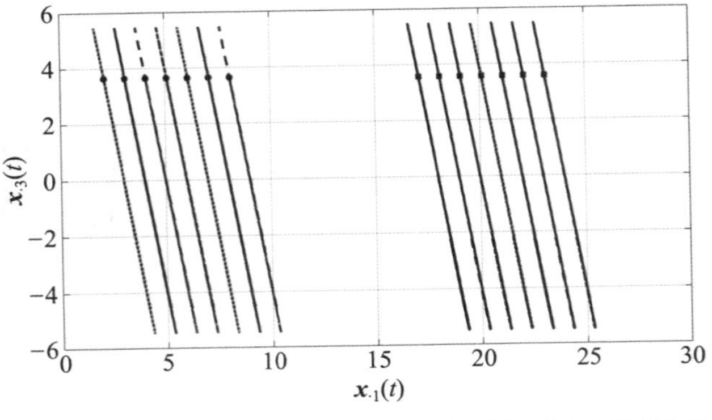

图 5.33 基于编队误差的时变编队航迹跟踪闭环群系统状态 $(x_{i1}(t), x_{i3}(t))(i=1, 2, \cdots, 7)$，$t\in[10, 18]$，$t\in[36, 40]$ 相轨迹曲线

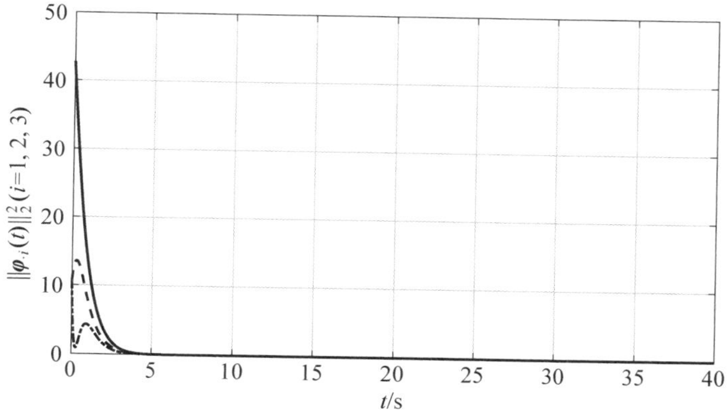

图 5.34 基于编队误差的时变编队航迹跟踪闭环群系统编队偏差非一致分量 $\|\boldsymbol{\varphi}_{\cdot i}(t)\|_2^2(i=1, 2, 3)$ 随时间变化曲线

注:实线—— $\|\boldsymbol{\varphi}_{\cdot 1}(t)\|_2^2$;虚线 —— $\|\boldsymbol{\varphi}_{\cdot 2}(t)\|_2^2$;点划线 —— $\|\boldsymbol{\varphi}_{\cdot 3}(t)\|_2^2$。

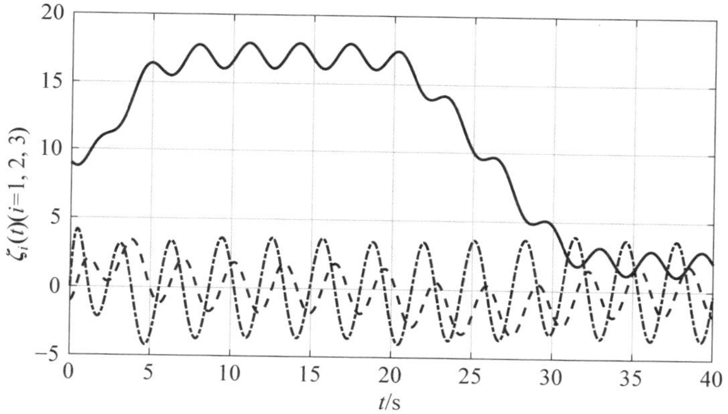

图 5.35 基于编队误差的时变编队航迹跟踪闭环群系统编队偏差一致分量 $\zeta_i(t)(i=1, 2, 3)$ 随时间变化曲线

注:实线—— $\zeta_1(t)$;虚线 ——$\zeta_2(t)$;点划线 ——$\zeta_3(t)$。

对于式(5.56)的编队参考函数,每一个子系统都需要获取第 1 个子系统的编队前馈补偿信号 $\boldsymbol{w}_1(t)$,但对于图 3.1 所示的作用拓扑,并不是每一个子系统都能直接获得子系统 1 的信息。

考虑如图 5.36 所示的生成树。

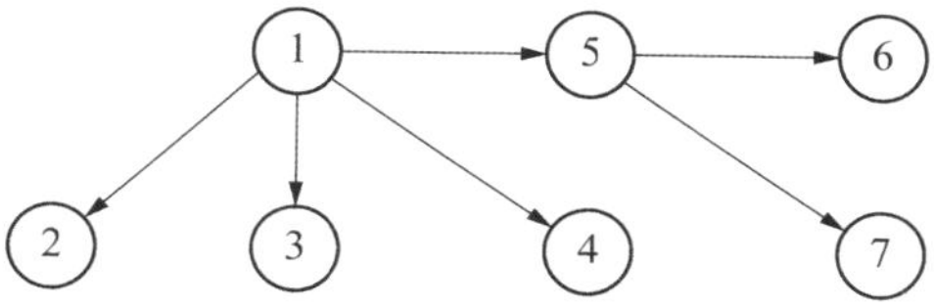

图 5.36 群系统的生成树

依据此生成树，可得编队前馈补偿控制信号：

$$\begin{aligned} &\boldsymbol{w}_i(t)=\boldsymbol{w}_1(t)+2(1-i),\ i=2,\ 3,\ 4,\ 5 \\ &\boldsymbol{w}_i(t)=\boldsymbol{w}_5(t)+2(5-i),\ i=6,\ 7 \end{aligned} \tag{5.71}$$

读者可自行对式(5.71)给定的编队前馈补偿控制信号，重复前面的仿真而得到相同的结果，式(5.71)给定的编队前馈补偿控制信号与式(5.56)定义的编队前馈补偿控制信号的作用是一样的。

2) 基于状态估计的状态编队控制

现考虑各子系统状态不能量测，因此不能得到状态编队误差信息，而需要通过状态重构来估计状态的情形。

由式(5.42)得到基于状态估计的状态编队控制协议：

$$\begin{aligned} &\dot{\hat{\boldsymbol{x}}}_i(t)=\begin{bmatrix}0&1&0\\0&0&1\\2&1&1\end{bmatrix}\hat{\boldsymbol{x}}_i(t)+\begin{bmatrix}0\\0\\1\end{bmatrix}\boldsymbol{u}_i(t)+\begin{bmatrix}16\\92\\235\end{bmatrix}[\boldsymbol{y}_i(t)-\hat{\boldsymbol{y}}_i(t)],\ \hat{\boldsymbol{x}}_i(0)=0 \\ &\hat{\boldsymbol{y}}_i(t)=[1\quad 0\quad 0]\hat{x}_i(t) \\ &\boldsymbol{u}_i(t)=[-3\quad -4\quad -4][\hat{\boldsymbol{x}}_i(t)-\boldsymbol{h}_i(t)]+ \\ &\qquad [0.4279\quad 0.7000\quad 0.3809] \\ &\qquad \sum_{j\in N_i}\{\hat{\boldsymbol{x}}_j(t)-\boldsymbol{h}_j(t)-[\hat{\boldsymbol{x}}_i(t)-\boldsymbol{h}_i(t)]\}+\boldsymbol{w}_i(t) \\ &i=1,\ 2,\ \cdots,\ 7 \end{aligned} \tag{5.72}$$

(1) 状态定常编队非航迹跟踪的情形。

首先考虑式(5.58)所示状态定常编队非航迹跟踪的情形，如式(5.56)定义编队前馈补偿控制信号 $\boldsymbol{w}_i(t)$。

$\boldsymbol{x}_{ij}(t)(i=1,\ 2,\ \cdots,\ 7;j=1,\ 2,\ 3)$ 随时间变化曲线分别如图 5.37、图 5.38 和图 5.39 所示；$\boldsymbol{x}_i(t)(i=1,\ 2,\ \cdots,\ 7)$ 随时间变化的三维曲线如图 5.40 所示；图 5.41 和图 5.42 所示是相轨迹曲线 $(\boldsymbol{x}_{i1}(t),\ \boldsymbol{x}_{i2}(t))(i=1,\ 2,\ \cdots,\ 7)$ 和 $(\boldsymbol{x}_{i1}(t),\ \boldsymbol{x}_{i3}(t))(i=1,\ 2,\ \cdots,\ 7)$，其中“∘”表示 $t=20$ 的状态。

状态编队偏差非一致分量 $\|\boldsymbol{\varphi}_{\cdot i}(t)\|_2^2(i=1,\ 2,\ 3)$ 随时间变化曲线如图 5.43 所示，状态编队偏差一致分量 $\boldsymbol{\zeta}_i(t)(i=1,\ 2,\ 3)$ 随时间变化曲线如图 5.44 所示。

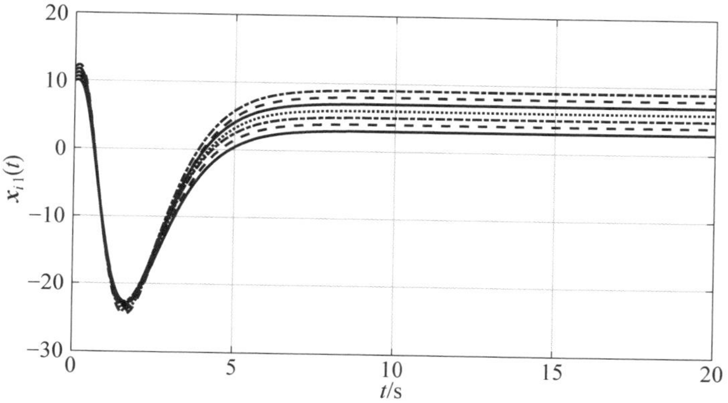

图 5.37 基于状态估计的定常编队非航迹跟踪闭环群系统状态 $x_{i1}(t)(i=1, 2, \cdots, 7)$ 随时间变化曲线

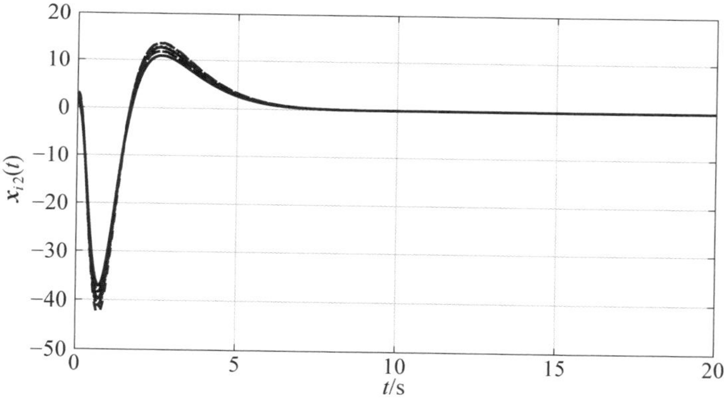

图 5.38 基于状态估计的定常编队非航迹跟踪闭环群系统状态 $x_{i2}(t)(i=1, 2, \cdots, 7)$ 随时间变化曲线

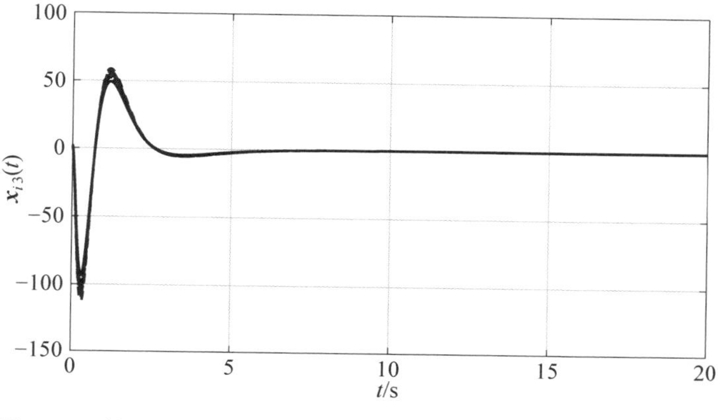

图 5.39 基于状态估计的定常编队非航迹跟踪闭环群系统状态 $x_{i3}(t)(i=1, 2, \cdots, 7)$ 随时间变化曲线

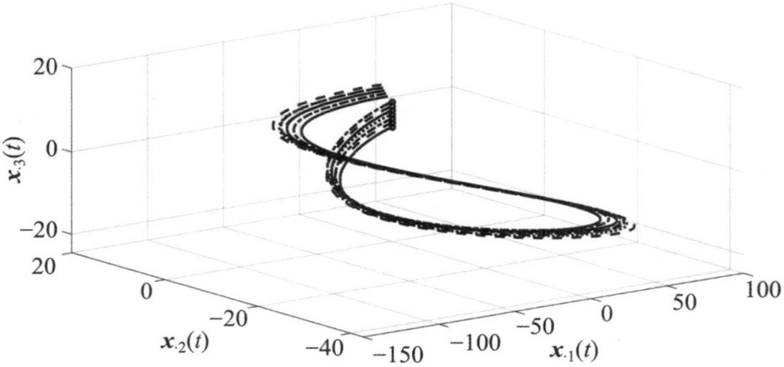

图 5.40 基于状态估计的定常编队非航迹跟踪闭环群系统状态 $x_i(t)(i=1, 2, \cdots, 7)$ 随时间变化曲线

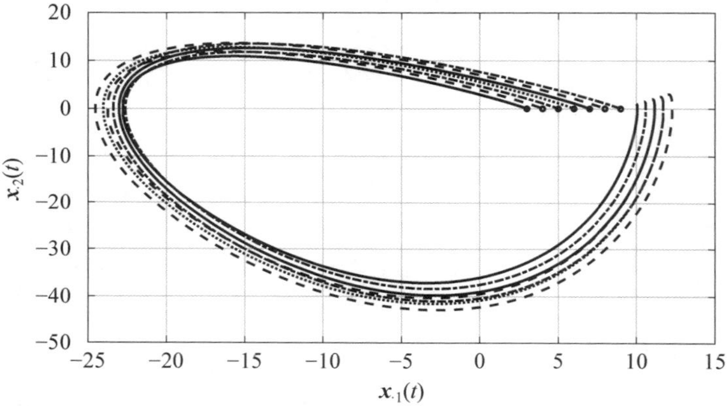

图 5.41 基于状态估计的定常编队非航迹跟踪闭环群系统状态 $(x_{i1}(t), x_{i2}(t))(i=1, 2, \cdots, 7)$ 相轨迹曲线

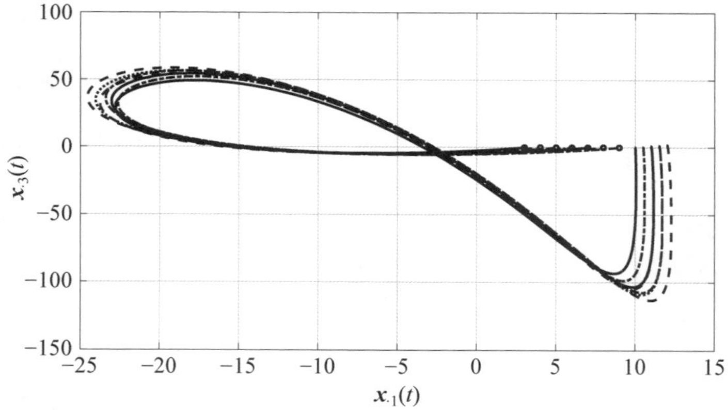

图 5.42 基于状态估计的定常编队非航迹跟踪闭环群系统状态 $(x_{i1}(t), x_{i3}(t))(i=1, 2, \cdots, 7)$ 相轨迹曲线

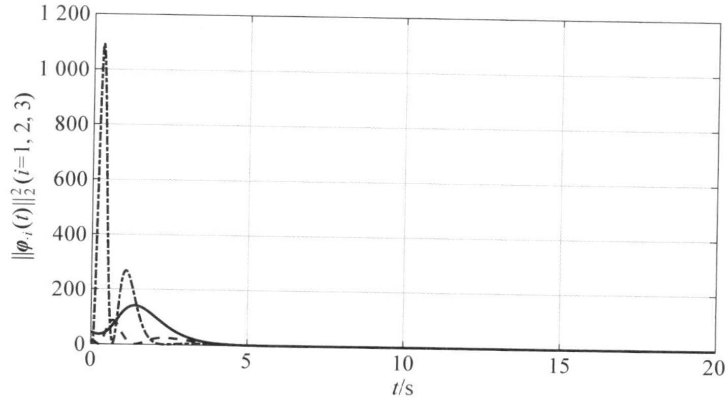

图 5.43 基于状态估计的定常编队非航迹跟踪闭环群系统编队偏差非一致分量 $\|\boldsymbol{\varphi}_{\cdot i}(t)\|_2^2(i=1, 2, 3)$ 随时间变化曲线

注：实线—— $\|\boldsymbol{\varphi}_{\cdot 1}(t)\|_2^2$；虚线 —— $\|\boldsymbol{\varphi}_{\cdot 2}(t)\|_2^2$；点划线 —— $\|\boldsymbol{\varphi}_{\cdot 3}(t)\|_2^2$。

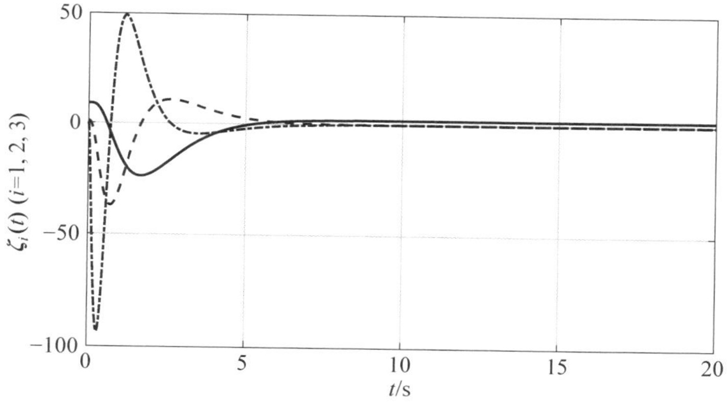

图 5.44 基于状态估计的定常编队非航迹跟踪闭环群系统编队偏差一致分量 $\zeta_i(t)(i=1, 2, 3)$ 随时间变化曲线

注：实线—— $\zeta_1(t)$；虚线 —— $\zeta_2(t)$；点划线 —— $\zeta_3(t)$。

比较图 5.2～图 5.9 与图 5.37～图 5.44 可知，在过渡过程阶段，由于状态估计的偏差较大，闭环群系统状态有较大的波动，随着状态估计的收敛，编队偏差的非一致分量趋于零，编队偏差的一致分量也趋于稳态值。

(2) 状态定常编队航迹跟踪的情形。

考虑式(5.58)所示状态定常编队航迹跟踪的情形，编队前馈补偿控制信号 $\boldsymbol{w}_i(t)$ 如式(5.56)定义。

闭环群系统状态 $\boldsymbol{x}_{ij}(t)(i=1, 2, \cdots, 7; j=1, 2, 3)$ 随时间变化曲线分别如图 5.45、图 5.46 和图 5.47 所示。图 5.48 是闭环群系统状态 $\boldsymbol{x}_i(t)(i=$

1，2，⋯，7）随时间变化的三维曲线。图 5.49 是闭环群系统状态 $\boldsymbol{x}_i(t)(i=1,2,\cdots,7)$ 在时间区间[10，30]内随时间变化的三维曲线。闭环群系统状态相轨迹曲线 $(\boldsymbol{x}_{i1}(t),\boldsymbol{x}_{i2}(t))(i=1,2,\cdots,7)$ 和 $(\boldsymbol{x}_{i1}(t),\boldsymbol{x}_{i3}(t))(i=1,2,\cdots,7)$ 分别如图 5.50、图 5.51 所示，其中“▪”和“∘”分别表示 $t=10$ 和 $t=30$ 时的状态。

基于状态估计的定常编队航迹跟踪闭环群系统状态编队偏差非一致分量 $\|\boldsymbol{\varphi}_{\cdot i}(t)\|_2^2(i=1,2,3)$ 随时间变化曲线如图 5.51 所示，状态编队偏差一致分量 $\boldsymbol{\zeta}_i(t)(i=1,2,3)$ 随时间变化曲线如图 5.52 所示。

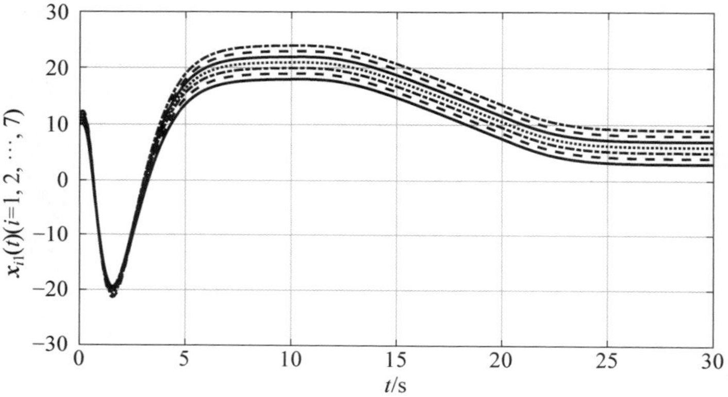

图 5.45 基于状态估计的定常编队航迹跟踪闭环群系统状态 $\boldsymbol{x}_{i1}(t)(i=1,2,\cdots,7)$ 随时间变化曲线

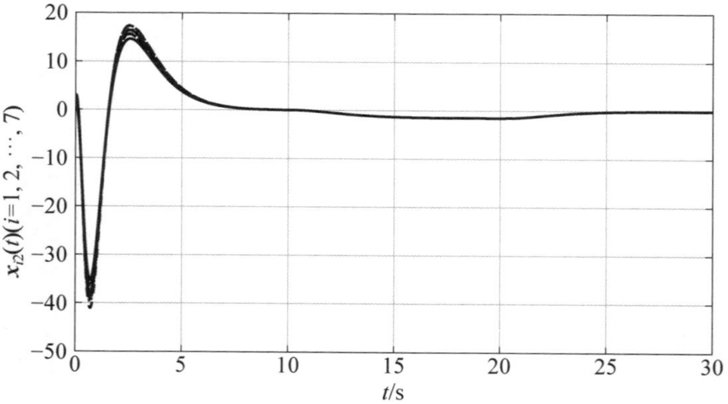

图 5.46 基于状态估计的定常编队航迹跟踪闭环群系统状态 $\boldsymbol{x}_{i2}(t)(i=1,2,\cdots,7)$ 随时间变化曲线

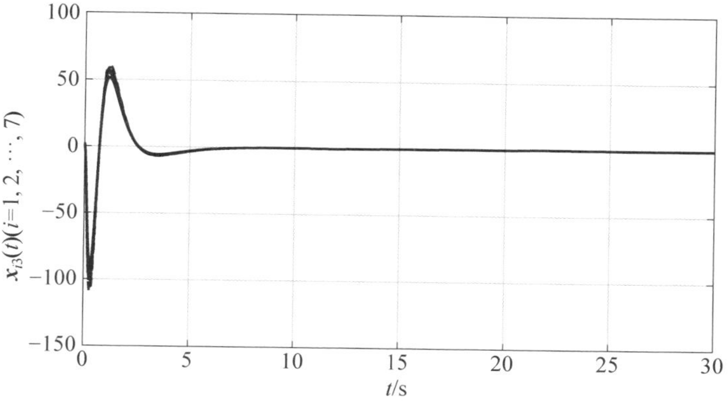

图 5.47　基于状态估计的定常编队航迹跟踪闭环群系统状态 $x_{i3}(t)(i=1, 2, \cdots, 7)$ 随时间变化曲线

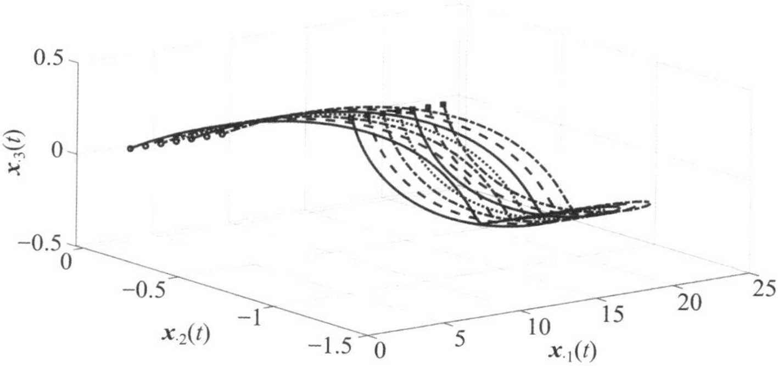

图 5.48　基于状态估计的定常编队航迹跟踪闭环群系统状态 $x_i(t)(i=1, 2, \cdots, 7)$，$t\in[10, 30]$ 随时间变化曲线

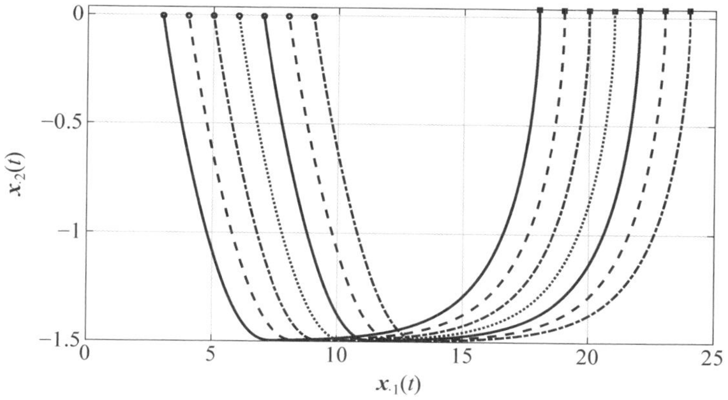

图 5.49　基于状态估计的定常编队航迹跟踪闭环群系统状态 $(x_{i1}(t), x_{i2}(t))(i=1, 2, \cdots, 7)$，$t\in[10, 30]$ 相轨迹曲线

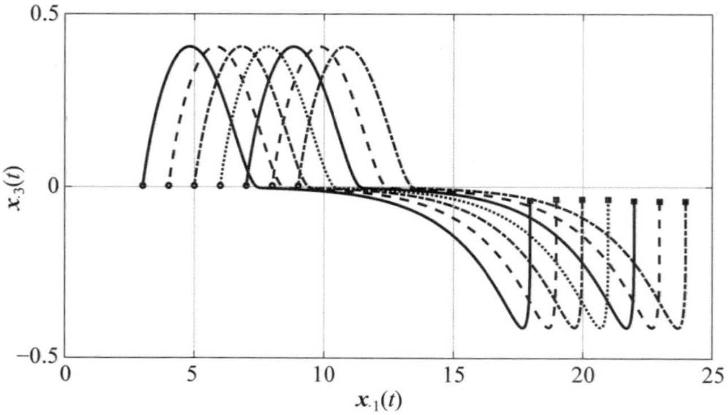

图 5.50 基于状态估计的定常编队航迹跟踪闭环群系统状态 $(x_{i1}(t), x_{i3}(t))(i=1, 2, \cdots, 7)$，$t \in [10, 30]$ 相轨迹曲线

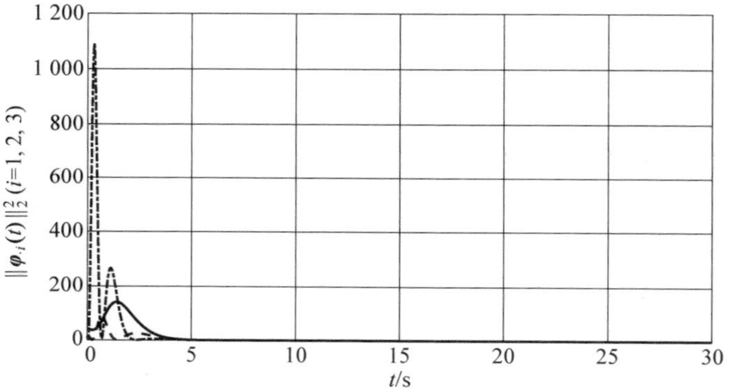

图 5.51 基于状态估计的定常编队航迹跟踪闭环群系统编队偏差非一致分量 $\|\boldsymbol{\varphi}_{\cdot i}(t)\|_2^2(i=1, 2, 3)$ 随时间变化曲线

注：实线—— $\|\boldsymbol{\varphi}_{\cdot 1}(t)\|_2^2$；虚线 —— $\|\boldsymbol{\varphi}_{\cdot 2}(t)\|_2^2$；点划线 —— $\|\boldsymbol{\varphi}_{\cdot 3}(t)\|_2^2$。

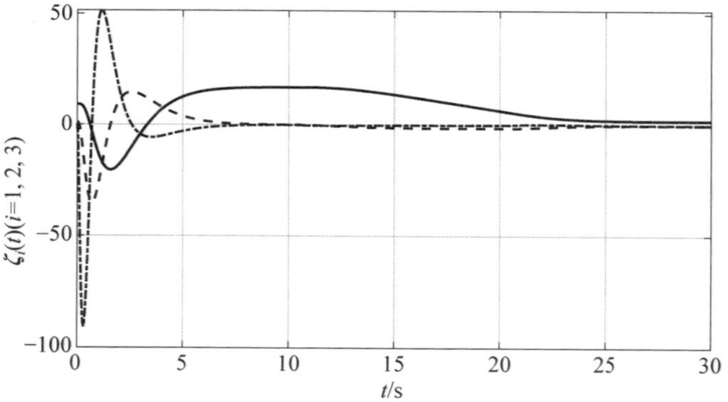

图 5.52 基于状态估计的定常编队航迹跟踪闭环群系统编队偏差一致分量 $\zeta_i(t)(i=1, 2, 3)$ 随时间变化曲线

注：实线—— $\zeta_1(t)$；虚线 ——$\zeta_2(t)$；点划线 ——$\zeta_3(t)$。

由图 5.43 与图 5.51 可知，基于状态估计的定常编队航迹跟踪闭环群系统的编队偏差非一致分量与基于状态估计的定常编队非航迹跟踪闭环群系统的编队偏差非一致分量相同，即航迹跟踪不改变定常编队的编队偏差趋于一致的特性。

(3) 状态时变编队非航迹跟踪的情形。

考虑基于状态估计的状态时变编队非航迹跟踪的情形，状态编队控制协议如式(5.72)所示，其中如式(5.63)给定时变编队 $\boldsymbol{h}_i(t)(i=1, 2, \cdots, 7)$，并设置状态编队参考指令信号 $\boldsymbol{w}_1(t)$ 为零，编队前馈补偿控制信号 $\boldsymbol{w}_i(t)(i=2, 3, \cdots, 7)$ 如式(5.56)给定。

相应闭环群系统状态 $\boldsymbol{x}_{ij}(t)(i=1, 2, \cdots, 7; j=1, 2, 3)$ 随时间变化曲线分别如图 5.53、图 5.54 和图 5.55 所示。图 5.56 是闭环群系统状态 $\boldsymbol{x}_i(t)(i=1, 2, \cdots, 7)$ 在时间区间[10, 30]内随时间变化的三维曲线，闭环群系统在时间区间[10, 30]内的状态相轨迹曲线 $(\boldsymbol{x}_{i1}(t), \boldsymbol{x}_{i2}(t))$ 和 $(\boldsymbol{x}_{i1}(t), \boldsymbol{x}_{i3}(t))(i=1, 2, \cdots, 7)$ 分别如图 5.57、图 5.58 所示，其中“▪”和“∘”分别表示 $t=10$ 和 $t=30$ 时的状态。

基于状态估计的时变编队非航迹跟踪闭环群系统状态编队偏差非一致分量 $\|\boldsymbol{\varphi}_{\cdot i}(t)\|_2^2(i=1, 2, 3)$ 随时间变化曲线如图 5.59 所示，状态编队偏差一致分量 $\boldsymbol{\zeta}_i(t)(i=1, 2, 3)$ 随时间变化曲线如图 5.60 所示。

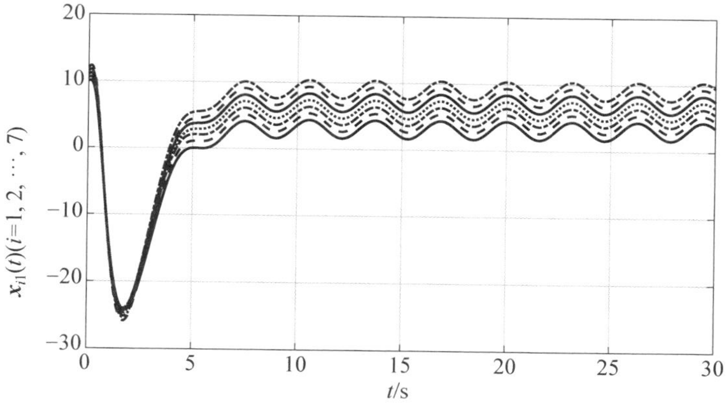

图 5.53 基于状态估计的时变编队非航迹跟踪闭环群系统状态 $\boldsymbol{x}_{i1}(t)(i=1, 2, \cdots, 7)$ 随时间变化曲线

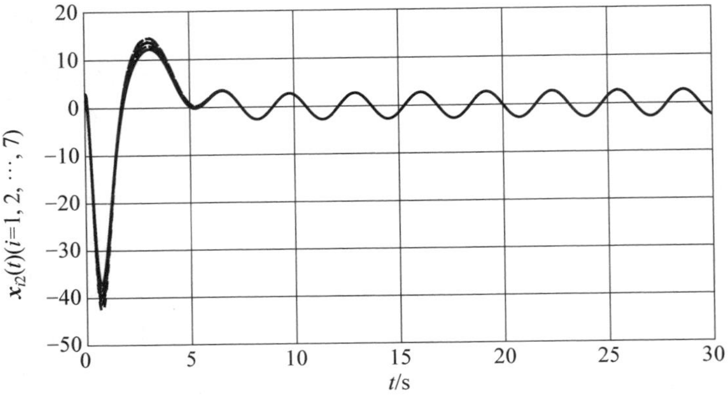

图 5.54 基于状态估计的时变编队非航迹跟踪闭环群系统状态 $x_{i2}(t)(i=1, 2, \cdots, 7)$ 随时间变化曲线

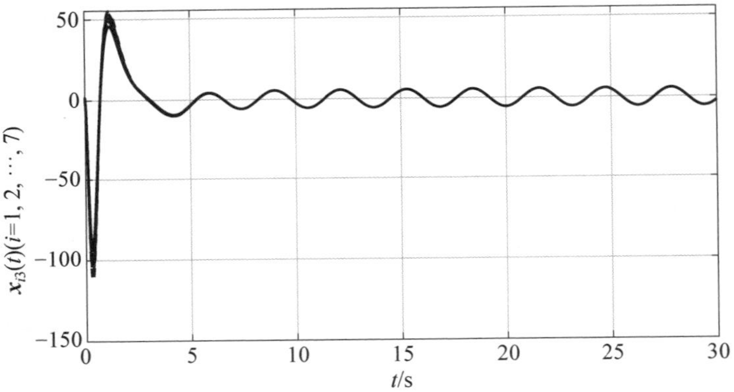

图 5.55 基于状态估计的时变编队非航迹跟踪闭环群系统状态 $x_{i3}(t)(i=1, 2, \cdots, 7)$ 随时间变化曲线

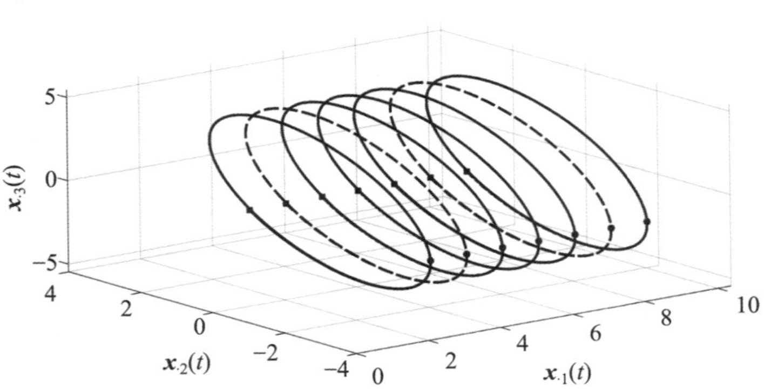

图 5.56 基于状态估计的时变编队航迹跟踪闭环群系统状态 $x_i(t)(i=1, 2, \cdots, 7)$，$t \in [10, 30]$ 随时间变化曲线

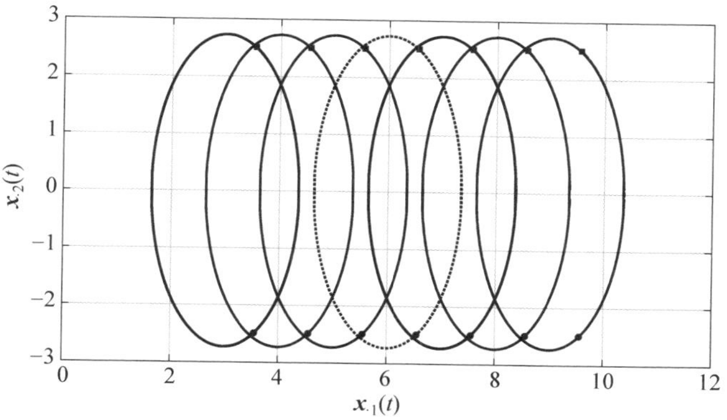

图 5.57 基于状态估计的时变编队非航迹跟踪闭环群系统状态 $(x_{i1}(t), x_{i2}(t))(i=1, 2, \cdots, 7)$, $t \in [10, 30]$ 相轨迹曲线

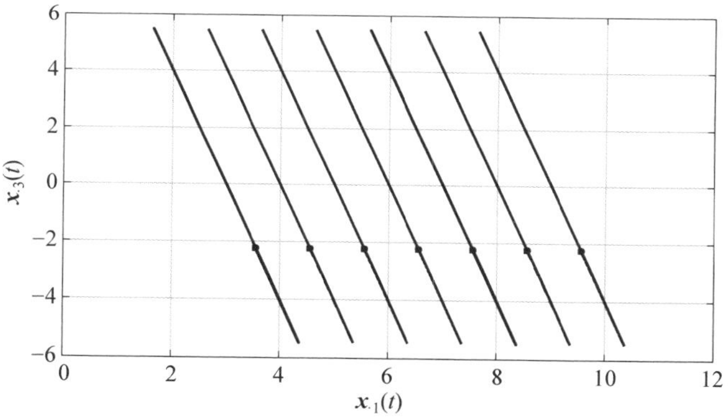

图 5.58 基于状态估计的时变编队非航迹跟踪闭环群系统状态 $(x_{i1}(t), x_{i3}(t))(i=1, 2, \cdots, 7)$, $t \in [10, 30]$ 相轨迹曲线

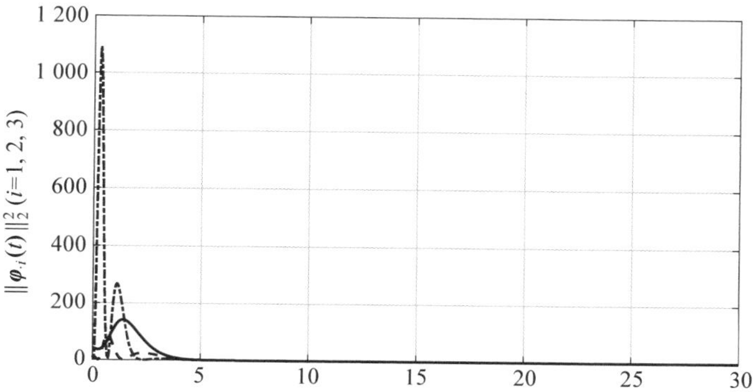

图 5.59 基于状态估计的时变编队非航迹跟踪闭环群系统编队偏差非一致分量 $\|\boldsymbol{\varphi}_{\cdot i}(t)\|_2^2 (i=1, 2, 3)$ 随时间变化曲线

注：实线—— $\|\boldsymbol{\varphi}_{\cdot 1}(t)\|_2^2$；虚线 —— $\|\boldsymbol{\varphi}_{\cdot 2}(t)\|_2^2$；点划线 —— $\|\boldsymbol{\varphi}_{\cdot 3}(t)\|_2^2$。

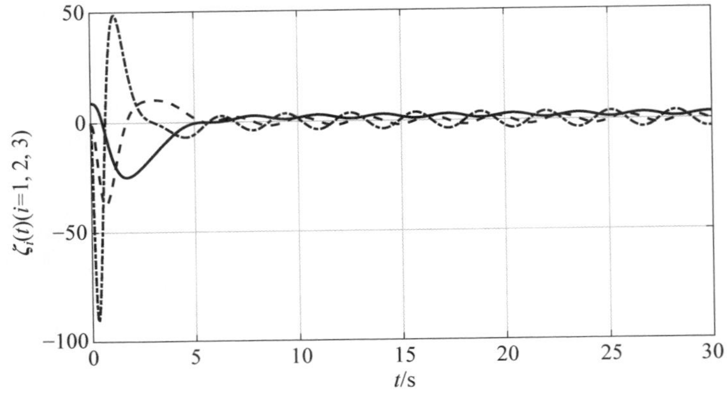

图 5.60 基于状态估计的时变编队非航迹跟踪闭环群系统编队偏差一致分量 $\zeta_i(t)(i=1, 2, 3)$ 随时间变化曲线

注：实线—— $\zeta_1(t)$；虚线 —— $\zeta_2(t)$；点划线 —— $\zeta_3(t)$。

(4) 状态时变编队航迹跟踪的情形。

考虑基于状态估计的状态时变编队航迹跟踪的情形，状态编队控制协议如式(5.72)所示。其中，状态时变编队 $\boldsymbol{h}_i(t)(i=1, 2, \cdots, 7)$ 和状态编队参考指令信号 $\boldsymbol{w}_1(t)$ 如式(5.67)所示，编队前馈补偿控制信号 $\boldsymbol{w}_i(t)(i=2, 3, \cdots, 7)$ 如式(5.56)给定。

闭环群系统状态 $\boldsymbol{x}_{ij}(t)(i=1, 2, \cdots, 7; j=1, 2, 3)$ 随时间变化曲线分别如图 5.61、图 5.62 和图 5.63 所示。图 5.64 是闭环群系统状态 $\boldsymbol{x}_i(t)(i=1, 2, \cdots, 7)$ 在时间区间[10, 18]和[36, 40]内随时间变化的三维曲线，闭环群系统在时间区间[10, 18]和[36, 40]内的状态相轨迹曲线 $(\boldsymbol{x}_{i1}(t), \boldsymbol{x}_{i2}(t))(i=1, 2, \cdots, 7)$ 和 $(\boldsymbol{x}_{i1}(t), \boldsymbol{x}_{i3}(t))(i=1, 2, \cdots, 7)$ 分别如图 5.65、图 5.66 所示，其中“▪”和“∘”分别表示 $t=18$ 和 $t=40$ 时的状态。

基于状态估计的时变编队航迹跟踪闭环群系统状态编队偏差非一致分量 $\|\boldsymbol{\varphi}_{\cdot i}(t)\|_2^2(i=1, 2, 3)$ 随时间变化曲线如图 5.67 所示，状态编队偏差一致分量 $\boldsymbol{\zeta}_i(t)(i=1, 2, 3)$ 随时间变化曲线如图 5.68 所示。

由上述仿真结果可知，基于状态估计的编队控制闭环群系统的状态、编队偏差非一致分量和编队偏差一致分量，随着编队误差估计值(即状态估计值)的收敛而分别趋于相应的基于状态的编队控制闭环群系统的状态、编队偏差非一致分量和编队偏差一致分量。与后者相比，前者在过渡过程阶段，闭环群系统的状态有较大的波动。

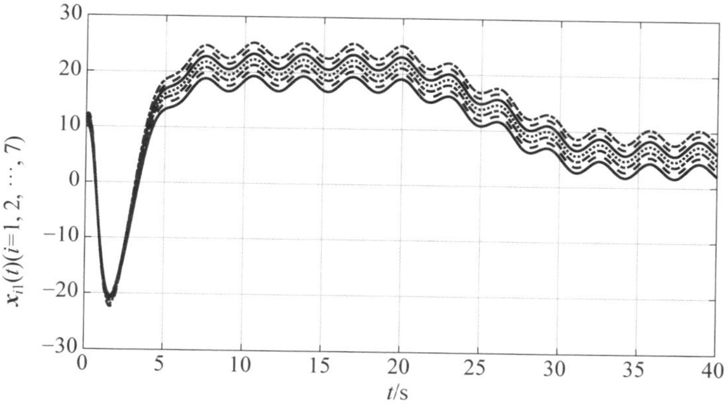

图 5.61　基于状态估计的时变编队航迹跟踪闭环群系统状态 $x_{i1}(t)(i=1, 2, \cdots, 7)$ 随时间变化曲线

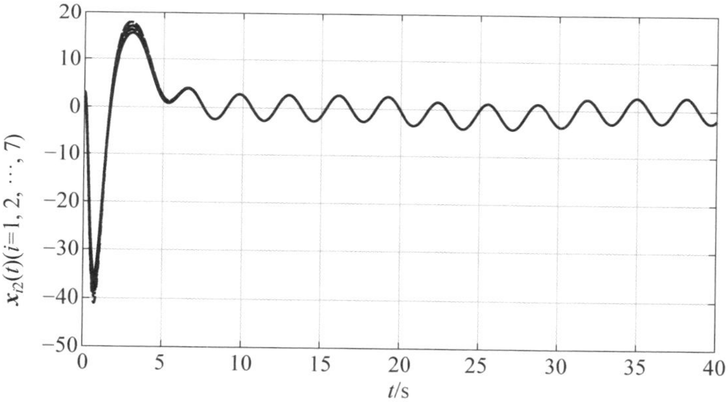

图 5.62　基于状态估计的时变编队航迹跟踪闭环群系统状态 $x_{i2}(t)(i=1, 2, \cdots, 7)$ 随时间变化曲线

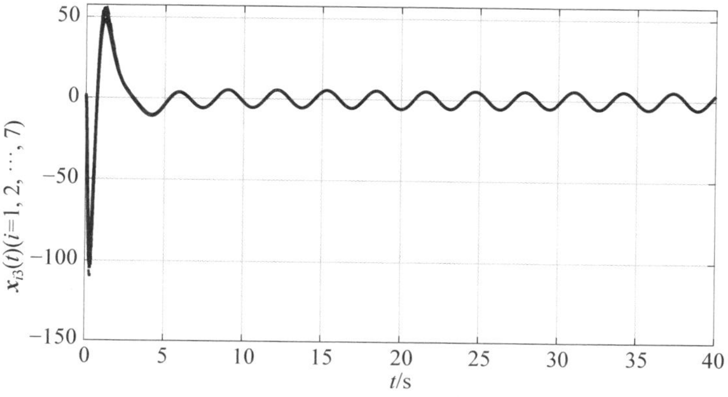

图 5.63　基于状态估计的时变编队航迹跟踪闭环群系统状态 $x_{i3}(t)(i=1, 2, \cdots, 7)$ 随时间变化曲线

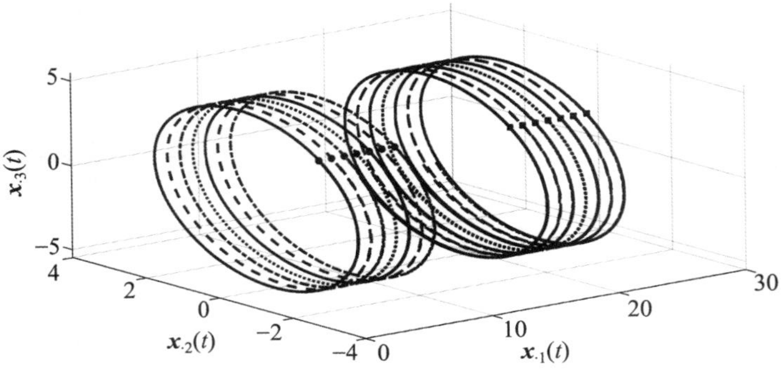

图 5.64 基于状态估计的时变编队航迹跟踪闭环群系统状态 $x_i(t)(i=1, 2, \cdots, 7)$, $t\in[10, 18]$, $t\in[36, 40]$ 随时间变化曲线

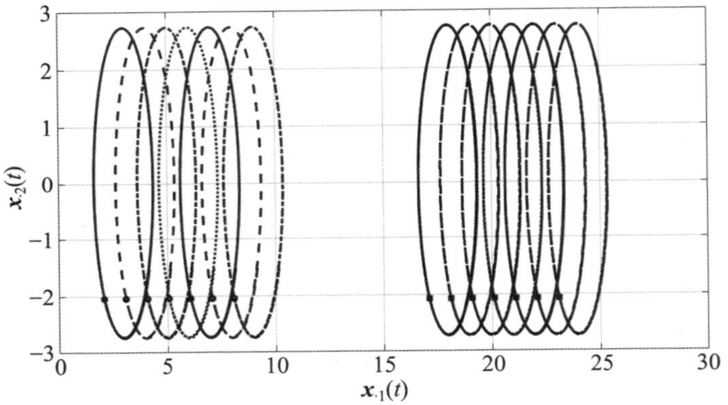

图 5.65 基于状态估计的时变编队航迹跟踪闭环群系统状态 $(x_{i1}(t), x_{i2}(t))(i=1, 2, \cdots, 7)$, $t\in[10, 18]$, $t\in[36, 40]$ 相轨迹曲线

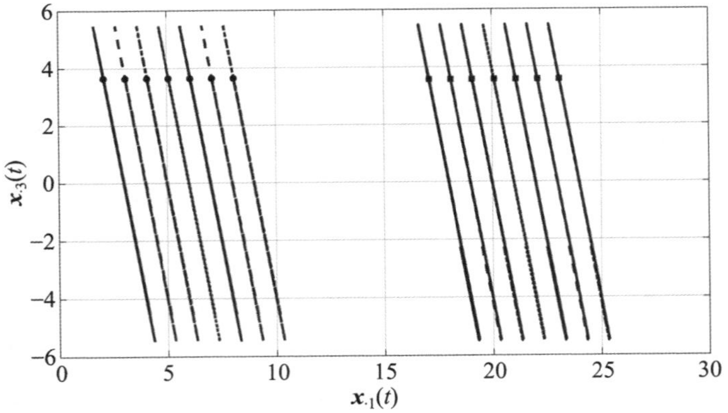

图 5.66 基于状态估计的时变编队航迹跟踪闭环群系统状态 $(x_{i1}(t), x_{i3}(t))(i=1, 2, \cdots, 7)$, $t\in[10, 18]$, $t\in[36, 40]$ 相轨迹曲线

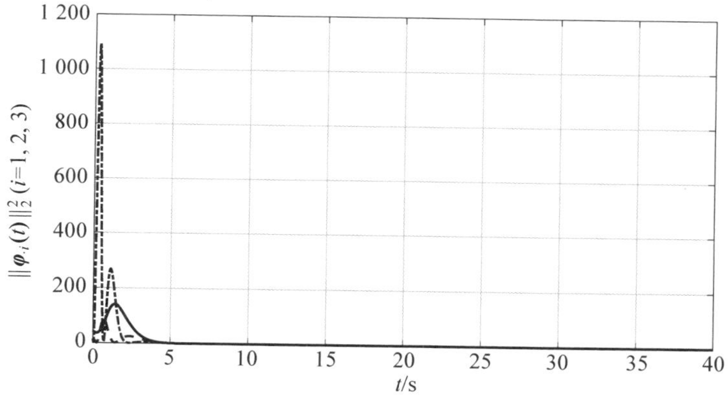

图 5.67 基于状态估计的时变编队航迹跟踪闭环群系统编队偏差非一致分量 $\|\boldsymbol{\varphi}_{\cdot i}(t)\|_2^2(i=1, 2, 3)$ 随时间变化曲线

注：实线—— $\|\boldsymbol{\varphi}_{\cdot 1}(t)\|_2^2$；虚线 —— $\|\boldsymbol{\varphi}_{\cdot 2}(t)\|_2^2$；点划线 —— $\|\boldsymbol{\varphi}_{\cdot 3}(t)\|_2^2$。

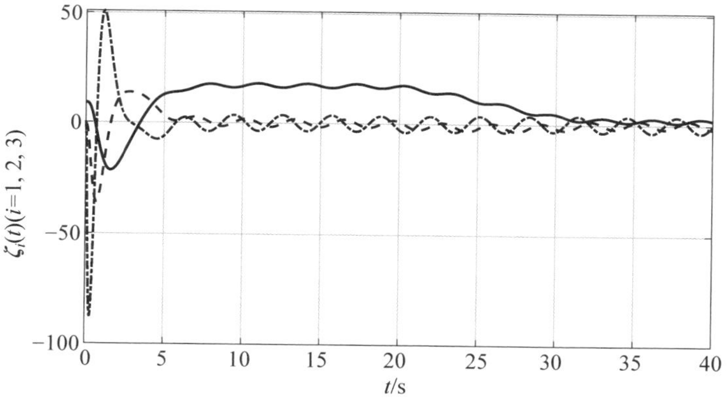

图 5.68 基于状态估计的时变编队航迹跟踪闭环群系统编队偏差一致分量 $\zeta_i(t)(i=1, 2, 3)$ 随时间变化曲线

注：实线—— $\zeta_1(t)$；虚线 ——$\zeta_2(t)$；点划线 ——$\zeta_3(t)$。

对于基于状态估计的编队控制闭环群系统，无论是定常编队还是时变编队，无论是非航迹跟踪还是航迹跟踪，编队偏差非一致分量的动态特性都是相同，即编队控制特性是一样的。

3）群系统输出编队控制

对于群系统[式(5.52)]，可选取

$$\boldsymbol{T}=\begin{bmatrix}1&0&0\\0&1&0\\0&0&1\end{bmatrix}=\boldsymbol{I}_3 \tag{5.73}$$

此时

$$\boldsymbol{\eta}_i(t)=\begin{bmatrix}\boldsymbol{\eta}_i(t)\\ \boldsymbol{s}_i(t)\end{bmatrix}=\begin{bmatrix}\boldsymbol{\eta}_i(t)\\ \boldsymbol{s}_{i1}(t)\\ \boldsymbol{s}_{i2}(t)\end{bmatrix},\ i=1,\ 2,\ \cdots,\ N \tag{5.74}$$

若给定输出编队 $\boldsymbol{\eta}(t)$，则需选择 $\boldsymbol{s}_i(t)\in\mathbf{R}^2(i=1,\ 2,\ \cdots,\ N)$ 和编队前馈补偿控制信号 $\boldsymbol{w}_i(t)(i=1,\ 2,\ \cdots,\ N)$ 使得

$$(\boldsymbol{I}_{N-1}\otimes\boldsymbol{B})\tilde{\boldsymbol{\varpi}}(t)+\tilde{\boldsymbol{\vartheta}}(t)\rightarrow 0,\ t\rightarrow\infty \tag{5.75}$$

即

$$(\boldsymbol{U}_2\otimes\boldsymbol{I}_n)[(\boldsymbol{I}_N\otimes\boldsymbol{B})\boldsymbol{w}(t)+(\boldsymbol{I}_N\otimes\boldsymbol{A})\boldsymbol{\eta}(t)-\dot{\boldsymbol{\eta}}(t)]\rightarrow 0,\ t\rightarrow\infty \tag{5.76}$$

对于群系统[式(5.52)],式(5.76)等价于:

$$\begin{aligned}&\dot{\boldsymbol{\eta}}_1(t)-\dot{\boldsymbol{\eta}}_i(t)\rightarrow\boldsymbol{s}_{11}(t)-\boldsymbol{s}_{i1}(t),\ t\rightarrow\infty\\&\dot{\boldsymbol{\eta}}_{11}(t)-\dot{\boldsymbol{\eta}}_{i1}(t)\rightarrow\boldsymbol{s}_{12}(t)-\boldsymbol{s}_{i2}(t),\ t\rightarrow\infty\\&\dot{\boldsymbol{\eta}}_{12}(t)-\dot{\boldsymbol{\eta}}_{i2}(t)\rightarrow 2[\boldsymbol{s}_1(t)-\boldsymbol{s}_i(t)]+[\boldsymbol{s}_{11}(t)-\boldsymbol{s}_{i1}(t)]+\\&\qquad[\boldsymbol{s}_{12}(t)-\boldsymbol{s}_{i2}(t)]+\boldsymbol{w}_1(t)-\boldsymbol{w}_i(t),\ t\rightarrow\infty\\&i=2,\ 3,\ \cdots,\ N\end{aligned} \tag{5.77}$$

显然对于给定的 $\boldsymbol{\eta}(t)$，满足式(5.77)的 $\boldsymbol{s}_i(t)$ 和 $\boldsymbol{w}_i(t)(i=1,\ 2,\ \cdots,\ N)$ 存在，且不唯一。若考虑定常输出编队 $\boldsymbol{\eta}(t)=[1\quad 2\quad\cdots\quad N]^{\mathrm{T}}$，并令 $\boldsymbol{s}_1(t)=\boldsymbol{s}_0$，其中 $\boldsymbol{s}_0\in\mathbf{R}^2$ 为任意常数向量,则可令

$$\boldsymbol{s}_i(t)=\boldsymbol{s}_0,\ \boldsymbol{w}_i(t)=2(i-1)+\boldsymbol{w}_1(t),\ i=2,\ 3,\ \cdots,\ N \tag{5.78}$$

式中，$\boldsymbol{w}_1(t)$ 为任意分段连续输出编队参考指令信号,则相应的状态编队为

$$\boldsymbol{\eta}_i(t)=\begin{bmatrix}i\\ \boldsymbol{s}_0\end{bmatrix}=\begin{bmatrix}i\\ \boldsymbol{s}_{01}\\ \boldsymbol{s}_{02}\end{bmatrix},\ i=1,\ 2,\ \cdots,\ N \tag{5.79}$$

对于式(5.79)的状态编队，应用式(5.6)的状态编队控制协议，其中增益矩阵 $\boldsymbol{K}_1$ 和 $\boldsymbol{K}_2$ 如式(5.54)给定，则由式(5.36)知，相应的状态编队参考函数满足如下方程：

$$\dot{\boldsymbol{c}}(t)=\begin{bmatrix}0&1&0\\0&0&1\\-1&-3&-3\end{bmatrix}\boldsymbol{c}(t)+\begin{bmatrix}0\\0\\1\end{bmatrix}\boldsymbol{w}_1(t)+\begin{bmatrix}0&1&0\\0&0&1\\2&1&1\end{bmatrix}\begin{bmatrix}1\\\boldsymbol{s}_{01}\\\boldsymbol{s}_{02}\end{bmatrix},\ c(0)=0 \tag{5.80}$$

若 $\boldsymbol{w}_1(t)$ 为分段常数 $\boldsymbol{w}_1$，则状态编队参考函数趋于：

$$\boldsymbol{c}(t)\rightarrow\begin{bmatrix}\boldsymbol{w}_1+2+4\boldsymbol{s}_{01}+4\boldsymbol{s}_{02}\\-\boldsymbol{s}_{01}\\-\boldsymbol{s}_{02}\end{bmatrix} \tag{5.81}$$

闭环群系统状态 $\boldsymbol{x}_i(t)(i=1,2,\cdots,7)$ 趋于：

$$\boldsymbol{x}_i(t)\rightarrow\boldsymbol{h}_i(t)+\boldsymbol{c}(t)\rightarrow\begin{bmatrix}i+\boldsymbol{w}_1+2+4\boldsymbol{s}_{01}+4\boldsymbol{s}_{02}\\0\\0\end{bmatrix},\ i=1,2,\cdots,7 \tag{5.82}$$

闭环群系统状态 $\boldsymbol{y}_i(t)(i=1,2,\cdots,7)$ 趋于：

$$\boldsymbol{y}_i(t)\rightarrow i+\boldsymbol{w}_1+2+4\boldsymbol{s}_{01}+4\boldsymbol{s}_{02},\ i=1,2,\cdots,7 \tag{5.83}$$

依据式(5.77)可设计复杂的时变输出编队和输出编队航迹。

5.8.2 第二个数例

例 5.2 对于编队控制问题，经过反馈线性化和变量代换，无人直升机的动力学模型可变换为双积分模型，即可将无人直升机看作是单质量质点[82,152-155]。

考虑由 6 架无人直升机构成的无人机群。无人直升机由如下动力学方程描述：

$$\begin{aligned}&\ddot{\boldsymbol{x}}_i(t)=\boldsymbol{u}_{xi}(t),\ \ddot{\boldsymbol{y}}_i(t)=\boldsymbol{u}_{yi}(t),\ \ddot{\boldsymbol{z}}_i(t)=\boldsymbol{u}_{zi}(t)\\&\boldsymbol{x}_i(0)=[2i\quad 0]^{\mathrm{T}};\ \boldsymbol{y}_i(0)=[0\quad 0]^{\mathrm{T}};\ \boldsymbol{z}_i(0)=[0\quad 0]^{\mathrm{T}}\\&i=1,2,\cdots,6\end{aligned} \tag{5.84}$$

定义无人直升机群系统状态向量如下：

$$\begin{aligned}&\boldsymbol{\chi}(t)=[\boldsymbol{\chi}_1^{\mathrm{T}}(t)\quad \boldsymbol{\chi}_2^{\mathrm{T}}(t)\quad \cdots\quad \boldsymbol{\chi}_6^{\mathrm{T}}(t)]^{\mathrm{T}}\\&\boldsymbol{\chi}_i(t)=[\boldsymbol{x}_i(t)\quad \dot{\boldsymbol{x}}_i(t)\quad \boldsymbol{y}_i(t)\quad \dot{\boldsymbol{y}}_i(t)\quad \boldsymbol{z}_i(t)\quad \dot{\boldsymbol{z}}_i(t)]^{\mathrm{T}},\ i=1,2,\cdots,6\end{aligned}\tag{5.85}$$

则无人直升机群系统的状态空间描述为

$$\dot{\boldsymbol{\chi}}_i(t)=(\boldsymbol{I}_3\otimes\boldsymbol{A})\boldsymbol{\chi}_i(t)+(\boldsymbol{I}_3\otimes\boldsymbol{B})\boldsymbol{u}_i(t),\ i=1,2,\cdots,6\tag{5.86}$$

或

$$\dot{\boldsymbol{\chi}}(t)=[\boldsymbol{I}_6\otimes(\boldsymbol{I}_3\otimes\boldsymbol{A})]\boldsymbol{\chi}(t)+[\boldsymbol{I}_6\otimes(\boldsymbol{I}_3\otimes\boldsymbol{B})]\boldsymbol{u}(t)\tag{5.87}$$

其中，

$$\begin{aligned}&\boldsymbol{A}=\begin{bmatrix}0&1\\0&0\end{bmatrix},\ \boldsymbol{B}=\begin{bmatrix}0\\1\end{bmatrix}\\&\boldsymbol{u}_i(t)=[\boldsymbol{u}_{xi}(t)\quad \boldsymbol{u}_{yi}(t)\quad \boldsymbol{u}_{zi}(t)]^{\mathrm{T}},\ i=1,2,\cdots,6\\&\boldsymbol{u}(t)=[\boldsymbol{u}_1^{\mathrm{T}}(t)\quad \boldsymbol{u}_2^{\mathrm{T}}(t)\quad \cdots\quad \boldsymbol{u}_6^{\mathrm{T}}(t)]^{\mathrm{T}}\end{aligned}\tag{5.88}$$

无人直升机之间的作用拓扑如图 5.69 所示。

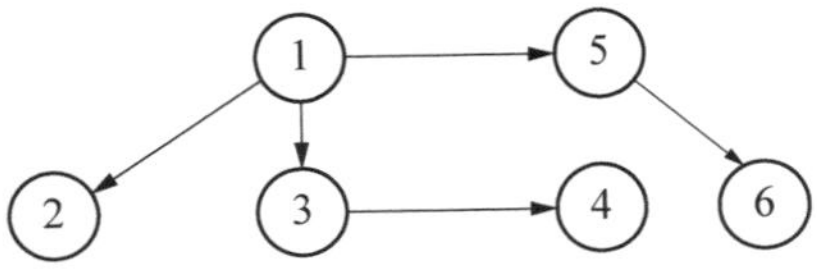

图 5.69　无人机群作用拓扑

对应的 Laplace 矩阵 $\boldsymbol{L}$ 为

$$\boldsymbol{L}=\begin{bmatrix}0&0&0&0&0&0\\-1&1&0&0&0&0\\-1&0&1&0&0&0\\0&0&-1&1&0&0\\-1&0&0&0&1&0\\0&0&0&0&-1&1\end{bmatrix}\tag{5.89}$$

对应的矩阵 $\widetilde{\boldsymbol{L}}$ 为

$$\tilde{\boldsymbol{L}}=\begin{bmatrix}1 & 0 & 0 & 0 & 0\\0 & 1 & 0 & 0 & 0\\0 & -1 & 1 & 0 & 0\\0 & 0 & 0 & 1 & 0\\0 & 0 & 0 & -1 & 1\end{bmatrix} \tag{5.90}$$

求解 Lyapunov 方程[式(5.7)]，得

$$\boldsymbol{P}_{\mathrm{L}}=\begin{bmatrix}0.5 & 0 & 0 & 0 & 0\\0 & 0.75 & 0.25 & 0 & 0\\0 & 0.25 & 0.5 & 0 & 0\\0 & 0 & 0 & 0.75 & 0.25\\0 & 0 & 0 & 0.25 & 0.5\end{bmatrix} \tag{5.91}$$

由式(5.10)知，正数 μ 需满足：

$$\mu<\frac{1}{\lambda_{\max}(\boldsymbol{P}_{\mathrm{L}})}\approx 1.1056 \tag{5.92}$$

故选取 $\mu=1.1$。

选取 $\boldsymbol{K}_1=\boldsymbol{I}_3\otimes[-4\quad -4]$，使得 $(\boldsymbol{I}_3\otimes\boldsymbol{A})+(\boldsymbol{I}_3\otimes\boldsymbol{B})\boldsymbol{K}_1$ 的所有特征值均为-2。令 $\boldsymbol{Q}$ 和 $\boldsymbol{R}$ 均为单位阵，则求解相应的 Riccati 方程[式(5.9)]，由式(5.8)求得

$$\boldsymbol{K}_2=\boldsymbol{I}_3\otimes[0.1229\quad 0.1525] \tag{5.93}$$

由式(5.6)，状态编队控制协议为

$$\begin{aligned}\boldsymbol{u}_i(t)=&\ (\boldsymbol{I}_3\otimes[-4\quad -4])[\boldsymbol{\chi}_i(t)-\boldsymbol{h}_i(t)]+\\&(\boldsymbol{I}_3\otimes[0.1229\quad 0.1525])\sum_{j\in N_i}\{\boldsymbol{\chi}_j(t)-\boldsymbol{h}_j(t)-[\boldsymbol{\chi}_i(t)-\boldsymbol{h}_i(t)]\}+\boldsymbol{w}_i(t)\\i=&\ 1,2,\cdots,6\end{aligned} \tag{5.94}$$

其中，状态编队向量和编队前馈补偿控制向量分别为

$$\begin{aligned}&\boldsymbol{h}_i(t)=[\boldsymbol{h}_{ix}^{\mathrm{T}}(t)\quad \boldsymbol{h}_{iy}^{\mathrm{T}}(t)\quad \boldsymbol{h}_{iz}^{\mathrm{T}}(t)]^{\mathrm{T}}\\&\boldsymbol{h}_{ij}(t)=[\boldsymbol{h}_{ij1}(t)\quad \boldsymbol{h}_{ij2}(t)]^{\mathrm{T}},\ j=x,y,z\\&\boldsymbol{w}_i(t)=[\boldsymbol{w}_{ix}(t)\quad \boldsymbol{w}_{iy}(t)\quad \boldsymbol{w}_{iz}(t)]^{\mathrm{T}}\\&i=1,2,\cdots,6\end{aligned} \tag{5.95}$$

对于式(5.24)，令 $\hat{\boldsymbol{B}}=[1\quad 0]^{\mathrm{T}}$（注意，$\hat{\boldsymbol{B}}$ 的选择对编队可行性条件没有影

响),则

$$\begin{bmatrix} \widetilde{\boldsymbol{B}}_1 \\ \widetilde{\boldsymbol{B}}_2 \end{bmatrix} = \begin{bmatrix} 0 & 1 \\ 1 & 0 \end{bmatrix} \tag{5.96}$$

编队可行性条件为

$$\begin{aligned} &\widetilde{\boldsymbol{B}}_2\{\boldsymbol{A}[\boldsymbol{h}_{ij}(t)-\boldsymbol{h}_{1j}(t)]-[\dot{\boldsymbol{h}}_{ij}(t)-\dot{\boldsymbol{h}}_{1j}(t)]\} \\ &=[\boldsymbol{h}_{ij2}(t)-\boldsymbol{h}_{1j2}(t)]-[\dot{\boldsymbol{h}}_{ij1}(t)-\dot{\boldsymbol{h}}_{1j1}(t)]\rightarrow 0 \\ &i=2,\ 3,\ \cdots,\ 6;\ j=x,\ y,\ z \end{aligned} \tag{5.97}$$

由式(5.26),有

$$\begin{aligned} \boldsymbol{w}_{ij}(t) &= \boldsymbol{w}_{1j}(t)-\widetilde{\boldsymbol{B}}_1\{\boldsymbol{A}[\boldsymbol{h}_{ij}(t)-\boldsymbol{h}_{1j}(t)]-[\dot{\boldsymbol{h}}_{ij}(t)-\dot{\boldsymbol{h}}_{1j}(t)]\} \\ &= \boldsymbol{w}_{1j}(t)-[0\quad 1]\left(\begin{bmatrix} 0 & 1 \\ 0 & 0 \end{bmatrix}\begin{bmatrix} \boldsymbol{h}_{ij1}(t)-\boldsymbol{h}_{1j1}(t) \\ \boldsymbol{h}_{ij2}(t)-\boldsymbol{h}_{1j2}(t) \end{bmatrix}-\begin{bmatrix} \dot{\boldsymbol{h}}_{ij1}(t)-\dot{\boldsymbol{h}}_{1j1}(t) \\ \dot{\boldsymbol{h}}_{ij2}(t)-\dot{\boldsymbol{h}}_{1j2}(t) \end{bmatrix}\right) \\ &= \boldsymbol{w}_{1j}(t)+[\dot{\boldsymbol{h}}_{ij2}(t)-\dot{\boldsymbol{h}}_{1j2}(t)] \\ i&=2,\ 3,\ \cdots,\ 6;\ j=x,\ y,\ z \end{aligned} \tag{5.98}$$

由式(5.36)知,状态编队参考函数趋于如下方程的稳态解:

$$\begin{aligned} &\dot{\boldsymbol{c}}_j(t)=\begin{bmatrix} 0 & 1 \\ -4 & -4 \end{bmatrix}\boldsymbol{c}_j(t)+\begin{bmatrix} 0 \\ 1 \end{bmatrix}\boldsymbol{w}_{1j}(t)-\begin{bmatrix} \dot{\boldsymbol{h}}_{1j1}(t)-\boldsymbol{h}_{1j2}(t) \\ \dot{\boldsymbol{h}}_{1j2}(t) \end{bmatrix},\ \boldsymbol{c}_j(0)=0 \\ &j=x,\ y,\ z \end{aligned} \tag{5.99}$$

注意,如下方程:

$$\dot{\boldsymbol{\omega}}(t)=\begin{bmatrix} 0 & 1 \\ -4 & -4 \end{bmatrix}\boldsymbol{\omega}(t)+\begin{bmatrix} 0 \\ 1 \end{bmatrix}[\sigma+\alpha\sin(\beta t+\gamma)],\ \boldsymbol{\omega}(0)=0 \tag{5.100}$$

其稳态解趋于:

$$\boldsymbol{\omega}(t)\rightarrow\begin{bmatrix} \dfrac{\sigma}{4} \\ 0 \end{bmatrix}+\begin{bmatrix} \dfrac{\alpha}{\beta^2+2^2}\sin(\beta t+\gamma-\phi) \\ \dfrac{\alpha\beta}{\beta^2+2^2}\cos(\beta t+\gamma-\phi) \end{bmatrix},\ \phi=2\arctan\left(\dfrac{\beta}{2}\right) \tag{5.101}$$

式中，σ、α、β 和 γ 均为常数。

1）**正六边形编队悬停**

首先考虑编队悬停问题。希望 6 架无人直升机在 100 m 高度、水平位置(50，50)处以边长为 5 m 的正六边形编队悬停。为此，令状态编队向量为

$$\boldsymbol{h}_i=\left[5\sin\left[\frac{\pi(i-1)}{3}+\frac{\pi}{2}\right]\quad 0\quad 5\cos\left[\frac{\pi(i-1)}{3}+\frac{\pi}{2}\right]\quad 0\quad 0\quad 0\right]^{\mathrm{T}} \tag{5.102}$$
$$i=1,\ 2,\ \cdots,\ 6$$

则编队可行性条件[式(5.28)]成立。由式(5.101)，状态编队参考指令信号选取为

$$\boldsymbol{w}_1(t)=[200\quad 200\quad 400]^{\mathrm{T}} \tag{5.103}$$

由式(5.98)，有

$$\boldsymbol{w}_i(t)=\boldsymbol{w}_1(t),\ i=2,\ 3,\ \cdots,\ 6 \tag{5.104}$$

相应的状态编队参考函数为

$$\boldsymbol{c}_x(t)=[50\quad 0]^{\mathrm{T}},\ \boldsymbol{c}_y(t)=[50\quad 0]^{\mathrm{T}},\ \boldsymbol{c}_z(t)=[100\quad 0]^{\mathrm{T}} \tag{5.105}$$

无人机群的状态趋于：

$$\begin{aligned}
&\boldsymbol{x}_i(t)\rightarrow\boldsymbol{h}_{ix}+\boldsymbol{c}_x(t)=\left[50+5\sin\left[\frac{\pi(i-1)}{3}+\frac{\pi}{2}\right]\quad 0\right]^{\mathrm{T}}\\
&\boldsymbol{y}_i(t)\rightarrow\boldsymbol{h}_{iy}+\boldsymbol{c}_y(t)=\left[50+5\cos\left[\frac{\pi(i-1)}{3}+\frac{\pi}{2}\right]\quad 0\right]^{\mathrm{T}}\\
&\boldsymbol{z}_i(t)\rightarrow\boldsymbol{h}_{iz}+\boldsymbol{c}_z(t)=[100\quad 0]^{\mathrm{T}}\\
&i=1,\ 2,\ \cdots,\ 6
\end{aligned} \tag{5.106}$$

本情形下无人直升机群在 $t\in[12,\ 20]$ 时间区间内的部分飞行航迹 $(\boldsymbol{x}_i(t),\ \boldsymbol{y}_i(t),\ \boldsymbol{z}_i(t))(i=1,\ 2,\ \cdots,\ 6)$ 如图 5.70 所示，部分飞行相轨迹如图 5.71 所示。可见，6 架无人直升机于(50，50，100)处悬停，相对位置趋于边长为 5 m 的正六边形。

2）**正六边形编队旋转**

现考虑时变编队的情形，要求 6 架无人直升机在 100 m 高度、水平位置(50，50)处以边长为 5 m 的正六边形编队沿半径为 5 m 的圆飞行。

考虑编队可行性条件，令状态编队向量为

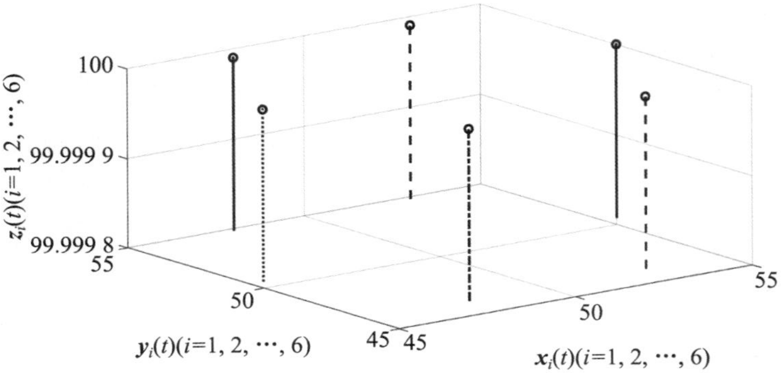

图 5.70　6 架无人直升机正六边形编队悬停飞行航迹 $(x_i(t),\ y_i(t),\ z_i(t))(i=1,\ 2,\ \cdots,\ 6)$，$t\in[12,\ 20]$

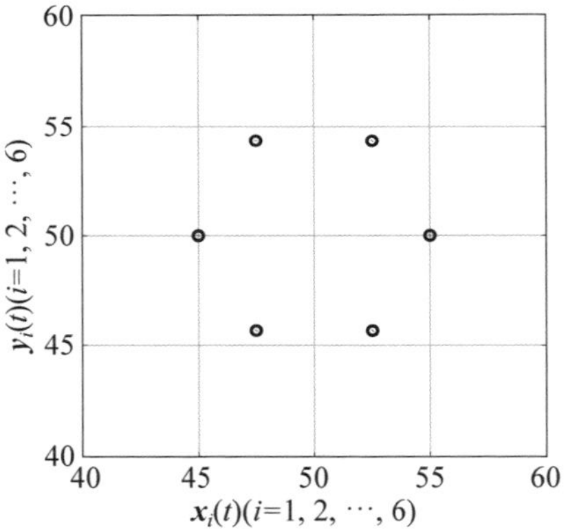

图 5.71　6 架无人直升机正六边形编队悬停飞行相轨迹 $(x_i(t),\ y_i(t))(i=1,\ 2,\ \cdots,\ 6)$，$t\in[12,\ 20]$

$$
\begin{aligned}
&\boldsymbol{h}_i(t)=[5\sin(\pi t+\theta_i)\quad 5\pi\cos(\pi t+\theta_i)\quad 5\cos(\pi t+\theta_i)\quad -5\pi\sin(\pi t+\theta_i)\quad 0\quad 0]\\
&\theta_i=\frac{\pi(i-1)}{3}+\frac{\pi}{2}\\
&i=1,\ 2,\ \cdots,\ 6
\end{aligned}
\tag{5.107}
$$

相应的状态编队参考函数趋于如下方程的稳态解：

$$
\dot{\boldsymbol{c}}_x(t)=\begin{bmatrix}0 & 1\\ -4 & -4\end{bmatrix}\boldsymbol{c}_x(t)+\begin{bmatrix}0\\1\end{bmatrix}\boldsymbol{w}_{1x}(t)-\begin{bmatrix}0\\ -5\pi^2\sin\left(\pi t+\dfrac{\pi}{2}\right)\end{bmatrix},\ \boldsymbol{c}_x(0)=0
$$

$$\dot{\boldsymbol{c}}_y(t)=\begin{bmatrix}0 & 1\\ -4 & -4\end{bmatrix}\boldsymbol{c}_y(t)+\begin{bmatrix}0\\1\end{bmatrix}\boldsymbol{w}_{1y}(t)-\begin{bmatrix}0\\ -5\pi^2\cos\left(\pi t+\dfrac{\pi}{2}\right)\end{bmatrix},\ \boldsymbol{c}_y(0)=0$$

$$\dot{\boldsymbol{c}}_z(t)=\begin{bmatrix}0 & 1\\ -4 & -4\end{bmatrix}\boldsymbol{c}_z(t)+\begin{bmatrix}0\\1\end{bmatrix}\boldsymbol{w}_{1z}(t),\ \boldsymbol{c}_z(0)=0 \tag{5.108}$$

因此,可选取:

$$\boldsymbol{w}_1(t)=\begin{bmatrix}200-5\pi^2\sin\left(\pi t+\dfrac{\pi}{2}\right)\\ 200-5\pi^2\cos\left(\pi t+\dfrac{\pi}{2}\right)\\ 400\end{bmatrix} \tag{5.109}$$

则相应的状态编队参考函数为

$$\boldsymbol{c}_x(t)=[50\quad 0]^{\mathrm{T}},\ \boldsymbol{c}_y(t)=[50\quad 0]^{\mathrm{T}},\ \boldsymbol{c}_z(t)=[100\quad 0]^{\mathrm{T}} \tag{5.110}$$

由式(5.98)、式(5.109)和式(5.107),有

$$\begin{aligned}&\boldsymbol{w}_{ix}(t)=\boldsymbol{w}_{1x}(t)+[\dot{\boldsymbol{h}}_{ix2}(t)-\dot{\boldsymbol{h}}_{1x2}(t)]=200-5\pi^2\sin(\pi t+\theta_i)\\&\boldsymbol{w}_{iy}(t)=\boldsymbol{w}_{1y}(t)+[\dot{\boldsymbol{h}}_{iy2}(t)-\dot{\boldsymbol{h}}_{1y2}(t)]=200-5\pi^2\cos(\pi t+\theta_i)\\&\boldsymbol{w}_{iz}(t)=\boldsymbol{w}_{1z}(t)+[\dot{\boldsymbol{h}}_{iz2}(t)-\dot{\boldsymbol{h}}_{1z2}(t)]=400\\&i=2,\ 3,\ \cdots,\ 6\end{aligned} \tag{5.111}$$

无人机群的状态趋于

$$\begin{aligned}&\boldsymbol{x}_i(t)\rightarrow\boldsymbol{h}_{ix}(t)+\boldsymbol{c}_x(t)=[50+5\sin(\pi t+\theta_i)\quad 5\pi\cos(\pi t+\theta_i)]^{\mathrm{T}}\\&\boldsymbol{y}_i(t)\rightarrow\boldsymbol{h}_{iy}(t)+\boldsymbol{c}_y(t)=[50+5\cos(\pi t+\theta_i)\quad -5\pi\sin(\pi t+\theta_i)]^{\mathrm{T}}\\&\boldsymbol{z}_i(t)\rightarrow\boldsymbol{h}_{iz}(t)+\boldsymbol{c}_z(t)=\boldsymbol{c}_z(t)=[100\quad 0]^{\mathrm{T}}\\&i=1,\ 2,\ \cdots,\ 6\end{aligned} \tag{5.112}$$

6 架无人直升机正六边形编队旋转飞行航迹 $(\boldsymbol{x}_i(t),\ \boldsymbol{y}_i(t),\ \boldsymbol{z}_i(t))(i=1,\ 2,\ \cdots,\ 6)$ 如图 5.72 所示,图 5.73、图 5.74 和图 5.75 是飞行相轨迹,图 5.76 是最后 2 s 的飞行相轨迹。其中“□”和“○”分别表示 $t=29.8$ 和 $t=30$ 时 6 架无人直升机的位置。可以看到,6 架无人直升机从初始状态出发,飞往(50, 50, 100)

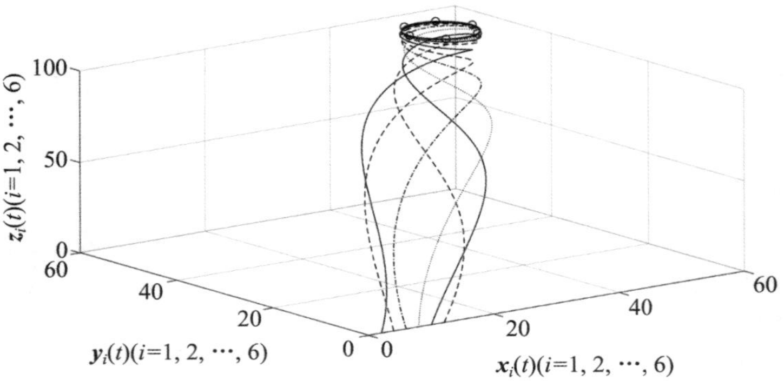

图 5.72 6 架无人直升机正六边形编队自旋飞行航迹 $(x_i(t), y_i(t), z_i(t))(i = 1, 2, \cdots, 6)$

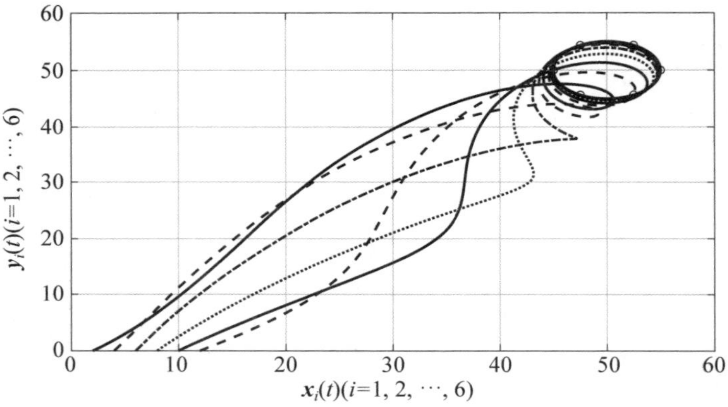

图 5.73 6 架无人直升机正六边形编队自旋飞行相轨迹 $(x_i(t), y_i(t))(i = 1, 2, \cdots, 6)$

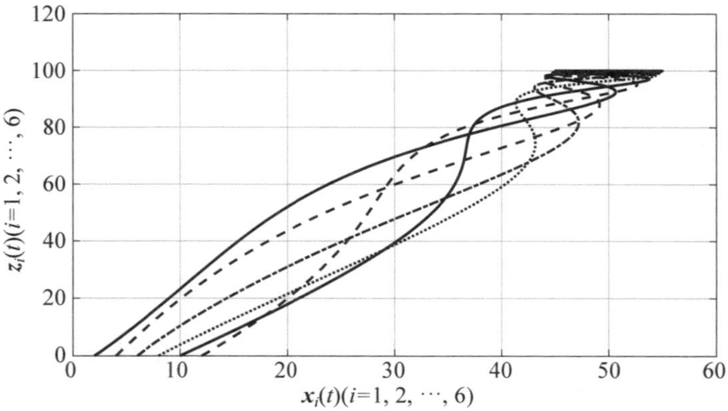

图 5.74 6 架无人直升机正六边形编队自旋飞行相轨迹 $(x_i(t), z_i(t))(i = 1, 2, \cdots, 6)$

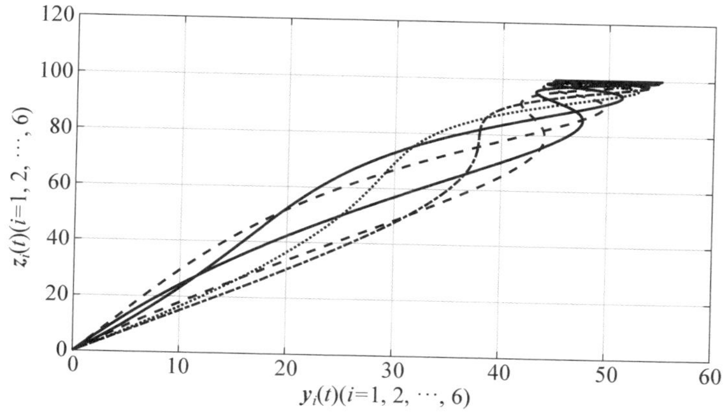

图 5.75 6 架无人直升机正六边形编队自旋飞行相轨迹 $(y_i(t), z_i(t))(i=1, 2, \cdots, 6)$

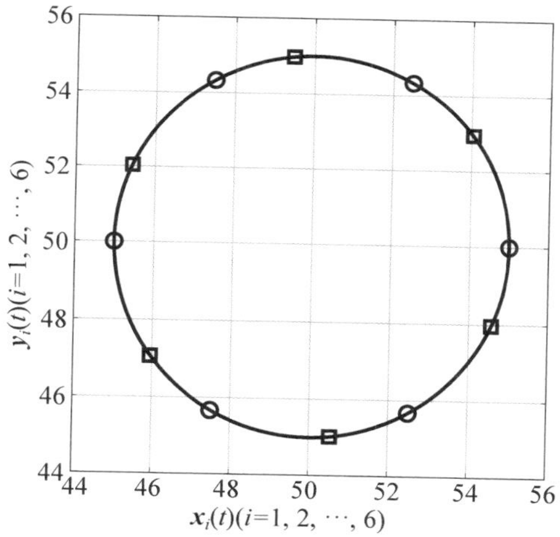

图 5.76 6 架无人直升机正六边形编队自旋飞行部分相轨迹 $(x_i(t), y_i(t))(i=1, 2, \cdots, 6)$, $t \in [28, 30]$

注：□—— $t=29.8$ 时 6 架无人直升机的位置；○—— $t=30$ 时 6 架无人直升机的位置。

处，形成边长为 5 m 的正六边形编队，沿半径为 5 m 的圆飞行(机群编队自旋)。

3) **正六边形编队二维李萨如航迹跟踪飞行**

考虑无人机群定常编队航迹跟踪问题，要求 6 架无人直升机保持边长为 5 m 的正六边形编队的同时，机群在(50, 50, 100)处沿李萨如 $(250\sin(2t), 250\sin(3t), 0)$ 曲线飞行。

状态编队向量 $\boldsymbol{h}_i(i=1, 2, \cdots, 6)$ 如式(5.102)给定。令

$$\boldsymbol{w}_1(t)=\begin{bmatrix}200+2\,000\sin\left(2t+\dfrac{\pi}{2}\right)\\200+3\,200\sin\left(3t+2\arctan\dfrac{3}{2}\right)\\400\end{bmatrix}\tag{5.113}$$

则由式(5.101)得相应的状态编队参考函数为

$$\begin{aligned}\boldsymbol{c}_x(t)&=[50+250\sin(2t)\quad 500\cos(2t)]^{\mathrm{T}}\\\boldsymbol{c}_y(t)&=[50+250\sin(3t)\quad 750\cos(3t)]^{\mathrm{T}}\\\boldsymbol{c}_z(t)&=[100\quad 0]^{\mathrm{T}}\end{aligned}\tag{5.114}$$

6 架无人直升机正六边形编队二维李萨如航迹跟踪飞行航迹 $(\boldsymbol{x}_i(t),\ \boldsymbol{y}_i(t),\ \boldsymbol{z}_i(t))(i=1,2,\cdots,6)$ 如图 5.77 所示,图 5.78～图 5.81 是飞行相轨迹,图 5.79 是最后阶段的飞行相轨迹 $(\boldsymbol{x}_i(t),\ \boldsymbol{y}_i(t))(i=1,2,\cdots,6)$,$t\in[29.76,30]$,其中“□”和“○”分别表示 $t=29.8$ 和 $t=30$ 时 6 架无人直升机的位置。可以看到,6 架无人直升机在保持正六边形编队的同时,沿二维李萨如航迹飞行。

4) 正六边形编队三维李萨如航迹跟踪飞行

现考虑更复杂一些的编队航迹跟踪问题,要求 6 架无人直升机保持边长为 5 m 的正六边形编队的同时,机群在(50, 50, 100)处沿三维李萨如 $(250\sin(2t),\ 250\sin(3t),\ 50\sin(2t))$ 曲线飞行。状态编队向量 $\boldsymbol{h}_i(i=1,2,\cdots,6)$ 仍如式(5.102)给定,而状态编队参考函数修改为

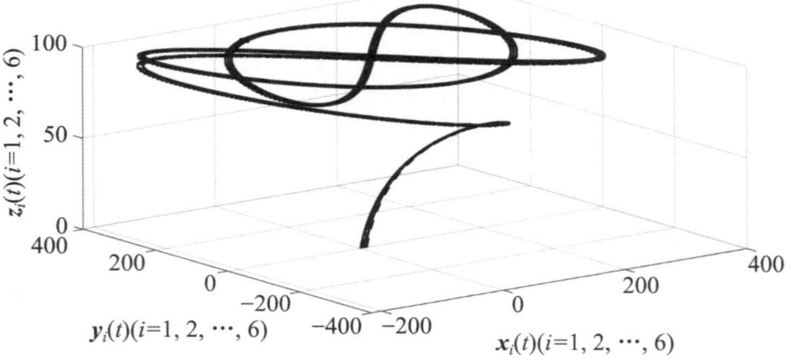

图 5.77　6 架无人直升机正六边形编队二维李萨如航迹跟踪飞行航迹 $(\boldsymbol{x}_i(t),\ \boldsymbol{y}_i(t),\ \boldsymbol{z}_i(t))(i=1,2,\cdots,6)$, $t\in[0,30]$

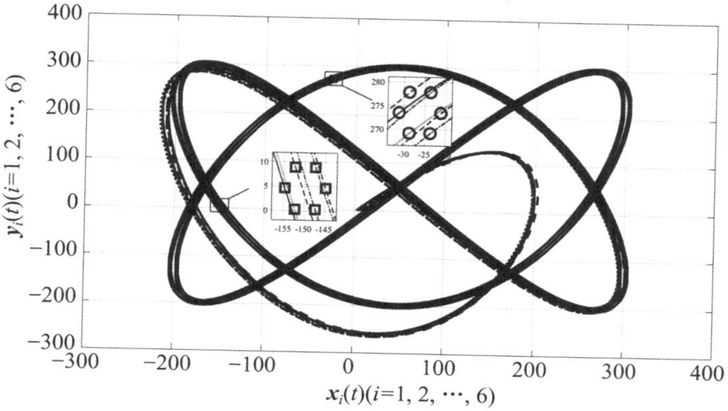

图 5.78 6 架无人直升机正六边形编队二维李萨如航迹跟踪飞行相轨迹 $(x_i(t), y_i(t))(i=1, 2, \cdots, 6)$，$t \in [0, 30]$

注：□—— $t = 14.6$ 时 6 架无人直升机的位置；○—— $t = 20$ 时 6 架无人直升机的位置。

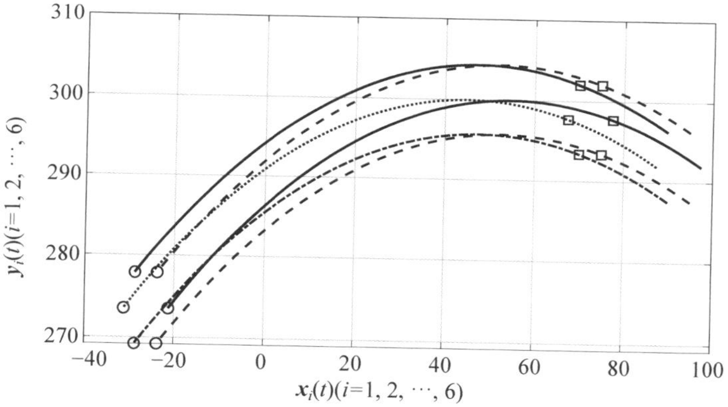

图 5.79 6 架无人直升机正六边形编队二维李萨如航迹跟踪飞行相轨迹 $(x_i(t), y_i(t))(i=1, 2, \cdots, 6)$，$t \in [29.76, 30]$

注：□—— $t = 29.8$ 时 6 架无人直升机的位置；○—— $t = 30$ 时 6 架无人直升机的位置。

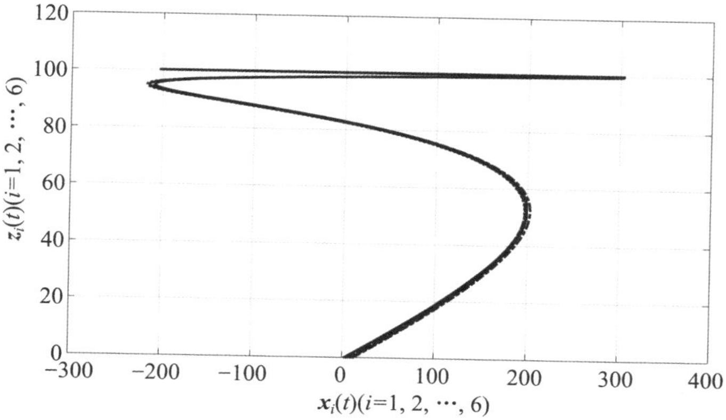

图 5.80 6 架无人直升机正六边形编队二维李萨如航迹跟踪飞行相轨迹 $(x_i(t), z_i(t))(i=1, 2, \cdots, 6)$，$t \in [0, 30]$

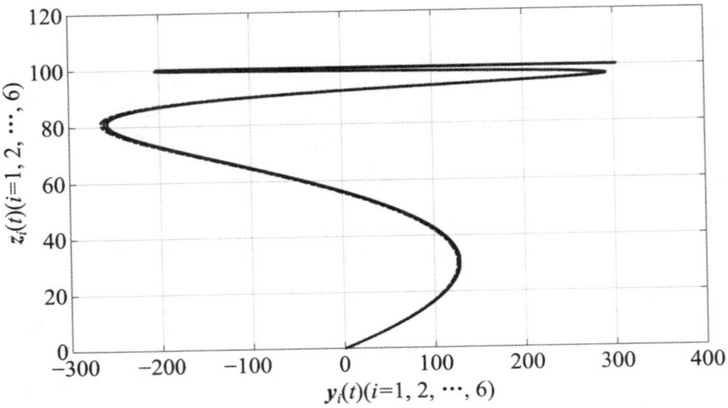

图 5.81 6 架无人直升机正六边形编队二维李萨如航迹跟踪飞行相轨迹 $(y_i(t), z_i(t))(i=1, 2, \cdots, 6)$，$t \in [0, 30]$

$$\boldsymbol{w}_1(t)=\begin{bmatrix} 200+2\,000\sin\left(2t+\dfrac{\pi}{2}\right) \\ 200+3\,200\sin\left(3t+2\arctan\dfrac{3}{2}\right) \\ 400+250\sin(t+2\arctan 0.5) \end{bmatrix} \tag{5.115}$$

则由式(5.101)得相应的状态编队参考函数为

$$\begin{aligned} \boldsymbol{c}_x(t)&=[50+250\sin(2t) \quad 500\cos(2t)]^{\mathrm{T}} \\ \boldsymbol{c}_y(t)&=[50+250\sin(3t) \quad 750\cos(3t)]^{\mathrm{T}} \\ \boldsymbol{c}_z(t)&=[100+50\sin(t) \quad 50\cos(t)]^{\mathrm{T}} \end{aligned} \tag{5.116}$$

6 架无人直升机正六边形编队三维李萨如航迹跟踪飞行航迹 $(\boldsymbol{x}_i(t), \boldsymbol{y}_i(t), \boldsymbol{z}_i(t))(i=1, 2, \cdots, 6)$ 如图 5.82 所示，图 5.83～图 5.85 是飞行相轨迹。

5）正六边形编队自旋三维李萨如航迹跟踪飞行

最后考虑时变编队航迹跟踪问题，要求 6 架无人直升机保持边长为 5 m 的正六边形编队自旋的同时，机群在(50, 50, 100)处沿三维李萨如 $(250\sin(2t), 250\sin(3t), 50\sin(2t))$ 曲线飞行。状态编队向量 $\boldsymbol{h}_i(i=1, 2, \cdots, 6)$ 如式(5.107)所定义，而状态编队参考函数为

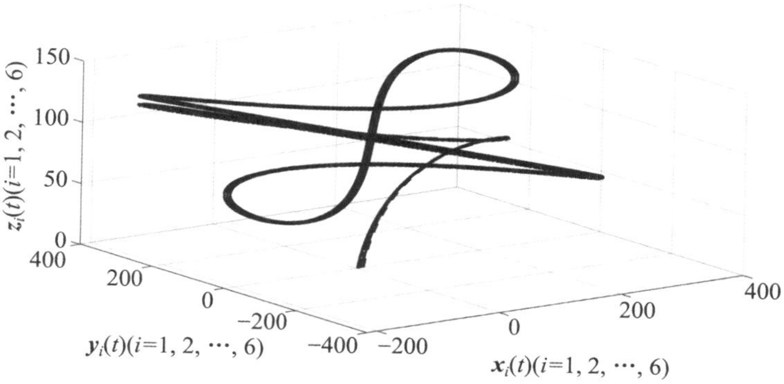

图 5.82　6 架无人直升机正六边形编队三维李萨如航迹跟踪飞行航迹 $(x_i(t),\ y_i(t),\ z_i(t))(i=1,\ 2,\ \cdots,\ 6)$，$t\in[0,\ 30]$

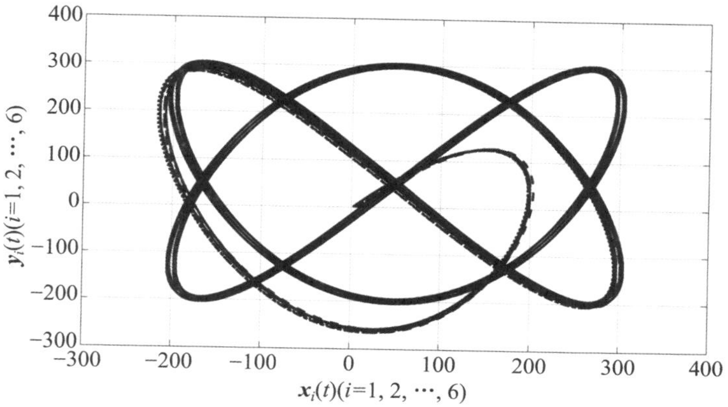

图 5.83　6 架无人直升机正六边形编队三维李萨如航迹跟踪飞行相轨迹 $(x_i(t),\ y_i(t))(i=1,\ 2,\ \cdots,\ 6)$，$t\in[0,\ 30]$

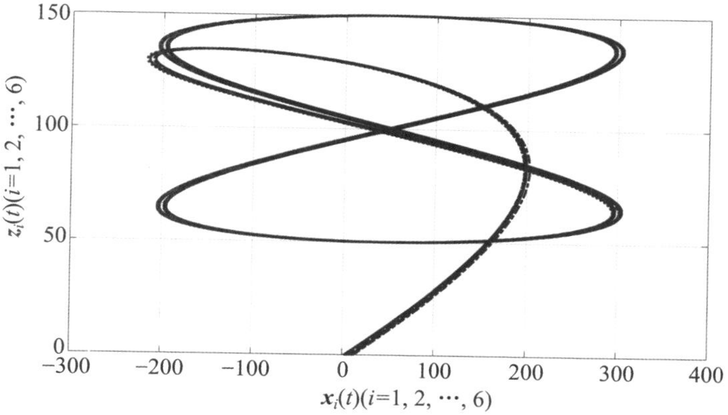

图 5.84　6 架无人直升机正六边形编队三维李萨如航迹跟踪飞行相轨迹 $(x_i(t),\ z_i(t))(i=1,\ 2,\ \cdots,\ 6)$，$t\in[0,\ 30]$

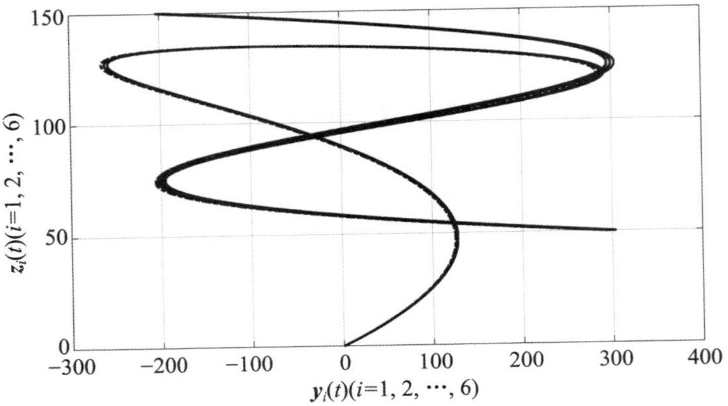

图 5.85 6 架无人直升机正六边形编队三维李萨如航迹跟踪飞行相轨迹 $(y_i(t), z_i(t))(i=1, 2, \cdots, 6)$, $t\in[0, 30]$

$$
\boldsymbol{w}_1(t)=\begin{bmatrix} 200+2\,000\sin\left(2t+\dfrac{\pi}{2}\right)-5\pi^2\sin\left(\pi t+\dfrac{\pi}{2}\right) \\ 200+3\,200\sin\left(3t+2\arctan\dfrac{3}{2}\right)-5\pi^2\cos\left(\pi t+\dfrac{\pi}{2}\right) \\ 400+250\sin(t+2\arctan 0.5) \end{bmatrix} \tag{5.117}
$$

编队控制前馈补偿信号为

$$
\begin{aligned}
\boldsymbol{w}_{ix}(t)&=\boldsymbol{w}_{1x}(t)+[\dot{\boldsymbol{h}}_{ix2}(t)-\dot{\boldsymbol{h}}_{1x2}(t)] \\
&=200-5\pi^2\sin(\pi t+\theta_i)+2\,000\sin\left(2t+\frac{\pi}{2}\right) \\
\boldsymbol{w}_{iy}(t)&=\boldsymbol{w}_{1y}(t)+[\dot{\boldsymbol{h}}_{iy2}(t)-\dot{\boldsymbol{h}}_{1y2}(t)] \\
&=200-5\pi^2\cos(\pi t+\theta_i)+3\,200\sin\left(3t+2\arctan\frac{3}{2}\right) \\
\boldsymbol{w}_{iz}(t)&=\boldsymbol{w}_{1z}(t)+[\dot{\boldsymbol{h}}_{iz2}(t)-\dot{\boldsymbol{h}}_{1z2}(t)] \\
&=400+250\sin(t+2\arctan 0.5) \\
i&=2, 3, \cdots, 6
\end{aligned} \tag{5.118}
$$

相应的机群飞行航迹与图 5.82～图 5.85 相同，在(50, 50, 100)处沿三维李萨如 $(250\sin(2t), 250\sin(3t), 50\sin(2t))$ 曲线飞行，在保持正六边形编队的同时，逆时针旋转(见图 5.86)。

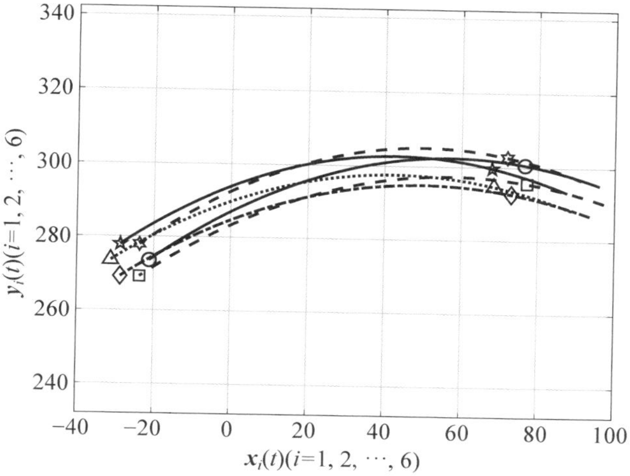

图 5.86 6 架无人直升机正六边形编队旋转三维李萨如航迹跟踪飞行相轨迹 $(x_i(t), y_i(t))(i=1, 2, \cdots, 6)$，$t \in [29.76, 30]$

上述实现 6 架无人直升机时变编队航迹跟踪飞行过程是连续的。也可以分成两个阶段来实现：首先实现在(50，50，100)处正六边形编队悬停，然后切换为正六边形编队自旋航迹跟踪飞行。为此可令状态编队向量为

$$\boldsymbol{h}_{ix}(t)=\begin{cases}\begin{bmatrix}5\sin\theta_i\\0\end{bmatrix} & 0 \leqslant t < 4\pi\\ \begin{bmatrix}5\sin(\pi t+\theta_i)\\5\pi\cos(\pi t+\theta_i)\end{bmatrix} & 4\pi \leqslant t \leqslant 30\end{cases}$$

$$\boldsymbol{h}_{iy}(t)=\begin{cases}\begin{bmatrix}5\cos\theta_i\\0\end{bmatrix} & 0 \leqslant t < 4\pi\\ \begin{bmatrix}5\cos(\pi t+\theta_i)\\-5\pi\sin(\pi t+\theta_i)\end{bmatrix} & 4\pi \leqslant t \leqslant 30\end{cases}$$

$$\boldsymbol{h}_{iz}(t)=\begin{bmatrix}0\\0\end{bmatrix} \quad 0 \leqslant t \leqslant 30$$

$$\theta_i=\frac{\pi(i-1)}{3}+\frac{\pi}{2}$$

$$i=1, 2, \cdots, 6$$

令编队控制前馈补偿信号为

$$\boldsymbol{w}_i(t)=\begin{bmatrix}200\\200\\400\end{bmatrix},\ 0\leqslant t<4\pi$$

$$\boldsymbol{w}_i(t)=\begin{bmatrix}200+2\,000\sin\left(2t+\dfrac{\pi}{2}\right)-5\pi^2\sin(\pi t+\theta_i)\\200+3\,250\sin\left(3t+2\arctan\dfrac{3}{2}\right)-5\pi^2\cos(\pi t+\theta_i)\\400+250\sin(t+2\arctan 0.5)\end{bmatrix},\ 4\pi\leqslant t<30$$

$i=1,2,\cdots,6$

读者可自行对上述分段控制协议进行仿真，并注意比较时间区间 $0\leqslant t<4\pi$ 内的机群编队航迹的差别。

6 群系统鲁棒状态编队控制

本章针对不确定群系统状态编队控制问题，将介绍群系统鲁棒状态编队的定义，并给出鲁棒状态编队控制协议设计方法，以及相应的分析结果，最后给出鲁棒状态编队控制协议设计举例。

6.1 不确定群系统鲁棒状态编队控制问题

本章所考虑的群系统的描述与第 4 章相同，其运动方程如下：

$$\begin{aligned}&\dot{\boldsymbol{x}}_i(t)=\boldsymbol{A}\boldsymbol{x}_i(t)+\boldsymbol{B}\{\boldsymbol{u}_i(t)+\boldsymbol{q}_i[\boldsymbol{x}_i(t),\ \boldsymbol{u}_i(t),\ \boldsymbol{d}_i(t),\ t]\},\ \boldsymbol{x}_i(0)=\boldsymbol{x}_{i0}\\&\boldsymbol{y}_i(t)=\boldsymbol{C}\boldsymbol{x}_i(t)\\&i=1,\ 2,\ \cdots,\ N\end{aligned}\tag{6.1}$$

同样假设 $(\boldsymbol{A},\ \boldsymbol{B})$ 是可镇定对，$\boldsymbol{B}$ 是列满秩的；$(\boldsymbol{A},\ \boldsymbol{C})$ 是可检测对，$\boldsymbol{C}$ 是行满秩的；不确定性 $\boldsymbol{q}_i[\boldsymbol{x}_i(t),\ \boldsymbol{u}_i(t),\ \boldsymbol{d}_i(t),\ t]$ 满足假设 4.1。

期望实现的状态编队向量为

$$\boldsymbol{h}(t)=[\boldsymbol{h}_1^{\mathrm{T}}(t)\quad \boldsymbol{h}_2^{\mathrm{T}}(t)\quad \cdots\quad \boldsymbol{h}_N^{\mathrm{T}}(t)]^{\mathrm{T}}\tag{6.2}$$

式中，$\boldsymbol{h}_i(t)\in\mathbf{R}^n(i=1,\ 2,\ \cdots,\ N)$，其满足假设 5.1。

定义 6.1(鲁棒状态编队) 如果群系统[式(6.1)]对于任意满足假设 4.1 的不确定性和满足假设 5.1 的状态编队向量 $\boldsymbol{h}(t)$，成立

$$\lim_{t\to\infty}\{\boldsymbol{x}_i(t)-\boldsymbol{h}_i(t)-[\boldsymbol{x}_j(t)-\boldsymbol{h}_j(t)]\}=0,\ \forall i,\ j=1,\ 2,\ \cdots,\ N\tag{6.3}$$

或等价地，如果存在函数向量 $\boldsymbol{c}(t)\in\mathbf{R}^n$，成立

$$\lim_{t\to\infty}[\boldsymbol{x}_i(t)-\boldsymbol{h}_i(t)-\boldsymbol{c}(t)]=0,\ \forall i=1,2,\cdots,N \tag{6.4}$$

则称群系统[式(6.1)]实现了鲁棒状态编队，并称函数向量 $\boldsymbol{c}(t)$ 为鲁棒状态编队参考函数。

定义 6.2(ε-鲁棒状态编队) 给定正常数 ε，如果群系统[式(6.1)]对于任意满足假设 4.1 的不确定性和满足假设 5.1 的状态编队向量 $\boldsymbol{h}(t)$，存在函数向量 $\boldsymbol{c}(t)\in\mathbf{R}^n$ 和常数 $T>0$，成立

$$\|\boldsymbol{x}_i(t)-\boldsymbol{h}_i(t)-\boldsymbol{c}(t)\|_2\leqslant\varepsilon,\ t\geqslant T,\ i=1,2,\cdots,N \tag{6.5}$$

或等价地，如果成立

$$\|\boldsymbol{x}_i(t)-\boldsymbol{h}_i(t)-[\boldsymbol{x}_j(t)-\boldsymbol{h}_j(t)]\|_2\leqslant\varepsilon,\ t\geqslant T,\ i,j=1,2,\cdots,N \tag{6.6}$$

则称群系统[式(6.1)]实现了 ε-鲁棒状态编队，并称函数向量 $\boldsymbol{c}(t)$ 为 ε-鲁棒状态编队参考函数。

定义 6.3(鲁棒状态编队可行性) 给定满足假设 5.1 的编队向量 $\boldsymbol{h}(t)$，如果存在控制协议 $\boldsymbol{u}_i(t)(i=1,2,\cdots,N)$，对于任意初始状态和任意满足假设 4.1 的不确定性，群系统[式(6.1)]都能实现鲁棒状态编队，则称状态编队向量 $\boldsymbol{h}(t)$ 对于群系统[式(6.1)]是鲁棒可行的。

定义 6.4(ε-鲁棒状态编队可行性) 给定满足假设 5.1 的状态编队向量 $\boldsymbol{h}(t)$ 和给定正常数 ε，如果存在控制协议 $\boldsymbol{u}_i(t)(i=1,2,\cdots,N)$，对任意初始状态和任意满足假设 4.1 的不确定性，群系统[式(6.1)]都能实现 ε-鲁棒状态编队，则称状态编队向量 $\boldsymbol{h}(t)$ 对于群系统[式(6.1)]是 ε-鲁棒可行的。

6.2 基于编队误差的群系统鲁棒状态编队控制协议设计

考虑如下形式的鲁棒状态编队控制协议：

$$\boldsymbol{u}_i(t)=\boldsymbol{u}_{oi}(t)+\boldsymbol{u}_{Ri}(t) \tag{6.7}$$

$$\boldsymbol{u}_{oi}(t)=\boldsymbol{K}_1[\boldsymbol{x}_i(t)-\boldsymbol{h}_i(t)]+\boldsymbol{K}_2\sum_{j\in N_i}\{\boldsymbol{x}_j(t)-\boldsymbol{h}_j(t)-[\boldsymbol{x}_i(t)-\boldsymbol{h}_i(t)]\}+\boldsymbol{w}_i(t) \tag{6.8}$$

$$\dot{\boldsymbol{u}}_{Ri}(t)=-f\boldsymbol{u}_{Ri}(t)-f\boldsymbol{q}_i(t),\ \boldsymbol{u}_{Ri}(0)=0,\ i=1,2,\cdots,N \tag{6.9}$$

式中，$\boldsymbol{K}_1 \in \mathbf{R}^{m\times n}$ 和 $\boldsymbol{K}_2 \in \mathbf{R}^{m\times n}$ 是常数增益矩阵；N_i 是第 i 个子系统的邻居集；式(6.8)是状态编队控制协议的标称部分，称之为(第 i 个子系统的)标称状态编队控制协议，其中 $\boldsymbol{w}_i(t) \in \mathbf{R}^m (i=1, 2, \cdots, N)$ 是编队控制前馈补偿(向量)；式(6.9)是状态编队控制协议的鲁棒部分，称之为(第 i 个子系统的)鲁棒(状态)编队补偿协议，f 是鲁棒滤波器参数。假设相互作用拓扑包含生成树，相应的拉普拉斯矩阵 $\boldsymbol{L} \in \mathbf{R}^{N\times N}$。

标称状态编队控制协议是针对标称群系统[式(6.1)中 $\boldsymbol{q}_i(t) = 0$ 时所对应的系统]设计的，方法如第 5 章中所示。根据对状态编队参考函数的(动态特性)要求确定增益矩阵 $\boldsymbol{K}_1$，增益矩阵 $\boldsymbol{K}_2$ 如式(5.8)给定。鲁棒滤波器参数 f 为待定正常数。

鲁棒编队补偿协议可描述为

$$\boldsymbol{u}_{\mathrm{R}i} = -F(s)\boldsymbol{q}_i, \ i=1, 2, \cdots, N \tag{6.10}$$

式中，$F(s)$ 为鲁棒滤波器(的传递函数)，定义如下：

$$F(s) = \frac{f}{s+f} \tag{6.11}$$

式中，将 $\boldsymbol{u}_{\mathrm{R}i}(t)$ 称为第 i 个子系统的鲁棒编队补偿信号。

定义 $\boldsymbol{x}(t)$、$\boldsymbol{u}(t)$、$\boldsymbol{u}_{\mathrm{o}}(t)$、$\boldsymbol{u}_{\mathrm{R}}(t)$、$\boldsymbol{q}(t)$、$\boldsymbol{w}(t)$ 和 $\boldsymbol{x}_0$ 分别如式(4.17)和式(5.11)所示，则

$$\begin{aligned}\boldsymbol{u}(t) &= \boldsymbol{u}_{\mathrm{o}}(t) + \boldsymbol{u}_{\mathrm{R}}(t) \\ &= (\boldsymbol{I}_N \otimes \boldsymbol{K}_1)[\boldsymbol{x}(t) - \boldsymbol{h}(t)] - (\boldsymbol{L} \otimes \boldsymbol{K}_2)[\boldsymbol{x}(t) - \boldsymbol{h}(t)] + \boldsymbol{w}(t) + \boldsymbol{u}_{\mathrm{R}}(t)\end{aligned} \tag{6.12}$$

群系统[式(6.1)]与鲁棒状态编队协议[式(6.7)]构成的闭环群系统可描述为

$$\begin{aligned}\dot{\boldsymbol{x}}(t) &= [\boldsymbol{I}_N \otimes (\boldsymbol{A} + \boldsymbol{B}\boldsymbol{K}_1)][\boldsymbol{x}(t) - \boldsymbol{h}(t)] - (\boldsymbol{L} \otimes \boldsymbol{B}\boldsymbol{K}_2)[\boldsymbol{x}(t) - \boldsymbol{h}(t)] + \\ &\quad (\boldsymbol{I}_N \otimes \boldsymbol{B})[\boldsymbol{w}(t) + \boldsymbol{u}_{\mathrm{R}}(t) + \boldsymbol{q}(t)] + (\boldsymbol{I}_N \otimes \boldsymbol{A})\boldsymbol{h}(t) \\ \dot{\boldsymbol{u}}_{\mathrm{R}}(t) &= -(\boldsymbol{I}_N \otimes f\boldsymbol{I}_m)\boldsymbol{u}_{\mathrm{R}}(t) - (\boldsymbol{I}_N \otimes f\boldsymbol{I}_m)\boldsymbol{q}(t) \\ \boldsymbol{x}(0) &= \boldsymbol{x}_0, \ \boldsymbol{u}_{\mathrm{R}}(0) = 0\end{aligned} \tag{6.13}$$

类似于 4.2 节，鲁棒编队补偿协议的状态空间实现可描述为

$$\begin{aligned}\dot{\boldsymbol{x}}_{\mathrm{c}}(t) &= -(\boldsymbol{I}_N \otimes f\boldsymbol{I}_m)\boldsymbol{x}_{\mathrm{c}}(t) + [\boldsymbol{I}_N \otimes \boldsymbol{B}^{\#}(\boldsymbol{A} + f\boldsymbol{I}_n)]\boldsymbol{x}(t) + \boldsymbol{u}(t) \\ \boldsymbol{x}_{\mathrm{c}}(0) &= (\boldsymbol{I}_N \otimes \boldsymbol{B}^{\#})\boldsymbol{x}_0 \\ \boldsymbol{u}_{\mathrm{R}}(t) &= -(\boldsymbol{I}_N \otimes f\boldsymbol{B}^{\#})\boldsymbol{x}(t) + (\boldsymbol{I}_N \otimes f\boldsymbol{I}_m)\boldsymbol{x}_{\mathrm{c}}(t)\end{aligned} \tag{6.14}$$

式中，$\boldsymbol{x}_{\mathrm{c}}(t)=[\boldsymbol{x}_{\mathrm{c}1}^{\mathrm{T}}(t)\quad \boldsymbol{x}_{\mathrm{c}2}^{\mathrm{T}}(t)\quad \cdots\quad \boldsymbol{x}_{\mathrm{c}N}^{\mathrm{T}}(t)]^{\mathrm{T}}$。可见，对于鲁棒一致控制和鲁棒编队控制，鲁棒补偿协议是相同的，鲁棒编队补偿信号 $\boldsymbol{u}_{\mathrm{R}}(t)$ 的作用是抑制不确定性 $\boldsymbol{q}(t)$ 的影响。

6.3 基于编队误差的群系统鲁棒状态编队控制特性分析

本节分析闭环群系统[式(6.13)]的鲁棒状态编队控制特性。首先将鲁棒状态编队控制问题转换为鲁棒一致控制问题，再将鲁棒一致控制问题转换为鲁棒输出调节问题。

6.3.1 群系统鲁棒状态编队控制问题转换

令状态编队偏差为

$$\boldsymbol{z}(t)=\boldsymbol{x}(t)-\boldsymbol{h}(t) \tag{6.15}$$

则闭环群系统[式(6.13)]可改写为

$$\begin{aligned}\dot{\boldsymbol{z}}(t)=&[\boldsymbol{I}_N\otimes(\boldsymbol{A}+\boldsymbol{BK}_1)]\boldsymbol{z}(t)-(\boldsymbol{L}\otimes\boldsymbol{BK}_2)\boldsymbol{z}(t)+\\&(\boldsymbol{I}_N\otimes\boldsymbol{B})[\boldsymbol{w}(t)+\boldsymbol{u}_{\mathrm{R}}(t)+\boldsymbol{q}(t)]+\boldsymbol{\psi}(t)\\\dot{\boldsymbol{u}}_{\mathrm{R}}(t)=&-(\boldsymbol{I}_N\otimes f\boldsymbol{I}_m)\boldsymbol{u}_{\mathrm{R}}(t)-(\boldsymbol{I}_N\otimes f\boldsymbol{I}_m)\boldsymbol{q}(t)\\\boldsymbol{z}(0)=&\boldsymbol{z}_0=\boldsymbol{x}_0-\boldsymbol{h}_0,\ \boldsymbol{u}_{\mathrm{R}}(0)=0\end{aligned} \tag{6.16}$$

其中，

$$\boldsymbol{\psi}(t)=(\boldsymbol{I}_N\otimes\boldsymbol{A})\boldsymbol{h}(t)-\dot{\boldsymbol{h}}(t) \tag{6.17}$$

这样闭环群系统[式(6.13)]的鲁棒编队控制问题转换为闭环群系统[式(6.16)]的(状态编队偏差)鲁棒一致控制问题。

如式(5.16)进行变量代换，并令

$$\begin{aligned}&\boldsymbol{v}_{\mathrm{R}}(t)=\begin{bmatrix}\boldsymbol{v}_{\mathrm{R}1}(t)\\\tilde{\boldsymbol{v}}_{\mathrm{R}}(t)\end{bmatrix}=(\boldsymbol{U}\otimes\boldsymbol{I}_m)\boldsymbol{u}_{\mathrm{R}}(t)\in\mathbf{R}^{N\times m}\\&\tilde{\boldsymbol{v}}_{\mathrm{R}}(t)=(\boldsymbol{U}_2\otimes\boldsymbol{I}_m)\boldsymbol{u}_{\mathrm{R}}(t)=[\boldsymbol{v}_{\mathrm{R}2}^{\mathrm{T}}(t)\quad\boldsymbol{v}_{\mathrm{R}3}^{\mathrm{T}}(t)\quad\cdots\quad\boldsymbol{v}_{\mathrm{R}N}^{\mathrm{T}}(t)]^{\mathrm{T}}\in\mathbf{R}^{(N-1)\times m}\end{aligned} \tag{6.18}$$

由式(6.12)和式(6.18)，有

$$(\boldsymbol{U}\otimes\boldsymbol{I}_m)\boldsymbol{u}(t)=(\boldsymbol{I}_N\otimes\boldsymbol{K}_1)\begin{bmatrix}\boldsymbol{\zeta}(t)\\\boldsymbol{\varphi}(t)\end{bmatrix}-\left(\begin{bmatrix}0 & -\boldsymbol{l}_{12}^{\mathrm{T}}\\\boldsymbol{0}_{N-1} & \widetilde{\boldsymbol{L}}\end{bmatrix}\otimes\boldsymbol{K}_2\right)\begin{bmatrix}\boldsymbol{\zeta}(t)\\\boldsymbol{\varphi}(t)\end{bmatrix}+\boldsymbol{\varpi}(t)+\boldsymbol{v}_{\mathrm{R}}(t) \tag{6.19}$$

再令

$$\boldsymbol{\rho}(t)=\begin{bmatrix}\boldsymbol{\rho}_1(t)\\\widetilde{\boldsymbol{\rho}}(t)\end{bmatrix}=(\boldsymbol{U}\otimes\boldsymbol{I}_n)\boldsymbol{q}(t)\in\mathbf{R}^{N\times m}$$
$$\widetilde{\boldsymbol{\rho}}(t)=(\boldsymbol{U}_2\otimes\boldsymbol{I}_m)\boldsymbol{q}(t)=[\boldsymbol{\rho}_2^{\mathrm{T}}(t)\quad\boldsymbol{\rho}_3^{\mathrm{T}}(t)\quad\cdots\quad\boldsymbol{\rho}_N^{\mathrm{T}}(t)]^{\mathrm{T}}\in\mathbf{R}^{(N-1)\times m} \tag{6.20}$$

则闭环群系统描述[式(6.16)]可改写为

$$\dot{\boldsymbol{\zeta}}(t)=(\boldsymbol{A}+\boldsymbol{B}\boldsymbol{K}_1)\boldsymbol{\zeta}(t)+(\boldsymbol{l}_{12}^{\mathrm{T}}\otimes\boldsymbol{B}\boldsymbol{K}_2)\boldsymbol{\varphi}(t)+\boldsymbol{B}[\boldsymbol{v}_{\mathrm{R}1}(t)+\boldsymbol{\rho}_1(t)]+\boldsymbol{B}\boldsymbol{\varpi}_1(t)+\boldsymbol{\vartheta}_1(t),\ \boldsymbol{\zeta}(0)=(\boldsymbol{U}_1\otimes\boldsymbol{I}_n)\boldsymbol{z}_0 \tag{6.21}$$

$$\dot{\boldsymbol{\varphi}}(t)=[\boldsymbol{I}_{N-1}\otimes(\boldsymbol{A}+\boldsymbol{B}\boldsymbol{K}_1)]\boldsymbol{\varphi}(t)-(\widetilde{\boldsymbol{L}}\otimes\boldsymbol{B}\boldsymbol{K}_2)\boldsymbol{\varphi}(t)+(\boldsymbol{I}_{N-1}\otimes\boldsymbol{B})[\widetilde{\boldsymbol{v}}_{\mathrm{R}}(t)+\widetilde{\boldsymbol{\rho}}(t)]+(\boldsymbol{I}_{N-1}\otimes\boldsymbol{B}\boldsymbol{K}_2)\widetilde{\boldsymbol{\varpi}}(t)+\widetilde{\boldsymbol{\vartheta}}(t),\ \boldsymbol{\varphi}(0)=(\boldsymbol{U}_2\otimes\boldsymbol{I}_n)\boldsymbol{z}_0 \tag{6.22}$$

$$\dot{\boldsymbol{v}}_{\mathrm{R}}(t)=-(\boldsymbol{I}_N\otimes f\boldsymbol{I}_m)\boldsymbol{v}_{\mathrm{R}}(t)-(\boldsymbol{I}_N\otimes f\boldsymbol{I}_m)\boldsymbol{\rho}(t),\ \boldsymbol{v}_{\mathrm{R}}(0)=0 \tag{6.23}$$

$$\boldsymbol{z}(t)=(\mathbf{1}_N\otimes\boldsymbol{I}_n)\boldsymbol{\zeta}(t)+(\hat{\boldsymbol{U}}\otimes\boldsymbol{I}_n)\boldsymbol{\varphi}(t) \tag{6.24}$$

易知,式(6.21)~式(6.24)是闭环群系统[式(6.16)]的一致性分解描述,闭环群系统[式(6.16)]实现 ε -鲁棒状态一致性,即闭环群系统[式(6.13)]实现 ε -鲁棒状态编队的充要条件是对于给定正数 ε,存在 T,成立

$$\|\boldsymbol{\varphi}_i(t)\|_2\leqslant\varepsilon,\ t\geqslant T,\ i=1,2,\cdots,N-1 \tag{6.25}$$

这样便将鲁棒状态编队控制问题转换为状态编队偏差的非一致分量 $\boldsymbol{\varphi}(t)$ 的鲁棒状态调节问题。

6.3.2 群系统鲁棒状态编队控制问题分析

群系统鲁棒状态编队问题分析的关键是编队偏差的非一致分量的鲁棒收敛性分析。分析思路和过程类似于 4.4 节的群系统鲁棒状态一致性分析,主要差

异是标称控制协议的不同。

在闭环群系统描述[式(6.16)]中，令 $\boldsymbol{q}(t)=0$，$\boldsymbol{u}_{\mathrm{R}}(t)=0$，则得到如下标称闭环群系统描述：

$$\begin{aligned}\dot{\boldsymbol{z}}_{\mathrm{B}}(t)=&[\boldsymbol{I}_N\otimes(\boldsymbol{A}+\boldsymbol{BK}_1)]\boldsymbol{z}_{\mathrm{B}}(t)-(\boldsymbol{L}\otimes\boldsymbol{BK}_2)\boldsymbol{z}_{\mathrm{B}}(t)+\\&(\boldsymbol{I}_N\otimes\boldsymbol{B})\boldsymbol{w}(t)+\boldsymbol{\psi}(t),\ \boldsymbol{z}(0)=\boldsymbol{z}_0\end{aligned}\tag{6.26}$$

其一致性分解描述为

$$\begin{aligned}\dot{\boldsymbol{\zeta}}_{\mathrm{B}}(t)=&(\boldsymbol{A}+\boldsymbol{BK}_1)\boldsymbol{\zeta}_{\mathrm{B}}(t)+(\boldsymbol{l}_{12}^{\mathrm{T}}\otimes\boldsymbol{BK}_2)\boldsymbol{\varphi}_{\mathrm{B}}(t)+\\&\boldsymbol{B}\,\boldsymbol{\varpi}_1(t)+\boldsymbol{\vartheta}_1(t),\ \boldsymbol{\zeta}_{\mathrm{B}}(0)=(\boldsymbol{U}_1\otimes\boldsymbol{I}_n)\boldsymbol{z}_0\end{aligned}\tag{6.27}$$

$$\begin{aligned}\dot{\boldsymbol{\varphi}}_{\mathrm{B}}(t)=&[\boldsymbol{I}_{N-1}\otimes(\boldsymbol{A}+\boldsymbol{BK}_1)]\boldsymbol{\varphi}_{\mathrm{B}}(t)-(\widetilde{\boldsymbol{L}}\otimes\boldsymbol{BK}_2)\boldsymbol{\varphi}_{\mathrm{B}}(t)+\\&(\boldsymbol{I}_{N-1}\otimes\boldsymbol{BK}_2)\widetilde{\boldsymbol{\varpi}}(t)+\widetilde{\boldsymbol{\vartheta}}(t),\ \boldsymbol{\varphi}_{\mathrm{B}}(0)=(\boldsymbol{U}_2\otimes\boldsymbol{I}_n)\boldsymbol{z}_0\end{aligned}\tag{6.28}$$

$$\boldsymbol{z}_{\mathrm{B}}(t)=(\boldsymbol{1}_N\otimes\boldsymbol{I}_n)\boldsymbol{\zeta}_{\mathrm{B}}(t)+(\hat{\boldsymbol{U}}\otimes\boldsymbol{I}_n)\boldsymbol{\varphi}_{\mathrm{B}}(t)\tag{6.29}$$

式(6.27)～式(6.29)所描述的标称编队控制群系统的编队误差一致性分解描述与式(5.20)～式(5.22)相同。如果增益矩阵 $\boldsymbol{K}_1$ 和 $\boldsymbol{K}_2$ 如 5.2 节中所确定，编队控制前馈补偿 $\boldsymbol{w}(t)$ 满足式(5.26)，且编队可行性条件[式(5.28)]成立，则标称闭环群系统[式(6.26)]能实现一致性，非一致分量将趋于零，即对任意的初始状态 $\boldsymbol{z}_0(=\boldsymbol{x}_0-\boldsymbol{h}_0)$，成立

$$\lim_{t\to\infty}\boldsymbol{\varphi}_{\mathrm{B}}(t)=0\tag{6.30}$$

定义实际闭环群系统状态编队偏差与标称闭环群系统状态编队偏差之差为

$$\boldsymbol{z}_{\Delta}(t)=\boldsymbol{z}(t)-\boldsymbol{z}_{\mathrm{B}}(t)\tag{6.31}$$

则有

$$\begin{aligned}&\dot{\boldsymbol{z}}_{\Delta}(t)=\boldsymbol{A}_{\mathrm{C}}\boldsymbol{z}_{\Delta}(t)+(\boldsymbol{I}_N\otimes\boldsymbol{B})[\boldsymbol{u}_{\mathrm{R}}(t)+\boldsymbol{q}(t)],\ \boldsymbol{z}_{\Delta}(0)=0\\&\dot{\boldsymbol{u}}_{\mathrm{R}}(t)=-(\boldsymbol{I}_N\otimes f\boldsymbol{I}_m)\boldsymbol{u}_{\mathrm{R}}(t)-(\boldsymbol{I}_N\otimes f\boldsymbol{I}_m)\boldsymbol{q}(t),\ \boldsymbol{u}_{\mathrm{R}}(0)=0\end{aligned}\tag{6.32}$$

其中，

$$\boldsymbol{A}_{\mathrm{C}}=[\boldsymbol{I}_N\otimes(\boldsymbol{A}+\boldsymbol{BK}_1)]-(\boldsymbol{L}\otimes\boldsymbol{BK}_2)\tag{6.33}$$

假设 $\boldsymbol{A}_{\mathrm{C}}$ 为 Hurwitz 矩阵，并假设 f 大于 $\boldsymbol{A}_{\mathrm{C}}$ 的谱半径。类似于 4.4 节，如式(4.43)定义矩阵 $\boldsymbol{M}_1$ 和 $\hat{\boldsymbol{M}}_1$，如式(4.44)可定义变量 $\boldsymbol{\omega}_1(t)$ 和 $\boldsymbol{\omega}_2(t)$：

$$\begin{aligned}\boldsymbol{\omega}_1(t) &= \boldsymbol{z}_\Delta(t) + \boldsymbol{M}_1\boldsymbol{\omega}_2(t)\\ \boldsymbol{\omega}_2(t) &= f^{-1}\boldsymbol{u}_\mathrm{R}(t)\end{aligned} \tag{6.34}$$

则有

$$\begin{aligned}&\dot{\boldsymbol{\omega}}_1(t) = \boldsymbol{A}_\mathrm{C}\boldsymbol{\omega}_1(t) + \hat{\boldsymbol{M}}_1 f^{-1}\boldsymbol{q}(t),\ \boldsymbol{\omega}_1(0)=0\\ &\dot{\boldsymbol{\omega}}_2(t) = -(\boldsymbol{I}_N \otimes f\boldsymbol{I}_m)\boldsymbol{\omega}_2(t) - (\boldsymbol{I}_N \otimes \boldsymbol{I}_m)\boldsymbol{q}(t),\ \boldsymbol{\omega}_2(0)=0\\ &\boldsymbol{z}_\Delta(t) = \boldsymbol{\omega}_1(t) - \boldsymbol{M}_1\boldsymbol{\omega}_2(t)\end{aligned} \tag{6.35}$$

由式(6.12),有

$$\begin{aligned}\|\boldsymbol{u}_i(t)\|_2 &\leqslant \|\boldsymbol{u}_{oi}(t)\|_2 + \|\boldsymbol{u}_{\mathrm{R}i}(t)\|_2\\ &\leqslant \|(\boldsymbol{I}_N \otimes \boldsymbol{K}_1) - (\boldsymbol{L} \otimes \boldsymbol{K}_2)\|_2 \|\boldsymbol{z}(t)\|_2 +\\ &\quad \|\boldsymbol{w}_i(t)\|_2 + \|\boldsymbol{u}_{\mathrm{R}i}(t)\|_2\end{aligned} \tag{6.36}$$

由假设 6.1 和式(6.36),有

$$\begin{aligned}\|\boldsymbol{q}_i(t)\|_2 &\leqslant \alpha\|\boldsymbol{x}_i(t)\|_2 + \beta\|\boldsymbol{u}_i(t)\|_2 + \gamma\|\boldsymbol{d}_i(t)\|_2\\ &\leqslant \hat{\alpha}\|\boldsymbol{\omega}_1(t)\|_2 + \hat{\alpha}\|\boldsymbol{M}_1\|_2\|\boldsymbol{\omega}_2(t)\|_2 + f\beta\|\boldsymbol{\omega}_{2i}(t)\|_2 + \boldsymbol{\pi}_i(t)\end{aligned} \tag{6.37}$$

其中,

$$\hat{\alpha} = \alpha + \beta\|(\boldsymbol{I}_N \otimes \boldsymbol{K}_1) - (\boldsymbol{L} \otimes \boldsymbol{K}_2)\|_2 \tag{6.38}$$

$$\boldsymbol{\pi}_i(t) = \hat{\alpha}\|\boldsymbol{z}_\mathrm{B}(t)\|_2 + \alpha\|\boldsymbol{h}(t)\|_2 + \beta\|\boldsymbol{w}_i(t)\|_2 + \gamma\|\boldsymbol{d}_i(t)\|_2 \tag{6.39}$$

由假设 5.1 知,对于有界的状态编队 $\boldsymbol{h}(t)$ 和编队控制前馈补偿 $\boldsymbol{w}(t)$,$\boldsymbol{\pi}_i(t)$ 是一有界函数。

考虑正定函数:

$$\boldsymbol{V}(t) = \boldsymbol{\omega}_1^\mathrm{T}(t)\boldsymbol{P}_\mathrm{C}\boldsymbol{\omega}_1(t) + \boldsymbol{\omega}_2^\mathrm{T}(t)\boldsymbol{\omega}_2(t) \tag{6.40}$$

式中,$\boldsymbol{P}_\mathrm{C}$ 是 Lyapunov 方程[式(4.51)]的正定解。则由式(6.40)、式(6.35)和式(6.37),可得

$$\begin{aligned}\dot{\boldsymbol{V}}(t) = &-2\boldsymbol{\omega}_1^\mathrm{T}(t)\boldsymbol{\omega}_1(t) + 2\boldsymbol{\omega}_1^\mathrm{T}(t)\boldsymbol{P}_\mathrm{C}\hat{\boldsymbol{M}}_1 f^{-1}\boldsymbol{q}(t) -\\ &2f\boldsymbol{\omega}_2^\mathrm{T}(t)\boldsymbol{\omega}_2(t) - 2\boldsymbol{\omega}_2^\mathrm{T}(t)\boldsymbol{q}(t)\end{aligned}$$

$$\leqslant -\|\boldsymbol{\omega}_1(t)\|_2^2 - \|\boldsymbol{\omega}_2(t)\|_2^2 + \frac{1}{f}\left(\|\boldsymbol{P}_{\mathrm{C}}\hat{\boldsymbol{M}}_1\|_2 + \frac{1}{1-\beta}\right)\|\boldsymbol{\pi}(t)\|_2^2 -$$

$$[\|\boldsymbol{\omega}_1(t)\|_2 \quad \sqrt{f}\|\boldsymbol{\omega}_2(t)\|_2]\boldsymbol{\Omega}(f)\begin{bmatrix}\|\boldsymbol{\omega}_1(t)\|_2 \\ \sqrt{f}\|\boldsymbol{\omega}_2(t)\|_2\end{bmatrix} \tag{6.41}$$

其中，

$$\boldsymbol{\Omega}(f) = \begin{bmatrix} 1-\dfrac{\xi_{11}}{f} & -\dfrac{1}{f^{\frac{3}{2}}}\xi_{12} - \dfrac{\zeta_{12}}{f^{\frac{1}{2}}} \\ * & (1-\beta) - \dfrac{\zeta_{22}}{f} \end{bmatrix} \tag{6.42}$$

$$\xi_{11} = (2\hat{\alpha}+1)N\|\boldsymbol{P}_{\mathrm{C}}\hat{\boldsymbol{M}}_1\|_2$$

$$\xi_{12} = \hat{\alpha}N\|\boldsymbol{M}_1\|_2\|\boldsymbol{P}_{\mathrm{C}}\hat{\boldsymbol{M}}_1\|_2, \quad \zeta_{12} = \beta\sqrt{N}\|\boldsymbol{P}_{\mathrm{C}}\hat{\boldsymbol{M}}_1\|_2 + \sqrt{N}\hat{\alpha}$$

$$\zeta_{22} = 2\sqrt{N}\hat{\alpha}\|\boldsymbol{M}_1\|_2 + 1$$

不等式(6.41)与不等式(4.52)，式(6.42)与式(4.53)形式上完全一样[仅变量和函数 $\boldsymbol{\pi}(t)$ 的含义相异]。f 充分大时，$\boldsymbol{\Omega}(f)$ 为半正定或正定矩阵。同令

$$\begin{aligned} \eta &= \min\left\{\frac{1}{\lambda_{\max}(\boldsymbol{P}_{\mathrm{C}})},\ 1\right\} \\ \underline{\alpha} &= \min\{\lambda_{\min}(\boldsymbol{P}_{\mathrm{C}}),\ 1\} \\ \hat{\pi} &= \left(\|\boldsymbol{P}_{\mathrm{C}}\hat{\boldsymbol{M}}_1\|_2 + \frac{1}{1-\beta}\right)\sup_{t\geqslant 0}\|\boldsymbol{\pi}(t)\|_2^2 \end{aligned} \tag{6.43}$$

由与 4.4 节相同的推证过程，可得

$$\|\boldsymbol{z}_{\Delta}(t)\|_2^2 \leqslant (1+\|\boldsymbol{M}_1\|_2^2)\frac{\hat{\boldsymbol{\pi}}}{\underline{\alpha}f\eta} \tag{6.44}$$

令

$$\boldsymbol{\varphi}_{\Delta}(t) = \boldsymbol{\varphi}(t) - \boldsymbol{\varphi}_{\mathrm{B}}(t) = (\boldsymbol{U}_2 \otimes \boldsymbol{I}_n)\boldsymbol{z}_{\Delta}(t) \tag{6.45}$$

则

$$\begin{aligned} \|\boldsymbol{\varphi}(t)\|_2^2 &\leqslant \|\boldsymbol{\varphi}_{\mathrm{B}}(t)\|_2^2 + \|\boldsymbol{\varphi}_{\Delta}(t)\|_2^2 \\ &\leqslant \|\boldsymbol{\varphi}_{\mathrm{B}}(t)\|_2^2 + \|(\boldsymbol{U}_2 \otimes \boldsymbol{I}_n)\|_2^2\|\boldsymbol{z}_{\Delta}(t)\|_2^2 \\ &\leqslant \|\boldsymbol{\varphi}_{\mathrm{B}}(t)\|_2^2 + \|\boldsymbol{U}_2\|_2^2(1+\|\boldsymbol{M}_1\|_2^2)\frac{\hat{\boldsymbol{\pi}}}{f\underline{\alpha}\eta} \end{aligned} \tag{6.46}$$

类似于4.4节可证如下结论。

定理 6.1 对于满足假设6.1的不确定群系统[式(6.1)]和满足假设5.1的状态编队向量 $\boldsymbol{h}(t)$，若利用鲁棒状态编队控制协议[式(6.7)~式(6.9)]构成闭环群系统[式(6.13)]，则对任意给定初始状态 $\boldsymbol{x}_0$ 和正数 ε，存在正数 f^* 和 T，当 $f \geqslant f^*$ 时，闭环群系统状态编队偏差的非一致分量满足

$$\| \boldsymbol{\varphi}_i(t) \|_2 \leqslant \varepsilon, \ t \geqslant T, \ i = 1, 2, \cdots, N-1 \tag{6.47}$$

若选择 T，使得 $\| \boldsymbol{\varphi}_{\mathrm{B}}(t) \|_2 \leqslant \frac{\varepsilon}{2}$，$\forall t \geqslant T$，则关于 f^* 的选取条件，可归纳如下：

(1) f^* 大于 $\boldsymbol{A}_{\mathrm{C}}$ 的谱半径。

(2) 对于 $\forall f \geqslant f^*$，式(6.42)定义的 $\boldsymbol{\Omega}(f)$ 是半正定或正定矩阵。

(3) 对于 $\forall f \geqslant f^*$，$f \geqslant \| \boldsymbol{U}_2 \|_2^2 (1 + \| \boldsymbol{M}_1 \|_2^2) \dfrac{4\hat{\boldsymbol{\pi}}}{\varepsilon^2 \underline{\alpha} \eta}$。

令

$$\boldsymbol{\zeta}_{\Delta}(t) = \boldsymbol{\zeta}(t) - \boldsymbol{\zeta}_{\mathrm{B}}(t) = (\boldsymbol{U}_1 \otimes \boldsymbol{I}_n) \boldsymbol{z}_{\Delta}(t) \tag{6.48}$$

则由不等式(6.44)，有

$$\| \boldsymbol{\zeta}_{\Delta}(t) \|_2^2 \leqslant \frac{\hat{\boldsymbol{\pi}}}{f \underline{\alpha} \eta} (1 + \| \boldsymbol{M}_1 \|_2^2) \tag{6.49}$$

可见，当 f 充分大时，实际闭环群系统编队偏差的一致分量与标称闭环群系统编队偏差的一致分量充分接近。

6.4 基于状态估计的群系统鲁棒状态编队控制协议设计

当各子系统只能获得其输出信息时，考虑如下基于状态估计的鲁棒状态编队控制协议：

$$\begin{aligned}
&\dot{\hat{\boldsymbol{x}}}_i(t) = \boldsymbol{A}\hat{\boldsymbol{x}}_i(t) + \boldsymbol{B}\boldsymbol{u}_{\mathrm{o}i}(t) + \boldsymbol{K}_{\mathrm{o}}[\boldsymbol{y}_i(t) - \hat{\boldsymbol{y}}_i(t)], \ \hat{\boldsymbol{x}}_i(0) = \hat{\boldsymbol{x}}_{\mathrm{o}i} \\
&\hat{\boldsymbol{y}}_i(t) = \boldsymbol{C}\hat{\boldsymbol{x}}_i(t) \\
&\boldsymbol{u}_{\mathrm{o}i}(t) = \boldsymbol{K}_1[\hat{\boldsymbol{x}}_i(t) - \boldsymbol{h}_i(t)] + \boldsymbol{K}_2 \sum_{j \in N_i} \{\hat{\boldsymbol{x}}_j(t) - \boldsymbol{h}_j(t) - [\hat{\boldsymbol{x}}_i(t) - \boldsymbol{h}_i(t)]\} + \boldsymbol{w}_i(t)
\end{aligned} \tag{6.50}$$

$$\dot{\boldsymbol{x}}_{\mathrm{R1},i}(t) = -f\boldsymbol{x}_{\mathrm{R1},i}(t) - f\boldsymbol{q}_i(t),\ \boldsymbol{x}_{\mathrm{R1},i}(0) = 0,\ \boldsymbol{x}_{\mathrm{R1},i}(t) \in \mathbf{R}^m$$
$$\dot{\boldsymbol{x}}_{\mathrm{R2},i}(t) = -f\boldsymbol{x}_{\mathrm{R2},i}(t) + f\boldsymbol{x}_{\mathrm{R1},i}(t),\ \boldsymbol{x}_{\mathrm{R2},i}(0) = 0,\ \boldsymbol{x}_{\mathrm{R2},i}(t) \in \mathbf{R}^m$$
$$\vdots$$
$$\dot{\boldsymbol{x}}_{\mathrm{R}(d-1),i}(t) = -f\boldsymbol{x}_{\mathrm{R}(d-1),i}(t) + f\boldsymbol{x}_{\mathrm{R}(d-2),i}(t),\ \boldsymbol{x}_{\mathrm{R}(d-1),i}(0) = 0,\ \boldsymbol{x}_{\mathrm{R}(d-1),i}(t) \in \mathbf{R}^m$$
$$\dot{\boldsymbol{u}}_{\mathrm{R}i}(t) = -f\boldsymbol{u}_{\mathrm{R}i}(t) + f\boldsymbol{x}_{\mathrm{R}(d-1),i}(t),\ \boldsymbol{u}_{\mathrm{R}i}(0) = 0,\ \boldsymbol{u}_{\mathrm{R}i}(t) \in \mathbf{R}^m \tag{6.51}$$

$$\begin{gathered}\boldsymbol{u}_i(t) = \boldsymbol{u}_{\mathrm{o}i}(t) + \boldsymbol{u}_{\mathrm{R}i}(t) \\ i = 1, 2, \cdots, N\end{gathered} \tag{6.52}$$

式中，$\boldsymbol{K}_\mathrm{o}$ 为观测器增益；d 是标称子系统传递函数矩阵的最大行相对阶，即 $d = \max\limits_{1\leqslant i\leqslant m} d_i$（参见假设 4.2)(这里同时用 d 表示外扰和最大行相对阶，相信读者能够区分其不同处的含义）。标称编队控制协议中增益矩阵 $\boldsymbol{K}_1$ 和 $\boldsymbol{K}_2$ 的选取与 4.2 节的鲁棒状态一致控制协议相同，选取观测器增益 $\boldsymbol{K}_\mathrm{o}$ 使得观测器状态矩阵 $\boldsymbol{A} - \boldsymbol{K}_\mathrm{o}\boldsymbol{C}$ 为 Hurwitz 矩阵。鲁棒补偿协议 $\boldsymbol{u}_{\mathrm{R}i}(t)$ 的描述[式(6.51)]仅用于分析，其实现如 4.5 节中所示。

6.5 基于状态估计的群系统鲁棒状态编队特性分析

基于状态估计的标称状态编队控制协议[式(6.50)]可改写成：

$$\begin{aligned}\dot{\hat{\boldsymbol{x}}}(t) = &\{[\boldsymbol{I}_N \otimes (\boldsymbol{A} + \boldsymbol{B}\boldsymbol{K}_1)] - (\boldsymbol{L} \otimes \boldsymbol{B}\boldsymbol{K}_2)\}[\hat{\boldsymbol{x}}(t) - \boldsymbol{h}(t)] + (\boldsymbol{I}_N \otimes \boldsymbol{B})\boldsymbol{w}(t) + \\ &(\boldsymbol{I}_N \otimes \boldsymbol{K}_\mathrm{o}\boldsymbol{C})[\boldsymbol{x}(t) - \hat{\boldsymbol{x}}(t)] + (\boldsymbol{I}_N \otimes \boldsymbol{A})\boldsymbol{h}(t),\ \hat{\boldsymbol{x}}(0) = \hat{\boldsymbol{x}}_0 \\ \boldsymbol{u}_\mathrm{o}(t) = &[(\boldsymbol{I}_N \otimes \boldsymbol{K}_1) - (\boldsymbol{L} \otimes \boldsymbol{K}_2)][\hat{\boldsymbol{x}}(t) - \boldsymbol{h}(t)] + \boldsymbol{w}(t)\end{aligned} \tag{6.53}$$

定义：

$$\begin{gathered}\hat{\boldsymbol{z}}(t) = \hat{\boldsymbol{x}}(t) - \boldsymbol{h}(t) \\ \boldsymbol{z}_\mathrm{e}(t) = \boldsymbol{x}(t) - \hat{\boldsymbol{x}}(t) = \boldsymbol{z}(t) - \hat{\boldsymbol{z}}(t)\end{gathered} \tag{6.54}$$

并如式(4.73)定义 $\boldsymbol{x}_\mathrm{R}(t)$ 和 $\boldsymbol{u}_\mathrm{R}(t)$，则闭环群系统状态编队偏差满足如下方程（也称之为状态编队偏差系统）

$$\begin{aligned}\dot{\boldsymbol{z}}(t) = &\{[\boldsymbol{I}_N \otimes (\boldsymbol{A} + \boldsymbol{B}\boldsymbol{K}_1)] - (\boldsymbol{L} \otimes \boldsymbol{B}\boldsymbol{K}_2)\}\boldsymbol{z}(t) + (\boldsymbol{I}_N \otimes \boldsymbol{B})[\boldsymbol{u}_\mathrm{R}(t) + \boldsymbol{q}(t)] - \\ &[(\boldsymbol{I}_N \otimes \boldsymbol{B}\boldsymbol{K}_1) - (\boldsymbol{L} \otimes \boldsymbol{B}\boldsymbol{K}_2)]\boldsymbol{z}_\mathrm{e}(t) + (\boldsymbol{I}_N \otimes \boldsymbol{B})\boldsymbol{w}(t) + \boldsymbol{\psi}(t) \\ \dot{\boldsymbol{z}}_\mathrm{e}(t) = &[\boldsymbol{I}_N \otimes (\boldsymbol{A} - \boldsymbol{K}_\mathrm{o}\boldsymbol{C})]\boldsymbol{z}_\mathrm{e}(t) + (\boldsymbol{I}_N \otimes \boldsymbol{B})[\boldsymbol{u}_\mathrm{R}(t) + \boldsymbol{q}(t)]\end{aligned}$$

$$\begin{aligned}&\dot{\boldsymbol{x}}_R(t)=(\boldsymbol{A}_R\otimes f\boldsymbol{I}_{N\times m})\boldsymbol{x}_R(t)-(\boldsymbol{B}_R\otimes f\boldsymbol{I}_{N\times m})\boldsymbol{q}(t)\\&\dot{\boldsymbol{u}}_R(t)=-(\boldsymbol{I}_N\otimes f\boldsymbol{I}_m)\boldsymbol{u}_R(t)+(\boldsymbol{C}_R\otimes f\boldsymbol{I}_{N\times m})\boldsymbol{x}_R(t)\\&\boldsymbol{z}(0)=\boldsymbol{x}_0-\boldsymbol{h}_0,\ \boldsymbol{z}_e(0)=\hat{\boldsymbol{x}}-\hat{\boldsymbol{x}}_0,\ \boldsymbol{x}_R(0)=0,\ \boldsymbol{u}_R(0)=0\end{aligned}\tag{6.55}$$

式中，$\boldsymbol{\psi}(t)$ 如式(6.17)所定义，矩阵 $\boldsymbol{A}_R$、$\boldsymbol{B}_R$ 和 $\boldsymbol{C}_R$ 如式(4.76)所定义。这样便将闭环群系统鲁棒状态编队控制问题转换为闭环群系统的状态编队偏差系统的鲁棒一致性控制问题。

相应的标称闭环群系统的状态编队偏差系统可描述为

$$\begin{aligned}&\dot{\boldsymbol{z}}_B(t)=\{[\boldsymbol{I}_N\otimes(\boldsymbol{A}+\boldsymbol{B}\boldsymbol{K}_1)]-(\boldsymbol{L}\otimes\boldsymbol{B}\boldsymbol{K}_2)\}\boldsymbol{z}_B(t)+(\boldsymbol{I}_N\otimes\boldsymbol{B})\boldsymbol{w}(t)+\boldsymbol{\psi}(t)\\&\boldsymbol{z}_B(0)=\boldsymbol{x}_0-\boldsymbol{h}_0\end{aligned}\tag{6.56}$$

定义实际闭环群系统状态编队偏差与标称闭环群系统状态编队偏差的差为

$$\boldsymbol{z}_\Delta(t)=\boldsymbol{z}(t)-\boldsymbol{z}_B(t)\tag{6.57}$$

则有

$$\begin{aligned}&\dot{\boldsymbol{z}}_\Delta(t)=\boldsymbol{A}_C\boldsymbol{z}_\Delta(t)+\boldsymbol{A}_{Ce}\boldsymbol{z}_e(t)+(\boldsymbol{I}_N\otimes\boldsymbol{B})[\boldsymbol{u}_R(t)+\boldsymbol{q}(t)],\ \boldsymbol{z}_\Delta(0)=0\\&\dot{\boldsymbol{z}}_e(t)=\boldsymbol{A}_e\boldsymbol{z}_e(t)+(\boldsymbol{I}_N\otimes\boldsymbol{B})[\boldsymbol{u}_R(t)+\boldsymbol{q}(t)],\ \boldsymbol{z}_e(0)=\hat{\boldsymbol{x}}-\hat{\boldsymbol{x}}_0\\&\dot{\boldsymbol{x}}_R(t)=(\boldsymbol{A}_R\otimes f\boldsymbol{I}_{N\times m})\boldsymbol{x}_R(t)-(\boldsymbol{B}_R\otimes f\boldsymbol{I}_{N\times m})\boldsymbol{q}(t),\ \boldsymbol{x}_R(0)=0\\&\dot{\boldsymbol{u}}_R(t)=-(\boldsymbol{I}_N\otimes f\boldsymbol{I}_m)\boldsymbol{u}_R(t)+(\boldsymbol{C}_R\otimes f\boldsymbol{I}_{N\times m})\boldsymbol{x}_R(t),\ \boldsymbol{u}_R(0)=0\end{aligned}\tag{6.58}$$

其中，

$$\begin{aligned}&\boldsymbol{A}_C=[\boldsymbol{I}_N\otimes(\boldsymbol{A}+\boldsymbol{B}\boldsymbol{K}_1)]-(\boldsymbol{L}\otimes\boldsymbol{B}\boldsymbol{K}_2)\\&\boldsymbol{A}_{Ce}=-[(\boldsymbol{I}_N\otimes\boldsymbol{B}\boldsymbol{K}_1)-(\boldsymbol{L}\otimes\boldsymbol{B}\boldsymbol{K}_2)]\\&\boldsymbol{A}_e=\boldsymbol{I}_N\otimes(\boldsymbol{A}-\boldsymbol{K}_o\boldsymbol{C})\end{aligned}\tag{6.59}$$

假设设计增益矩阵 $\boldsymbol{K}_1$、$\boldsymbol{K}_2$ 和 $\boldsymbol{K}_o$ 保证 $\boldsymbol{A}_C$ 和 $\boldsymbol{A}_e$ 均是 Hurwitz 矩阵，并选取 f 充分大，保证 f 大于 $\boldsymbol{A}_C$ 和 $\boldsymbol{A}_e$ 的谱半径。令矩阵 $\boldsymbol{M}_{1R}$、$\boldsymbol{M}_{1u}$、$\boldsymbol{M}_{2R}$ 和 $\boldsymbol{M}_{2u}$ 分别为 Sylvester 方程[式(4.109)]和式(4.110)的解，且如式(4.111)和式(4.112)定义矩阵 $\hat{\boldsymbol{M}}_1$ 和 $\hat{\boldsymbol{M}}_2$。如式(4.113)定义变量 $\boldsymbol{\omega}_1(t)$、$\boldsymbol{\omega}_2(t)$、$\boldsymbol{\omega}_R(t)$ 和 $\boldsymbol{\omega}_u(t)$：

$$\begin{aligned}&\boldsymbol{\omega}_1(t)=\boldsymbol{z}_\Delta(t)+\boldsymbol{M}_{1R}\boldsymbol{\omega}_R(t)+\boldsymbol{M}_{1u}\boldsymbol{\omega}_u(t)\\&\boldsymbol{\omega}_2(t)=\boldsymbol{z}_e(t)+\boldsymbol{M}_{2R}\boldsymbol{\omega}_R(t)+\boldsymbol{M}_{2u}\boldsymbol{\omega}_u(t)\\&\boldsymbol{\omega}_R(t)=f^{-1}\boldsymbol{x}_R(t)\\&\boldsymbol{\omega}_u(t)=f^{-1}\boldsymbol{u}_R(t)\end{aligned}\tag{6.60}$$

则由式(6.58),有

$$
\begin{aligned}
&\dot{\boldsymbol{\omega}}_1(t)=\boldsymbol{A}_{\mathrm{C}}\boldsymbol{\omega}_1(t)+\boldsymbol{A}_{\mathrm{Ce}}\boldsymbol{\omega}_2(t)+\hat{\boldsymbol{M}}_1 f^{-1}\boldsymbol{q}(t),\ \boldsymbol{\omega}_1(0)=0\\
&\dot{\boldsymbol{\omega}}_2(t)=\boldsymbol{A}_{\mathrm{e}}\boldsymbol{\omega}_2(t)+\hat{\boldsymbol{M}}_2 f^{-1}\boldsymbol{q}(t),\ \boldsymbol{\omega}_2(0)=\boldsymbol{x}_0-\hat{\boldsymbol{x}}_0\\
&\dot{\boldsymbol{\omega}}_{\mathrm{R}}(t)=(\boldsymbol{A}_{\mathrm{R}}\otimes f\boldsymbol{I}_{N\times m})\boldsymbol{\omega}_{\mathrm{R}}(t)-(\boldsymbol{B}_{\mathrm{R}}\otimes\boldsymbol{I}_{N\times m})\boldsymbol{q}(t),\ \boldsymbol{\omega}_{\mathrm{R}}(0)=0\\
&\dot{\boldsymbol{\omega}}_{\mathrm{u}}(t)=-(\boldsymbol{I}_N\otimes f\boldsymbol{I}_m)\boldsymbol{\omega}_{\mathrm{u}}(t)+(\boldsymbol{C}_{\mathrm{R}}\otimes f\boldsymbol{I}_{N\times m})\boldsymbol{\omega}_{\mathrm{R}}(t),\ \boldsymbol{\omega}_{\mathrm{u}}(0)=0\\
&\boldsymbol{z}_{\Delta}(t)=\boldsymbol{\omega}_1(t)-\boldsymbol{M}_{1\mathrm{R}}\boldsymbol{\omega}_{\mathrm{R}}(t)-\boldsymbol{M}_{1\mathrm{u}}\boldsymbol{\omega}_{\mathrm{u}}(t)
\end{aligned}
\tag{6.61}
$$

由式(6.53)～式(6.55)和式(6.57),有

$$
\begin{aligned}
\|\boldsymbol{u}_i(t)\|_2&\leqslant\|\boldsymbol{u}_{\mathrm{o}i}(t)\|_2+\|\boldsymbol{u}_{\mathrm{R}i}(t)\|_2\\
&\leqslant\|\boldsymbol{A}_{\mathrm{Ce}i}\hat{\boldsymbol{z}}(t)\|_2+\|\boldsymbol{u}_{\mathrm{R}i}(t)\|_2+\|\boldsymbol{w}_i(t)\|_2\\
&\leqslant\|\boldsymbol{A}_{\mathrm{Ce}i}[\boldsymbol{z}_{\Delta}(t)-\boldsymbol{z}_{\mathrm{e}}(t)+\boldsymbol{z}_{\mathrm{B}}(t)]\|_2+\|\boldsymbol{u}_{\mathrm{R}i}(t)\|_2+\|\boldsymbol{w}_i(t)\|_2\\
&\leqslant\|\boldsymbol{A}_{\mathrm{Ce}i}\|_2\|\boldsymbol{\omega}_1(t)\|_2+\|\boldsymbol{A}_{\mathrm{Ce}i}\|_2\|\boldsymbol{\omega}_2(t)\|_2+\\
&\quad\|\boldsymbol{A}_{\mathrm{Ce}i}(\boldsymbol{M}_{1\mathrm{R}}-\boldsymbol{M}_{2\mathrm{R}})\|_2\|\boldsymbol{\omega}_{\mathrm{R}}(t)\|_2+\|\boldsymbol{A}_{\mathrm{Ce}i}(\boldsymbol{M}_{1\mathrm{u}}-\boldsymbol{M}_{2\mathrm{u}})\|_2\\
&\quad\|\boldsymbol{\omega}_{\mathrm{u}}(t)\|_2+f\|\boldsymbol{\omega}_{\mathrm{u}i}(t)\|_2+\|\boldsymbol{w}_i(t)\|_2+\|\boldsymbol{A}_{\mathrm{Ce}i}\|_2\|\boldsymbol{z}_{\mathrm{B}}(t)\|_2
\end{aligned}
\tag{6.62}
$$

由假设4.1和式(6.62),有

$$
\begin{aligned}
\|\boldsymbol{q}_i(t)\|_2&\leqslant\alpha\|\boldsymbol{x}_i(t)\|_2+\beta\|\boldsymbol{u}_i(t)\|_2+\gamma\|\boldsymbol{d}_i(t)\|_2\\
&\leqslant\alpha\|\boldsymbol{z}_{\Delta i}(t)+\boldsymbol{z}_{\mathrm{B}i}(t)+\boldsymbol{h}_i(t)\|_2+\beta\|\boldsymbol{u}_i(t)\|_2+\gamma\|\boldsymbol{d}_i(t)\|_2\\
&\leqslant\alpha\|\boldsymbol{\omega}_{1i}(t)\|_2+\alpha\|\boldsymbol{e}_i^{\mathrm{T}}\boldsymbol{M}_{1\mathrm{R}}\boldsymbol{\omega}_{\mathrm{R}}(t)\|_2+\alpha\|\boldsymbol{e}_i^{\mathrm{T}}\boldsymbol{M}_{1\mathrm{u}}\boldsymbol{\omega}_{\mathrm{u}}(t)\|_2+\\
&\quad\beta\|\boldsymbol{u}_i(t)\|_2+\alpha\|\boldsymbol{z}_{\mathrm{B}i}(t)\|_2+\alpha\|\boldsymbol{h}_i(t)\|_2+\gamma\|\boldsymbol{d}_i(t)\|_2\\
&\leqslant\hat{\alpha}_1\|\boldsymbol{\omega}_1(t)\|_2+\hat{\alpha}_2\|\boldsymbol{\omega}_2(t)\|_2+\hat{\alpha}_{\mathrm{R}}\|\boldsymbol{\omega}_{\mathrm{R}}(t)\|_2+\hat{\alpha}_{\mathrm{u}}\|\boldsymbol{\omega}_{\mathrm{u}}(t)\|_2+\\
&\quad f\beta\|\boldsymbol{\omega}_{\mathrm{u}i}(t)\|_2+\boldsymbol{\pi}_{\mathrm{h}i}(t)
\end{aligned}
\tag{6.63}
$$

其中,

$$
\begin{aligned}
&\hat{\alpha}_1=\alpha+\beta\|\boldsymbol{A}_{\mathrm{Ce}}\|_2\\
&\hat{\alpha}_2=\beta\|\boldsymbol{A}_{\mathrm{Ce}}\|_2\\
&\hat{\alpha}_{\mathrm{R}}=\alpha\|\boldsymbol{M}_{1\mathrm{R}}\|_2+\beta\|\boldsymbol{A}_{\mathrm{Ce}}(\boldsymbol{M}_{1\mathrm{R}}-\boldsymbol{M}_{2\mathrm{R}})\|_2\\
&\hat{\alpha}_{\mathrm{u}}=\alpha\|\boldsymbol{M}_{1\mathrm{u}}\|_2+\beta\|\boldsymbol{A}_{\mathrm{Ce}}(\boldsymbol{M}_{1\mathrm{u}}-\boldsymbol{M}_{2\mathrm{u}})\|_2\\
&\boldsymbol{\pi}_{\mathrm{h}i}(t)=\hat{\alpha}_1\|\boldsymbol{z}_{\mathrm{B}}(t)\|_2+\beta\|\boldsymbol{w}_i(t)\|_2+\alpha\|\boldsymbol{h}_i(t)\|_2+\gamma\|\boldsymbol{d}_i(t)\|_2
\end{aligned}
\tag{6.64}
$$

令 $\boldsymbol{P}_{\mathrm{C}}$ 和 $\boldsymbol{P}_{\mathrm{e}}$ 分别是 Lyapunov 方程[式(4.122)]和式(4.123)的正定解，且定义 $\|\boldsymbol{\omega}_{\mathrm{R}\cdot}(t)\|_2$ 如式(4.120)。考虑如下正定函数，

$$\boldsymbol{V}(t)=\boldsymbol{\omega}_1^{\mathrm{T}}\boldsymbol{P}_{\mathrm{C}}\boldsymbol{\omega}_1+\boldsymbol{\omega}_2^{\mathrm{T}}\boldsymbol{P}_{\mathrm{e}}\boldsymbol{\omega}_2+\boldsymbol{\omega}_{\mathrm{R}}^{\mathrm{T}}\boldsymbol{\omega}_{\mathrm{R}}+\boldsymbol{\omega}_{\mathrm{u}}^{\mathrm{T}}\boldsymbol{\omega}_{\mathrm{u}} \tag{6.65}$$

注意，式(6.61)、式(6.63)和式(6.65)与式(4.114)、式(4.117)和式(4.124)形式上相同(虽然变量的含义不同)，可有

$$\begin{aligned}\dot{\boldsymbol{V}}(t)\leqslant&-\|\boldsymbol{\omega}_1(t)\|_2^2-\|\boldsymbol{\omega}_2(t)\|_2^2-\|\boldsymbol{\omega}_{\mathrm{R}}(t)\|_2^2-\|\boldsymbol{\omega}_{\mathrm{u}}(t)\|_2^2-\boldsymbol{W}^{\mathrm{T}}(t)\boldsymbol{\Omega}(f)\boldsymbol{W}(t)+\\&\left(f^{-1}\|\boldsymbol{P}_{\mathrm{C}}\hat{\boldsymbol{M}}_1\|_2+f^{-1}\|\boldsymbol{P}_{\mathrm{e}}\hat{\boldsymbol{M}}_2\|_2+\frac{1}{\sqrt{f}}\right)\boldsymbol{\pi}_{\mathrm{h}}^2(t)\end{aligned} \tag{6.66}$$

式中，$\boldsymbol{W}(t)$ 如式(4.126)所定义，$\boldsymbol{\Omega}(f)$ 如式(4.128)所定义。因此，得到类似的结论：当 $d\geqslant 1$ 和 $\beta<1$ 时，存在正常数 f^*，当 $f\geqslant f^*$ 时，$\boldsymbol{\Omega}(f)$ 为半正定矩阵或正定矩阵，且

$$\dot{\boldsymbol{V}}(t)\leqslant-\|\boldsymbol{\omega}_1(t)\|_2^2-\|\boldsymbol{\omega}_2(t)\|_2^2-\|\boldsymbol{\omega}_{\mathrm{R}}(t)\|_2^2-\|\boldsymbol{\omega}_{\mathrm{u}}(t)\|_2^2+\frac{\hat{\boldsymbol{\pi}}_{\mathrm{h}}}{\sqrt{f}} \tag{6.67}$$

其中，

$$\hat{\boldsymbol{\pi}}_{\mathrm{h}}=\left(\frac{\|\boldsymbol{P}_{\mathrm{C}}\hat{\boldsymbol{M}}_1\|_2+\|P_{\mathrm{e}}\hat{\boldsymbol{M}}_2\|_2}{\sqrt{f^*}}+1\right)\sup_{t\geqslant 0}\boldsymbol{\pi}_{\mathrm{h}}^2(t) \tag{6.68}$$

定义正常数 η 和 $\underline{\alpha}$ 分别如式(4.136)和式(4.139)，则可有

$$\boldsymbol{V}(t)\leqslant \mathrm{e}^{-\eta t}\boldsymbol{V}(0)+\frac{\hat{\boldsymbol{\pi}}_{\mathrm{h}}}{\sqrt{f}\eta} \tag{6.69}$$

和

$$\underline{\alpha}[\|\boldsymbol{\omega}_1(t)\|_2^2+\|\boldsymbol{\omega}_2(t)\|_2^2+\|\boldsymbol{\omega}_{\mathrm{R}}(t)\|_2^2+\|\boldsymbol{\omega}_{\mathrm{u}}(t)\|_2^2]\leqslant\boldsymbol{V}(t) \tag{6.70}$$

由式(6.60)、式(6.70)和式(6.69)，可得

$$\begin{aligned}\|\boldsymbol{z}_{\Delta}(t)\|_2^2=&\left\|\begin{bmatrix}1 & -\boldsymbol{M}_{1\mathrm{R}} & -\boldsymbol{M}_{1\mathrm{u}}\end{bmatrix}\begin{bmatrix}\boldsymbol{\omega}_1(t)\\ \boldsymbol{\omega}_{1\mathrm{R}}(t)\\ \boldsymbol{\omega}_{1\mathrm{u}}(t)\end{bmatrix}\right\|_2^2\\ \leqslant&\frac{1}{\underline{\alpha}}(1+\|\boldsymbol{M}_{1\mathrm{R}}\|_2^2+\|\boldsymbol{M}_{1\mathrm{u}}\|_2^2)\\&\left[\mathrm{e}^{-\eta t}(\boldsymbol{x}_0-\hat{\boldsymbol{x}}_0)^{\mathrm{T}}\boldsymbol{P}_{\mathrm{e}}(\boldsymbol{x}_0-\hat{\boldsymbol{x}}_0)+\frac{\hat{\boldsymbol{\pi}}_{\mathrm{h}}}{\sqrt{f}\eta}\right]\end{aligned} \tag{6.71}$$

令

$$\boldsymbol{\varphi}_{\Delta}(t)=\boldsymbol{\varphi}(t)-\boldsymbol{\varphi}_{\mathrm{B}}(t)=(\boldsymbol{U}_2\otimes\boldsymbol{I}_n)\boldsymbol{z}_{\Delta}(t) \tag{6.72}$$

则有

$$\begin{aligned}\|\boldsymbol{\varphi}(t)\|_2^2&\leqslant\|\boldsymbol{\varphi}_{\mathrm{B}}(t)\|_2^2+\|\boldsymbol{\varphi}_{\Delta}(t)\|_2^2\\&\leqslant\|\boldsymbol{\varphi}_{\mathrm{B}}(t)\|_2^2+\|(\boldsymbol{U}_2\otimes\boldsymbol{I}_n)\|_2^2\|\boldsymbol{z}_{\Delta}(t)\|_2^2\\&\leqslant\|\boldsymbol{\varphi}_{\mathrm{B}}(t)\|_2^2+\alpha_{\varphi}\left[\mathrm{e}^{-\eta t}(\boldsymbol{x}_0-\hat{\boldsymbol{x}}_0)^{\mathrm{T}}\boldsymbol{P}_{\mathrm{e}}(\boldsymbol{x}_0-\hat{\boldsymbol{x}}_0)+\frac{\hat{\boldsymbol{\pi}}_{\mathrm{h}}}{\sqrt{f}\eta}\right]\end{aligned} \tag{6.73}$$

其中，

$$\alpha_{\varphi}=\frac{1}{\underline{\alpha}}\|\boldsymbol{U}_2\|_2^2(1+\|\boldsymbol{M}_{1\mathrm{R}}\|_2^2+\|\boldsymbol{M}_{1\mathrm{u}}\|_2^2) \tag{6.74}$$

因此可以得到如下结论。

定理 6.2 对于满足假设 4.1 的不确定群系统[式(6.1)]和满足假设 5.1 的状态编队向量 $\boldsymbol{h}(t)$，若利用基于状态估计的鲁棒状态编队控制协议[式(6.50)～式(6.52)]构成闭环群系统，则对任意给定初始状态 $\boldsymbol{x}_0$ 和正数 ε，存在正数 f^* 和 T，当 $f\geqslant f^*$ 时，闭环群系统状态编队偏差的非一致分量满足

$$\|\boldsymbol{\varphi}_i(t)\|_2\leqslant\varepsilon,\ t\geqslant T,\ i=1,2,\cdots,N-1 \tag{6.75}$$

若选择 T，使得

$$\|\boldsymbol{\varphi}_{\mathrm{B}}(t)\|_2^2+\alpha_{\varphi}\mathrm{e}^{-\eta t}(\boldsymbol{x}_0-\hat{\boldsymbol{x}}_0)^{\mathrm{T}}\boldsymbol{P}_{\mathrm{e}}(\boldsymbol{x}_0-\hat{\boldsymbol{x}}_0)\leqslant\frac{\varepsilon^2}{4},\ \forall t\geqslant T \tag{6.76}$$

则关于 f^* 的选取条件为

(1) f^* 大于 $\boldsymbol{A}_{\mathrm{C}}$ 和 $\boldsymbol{A}_{\mathrm{e}}$ 的谱半径，$(\boldsymbol{A}_{\mathrm{R}}\otimes\boldsymbol{I}_{N\times m})$ 与 $\boldsymbol{A}_{\mathrm{C}}$ 和 $\boldsymbol{A}_{\mathrm{e}}$ 特征值相异。

(2) 对于 $\forall f\geqslant f^*$，式(4.128)定义的 $\boldsymbol{\Omega}(f)$ 是半正定或正定矩阵。

(3) $\sqrt{f^*}\geqslant\dfrac{4\alpha_{\varphi}\hat{\boldsymbol{\pi}}_{\mathrm{h}}}{\varepsilon^2\eta}$。

令

$$\boldsymbol{\zeta}_{\Delta}(t)=\boldsymbol{\zeta}(t)-\boldsymbol{\zeta}_{\mathrm{B}}(t)=(\boldsymbol{U}_1\otimes\boldsymbol{I}_n)\boldsymbol{z}_{\Delta}(t) \tag{6.77}$$

则由不等式(6.71)，有

$$\|\boldsymbol{\zeta}_{\Delta}(t)\|_2^2\leqslant\frac{1}{\underline{\alpha}}(1+\|\boldsymbol{M}_{1\mathrm{R}}\|_2^2+\|\boldsymbol{M}_{1\mathrm{u}}\|_2^2)\left[\mathrm{e}^{-\eta t}(\boldsymbol{x}_0-\hat{\boldsymbol{x}}_0)^{\mathrm{T}}\boldsymbol{P}_{\mathrm{e}}(\boldsymbol{x}_0-\hat{\boldsymbol{x}}_0)+\frac{\hat{\boldsymbol{\pi}}_{\mathrm{h}}}{\sqrt{f}\eta}\right] \tag{6.78}$$

由式(6.78)可知，当 f 充分大时，实际闭环群系统编队偏差的一致分量与标称闭环群系统编队偏差的一致分量趋于充分接近，即对任意给定正数 ε_ζ 和状态估计初始误差 $\boldsymbol{x}_0-\hat{\boldsymbol{x}}_0$，存在 f_ζ^* 和 T_ζ，当 $f\geqslant f_\zeta^*$ 时，成立

$$\|\boldsymbol{\zeta}_\Delta(t)\|_2\leqslant\varepsilon_\zeta,\ t\geqslant T_\zeta \tag{6.79}$$

6.6 群系统鲁棒状态编队控制协议设计举例

6.6.1 第一个数例

例 6.1 受控群系统及其不确定性如同 4.8 节所示，作用拓扑如图 3.1 所示，标称状态编队控制协议[式(6.8)]中的增益矩阵 $\boldsymbol{K}_1$ 和 $\boldsymbol{K}_2$ 如式(5.54)给定，鲁棒状态编队补偿协议如式(4.156)所示，其中 $f=120$。仿真中不确定参数如式(4.155)所示。读者可以改变不确定参数的选取，检验这样选取的鲁棒滤波器参数是否对式(4.153)中其他参数有效。

考虑如式(5.55)所示两种状态编队的情况，即状态定常编队和状态时变编队。编队控制前馈补偿信号 $\boldsymbol{w}_i(t)(i=1,2,\cdots,7)$ 满足式(5.56)。

当 $\boldsymbol{u}_\mathrm{R}(t)=0$ 且 $\boldsymbol{q}(t)=0$ 时，称对应的闭环群系统为标称状态编队闭环群系统[其状态表示为 $\boldsymbol{x}_\mathrm{B}(t)$]；当 $\boldsymbol{u}_\mathrm{R}(t)=0$[$\boldsymbol{q}(t)$ 可能非零]时，称对应的闭环群系统为非鲁棒状态编队闭环群系统[其状态表示为 $\bar{\boldsymbol{x}}(t)$]；当 $\boldsymbol{u}_\mathrm{R}(t)\neq0$ 时，称对应的闭环群系统为鲁棒状态编队闭环群系统[其状态表示为 $\boldsymbol{x}(t)$]。定义：

$$\begin{aligned}&\|\bar{\boldsymbol{x}}_{\cdot j}(t)-\boldsymbol{x}_{\mathrm{B}\cdot j}(t)\|_2^2=\sum_{i=1}^{7}\|\bar{\boldsymbol{x}}_{ij}(t)-\boldsymbol{x}_{\mathrm{B}ij}(t)\|_2^2\\&\|\boldsymbol{x}_{\cdot j}(t)-\boldsymbol{x}_{\mathrm{B}\cdot j}(t)\|_2^2=\sum_{i=1}^{7}\|\boldsymbol{x}_{ij}(t)-\boldsymbol{x}_{\mathrm{B}ij}(t)\|_2^2\\&j=1,2,3\end{aligned} \tag{6.80}$$

1) 基于编队误差的鲁棒状态编队控制

首先考虑各子系统状态均可通过量测得到的情形。

(1) 鲁棒状态定常编队非航迹跟踪的情形。

状态定常编队 $\boldsymbol{h}(t)$ 和状态编队参考指令信号 $\boldsymbol{w}_1(t)$ 如式(5.58)所示。非鲁棒状态定常编队非航迹跟踪闭环群系统的状态与标称状态定常编队非航迹跟踪闭环群系统的状态之差 $\|\bar{\boldsymbol{x}}_{\cdot j}(t)-\boldsymbol{x}_{\mathrm{B}\cdot j}(t)\|_2^2(j=1,2,3)$ 随时间变化曲线

如图 6.1 所示，鲁棒状态定常编队非航迹跟踪闭环群系统的状态与标称状态定常编队非航迹跟踪闭环群系统的状态之差 $\| \boldsymbol{x}_{\cdot j}(t) - \boldsymbol{x}_{\mathrm{B}\cdot j}(t) \|_2^2 (j=1, 2, 3)$ 随时间变化曲线如图 6.2 所示。

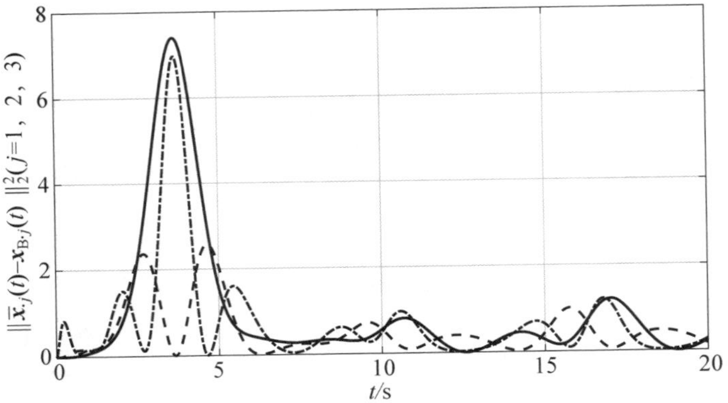

图 6.1 非鲁棒状态定常编队非航迹跟踪闭环群系统的状态与标称状态定常编队非航迹跟踪闭环群系统的状态之差随时间变化曲线

注：实线—— $\| \bar{\boldsymbol{x}}_{\cdot 1}(t) - \boldsymbol{x}_{\mathrm{B}\cdot 1}(t) \|_2^2$；虚线 —— $\| \bar{\boldsymbol{x}}_{\cdot 2}(t) - \boldsymbol{x}_{\mathrm{B}\cdot 2}(t) \|_2^2$；点划线 —— $\| \bar{\boldsymbol{x}}_{\cdot 3}(t) - \boldsymbol{x}_{\mathrm{B}\cdot 3}(t) \|_2^2$。

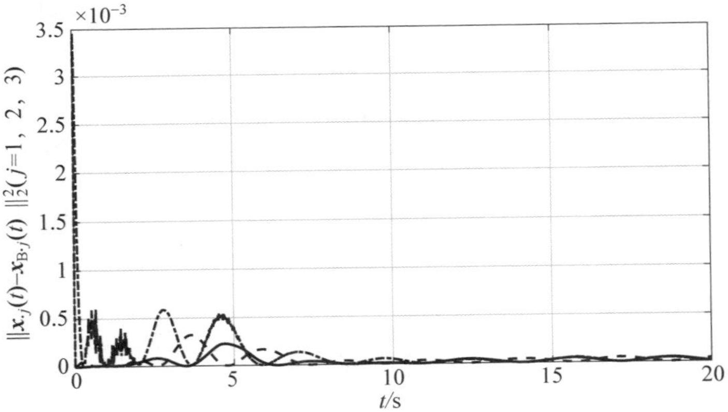

图 6.2 当 $f=120$ 时鲁棒状态定常编队非航迹跟踪闭环群系统的状态与标称状态定常编队非航迹跟踪闭环群系统的状态之差随时间变化曲线

注：实线—— $\| \boldsymbol{x}_{\cdot 1}(t) - \boldsymbol{x}_{\mathrm{B}\cdot 1}(t) \|_2^2$；虚线 —— $\| \boldsymbol{x}_{\cdot 2}(t) - \boldsymbol{x}_{\mathrm{B}\cdot 2}(t) \|_2^2$；点划线 —— $\| \boldsymbol{x}_{\cdot 3}(t) - \boldsymbol{x}_{\mathrm{B}\cdot 3}(t) \|_2^2$。

由图 6.1 可知，当存在不确定性时，如果没有鲁棒编队补偿协议，非鲁棒状态定常编队闭环群系统的状态与标称状态定常编队闭环群系统的状态有明显的差异。

由图 6.2 所示结果可知，加入鲁棒编队补偿协议后，鲁棒状态定常编队闭环群系统的状态与标称状态定常编队闭环群系统的状态的差异明显缩小。

(2) 鲁棒状态时变编队非航迹跟踪的情形。

对于鲁棒状态时变编队非航迹跟踪问题，考虑如式(5.63)所示状态时变编队 $\boldsymbol{h}(t)$ 和状态编队参考指令信号 $\boldsymbol{w}_1(t)$。非鲁棒状态时变编队非航迹跟踪闭环群系统的状态与标称状态时变编队非航迹跟踪闭环群系统的状态之差 $\|\bar{\boldsymbol{x}}_{\cdot j}(t)-\boldsymbol{x}_{\mathrm{B}\cdot j}(t)\|_2^2(j=1, 2, 3)$ 随时间变化曲线如图 6.3 所示，鲁棒状态时变编队非航迹跟踪闭环群系统的状态与标称状态时变编队非航迹跟踪闭环群系统的状态之差 $\|\boldsymbol{x}_{\cdot j}(t)-\boldsymbol{x}_{\mathrm{B}\cdot j}(t)\|_2^2(j=1, 2, 3)$ 随时间变化曲线如图 6.4 所示。

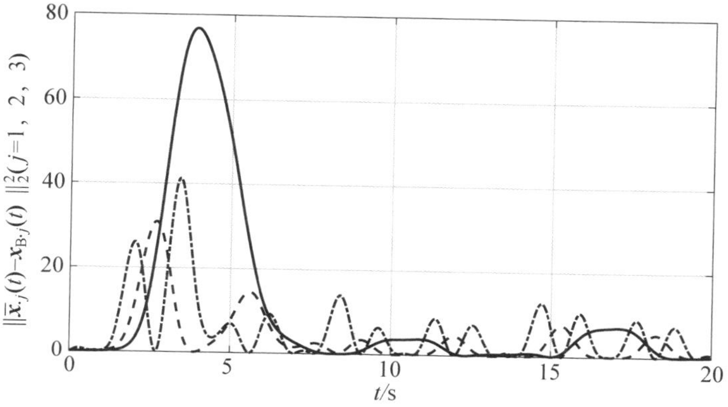

图 6.3 非鲁棒状态时变编队非航迹跟踪闭环群系统的状态与标称状态时变编队非航迹跟踪闭环群系统状态之差随时间变化曲线

注：实线—— $\|\bar{\boldsymbol{x}}_{\cdot 1}(t)-\boldsymbol{x}_{\mathrm{B}\cdot 1}(t)\|_2^2$；虚线 —— $\|\bar{\boldsymbol{x}}_{\cdot 2}(t)-\boldsymbol{x}_{\mathrm{B}\cdot 2}(t)\|_2^2$；点划线 —— $\|\bar{\boldsymbol{x}}_{\cdot 3}(t)-\boldsymbol{x}_{\mathrm{B}\cdot 3}(t)\|_2^2$。

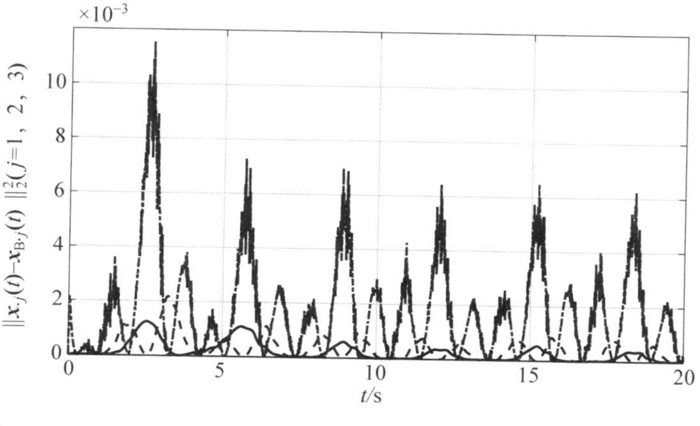

图 6.4 当 $f=120$ 时鲁棒状态时变编队非航迹跟踪闭环群系统的状态与标称状态时变编队非航迹跟踪闭环群系统的状态之差随时间变化曲线

注：实线—— $\|\boldsymbol{x}_{\cdot 1}(t)-\boldsymbol{x}_{\mathrm{B}\cdot 1}(t)\|_2^2$；虚线 —— $\|\boldsymbol{x}_{\cdot 2}(t)-\boldsymbol{x}_{\mathrm{B}\cdot 2}(t)\|_2^2$；点划线 —— $\|\boldsymbol{x}_{\cdot 3}(t)-\boldsymbol{x}_{\mathrm{B}\cdot 3}(t)\|_2^2$。

由上述结果可知，对于状态定常编队非航迹跟踪和状态时变编队非航迹跟踪问题，鲁棒状态编队补偿协议都可以抑制不确定性的影响，减小鲁棒状态编队闭环群系统状态与标称状态编队闭环群系统状态之间的差异。

2）基于状态估计的鲁棒状态编队控制

对于各子系统状态不能量测的情形，基于状态估计的状态编队控制协议设计如下：

$$\dot{\hat{\boldsymbol{x}}}_i(t)=\begin{bmatrix}0&1&0\\0&0&1\\2&1&1\end{bmatrix}\hat{\boldsymbol{x}}_i(t)+\begin{bmatrix}0\\0\\1\end{bmatrix}\boldsymbol{u}_i(t)+\boldsymbol{K}_o[\boldsymbol{y}_i(t)-\hat{\boldsymbol{y}}_i(t)],\ \hat{\boldsymbol{x}}_i(0)=0$$

$$\hat{\boldsymbol{y}}_i(t)=[1\quad 0\quad 0]\hat{\boldsymbol{x}}_i(t)$$

$$\boldsymbol{u}_i(t)=\boldsymbol{K}_1[\hat{\boldsymbol{x}}_i(t)-\boldsymbol{h}_i(t)]+\boldsymbol{K}_2\sum_{j\in N_i}\{\hat{\boldsymbol{x}}_j(t)-\boldsymbol{h}_j(t)-[\hat{\boldsymbol{x}}_i(t)-\boldsymbol{h}_i(t)]\}+\boldsymbol{w}_i(t)$$

$$i=1,\ 2,\ \cdots,\ 7$$

式中，$\boldsymbol{K}_o=[91\quad 2\,792\quad 29\,885]^{\mathrm{T}}$，相应观测器的极点均配置于$-30$处。观测器初始值状态设置为$\hat{\boldsymbol{x}}_i(0)=\boldsymbol{0}_3$（$\forall i=1,\ 2,\ \cdots,\ 7$）。

鲁棒状态编队补偿协议仍如式(4.156)所示，鲁棒补偿器参数也设置为$f=120$。

（1）基于状态估计的鲁棒状态定常编队航迹跟踪的情形。

考虑鲁棒状态定常编队航迹跟踪的情形，即

$$\boldsymbol{h}_i(t)=\begin{bmatrix}i\\0\\0\end{bmatrix},\ i=1,\ 2,\ \cdots,\ 7,\ \boldsymbol{w}_1(t)=\begin{cases}15 & (0\leqslant t<10)\\15+1.5(10-t) & (10\leqslant t<20)\\0 & (20\leqslant t\leqslant 30)\end{cases}\tag{6.81}$$

基于状态估计的非鲁棒状态定常编队航迹跟踪闭环群系统的状态与标称状态定常编队航迹跟踪闭环群系统的状态之差$\|\bar{\boldsymbol{x}}_{\cdot j}(t)-\boldsymbol{x}_{\mathrm{B}\cdot j}(t)\|_2^2(j=1,\ 2,\ 3)$随时间变化曲线如图6.5所示，相应的鲁棒状态定常编队航迹跟踪闭环群系统的状态与标称状态定常编队航迹跟踪闭环群系统的状态之差$\|\boldsymbol{x}_{\cdot j}(t)-\boldsymbol{x}_{\mathrm{B}\cdot j}(t)\|_2^2(j=1,\ 2,\ 3)$随时间变化曲线如图6.6所示。

在上述仿真中，假设受控子系统的初始状态$\boldsymbol{x}_i(0)(i=1,\ 2,\ \cdots,\ 7)$是已知

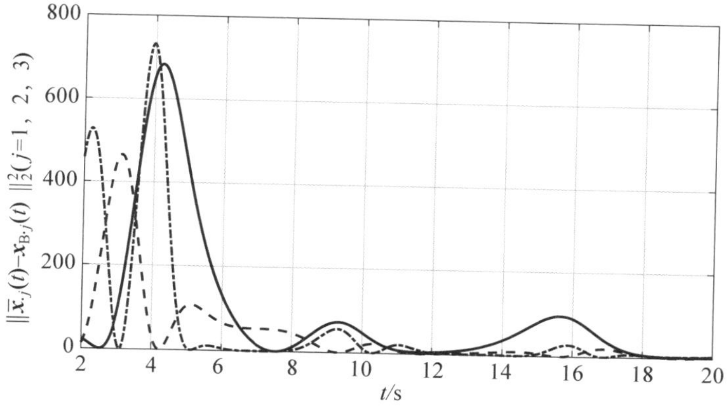

图 6.5 基于状态估计的非鲁棒状态定常编队航迹跟踪闭环群系统的状态与标称状态定常编队航迹跟踪闭环群系统的状态之差随时间变化曲线

注:实线—— $\|\bar{\boldsymbol{x}}_{\cdot 1}(t)-\boldsymbol{x}_{B\cdot 1}(t)\|_2^2$;虚线 —— $\|\bar{\boldsymbol{x}}_{\cdot 2}(t)-\boldsymbol{x}_{B\cdot 2}(t)\|_2^2$;点划线 —— $\|\bar{\boldsymbol{x}}_{\cdot 3}(t)-\boldsymbol{x}_{B\cdot 3}(t)\|_2^2$。

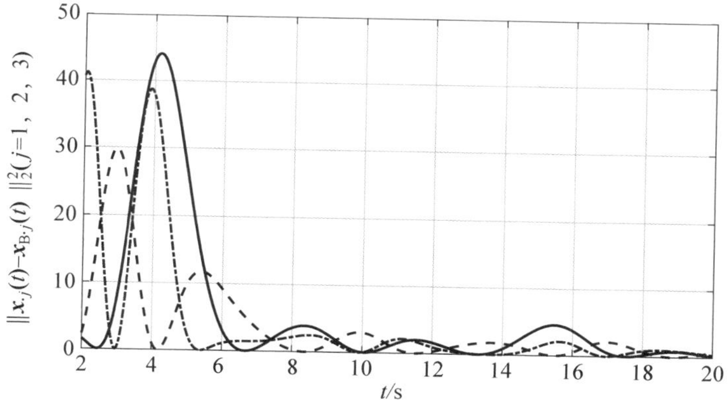

图 6.6 当 $f=120$ 时基于状态估计的鲁棒状态定常编队航迹跟踪闭环群系统的状态与标称状态定常编队非航迹跟踪闭环群系统的状态之差随时间变化曲线

注:实线—— $\|\boldsymbol{x}_{\cdot 1}(t)-\boldsymbol{x}_{B\cdot 1}(t)\|_2^2$;虚线 —— $\|\boldsymbol{x}_{\cdot 2}(t)-\boldsymbol{x}_{B\cdot 2}(t)\|_2^2$;点划线 —— $\|\boldsymbol{x}_{\cdot 3}(t)-\boldsymbol{x}_{B\cdot 3}(t)\|_2^2$。

的,鲁棒状态编队补偿协议的初始条件如式(4.165)设置。如果初始状态 $\boldsymbol{x}_i(0)(i=1, 2, \cdots, 7)$ 未知而将鲁棒状态编队补偿协议的初始条件设置为零,则鲁棒状态定常编队非航迹跟踪闭环群系统的状态在起始过渡过程中有大幅偏差,虽然鲁棒状态定常编队非航迹跟踪闭环群系统的状态与标称状态定常编队非航迹跟踪闭环群系统的状态之差会渐近减小。对于控制约束较紧的系统,应尽量获取并利用初始状态信息,或者采用分阶段控制的策略,即在开始阶段,利用标称控制协议(或其他控制方法)进行控制,将编队误差减小到一定范围,然后加入鲁棒补偿协议，以实现期望的鲁棒编队控制性能。

(2) 基于状态估计的鲁棒状态时变编队航迹跟踪的情形。

考虑式(5.67)设定的状态时变编队航迹跟踪的情形。基于状态估计的非鲁棒状态时变编队航迹跟踪闭环群系统的状态与标称状态时变编队航迹跟踪闭环群系统的状态之差 $\|\bar{\boldsymbol{x}}_{\cdot j}(t)-\boldsymbol{x}_{\mathrm{B}\cdot j}(t)\|_2^2(j=1,2,3)$ 随时间变化曲线如图6.7所示。鲁棒状态时变编队航迹跟踪闭环群系统的状态与标称状态时变编队航迹跟踪闭环群系统的状态之差 $\|\boldsymbol{x}_{\cdot j}(t)-\boldsymbol{x}_{\mathrm{B}\cdot j}(t)\|_2^2(j=1,2,3)$ 随时间变化曲线如图 6.8 所示。

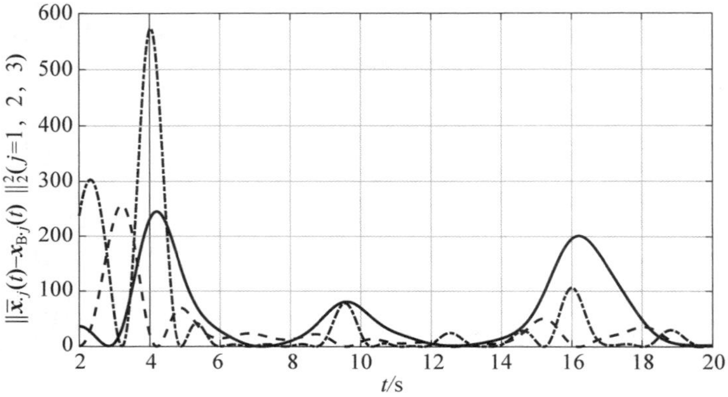

图 6.7 基于状态估计的非鲁棒状态时变编队航迹跟踪闭环群系统的状态与标称状态时变编队航迹跟踪闭环群系统的状态之差随时间变化曲线

注：实线—— $\|\bar{\boldsymbol{x}}_{\cdot 1}(t)-\boldsymbol{x}_{\mathrm{B}\cdot 1}(t)\|_2^2$；虚线 —— $\|\bar{\boldsymbol{x}}_{\cdot 2}(t)-\boldsymbol{x}_{\mathrm{B}\cdot 2}(t)\|_2^2$；点划线 —— $\|\bar{\boldsymbol{x}}_{\cdot 3}(t)-\boldsymbol{x}_{\mathrm{B}\cdot 3}(t)\|_2^2$。

6.6.2 第二个数例

例 6.2 在例 5.2 的基础上，考虑不确定性，假设无人机群的动力学方程描述如下：

$$
\begin{aligned}
&\ddot{\boldsymbol{x}}_i(t)=\boldsymbol{u}_{xi}(t)+\boldsymbol{q}_{xi}(\boldsymbol{\chi}_i,\boldsymbol{u}_{xi},\boldsymbol{d}_{xi},t),\ [\boldsymbol{x}_i(0)\quad \dot{\boldsymbol{x}}_i(0)]=[2i\quad 0]\\
&\ddot{\boldsymbol{y}}_i(t)=\boldsymbol{u}_{yi}(t)+\boldsymbol{q}_{yi}(\boldsymbol{\chi}_i,\boldsymbol{u}_{yi},\boldsymbol{d}_{yi},t),\ [\boldsymbol{y}_i(0)\quad \dot{\boldsymbol{y}}_i(0)]=[0\quad 0]\\
&\ddot{\boldsymbol{z}}_i(t)=\boldsymbol{u}_{zi}(t)+\boldsymbol{q}_{zi}(\boldsymbol{\chi}_i,\boldsymbol{u}_{zi},\boldsymbol{d}_{zi},t),\ [\boldsymbol{z}_i(0)\quad \dot{\boldsymbol{z}}_i(0)]=[0\quad 0]\\
&i=1,2,\cdots,6
\end{aligned}
\tag{6.82}
$$

其中，

$$
\boldsymbol{\chi}_i(t)=[\boldsymbol{x}_i(t)\quad \dot{\boldsymbol{x}}_i(t)\quad \boldsymbol{y}_i(t)\quad \dot{\boldsymbol{y}}_i(t)\quad \boldsymbol{z}_i(t)\quad \dot{\boldsymbol{z}}_i(t)]^{\mathrm{T}},\ i=1,2,\cdots,6
$$

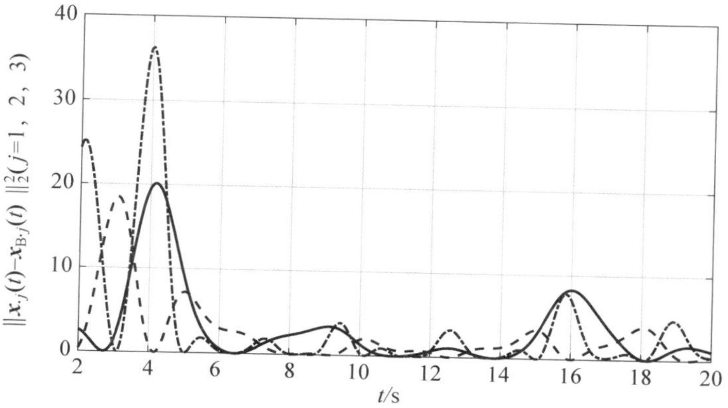

图 6.8 当 $f=120$ 时基于状态估计的鲁棒状态时变编队航迹跟踪闭环群系统的状态与标称状态时变编队航迹跟踪闭环群系统的状态之差随时间变化曲线

注：实线—— $\|x_{\cdot 1}(t)-x_{B\cdot 1}(t)\|_2^2$；虚线 —— $\|x_{\cdot 2}(t)-x_{B\cdot 2}(t)\|_2^2$；点划线 —— $\|x_{\cdot 3}(t)-x_{B\cdot 3}(t)\|_2^2$。

$q_{ji}(\chi_i, u_{ji}, d_{ji}, t)$ 表示所包含的不确定性，d_{ji} 为外界扰动，假设

$$\begin{aligned}&|q_{ji}(\chi_i, u_{ji}, d_{ji}, t)| \leqslant \xi_j \|\chi_i\|_2 + \zeta_j |u_{ji}| + \gamma_j |d_{ji}|\\&i=1, 2, \cdots, 6; j=x, y, z\end{aligned} \tag{6.83}$$

在仿真中，设

$$\begin{aligned}&q_{xi}(\chi_i, u_{xi}, d_{xi}, t)=0.2\sin[x_i(t)]z_i(t)+0.2\cos[y_i(t)]u_{xi}(t)+\sin(t)\\&q_{yi}(\chi_i, u_{yi}, d_{yi}, t)=0.2\cos[x_i(t)]z_i(t)+0.2\sin[y_i(t)]u_{yi}(t)+\cos(t)\\&q_{zi}(\chi_i, u_{yi}, d_{yi}, t)=0.1z_i(t)+0.1\sin[z_i(t)]u_{zi}(t)\\&i=1, 2, \cdots, 6\end{aligned}$$

作用拓扑如图 5.69 所示。

令

$$u_i(t)=\begin{bmatrix}u_{xi}(t)\\u_{yi}(t)\\u_{zi}(t)\end{bmatrix}, u_i^{N}(t)=\begin{bmatrix}u_{xi}^{N}(t)\\u_{yi}^{N}(t)\\u_{zi}^{N}(t)\end{bmatrix}, u_i^{R}(t)=\begin{bmatrix}u_{xi}^{R}(t)\\u_{yi}^{R}(t)\\u_{zi}^{R}(t)\end{bmatrix}, i=1, 2, \cdots, 6$$

则第 i 架无人直升机的鲁棒编队协议表示为

$$u_i(t)=u_i^{N}(t)+u_i^{R}(t), i=1, 2, \cdots, 6$$

其中，标称状态编队控制协议 $u_i^{N}(t)$ 如式(5.94)所示，控制增益矩阵同为

$$\boldsymbol{K}_1=\boldsymbol{I}_3\otimes[-4\quad -4]$$

$$\boldsymbol{K}_2=\boldsymbol{I}_3\otimes[0.1229\quad 0.1525]$$

第 i 架无人直升机的鲁棒编队补偿协议 $\boldsymbol{u}_i^{\mathrm{R}}(t)$ 的实现为

$$\dot{\boldsymbol{x}}_{\sigma_i}(t)=\left(\boldsymbol{I}_3\otimes\begin{bmatrix}-f & 1\\ 0 & -f\end{bmatrix}\right)\boldsymbol{x}_{\sigma_i}(t)+\left(\boldsymbol{I}_3\otimes\begin{bmatrix}-2f\\ f^2\end{bmatrix}\right)\boldsymbol{\chi}_i-\left(\boldsymbol{I}_3\otimes\begin{bmatrix}0\\ 1\end{bmatrix}\right)\boldsymbol{u}_i(t)$$

$$\boldsymbol{x}_{\sigma_i}(0)=-\left(\boldsymbol{I}_3\otimes\begin{bmatrix}1 & 0\\ -f & 1\end{bmatrix}\right)\begin{bmatrix}\boldsymbol{\chi}_i(0)\\ \dot{\boldsymbol{\chi}}_i(0)\end{bmatrix}$$

$$\boldsymbol{u}_i^{\mathrm{R}}(t)=-(\boldsymbol{I}_3\otimes f^2)[\boldsymbol{\chi}_i(t)+(\boldsymbol{I}_3\otimes[1\quad 0])\boldsymbol{x}_{\sigma_i}(t)]$$

$$i=1,2,\cdots,6$$

鲁棒滤波器参数设置为 $f=120$。

1）正六边形编队旋转

状态编队向量如式(5.107)所定义，编队控制前馈补偿信号的设置如式(5.109)和式(5.111)所示。

令

$$\boldsymbol{X}(t)=\begin{bmatrix}\boldsymbol{x}_1(t)\\ \boldsymbol{x}_2(t)\\ \vdots\\ \boldsymbol{x}_6(t)\end{bmatrix},\ \boldsymbol{Y}(t)=\begin{bmatrix}\boldsymbol{y}_1(t)\\ \boldsymbol{y}_2(t)\\ \vdots\\ \boldsymbol{y}_6(t)\end{bmatrix},\ \boldsymbol{Z}(t)=\begin{bmatrix}\boldsymbol{z}_1(t)\\ \boldsymbol{z}_2(t)\\ \vdots\\ \boldsymbol{z}_6(t)\end{bmatrix}$$

这些向量，对于标称状态编队闭环群系统[即 $\boldsymbol{q}(t)=0$, $\boldsymbol{u}_{\mathrm{R}}(t)=0$]，分别表示为 $\boldsymbol{X}_{\mathrm{B}}(t)$、$\boldsymbol{Y}_{\mathrm{B}}(t)$、$\boldsymbol{Z}_{\mathrm{B}}(t)$；对于非鲁棒状态编队闭环群系统[即 $\boldsymbol{q}(t)\neq 0$ $\boldsymbol{u}_{\mathrm{R}}(t)=0$]，分别表示为 $\bar{\boldsymbol{X}}(t)$、$\bar{\boldsymbol{Y}}(t)$、$\bar{\boldsymbol{Z}}(t)$；对于鲁棒状态编队闭环群系统[即 $\boldsymbol{q}(t)\neq 0$, $\boldsymbol{u}_{\mathrm{R}}(t)\neq 0$]，分别表示为 $\boldsymbol{X}_{\mathrm{R}}(t)$、$\boldsymbol{Y}_{\mathrm{R}}(t)$、$\boldsymbol{Z}_{\mathrm{R}}(t)$。

非鲁棒状态编队闭环群系统状态与标称状态编队闭环群系统状态之差定义为

$$\boldsymbol{e}_{\bar{X}X_{\mathrm{B}}}(t)=\|\bar{\boldsymbol{X}}(t)-\boldsymbol{X}_{\mathrm{B}}(t)\|_2^2,\ \boldsymbol{e}_{\bar{Y}Y_{\mathrm{B}}}(t)=\|\bar{\boldsymbol{Y}}(t)-\boldsymbol{Y}_{\mathrm{B}}(t)\|_2^2,$$

$$\boldsymbol{e}_{\bar{Z}Z_{\mathrm{B}}}(t)=\|\bar{\boldsymbol{Z}}(t)-\boldsymbol{Z}_{\mathrm{B}}(t)\|_2^2$$

其随时间变化曲线如图 6.9 所示。鲁棒状态编队闭环群系统状态与标称状态编队闭环群系统状态之差定义为

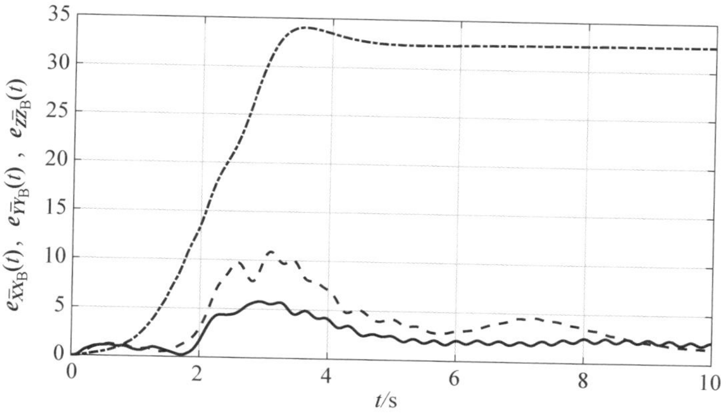

图 6.9 非鲁棒状态编队闭环群系统状态与标称状态编队闭环群系统状态之差随时间变化曲线

注：实线—— $e_{\bar{X}X_B}(t)$；虚线 —— $e_{\bar{Y}Y_B}(t)$；点划线 —— $e_{\bar{Z}Z_B}(t)$。

$$e_{X_RX_B}(t)=\|X_R(t)-X_B(t)\|_2^2,\ e_{Y_RY_B}(t)=\|Y_R(t)-Y_B(t)\|_2^2,$$
$$e_{Z_RZ_B}(t)=\|Z_R(t)-Z_B(t)\|_2^2$$

其随时间变化曲线如图 6.10 所示。

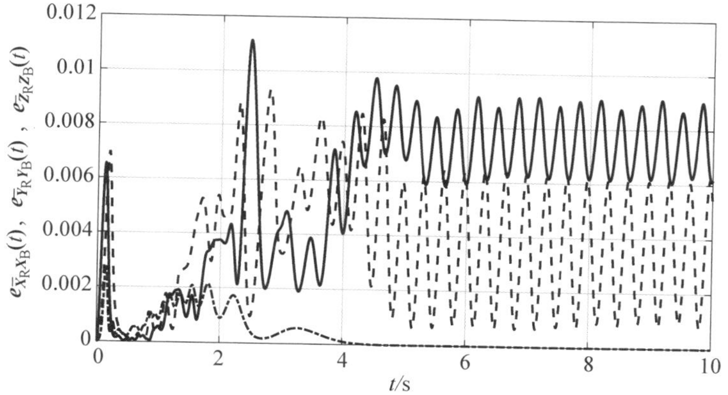

图 6.10 鲁棒状态编队闭环群系统状态与标称状态编队闭环群系统状态之差随时间变化曲线

注：实线—— $e_{X_RX_B}(t)$；虚线 —— $e_{Y_RY_B}(t)$；点划线 —— $e_{Z_RZ_B}(t)$。

在时间区间 [9.5, 10] 上，$(X_B(t), Y_B(t))$，$(\bar{X}(t), \bar{Y}(t))$，$(X_R(t), Y_R(t))$ 随时间变化曲线如图 6.11 所示，图 6.12 为其局部放大。

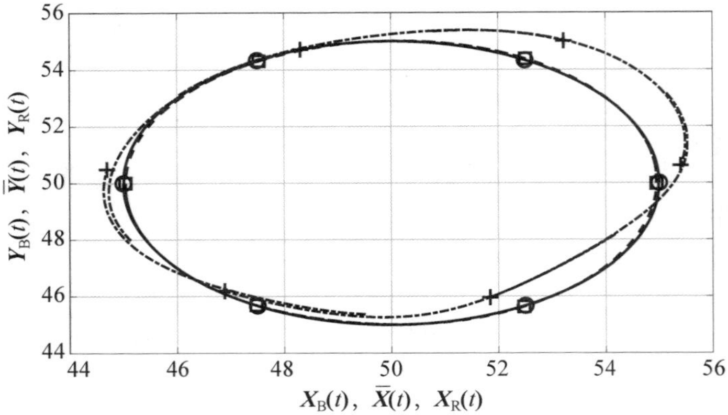

图 6.11　鲁棒/标称状态编队闭环群系统状态在[9.5, 10]上的相轨迹

注：实线（$t=10$ 时，标记○）：$(\boldsymbol{X}_B(t), \boldsymbol{Y}_B(t))[\boldsymbol{q}(t)=0, \boldsymbol{u}_R(t)=0]$；虚线（$t=10$ 时，标记+）：$(\bar{\boldsymbol{X}}(t), \bar{\boldsymbol{Y}}(t))[\boldsymbol{q}(t)\neq 0, \boldsymbol{u}_R(t)=0]$；点划线（$t=10$ 时，标记□）：$(\boldsymbol{X}_R(t), \boldsymbol{Y}_R(t))[\boldsymbol{q}(t)\neq 0, \boldsymbol{u}_R(t)\neq 0]$。

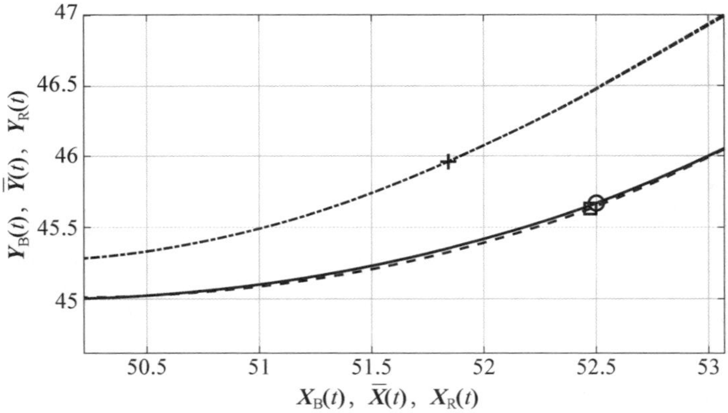

图 6.12　鲁棒/标称状态编队闭环群系统状态的相轨迹(局部)

注：实线（$t=10$ 时，标记○）：$(\boldsymbol{X}_B(t), \boldsymbol{Y}_B(t))[\boldsymbol{q}(t)=0, \boldsymbol{u}_R(t)=0]$；虚线（$t=10$ 时，标记+）：$(\bar{\boldsymbol{X}}(t), \bar{\boldsymbol{Y}}(t))[\boldsymbol{q}(t)\neq 0, \boldsymbol{u}_R(t)=0]$；点划线（$t=10$ 时，标记□）：$(\boldsymbol{X}_R(t), \boldsymbol{Y}_R(t))[\boldsymbol{q}(t)\neq 0, \boldsymbol{u}_R(t)\neq 0]$。

上述仿真结果表明，鲁棒状态编队补偿协议能有效减小不确定性的影响。

2）正六边形编队二维李萨如航迹跟踪飞行

考虑鲁棒定常编队航迹跟踪问题。与第 5 章相同，要求 6 架无人直升机保持边长为 5 m 的正六边形编队的同时，机群在(50, 50, 100)处沿李萨如$(250\sin(2t), 250\sin(3t), 0)$曲线飞行。不同的是直升机的动力学特性包含满足不等式(6.83)的不确定性。状态编队向量 $\boldsymbol{h}_i$ $(i=1, 2, \cdots, 6)$ 和状态编队参考指令信号 $\boldsymbol{w}_1(t)$ 分别如式(5.102)和式(5.103)给定。

非鲁棒状态编队闭环群系统状态与标称状态编队闭环群系统状态之差 $\boldsymbol{e}_{\bar{\boldsymbol{X}}\boldsymbol{X}_{\mathrm{B}}}(t)$、$\boldsymbol{e}_{\bar{\boldsymbol{Y}}\boldsymbol{Y}_{\mathrm{B}}}(t)$ 和 $\boldsymbol{e}_{\bar{\boldsymbol{Z}}\boldsymbol{Z}_{\mathrm{B}}}(t)$ 随时间变化曲线如图 6.13 所示。鲁棒状态编队闭环群系统状态与标称状态编队闭环群系统状态之差 $\boldsymbol{e}_{\boldsymbol{X}_{\mathrm{R}}\boldsymbol{X}_{\mathrm{B}}}(t)$、$\boldsymbol{e}_{\boldsymbol{Y}_{\mathrm{R}}\boldsymbol{Y}_{\mathrm{B}}}(t)$ 和 $\boldsymbol{e}_{\boldsymbol{Z}_{\mathrm{R}}\boldsymbol{Z}_{\mathrm{B}}}(t)$ 随时间变化曲线如图 6.14 所示。图 6.15 是相轨迹 $(\boldsymbol{X}_{\mathrm{B}}(t), \boldsymbol{Y}_{\mathrm{B}}(t))$，$(\bar{\boldsymbol{X}}(t), \bar{\boldsymbol{Y}}(t))$，$(\boldsymbol{X}_{\mathrm{R}}(t), \boldsymbol{Y}_{\mathrm{R}}(t))$ 的局部放大图。

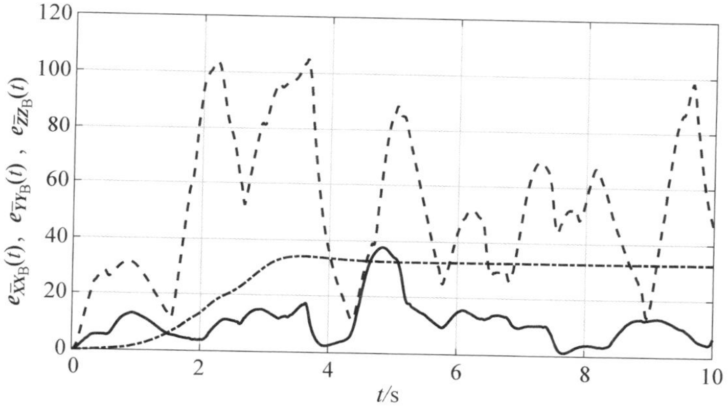

图 6.13 非鲁棒状态编队闭环群系统状态与标称状态编队闭环群系统状态之差随时间变化曲线

注：实线—— $\boldsymbol{e}_{\bar{\boldsymbol{X}}\boldsymbol{X}_{\mathrm{B}}}(t)$；虚线 —— $\boldsymbol{e}_{\bar{\boldsymbol{Y}}\boldsymbol{Y}_{\mathrm{B}}}(t)$；点划线 —— $\boldsymbol{e}_{\bar{\boldsymbol{Z}}\boldsymbol{Z}_{\mathrm{B}}}(t)$。

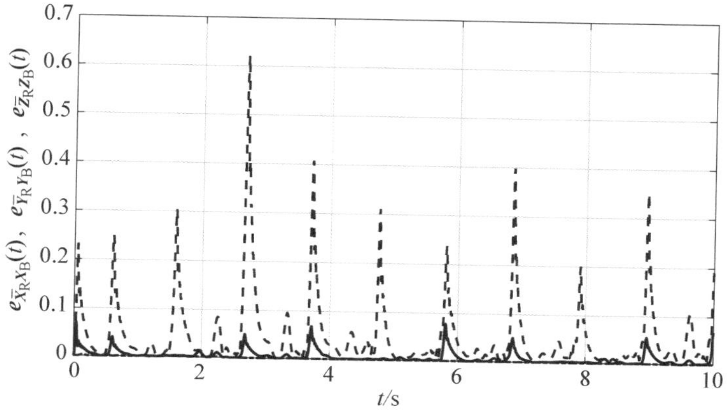

图 6.14 鲁棒状态编队闭环群系统状态与标称状态编队闭环群系统状态之差随时间变化曲线

注：实线—— $\boldsymbol{e}_{\boldsymbol{X}_{\mathrm{R}}\boldsymbol{X}_{\mathrm{B}}}(t)$；虚线 —— $\boldsymbol{e}_{\boldsymbol{Y}_{\mathrm{R}}\boldsymbol{Y}_{\mathrm{B}}}(t)$；点划线 —— $\boldsymbol{e}_{\boldsymbol{Z}_{\mathrm{R}}\boldsymbol{Z}_{\mathrm{B}}}(t)$。

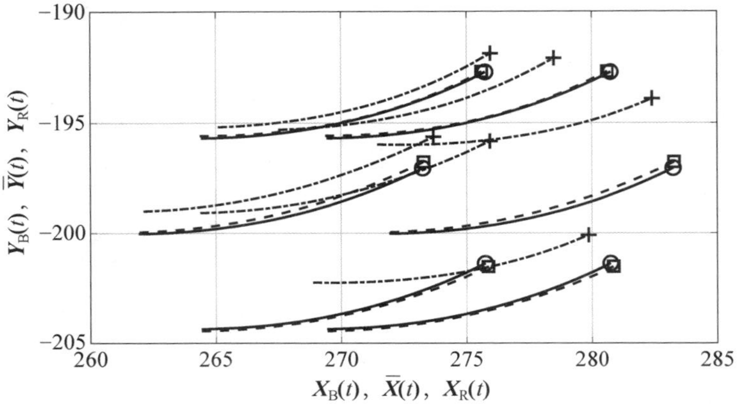

图 6.15　鲁棒状态编队闭环群系统状态与标称状态编队闭环群系统状态在[9.95，10]上的相轨迹

注：实线（$t=10$ 时，标记○）：$(\boldsymbol{X}_B(t), \boldsymbol{Y}_B(t))[\boldsymbol{q}(t)=0, \boldsymbol{u}_R(t)=0]$；虚线（$t=10$ 时，标记＋）：$(\bar{\boldsymbol{X}}(t), \bar{\boldsymbol{Y}}(t))[\boldsymbol{q}(t)\neq 0, \boldsymbol{u}_R(t)=0]$；点划线（$t=10$ 时，标记□）：$(\boldsymbol{X}_R(t), \boldsymbol{Y}_R(t))[\boldsymbol{q}(t)\neq 0, \boldsymbol{u}_R(t)\neq 0]$。

7 小型固定翼无人机鲁棒航迹跟踪控制

本章针对小型固定翼无人机鲁棒航迹跟踪控制问题，将介绍小型固定翼无人机的建模过程和航迹跟踪分层控制器结构，并介绍姿态控制器和鲁棒航迹跟踪控制器的设计过程，对分层控制作用下闭环系统的鲁棒稳定性和收敛特性进行分析。最后将介绍本章所示方法在小型固定翼无人机上进行飞行测试的结果。

7.1 小型固定翼无人机动力学建模

首先定义几种常见的坐标系：惯性坐标系用 $F^{g}=\{\boldsymbol{i},\boldsymbol{j},\boldsymbol{k}\}$ 表示，机体坐标系用 $F^{b}=\{\boldsymbol{i}_{b},\boldsymbol{j}_{b},\boldsymbol{k}_{b}\}$ 表示，风速坐标系用 F^{s} 表示。为了刻画固定翼无人机飞行过程中的姿态和位置，定义如下变量，令 $\boldsymbol{p}=[p_{n}\quad p_{e}\quad p_{d}]^{\mathrm{T}}$ 表示无人机在惯性坐标系 F^{g} 下的位置；$\boldsymbol{\Theta}=[\phi\quad\theta\quad\psi]^{\mathrm{T}}$ 为欧拉角，表示机体坐标系 F^{b} 相对惯性坐标系 F^{g} 之间的夹角，其中 ϕ、θ 和 ψ 分别表示横滚角、俯仰角和偏航角。令 $\boldsymbol{v}_{g}^{b}=[u\quad v\quad w]^{\mathrm{T}}$ 和 $\boldsymbol{\Omega}=[p\quad q\quad r]^{\mathrm{T}}$ 分别表示无人机在机体坐标系 F^{b} 下的线速度和角速度；令 α 和 β 分别表示攻角和侧滑角。根据以上坐标系和变量定义，按照 $\psi-\theta-\phi$ 欧拉角旋转顺序，可以得到从惯性坐标系到机体坐标系的转换矩阵 $\boldsymbol{R}_{g}^{b}$，可表示为

$$\boldsymbol{R}_{g}^{b}=(\boldsymbol{R}_{b}^{g})^{\mathrm{T}}=\begin{bmatrix} c\theta c\psi & c\theta s\psi & -s\theta \\ s\phi s\theta c\psi-c\phi s\psi & s\phi s\theta s\psi+c\phi c\psi & s\phi c\theta \\ c\phi s\theta c\psi+s\phi s\psi & c\phi s\theta s\psi-s\phi c\psi & c\phi c\theta \end{bmatrix} \tag{7.1}$$

式中，$\boldsymbol{R}_{b}^{g}$ 表示从机体坐标系到惯性坐标系的坐标转换矩阵；cx 和 sx 分别定义为 $cx \triangleq \cos x$ 和 $sx \triangleq \sin x$。按照攻角和侧滑角的定义，能够推导出从风速坐

标系到机体坐标系的坐标转换矩阵 $\boldsymbol{R}_{\mathrm{s}}^{\mathrm{b}}$ 的具体形式：

$$\boldsymbol{R}_{\mathrm{s}}^{\mathrm{b}}=\begin{bmatrix}\cos\beta\cos\alpha & -\sin\beta\cos\alpha & -\sin\alpha\\ \sin\beta & \cos\beta & 0\\ \cos\beta\sin\alpha & -\sin\beta\sin\alpha & \cos\alpha\end{bmatrix}\tag{7.2}$$

固定翼无人机在飞行过程中会受到重力、推力以及气动力等外部作用力。无人机会通过调整推力来改变自身速度快慢，调整三组控制舵面来改变机翼产生的气动力矩进而调整姿态和改变运动方向。当固定翼无人机飞行高度较低且飞行速度较慢时，在对无人机进行建模时假设地球为一个平面，忽略地球自转、公转以及科里奥利力等因素影响，并将重力加速度、雷诺数以及空气密度等视为定常值。将固定翼无人机看作一个刚体，固定翼无人机的运动可由如下方程描述：

$$\begin{aligned}&\Sigma_1:\begin{cases}\dot{\boldsymbol{p}}=\boldsymbol{v}_{\mathrm{g}}=\boldsymbol{R}_{\mathrm{b}}^{\mathrm{g}}\boldsymbol{v}_{\mathrm{g}}^{\mathrm{b}}\\ \dot{\boldsymbol{v}}_{\mathrm{g}}=g\boldsymbol{k}+\dfrac{1}{m}\boldsymbol{R}_{\mathrm{b}}^{\mathrm{g}}\boldsymbol{f}_{\mathrm{b}}\end{cases}\\ &\Sigma_2:\begin{cases}\dot{\boldsymbol{\Theta}}=\boldsymbol{R}_{\mathrm{b}}^{\mathrm{E}}\boldsymbol{\Omega}\\ \boldsymbol{J}\dot{\boldsymbol{\Omega}}=\tau-\boldsymbol{\Omega}\times(\boldsymbol{J}\boldsymbol{\Omega})\end{cases}\end{aligned}\tag{7.3}$$

式中，Σ_1 和 Σ_2 分别描述固定翼无人机的平动和转动；$\boldsymbol{v}_{\mathrm{g}}=[v_{\mathrm{n}}\quad v_{\mathrm{e}}\quad v_{\mathrm{d}}]^{\mathrm{T}}$ 表示无人机的速度，g 表示重力加速度，m 表示无人机的质量；$\boldsymbol{R}_{\mathrm{b}}^{\mathrm{E}}$ 表示机体角速度与欧拉角速度之间的转换关系，具体表达形式如下：

$$\boldsymbol{R}_{\mathrm{b}}^{\mathrm{E}}=\begin{bmatrix}1 & \sin\phi\tan\theta & \cos\phi\tan\theta\\ 0 & \cos\phi & -\sin\phi\\ 0 & \sin\phi\sec\theta & \cos\phi\sec\theta\end{bmatrix}\tag{7.4}$$

式(7.3)中，$\boldsymbol{J}$ 表示转动惯量矩阵。考虑到固定翼无人机本身的对称性以及起落架与尾翼配平的关系，转动惯量矩阵 $\boldsymbol{J}$ 可以表示为

$$\boldsymbol{J}=\begin{bmatrix}\boldsymbol{J}_x & 0 & 0\\ 0 & \boldsymbol{J}_y & 0\\ 0 & 0 & \boldsymbol{J}_z\end{bmatrix}\tag{7.5}$$

式中，$\boldsymbol{J}_i$，$i=x, y, z$ 是正常数；$\boldsymbol{\tau}=[L\quad M\quad N]^{\mathrm{T}}$ 表示作用在无人机上的外部力矩；$\boldsymbol{f}_{\mathrm{b}}$ 表示无人机受到的除重力之外的其他外部作用力，可以表示为如下形式：

$$\boldsymbol{f}_{\mathrm{b}}=\begin{bmatrix}\boldsymbol{f}_x+\boldsymbol{f}_{\mathrm{T}}\\ \boldsymbol{f}_y\\ \boldsymbol{f}_z\end{bmatrix} \tag{7.6}$$

式中，$\boldsymbol{f}_{\mathrm{T}}$ 表示发动机产生的推力。需要指出的是，这里假设推力作用方向与机头方向处于同一轴线上，忽略了推力电机产生的扭矩效应。$[\boldsymbol{f}_x \quad \boldsymbol{f}_y \quad \boldsymbol{f}_z]^{\mathrm{T}}$ 表示气动力在机体坐标系中的投影，具体形式如下：

$$\begin{bmatrix}\boldsymbol{f}_x\\ \boldsymbol{f}_y\\ \boldsymbol{f}_z\end{bmatrix}=\boldsymbol{R}_{\mathrm{s}}^{\mathrm{b}}\begin{bmatrix}\boldsymbol{F}_D\\ \boldsymbol{F}_Y\\ \boldsymbol{F}_L\end{bmatrix} \tag{7.7}$$

式中，$\boldsymbol{F}_D$、$\boldsymbol{F}_Y$ 和 $\boldsymbol{F}_L$ 分别表示无人机飞行过程中受到的阻力、侧向力和升力。气动力的大小及分布主要受到空速 $\boldsymbol{V}_{\mathrm{a}}$、空气密度 ρ、无人机形状及角速度等因素的影响，因此通常用如下方程来建模气动力的大小：

$$\begin{aligned}\boldsymbol{F}_L&=\frac{1}{2}\rho\boldsymbol{V}_{\mathrm{a}}^2 S\boldsymbol{C}_L(\alpha,\beta,\Omega,\delta)\\ \boldsymbol{F}_Y&=\frac{1}{2}\rho\boldsymbol{V}_{\mathrm{a}}^2 S\boldsymbol{C}_Y(\alpha,\beta,\Omega,\delta)\\ \boldsymbol{F}_D&=\frac{1}{2}\rho\boldsymbol{V}_{\mathrm{a}}^2 S\boldsymbol{C}_D(\alpha,\beta,\Omega,\delta)\end{aligned} \tag{7.8}$$

式中，S 表示机翼参考面积；$\boldsymbol{\delta}=[\delta_{\mathrm{a}} \quad \delta_{\mathrm{r}} \quad \delta_{\mathrm{e}}]^{\mathrm{T}}$，$\delta_{\mathrm{a}}$、$\delta_{\mathrm{r}}$ 和 δ_{e} 分别表示横滚舵、偏航舵以及俯仰舵的舵面偏转量；$\boldsymbol{C}_{i\cdot}$，$i=L, Y, D$ 表示无量纲的气动系数，是侧滑角、攻角、机体角速度以及控制舵面偏转量等变量的非线性函数[156]。在研究固定翼无人机气动力的工作中，多通过泰勒展开方法，获得气动力系数关于相应变量的线性近似，高阶项通常被忽略。螺旋桨产生的推力可以建模为

$$\boldsymbol{f}_{\mathrm{T}}=K_{\mathrm{T}}\delta_{\mathrm{T}}^2-\frac{K_{\mathrm{T}}}{k_{\mathrm{motor}}}\boldsymbol{V}_{\mathrm{a}}^2 \tag{7.9}$$

式中，$K_{\mathrm{T}}=\frac{1}{2}\rho S_{\mathrm{prop}}C_{\mathrm{prop}}$，$S_{\mathrm{prop}}$ 表示螺旋桨扫过的面积，C_{prop} 表示螺旋桨的气动系数；k_{motor} 表示电机推进效率；δ_{T} 表示电机脉冲宽度调制(PWM)信号的占空比。气动力产生的合外力矩可由下式来建模[157]：

$$\boldsymbol{L}=\frac{\rho\boldsymbol{V}_{\mathrm{a}}^2 Sb}{2}\left(C_{l_0}+C_{l_\beta}\beta+\frac{bC_{l_p}}{2\boldsymbol{V}_{\mathrm{a}}}p+\frac{bC_{l_r}}{2\boldsymbol{V}_{\mathrm{a}}}r+C_{l_{\delta_{\mathrm{a}}}}\delta_{\mathrm{a}}+C_{l_{\delta_{\mathrm{r}}}}\delta_{\mathrm{r}}\right)$$

$$\boldsymbol{M}=\frac{\rho \mathbf{V}_{\mathrm{a}}^{2} S c}{2}\left(C_{m_{0}}+C_{m_{\alpha}} \alpha+\frac{c C_{m_{q}}}{2 \mathbf{V}_{\mathrm{a}}} q+C_{m_{\delta_{\mathrm{e}}}} \delta_{\mathrm{e}}\right) \tag{7.10}$$
$$\boldsymbol{N}=\frac{\rho \mathbf{V}_{\mathrm{a}}^{2} S b}{2}\left(C_{n_{0}}+C_{n_{\beta}} \beta+\frac{b C_{n_{p}}}{2 \mathbf{V}_{\mathrm{a}}} p+\frac{b C_{n_{r}}}{2 \mathbf{V}_{\mathrm{a}}} r+C_{n_{\delta_{\mathrm{a}}}} \delta_{\mathrm{a}}+C_{n_{\delta_{\mathrm{r}}}} \delta_{\mathrm{r}}\right)$$

式中，b 和 c 分别表示无人机的翼展和平均气动弦长；C_j，$j=l_i(i=0, \beta, p, r, \delta_{\mathrm{a}}, \delta_{\mathrm{r}})$，$m_i(i=0, \alpha, q, \delta_{\mathrm{e}})$，$n_i(i=0, \beta, p, r, \delta_{\mathrm{a}}, \delta_{\mathrm{r}})$ 表示相应的稳定性和操纵性导数。

如上所述，给出了小型固定翼无人机平动动态和转动动态的机理建模过程。从此建模过程能够看出，小型固定翼无人机是一个的高度非线性和强耦合的欠驱动系统。另外，对小型固定翼无人机来说，气动力和气动力矩的稳定性和操纵导数很难直接获得；受自身传感器种类限制，攻角和侧滑角等变量很难准确测量，因此不能直接基于模型[式(7.3)]来设计姿态和位置控制器。为了进一步挖掘小型固定翼无人机本身的动态特性，可采用系统辨识的方法估计稳定性以及操纵性导数。根据现有研究的结果[158-159]，小型固定翼无人机定速定高稳定飞行时，横纵向通道耦合性较弱，因此无人机动态可以解耦为横向和纵向两个运动模态，其中纵向模态描述无人机前向速度、高度和俯仰角的动态，横向模态描述侧向速度以及横滚角的动态。

针对小型固定翼无人机的欠驱动特性，采用分层控制结构来解决其航迹跟踪控制问题。控制结构分为两层，分别是上层的位置环和底层的姿态环，其中固定翼无人机的外部作用力被当作位置环的虚拟控制输入，从中可以解算出期望的姿态角。基于反馈线性化变换，固定翼无人机的位置环与姿态环动态可以由带有等价干扰的线性模型来描述，其中等价干扰不仅是系统的状态以及外部干扰的非线性函数，而且还与输入有关。接下来将基于鲁棒补偿理论，对导出的模型设计鲁棒非平滑姿态控制器以及鲁棒三维航迹跟踪控制器，以及闭环系统稳定性进行分析。为了验证所示方法的有效性，将其应用于小型固定翼无人机航迹跟踪测试，并在不同的天气条件下进行飞行试验。

7.2 小型固定翼无人机鲁棒航迹跟踪控制器设计

7.2.1 姿态控制器设计

根据 7.1 节的介绍，小型固定翼无人机的姿态环动态可由式(7.3)中的 Σ_2

结合气动力矩模型[式(7.10)]来描述。对于小型固定翼无人机，由于机载传感器种类有限，攻角、侧滑角以及舵面偏转量等难以测量，同时气动力系数等参数的准确值也难以获得。这些因素给控制器的设计提出了巨大的挑战。飞行条件改变、风扰等会使得气动系数，尤其是控制系数发生明显改变，因此姿态环控制还需要考虑参数不确定性、非线性耦合以及外扰带来的影响。为了设计出实用的姿态控制器，结合式(7.10)，小型固定翼无人机姿态环动态模型[式(7.3)]中的 Σ_2 可以改写为如下形式：

$$\begin{aligned}\dot{\boldsymbol{\Theta}} &= \boldsymbol{R}_{\mathrm{b}}^{\mathrm{E}}\boldsymbol{\Omega} \\ \dot{\boldsymbol{\Omega}} &= \boldsymbol{C}(p,q,r) + \boldsymbol{D}(\alpha,\beta) + \boldsymbol{E}\boldsymbol{V}_{\mathrm{a}}\boldsymbol{\Omega} + \boldsymbol{V}_{\mathrm{a}}^{2}\boldsymbol{H}\boldsymbol{\delta} + \boldsymbol{d}_{\Omega}\end{aligned} \tag{7.11}$$

其中，

$$\boldsymbol{C}(p,q,r) = \begin{bmatrix}\Gamma_1 qr \\ \Gamma_2 pr \\ \Gamma_3 pq\end{bmatrix},\ \boldsymbol{H} = \frac{1}{2}\rho S\begin{bmatrix}\Gamma_4 C_{l_{\delta_{\mathrm{a}}}} b & 0 & \Gamma_4 C_{l_{\delta_{\mathrm{r}}}} b \\ 0 & \Gamma_5 C_{m_{\delta_{\mathrm{e}}}} c & 0 \\ \Gamma_6 C_{n_{\delta_{\mathrm{a}}}} b & 0 & \Gamma_6 C_{n_{\delta_{\mathrm{r}}}} b\end{bmatrix}$$

$$\boldsymbol{D}(\alpha,\beta) = \frac{1}{2}\rho\boldsymbol{V}_{\mathrm{a}}^{2}S\begin{bmatrix}b\Gamma_4(C_{l_0} + C_{l_\beta}\beta) \\ c\Gamma_5(C_{m_0} + C_{m_\alpha}\alpha) \\ b\Gamma_6(C_{n_0} + C_{n_\beta}\beta)\end{bmatrix},\ \boldsymbol{E} = \frac{1}{4}\rho S\begin{bmatrix}\Gamma_4 C_{l_p} b^2 & 0 & \Gamma_4 C_{l_r} b^2 \\ 0 & \Gamma_5 C_{m_q} c^2 & 0 \\ \Gamma_6 C_{n_p} b^2 & 0 & \Gamma_6 C_{n_r} b^2\end{bmatrix}$$

与无人机惯量矩阵相关的常值为

$$\Gamma_1 = \frac{J_y - J_z}{J_x},\ \Gamma_2 = \frac{J_z - J_x}{J_y},\ \Gamma_3 = \frac{J_x - J_y}{J_z},\ \Gamma_4 = \frac{1}{J_x},\ \Gamma_5 = \frac{1}{J_y},\ \Gamma_6 = \frac{1}{J_z}$$

$\boldsymbol{d}_{\Omega} = [d_{\Omega_1}\quad d_{\Omega_2}\quad d_{\Omega_3}]^{\mathrm{T}}$ 表示外部扰动的影响。注意到 Γ_i，$i=1,2,\cdots,6$ 与气动系数的准确值很难获得，因此需要通过系统辨识方法估计矩阵 $\boldsymbol{E}$ 和 $\boldsymbol{H}$ 的值。考虑到辨识误差的存在，将 $\boldsymbol{E}$ 和 $\boldsymbol{H}$ 分别改写为 $\boldsymbol{E}=\boldsymbol{E}_0+\Delta\boldsymbol{E}$ 和 $\boldsymbol{H}=\boldsymbol{H}_0+\Delta\boldsymbol{H}$，其中 $\boldsymbol{E}_0$ 和 $\boldsymbol{H}_0$ 表示通过系统辨识试验得到的标称值[160]，$\Delta\boldsymbol{E}$ 和 $\Delta\boldsymbol{H}$ 表示辨识误差以及飞行条件改变对气动系数的影响。

根据固定翼无人机结构特性可知，$\boldsymbol{H}_0$ 是非奇异矩阵。令

$$\boldsymbol{\delta} = \boldsymbol{V}_{\mathrm{a}}^{-2}\boldsymbol{H}_0^{-1}[\boldsymbol{U}(t) - \boldsymbol{E}_0\boldsymbol{V}_{\mathrm{a}}\boldsymbol{\Omega}] \tag{7.12}$$

式中，$\boldsymbol{U}(t) = [\boldsymbol{U}_{\mathrm{p}}(t)\quad \boldsymbol{U}_{\mathrm{q}}(t)\quad \boldsymbol{U}_{\mathrm{r}}(t)]^{\mathrm{T}}$ 表示需要设计的虚拟控制输入。由式

(7.12),式(7.11)中角速度的动态可以描述为

$$\dot{\boldsymbol{\Omega}}(t)=\boldsymbol{U}(t)+\boldsymbol{\Delta}(t) \tag{7.13}$$

式中,$\boldsymbol{\Delta}(t)$ 是等价干扰,其中包含了模型不确定性、非线性以及外部扰动的影响,具体形式如下:

$$\begin{aligned}\boldsymbol{\Delta}(t)=&\boldsymbol{C}(p,\ q,\ r)+\boldsymbol{D}(\alpha,\ \beta)+(\Delta\boldsymbol{E}-\Delta\boldsymbol{H}\boldsymbol{H}_0^{-1}\boldsymbol{E}_0)\boldsymbol{V}_{\mathrm{a}}\boldsymbol{\Omega}(t)+\\&\boldsymbol{H}\boldsymbol{H}_0^{-1}\boldsymbol{U}(t)+\boldsymbol{d}_{\Omega}(t)\end{aligned}$$

通过反馈线性化变换固定翼无人机的姿态环动态可以由含有等价干扰的线性模型来描述。从式(7.12)中可以看出,反馈线性化变换只需要矩阵 $\boldsymbol{E}_0$ 和 $\boldsymbol{H}_0$ 的值,非线性耦合以及外部扰动等因素被当作了等价干扰的一部分,方便后续控制器的设计。

假设 7.1 矩阵 $\boldsymbol{H}$ 的辨识误差满足如下条件:

$$|\Delta\boldsymbol{H}^{ij}|<|\boldsymbol{H}_0^{ij}|,\ i,\ j=1,\ 3;i=j=2 \tag{7.14}$$

式中,$\Delta\boldsymbol{H}^{ij}$ 表示矩阵 $\Delta\boldsymbol{H}$ 的第 i 行第 j 列对应的元素。

注 7.1 假设 7.1 意味着尽管有辨识误差等因素的存在,控制系数矩阵 $\boldsymbol{H}$ 对应元素的正负性不会改变。根据固定翼无人机的舵面控制特性,可知 $C_{l_{\delta_\mathrm{a}}}\gg C_{l_{\delta_\mathrm{r}}}$ 以及 $C_{n_{\delta_\mathrm{a}}}\gg C_{n_{\delta_\mathrm{r}}}$,这意味着横滚舵主要影响横滚角的动态,偏航舵主要影响偏航角的动态,再结合假设 7.1,可以推断出 $\|\Delta\boldsymbol{H}\boldsymbol{H}_0^{-1}\|_2<1$。

假设 7.2 存在一个正常数 ξ_θ 使得俯仰角 θ 满足 $\theta\in\left[-\dfrac{\pi}{2}+\xi_\theta,\ \dfrac{\pi}{2}-\xi_\theta\right]$。

假设 7.3 存在一个正常数 ξ_d 使得 $\|\boldsymbol{d}_{\Omega}(t)\|_2\leqslant\xi_\mathrm{d}$。

令 $\boldsymbol{\Theta}_\mathrm{d}(t)=[\boldsymbol{\phi}_\mathrm{d}(t)\quad \boldsymbol{\theta}_\mathrm{d}(t)\quad \boldsymbol{\psi}_\mathrm{d}(t)]^\mathrm{T}$ 表示期望的姿态角,其中 $\boldsymbol{\phi}_\mathrm{d}(t)$、$\boldsymbol{\theta}_\mathrm{d}(t)$ 和 $\boldsymbol{\psi}_\mathrm{d}(t)$ 分别表示期望的横滚、俯仰和偏航角。定义姿态跟踪误差为 $\boldsymbol{e}_\Theta(t)=\boldsymbol{\Theta}(t)-\boldsymbol{\Theta}_\mathrm{d}(t)$。姿态控制的目的是通过舵面偏转 $\delta(t)$ 使得固定翼无人机姿态能够快速跟踪参考信号。

假设 7.4 期望的姿态角 $\boldsymbol{\Theta}_\mathrm{d}(t)$ 及其一阶导数分段连续有界。

定义符号幂函数:对于 $\boldsymbol{x}\in\mathbf{R}$,$\mathrm{sig}^p(\boldsymbol{x})=|\boldsymbol{x}|^p\mathrm{sign}(\boldsymbol{x})$,$p>0$,其中 $\mathrm{sign}(\cdot)$ 表示符号函数;对于向量 $\boldsymbol{x}=[\boldsymbol{x}_1\quad \boldsymbol{x}_2\quad \cdots\quad \boldsymbol{x}_n]^\mathrm{T}\in\mathbf{R}^n$,则有

$$\mathrm{sig}^p(\boldsymbol{x})=[|\boldsymbol{x}_1|^p\mathrm{sign}(\boldsymbol{x}_1)\quad |\boldsymbol{x}_2|^p\mathrm{sign}(\boldsymbol{x}_2)\quad \cdots\quad |\boldsymbol{x}_n|^p\mathrm{sign}(\boldsymbol{x}_n)]^\mathrm{T},\ p>0$$

针对固定翼无人机姿态环动态模型[式(7.11)和式(7.13)],基于反步控制方法,姿态控制器分两步进行设计。

第一步:首先定义子系统[式(7.11)]的虚拟控制输入为 $\boldsymbol{\zeta}^*(t)=\boldsymbol{R}_{\mathrm{b}}^{\mathrm{E}}\boldsymbol{\Omega}_{\mathrm{d}}(t)$,其中 $\boldsymbol{\Omega}_{\mathrm{d}}(t)$ 表示角速度控制指令。在此基础上,姿态跟踪误差系统可以描述为

$$\dot{\boldsymbol{e}}_{\Theta}(t)=\boldsymbol{\zeta}^*(t)+\boldsymbol{\Delta}_{\Theta}(t) \tag{7.15}$$

式中,$\boldsymbol{\Delta}_{\Theta}(t)=\tilde{\boldsymbol{\zeta}}(t)+\dot{\boldsymbol{\Theta}}_{\mathrm{d}}$,$\tilde{\boldsymbol{\zeta}}(t)=\boldsymbol{\zeta}(t)-\boldsymbol{\zeta}^*(t)$,$\boldsymbol{\zeta}(t)=\boldsymbol{R}_{\mathrm{b}}^{\mathrm{E}}\boldsymbol{\Omega}(t)$。在反步设计过程中,$\boldsymbol{\zeta}(t)$ 被当作控制输入,$\tilde{\boldsymbol{\zeta}}(t)$ 表示反步过程引入的控制误差。$\boldsymbol{\Delta}_{\Theta}(t)$ 被当作子系统[式(7.15)]的等价干扰。基于非平滑控制方法与鲁棒补偿理论,设计的虚拟控制律 $\boldsymbol{\zeta}^*(t)$ 包括两部分,即

$$\boldsymbol{\zeta}^*(t)=\boldsymbol{u}_{\Theta}^{\mathrm{NC}}(t)+\boldsymbol{u}_{\Theta}^{\mathrm{RC}}(t) \tag{7.16}$$

式中,$\boldsymbol{u}_{\Theta}^{\mathrm{NC}}(t)$ 是非平滑的标称控制器,用来实现标称系统的有限时间稳定性以及高精度跟踪特性,标称系统是指子系统[式(7.15)]忽略等价干扰得到的系统;$\boldsymbol{u}_{\Theta}^{\mathrm{RC}}(t)$ 表示鲁棒补偿器,用来抑制等价干扰对子系统的影响。由式(7.15)可得

$$\boldsymbol{\Delta}_{\Theta}(t)=\dot{\boldsymbol{e}}_{\Theta}(t)-\boldsymbol{\zeta}^*(t) \tag{7.17}$$

需要指出的是,由于噪声的存在,$\dot{\boldsymbol{e}}_{\Theta}(t)$ 的精确值很难通过测量得到,因此引入鲁棒滤波器 $F_{\Theta}(s)$ 来构造鲁棒补偿控制器 $\boldsymbol{u}_{\Theta}^{\mathrm{RC}}(s)$,即

$$\boldsymbol{u}_{\Theta}^{\mathrm{RC}}(s)=-F_{\Theta}(s)\boldsymbol{\Delta}_{\Theta}(s)=-\frac{f_{\Theta}}{s+f_{\Theta}}\boldsymbol{\Delta}_{\Theta}(s) \tag{7.18}$$

式中,f_{Θ} 是需要设计的鲁棒控制器参数;s 表示拉普拉斯算子。从式(7.18)中可以看出,f_{Θ} 的值越大,$F_{\Theta}(s)$ 的增益越接近 1。对于充分大的 f_{Θ},可以期望 $\boldsymbol{u}_{\Theta}^{\mathrm{RC}}(s)\approx-\boldsymbol{\Delta}_{\Theta}(s)$,从而起到抑制等价干扰影响的作用。根据式(7.17)以及式(7.18),$\boldsymbol{u}_{\Theta}^{\mathrm{RC}}(s)$ 的时域实现如下:

$$\begin{aligned}\dot{\boldsymbol{\sigma}}_{\Theta}(t)&=-f_{\Theta}\boldsymbol{\sigma}_{\Theta}(t)+f_{\Theta}\boldsymbol{e}_{\Theta}(t)+\boldsymbol{\zeta}^*(t)\\ \boldsymbol{u}_{\Theta}^{\mathrm{RC}}(t)&=-f_{\Theta}[\boldsymbol{e}_{\Theta}(t)-\boldsymbol{\sigma}_{\Theta}(t)]\end{aligned} \tag{7.19}$$

式中,$\boldsymbol{\sigma}_{\Theta}(t)$ 是鲁棒控制器状态,初始条件满足 $\boldsymbol{\sigma}_{\Theta}(t_0)=\boldsymbol{e}_{\Theta}(t_0)$。

为实现标称系统的有限时间收敛特性,标称控制器的设计引入了分数次幂项。令 $\boldsymbol{z}_{\Theta}(t)=\boldsymbol{e}_{\Theta}(t)+\boldsymbol{x}_{\Theta}^{\mathrm{R}}(t)$,其中 $\boldsymbol{x}_{\Theta}^{\mathrm{R}}(t)=\dfrac{\boldsymbol{u}_{\Theta}^{\mathrm{RC}}(t)}{f_{\Theta}}$,设计 $\boldsymbol{u}_{\Theta}^{\mathrm{NC}}(t)$ 如下:

$$\boldsymbol{u}_{\Theta}^{\mathrm{NC}}(t)=-a_{\Theta}\mathrm{sig}[\boldsymbol{z}_{\Theta}(t)]-a_{\Theta}\mathrm{sig}^{k}[\boldsymbol{z}_{\Theta}(t)] \tag{7.20}$$

式中，a_{Θ} 为正常数控制增益；$k=k_1/k_2<1$(k_1 以及 k_2 是正奇数)，可根据期望的收敛时间具体设计。

第二步：根据 $\boldsymbol{\zeta}^{*}(t)$ 计算期望的角速度 $\boldsymbol{\Omega}_{\mathrm{d}}(t)$：

$$\boldsymbol{\Omega}_{\mathrm{d}}(t)=\boldsymbol{R}_{\mathrm{E}}^{\mathrm{b}}\boldsymbol{\zeta}^{*}(t) \tag{7.21}$$

式中，$\boldsymbol{R}_{\mathrm{E}}^{\mathrm{b}}=(\boldsymbol{R}_{\mathrm{b}}^{\mathrm{E}})^{-1}$。定义角速度跟踪误差 $\boldsymbol{e}_{\Omega}(t)=\boldsymbol{\Omega}(t)-\boldsymbol{\Omega}_{\mathrm{d}}(t)$。根据式(7.13)，角度跟踪误差 $\boldsymbol{e}_{\Omega}(t)$ 的动态方程为

$$\dot{\boldsymbol{e}}_{\Omega}(t)=\boldsymbol{U}(t)+\boldsymbol{\Delta}_{\Omega}(t) \tag{7.22}$$

式中，$\boldsymbol{\Delta}_{\Omega}(t)=\boldsymbol{\Delta}(t)-\dot{\boldsymbol{\Omega}}_{\mathrm{d}}(t)$ 表示角速度跟踪误差子系统(7.22)的等价干扰。与第一步中控制器设计思路类似，$\boldsymbol{U}(t)$ 包括两部分，即

$$\boldsymbol{U}(t)=\boldsymbol{u}_{\Omega}^{\mathrm{NC}}(t)+\boldsymbol{u}_{\Omega}^{\mathrm{RC}}(t) \tag{7.23}$$

式中，$\boldsymbol{u}_{\Omega}^{\mathrm{NC}}(t)$ 和 $\boldsymbol{u}_{\Omega}^{\mathrm{RC}}(t)$ 分别表示标称控制器和鲁棒补偿器。$\boldsymbol{u}_{\Omega}^{\mathrm{RC}}(t)$ 设计如下：

$$\boldsymbol{u}_{\Omega}^{\mathrm{RC}}(s)=-\boldsymbol{F}_{\Omega}(s)\boldsymbol{\Delta}_{\Omega}(s)=-\frac{f_{\Omega}}{s+f_{\Omega}}\boldsymbol{\Delta}_{\Omega}(s) \tag{7.24}$$

式中，f_{Ω} 表示需要设计的鲁棒控制参数；$\boldsymbol{u}_{\Omega}^{\mathrm{RC}}(t)$ 可以采用与式(7.19)相同形式的时域实现。

令 $\boldsymbol{x}_{\Omega}^{\mathrm{R}}(t)=\dfrac{\boldsymbol{u}_{\Omega}^{\mathrm{RC}}(t)}{f_{\Omega}}$，$\boldsymbol{z}_{\Omega}(t)=\boldsymbol{e}_{\Omega}(t)+\boldsymbol{x}_{\Omega}^{\mathrm{R}}(t)$。标称控制器 $\boldsymbol{u}_{\Omega}^{\mathrm{NC}}(t)$ 可按照如下形式构造：

$$\boldsymbol{u}_{\Omega}^{\mathrm{NC}}(t)=-a_{\Omega}\mathrm{sig}[\boldsymbol{z}_{\Omega}(t)]-a_{\Omega}\mathrm{sig}^{k}[\boldsymbol{z}_{\Omega}(t)] \tag{7.25}$$

式中，a_{Ω} 表示正控制增益。通过上述设计，将得到的虚拟控制器 $\boldsymbol{U}(t)$ 按照反馈线性化变换解算为三个控制舵面的偏转指令，达成姿态跟踪控制的目的。

注 7.2 在上述鲁棒有限时间姿态控制设计过程中，$\dot{\boldsymbol{\Theta}}_{\mathrm{d}}(t)$ 被当成等价干扰的一部分，以此来避免反步控制中的微分爆炸问题。另外，上述的分层控制结构不同于现有文献中级联控制器的设计方法，反步控制带来的控制误差被当作等价干扰的一部分，这避免了角速度环动态要远比角度环动态快的假设。

在对闭环系统鲁棒特性进行分析之前，需要确定等价干扰的范数界满足的条件。根据系统[式(7.15)和式(7.22)]以及所设计的控制器[式(7.16)和式

(7.23)],对 $\boldsymbol{z}_i(t)$ 和 $\boldsymbol{x}_i^{\mathrm{R}}(t)$, $i=\Theta$, Ω 求导可得

$$\begin{aligned}\dot{\boldsymbol{z}}_i(t)&=-a_i\operatorname{sig}[\boldsymbol{z}_i(t)]-a_i\operatorname{sig}^k[\boldsymbol{z}_i(t)]\\ \dot{\boldsymbol{x}}_i^{\mathrm{R}}(t)&=-f_i\boldsymbol{x}_i^{\mathrm{R}}(t)-\boldsymbol{\Delta}_i(t),\ i=\Theta,\ \Omega\end{aligned}\tag{7.26}$$

根据 $\boldsymbol{\Delta}_\Omega(t)$ 的表达形式可以得到

$$\|\boldsymbol{\Delta}_\Omega(t)\|_2\leqslant\|\boldsymbol{\Delta}(t)\|_2+\|\dot{\boldsymbol{\Omega}}_{\mathrm{d}}(t)\|_2\tag{7.27}$$

由 $\boldsymbol{\Delta}(t)$ 的表达形式和控制器设计过程中的变量定义,可以推出 $\boldsymbol{\Delta}(t)$ 的范数界满足如下不等式:

$$\begin{aligned}\|\boldsymbol{\Delta}(t)\|_2\leqslant{}&\chi_\Omega^u f_\Omega\|\boldsymbol{x}_\Omega^{\mathrm{R}}(t)\|_2+4\chi_\Omega^u a_\Omega\|\boldsymbol{z}_\Omega(t)\|_2+\\&\chi_{\Omega2}\|\boldsymbol{\Omega}(t)\|_2^2+\chi_{\Omega1}\|\boldsymbol{\Omega}(t)\|_2+\chi_\Omega^0\end{aligned}\tag{7.28}$$

式中,$\chi_{\Omega2}$,$\chi_{\Omega1}$,$\chi_\Omega^u=\|\Delta\boldsymbol{H}\boldsymbol{H}_0^{-1}\|_2<1$;$\chi_\Omega^0\geqslant\sup\limits_{t\geqslant0}D(\alpha(t),\ \beta(t))+\xi_{\mathrm{d}}+3\chi_\Omega^u a_\Omega$ 均为正常数。在上述推导中用了不等式:$\|\boldsymbol{z}_\Theta\|_2^\kappa\leqslant\|\boldsymbol{z}_\Theta\|_2+1$, $\forall\,1\geqslant\kappa\geqslant0$。

对 $\boldsymbol{\zeta}^*(t)$ 以及 $\boldsymbol{R}_{\mathrm{E}}^{\mathrm{b}}$ 分别求导可得

$$\begin{aligned}\dot{\boldsymbol{\zeta}}^*(t)={}&a_\Theta^2\operatorname{sig}[\boldsymbol{z}_\Theta(t)]+a_\Theta^2(1+k)\operatorname{sig}^k[\boldsymbol{z}_\Theta(t)]+a_\Theta^2k\operatorname{sig}^{2k-1}[\boldsymbol{z}_\Theta(t)]-\\&f_\Theta^2\boldsymbol{x}_\Theta^{\mathrm{R}}(t)-f_\Theta\boldsymbol{\Delta}_\Theta(t)\end{aligned}\tag{7.29}$$

以及

$$\|\dot{\boldsymbol{R}}_{\mathrm{E}}^{\mathrm{b}}\|_2\leqslant\chi_{\dot{\mathrm{R}}}\|\boldsymbol{\Omega}\|_2\tag{7.30}$$

式中,$\chi_{\dot{\mathrm{R}}}$ 是一个正常数。因此,结合式(7.29)和式(7.30),可以推出:

$$\begin{aligned}\|\dot{\boldsymbol{\Omega}}_{\mathrm{d}}(t)\|_2\leqslant{}&\xi_{\dot{\Omega}}^z(\boldsymbol{\Omega})\|\boldsymbol{z}_\Theta(t)\|_2+\xi_{\dot{\Omega}}^r(\boldsymbol{\Omega},\ f_\Theta)\|\boldsymbol{x}_\Theta^{\mathrm{R}}(t)\|_2+\\&\xi_{\dot{\Omega}}^{\boldsymbol{\Delta}_\Theta}(f_\Theta)\|\boldsymbol{\Delta}_\Theta(t)\|_2+\chi_{\dot{\Omega}}^0(\boldsymbol{\Omega})\end{aligned}\tag{7.31}$$

其中,

$$\xi_{\dot{\Omega}}^z(\boldsymbol{\Omega})=4\chi_{\dot{\mathrm{R}}}\|\boldsymbol{\Omega}\|_2a_\Theta+10\|\boldsymbol{R}_{\mathrm{E}}^{\mathrm{b}}\|_2a_\Theta^2$$

$$\xi_{\dot{\Omega}}^r(\boldsymbol{\Omega},\ f_\Theta)=\chi_{\dot{\mathrm{R}}}\|\boldsymbol{\Omega}\|_2f_\Theta+\|\boldsymbol{R}_{\mathrm{E}}^{\mathrm{b}}\|_2f_\Theta^2$$

$$\xi_{\dot{\Omega}}^{\boldsymbol{\Delta}_\Theta}(f_\Theta)=\|\boldsymbol{R}_{\mathrm{E}}^{\mathrm{b}}\|_2f_\Theta$$

$$\chi_{\dot{\Omega}}^0(\boldsymbol{\Omega})=9\|\boldsymbol{R}_{\mathrm{E}}^{\mathrm{b}}\|_2a_\Theta^2+3a_\Theta\chi_{\dot{\mathrm{R}}}\|\boldsymbol{\Omega}\|_2$$

在上述推导中，用到了两个不等式：$\|\mathrm{sig}^{k}(\boldsymbol{z}_{\Theta})\|_2 \leqslant 3^{1-k/2}\|\boldsymbol{z}_{\Theta}\|_2$ 和 $\|\boldsymbol{z}_{\Theta}\|_2^{\frac{k}{2}} \leqslant \|\boldsymbol{z}_{\Theta}\|_2 + 1$，$\forall 1 \geqslant \kappa \geqslant 0$。

由不等式(7.28)、不等式(7.31)以及不等式(7.27)，可得

$$\begin{aligned}\|\boldsymbol{\Delta}_{\Omega}(t)\|_2 \leqslant{} & \chi_{\Omega}^{u} f_{\Omega}\|\boldsymbol{x}_{\Omega}^{\mathrm{R}}(t)\|_2 + \xi_{\Xi}^{z}\|\boldsymbol{z}_{\Omega}(t)\|_2 + \xi_{\dot{\Omega}}^{z}(\boldsymbol{\Omega})\|\boldsymbol{z}_{\Theta}(t)\|_2 + \\ & \xi_{\dot{\Omega}}^{r}(\boldsymbol{\Omega}, f_{\Theta})\|\boldsymbol{x}_{\Theta}^{\mathrm{R}}(t)\|_2 + \xi_{\dot{\Omega}}^{\boldsymbol{\Delta}_{\Theta}}(\boldsymbol{\Omega}, f_{\Theta})\|\boldsymbol{\Delta}_{\Theta}(t)\|_2 + \varphi_{\boldsymbol{\Delta}_{\Omega}}(\boldsymbol{\Omega})\end{aligned} \tag{7.32}$$

式中，$\xi_{\Xi}^{z} = 4\chi_{\Omega}^{u} a_{\Omega}$，$\varphi_{\boldsymbol{\Delta}_{\Omega}}(\boldsymbol{\Omega}) = \chi_{\Omega 2}\|\boldsymbol{\Omega}(t)\|_2^2 + \chi_{\Omega 1}\|\boldsymbol{\Omega}\|_2 + \chi_{\dot{\Omega}}^{0}(\boldsymbol{\Omega}) + \chi_{\Omega}^{0}$。

考虑如下李雅普诺夫函数：

$$\begin{aligned}&\boldsymbol{W}(t) = \boldsymbol{V}_{\Theta}(t) + \boldsymbol{V}_{\Omega}(t)\\ &\boldsymbol{V}_{\Theta}(t) = \boldsymbol{z}_{\Theta}^{\mathrm{T}}(t)\boldsymbol{z}_{\Theta}(t) + [\boldsymbol{x}_{\Theta}^{\mathrm{R}}(t)]^{\mathrm{T}}\boldsymbol{x}_{\Theta}^{\mathrm{R}}(t)\\ &\boldsymbol{V}_{\Omega}(t) = \boldsymbol{z}_{\Omega}^{\mathrm{T}}(t)\boldsymbol{z}_{\Omega}(t) + [\boldsymbol{x}_{\Omega}^{\mathrm{R}}(t)]^{\mathrm{T}}\boldsymbol{x}_{\Omega}^{\mathrm{R}}(t)\end{aligned} \tag{7.33}$$

结合式(7.26)，对 $\boldsymbol{V}_{\Theta}(t)$ 和 $\boldsymbol{V}_{\Omega}(t)$ 求导可得

$$\begin{aligned}\dot{\boldsymbol{V}}_{\Theta}(t) \leqslant{} & -2a_{\Theta}^2\|\boldsymbol{z}_{\Theta}(t)\|_2^2 - 2a_{\Theta}\|\boldsymbol{z}_{\Theta}(t)\|_2^{1+k} - (2f_{\Theta} - \sqrt{f_{\Theta}})\|\boldsymbol{x}_{\Theta}^{\mathrm{R}}(t)\|_2^2 + \\ & \frac{\|\boldsymbol{\Delta}_{\Theta}(t)\|_2^2}{\sqrt{f_{\Theta}}}\\ \dot{\boldsymbol{V}}_{\Omega}(t) \leqslant{} & -2a_{\Omega}\|\boldsymbol{z}_{\Omega}(t)\|_2^2 - 2a_{\Omega}\|\boldsymbol{z}_{\Omega}(t)\|_2^{1+k} - [2(1-\xi_{\Omega}^{u})f_{\Omega} - \sqrt{f_{\Omega}}]\\ & \|\boldsymbol{x}_{\Theta}^{\mathrm{R}}(t)\|_2^2 + \frac{\|\boldsymbol{\Delta}_{\Omega}^{r}(t)\|_2^2}{\sqrt{f_{\Omega}}}\end{aligned} \tag{7.34}$$

其中，

$$\begin{aligned}\boldsymbol{\Delta}_{\Omega}^{r}(t) ={} & \xi_{\Xi}^{z}\|\boldsymbol{z}_{\Omega}(t)\|_2 + \xi_{\dot{\Omega}}^{z}(\boldsymbol{\Omega})\|\boldsymbol{z}_{\Theta}(t)\|_2 + \xi_{\dot{\Omega}}^{r}(\boldsymbol{\Omega}, f_{\Theta})\|\boldsymbol{x}_{\Theta}^{\mathrm{R}}(t)\|_2 + \\ & \xi_{\dot{\Omega}}^{\Delta_{\Theta}}(\boldsymbol{\Omega}, f_{\Theta})\|\boldsymbol{\Delta}_{\Theta}(t)\|_2 + \varphi_{\Delta_{\Omega}}(\boldsymbol{\Omega})\end{aligned}$$

定义集合 $\boldsymbol{S}_{\sigma} = \{\boldsymbol{\Lambda}(t) \mid \boldsymbol{V}(t) \leqslant \sigma\}$，其中 σ 是一个正常数，则有

$$\boldsymbol{\Lambda}(t) = [\boldsymbol{z}_{\Theta}^{\mathrm{T}}(t) \quad \boldsymbol{z}_{\Omega}^{\mathrm{T}}(t) \quad (\boldsymbol{x}_{\Theta}^{\mathrm{R}})^{\mathrm{T}}(t) \quad (\boldsymbol{x}_{\Omega}^{\mathrm{R}})^{\mathrm{T}}(t)]^{\mathrm{T}}$$

对任意的 $\boldsymbol{\Lambda}(t) \in \boldsymbol{S}_{\sigma}$，可以得到

$$\|\boldsymbol{z}_i(t)\|_2 \leqslant \sqrt{\sigma}, \quad \|\boldsymbol{x}_i^{\mathrm{R}}(t)\|_2 \leqslant \sqrt{\sigma}, \quad i = \Theta, \Omega \tag{7.35}$$

根据 $\boldsymbol{z}_i(t)$、$\boldsymbol{x}_i^{\mathrm{R}}(t)$ 和 $\boldsymbol{e}_i(t)$，$i = \Theta, \Omega$ 的定义以及假设 7.3 可以推出：

$$\begin{aligned}&\|\boldsymbol{e}_i(t)\|_2\leqslant 2\sqrt{\sigma},\ i=\Theta,\ \Omega\\&\|\boldsymbol{\Omega}(t)\|_2\leqslant\|\boldsymbol{e}_\Omega(t)\|_2+\|\boldsymbol{\Omega}_{\mathrm{d}}(t)\|_2\leqslant 2\sqrt{\sigma}+\\&\qquad\|\boldsymbol{R}_{\mathrm{E}}^{\mathrm{b}}\|_2[(f_\Theta+a_\Theta)\sqrt{\sigma}+3^{1-k}\sigma^{\frac{k}{2}}]\end{aligned}\tag{7.36}$$

因此,结合式(7.35)与式(7.36),可以得出对任意的 $\boldsymbol{\Lambda}(t)\in\boldsymbol{S}_\sigma$,下式成立:

$$\begin{aligned}&\|\boldsymbol{\Delta}_\Theta(t)\|_2\leqslant 2\|\boldsymbol{R}_{\mathrm{b}}^{\mathrm{E}}\|_2\sqrt{\sigma}+\boldsymbol{\chi}_{\dot{\Theta}}\triangleq\xi_{\boldsymbol{\Delta}_\Theta}^\sigma\\&\|\boldsymbol{\Delta}_\Omega^r(t)\|_2\leqslant\xi_{\boldsymbol{\Delta}_\Omega^r}^\sigma(f_\Theta)\end{aligned}\tag{7.37}$$

式中,$\chi_{\dot{\Theta}}=\sup\limits_{t\geqslant t_0}\|\dot{\boldsymbol{\Theta}}_{\mathrm{d}}(t)\|_2$,$\xi_{\boldsymbol{\Delta}_\Theta}^\sigma$ 以及 $\xi_{\boldsymbol{\Delta}_\Omega^r}^\sigma(f_\Theta)$ 均为有界的正常数,而且 $\xi_{\boldsymbol{\Delta}_\Omega^r}^\sigma(f_\Theta)$ 与鲁棒滤波器参数 f_Θ 有关。

由不等式(7.37)和不等式(7.34),可得

$$\begin{aligned}\dot{\boldsymbol{W}}(t)\leqslant&-\eta_1\boldsymbol{V}_\Theta(t)-2a_\Theta\boldsymbol{V}_\Theta^{(1+k)/2}(t)-\eta_2\boldsymbol{V}_\Omega(t)-2a_\Omega\boldsymbol{V}_\Omega^{(1+k)/2}(t)+2a_\Theta\\&\|\boldsymbol{x}_\Theta^{\mathrm{R}}(t)\|_2^{1+k}+2a_\Omega\|\boldsymbol{x}_\Omega^{\mathrm{R}}(t)\|_2^{1+k}-\mu_\Theta\|\boldsymbol{x}_\Theta^{\mathrm{R}}(t)\|_2^2-\mu_\Omega\|\boldsymbol{x}_\Omega^{\mathrm{R}}(t)\|_2^2+\\&\frac{(\xi_{\boldsymbol{\Delta}_\Theta}^\sigma)^2}{\sqrt{f_\Theta}}+\frac{[\xi_{\boldsymbol{\Delta}_\Omega^r}^\sigma(f_\Theta)]^2}{\sqrt{f_\Omega}}\end{aligned}\tag{7.38}$$

其中,

$$\eta_1=\min\{2a_\Theta,\ \mu_\Theta\}$$
$$\eta_2=\min\{2a_\Omega,\ \mu_\Omega\}$$
$$\mu_\Theta=f_\Theta-\frac{\sqrt{f_\Theta}}{2}$$
$$\mu_\Omega=(1-\xi_\Omega^u)f_\Omega-\frac{\sqrt{f_\Omega}}{2}$$

在上述推导中,$2a_\Theta\|\boldsymbol{x}_\Theta^{\mathrm{R}}(t)\|_2^{1+k}$ 与 $2a_\Omega\|\boldsymbol{x}_\Omega^{\mathrm{R}}(t)\|^{1+k}$ 两项被引入。

考虑如下不等式:

$$-\mu_i\|\boldsymbol{x}_i^{\mathrm{R}}(t)\|_2^2+2a_i\|\boldsymbol{x}_i^{\mathrm{R}}(t)\|_2^{1+k}\leqslant 2(2a_i)^{\frac{2}{1-k}}\frac{1}{\mu_i}^{\frac{1+k}{1-k}},\ i=\Theta,\ \Omega\tag{7.39}$$

再结合不等式(7.37)和式(7.39),可以推断出对于任意给定的正常数 ε_1,如果 f_i,$i=\Theta$,Ω 充分大,并且满足 $f_\Omega\gg f_\Theta$,使得 $\mu_\Theta>0$,$\mu_\Omega>0$,以及

$$(2a_{\Omega})^{\frac{2}{1-p}}\frac{1}{\mu_i}^{\frac{1+p}{1-p}}\leqslant\frac{\varepsilon_1}{2}$$

$$\frac{[\xi^{\sigma}_{\boldsymbol{\Delta}_{\Theta}}(f_{\mathrm{p}},\ f_{\mathrm{h}})]^2}{\sqrt{f_{\Theta}}}+\frac{[\xi^{\sigma}_{\boldsymbol{\Delta}^{r}_{\Omega}}(f_{\mathrm{p}},\ f_{\mathrm{h}},\ f_{\Theta})]^2}{\sqrt{f_{\Omega}}}\leqslant\frac{\varepsilon_1}{2}$$

则成立

$$\dot{\boldsymbol{W}}(t)\leqslant-\eta_{\mathrm{a}}\boldsymbol{W}(t)-\eta_3\boldsymbol{W}^{\frac{1+k}{2}}(t)+\varepsilon_1 \tag{7.40}$$

式中，$\eta_{\mathrm{a}}=\min\{\eta_1,\ \eta_2\}$，$\eta_3=2\min\{a_{\Theta},\ a_{\Omega}\}$。从不等式(7.40)可得

$$\dot{\boldsymbol{W}}(t)\leqslant-\eta_{\mathrm{a}}\boldsymbol{W}(t)+\varepsilon_1 \tag{7.41}$$

此外,根据式(7.33)以及 $\boldsymbol{z}_i(t)$ 和 $\boldsymbol{x}_i^{\mathrm{R}}(t)$，$i=\Theta,\ \Omega$ 的定义可知

$$\boldsymbol{W}(t_0)=[\boldsymbol{\Theta}(t_0)-\boldsymbol{\Theta}_{\mathrm{d}}(t_0)]^{\mathrm{T}}[\boldsymbol{\Theta}(t_0)-\boldsymbol{\Theta}_{\mathrm{d}}(t_0)]^{\mathrm{T}}$$

则对于有界的初始条件,$\boldsymbol{W}(t_0)$ 是有界的。因此可以选择:

$$\sigma>\max\left\{\boldsymbol{W}(t_0),\ \frac{\varepsilon_1}{\eta_{\mathrm{a}}}\right\} \tag{7.42}$$

然后可以得出对任意 $\boldsymbol{\Lambda}(t_0)\in\boldsymbol{S}_{\sigma}$，有

$$\boldsymbol{W}(t)\leqslant\sigma,\ \forall t\geqslant t_0 \tag{7.43}$$

也就是说,$\boldsymbol{S}_{\sigma}$ 对于闭环系统来说一个不变集。

根据不等式(7.40)可知,闭环系统是实际有限时间稳定的,收敛区域为

$$\lim_{t\to T_{\mathrm{r}}}\boldsymbol{W}(t)\leqslant\min\left\{\frac{\varepsilon_1}{(1-\boldsymbol{\vartheta}_0)\eta_{\mathrm{a}}},\ \left(\frac{\varepsilon_1}{(1-\boldsymbol{\vartheta}_0)\eta_3}\right)^{\frac{1}{\gamma}}\right\} \tag{7.44}$$

式中，$\boldsymbol{\vartheta}_0\in(0,\ 1)$，$\gamma=\dfrac{1+k}{2}$,$T_{\mathrm{r}}$ 是调节时间,满足:

$$T_{\mathrm{r}}\leqslant t_0+\frac{1}{\eta_{\mathrm{a}}(1-\gamma)}\max\left\{\frac{1}{\boldsymbol{\vartheta}_0}\ln\left[\frac{\boldsymbol{\vartheta}_0\eta_{\mathrm{a}}\boldsymbol{W}^{1-\gamma}(t_0)+\eta_3}{\eta_3}\right],\ \ln\left[\frac{\eta_{\mathrm{a}}\boldsymbol{W}^{1-\gamma}(t_0)+\boldsymbol{\vartheta}_0\eta_3}{\eta_3}\right]\right\}$$

根据 $\boldsymbol{z}_i(t)$，$i=\Theta,\ \Omega$ 的定义可知,对任意的 $t\geqslant T_{\mathrm{r}}$，有

$$\|\boldsymbol{e}_i(t)\|_2^2\leqslant2\|\boldsymbol{z}_i(t)\|_2^2+2\|\boldsymbol{x}_i^{\mathrm{R}}(t)\|_2^2\leqslant2\min\left\{\frac{\varepsilon_1}{(1-\boldsymbol{\vartheta}_0)\eta_{\mathrm{a}}},\ \left[\frac{\varepsilon_1}{(1-\boldsymbol{\vartheta}_0)\eta_3}\right]^{\frac{1}{\gamma}}\right\} \tag{7.45}$$

对任意给定的正常数 ε，选取充分大的鲁棒控制参数 f_Θ 和 f_Ω 使得 ε_1 充分小，并且满足：

$$\min\left\{\frac{\varepsilon_1}{(1-\boldsymbol{\vartheta}_0)\eta_a},\ \left[\frac{\varepsilon_1}{(1-\boldsymbol{\vartheta}_0)\eta_3}\right]^{\frac{1}{\gamma}}\right\}\leqslant\frac{\varepsilon^2}{2} \tag{7.46}$$

则根据不等式(7.45)可以推出，对任意的 $t\geqslant T_r$，$\|\boldsymbol{e}_i(t)\|_2\leqslant\varepsilon$，$i=\Theta$, Ω 成立。这意味着姿态跟踪误差能在有限时间内收敛的原点的任意小的邻域内。上面的分析可以总结为如下定理：

定理 7.1 对于由式(7.11)、式(7.13)和式(7.16)描述的固定翼无人机姿态系统，如果假设 7.1～7.4 成立，无人机舵面偏转指令由式(7.12)确定，那么对于任意给定的有界初始条件 $\boldsymbol{\Theta}(t_0)$ 以及 $\boldsymbol{\Omega}(t_0)$，存在正常数 f_i^*，$i=\Theta$, Ω 使得鲁棒控制器参数 f_i，$i=\Theta$, Ω 满足 $f_i\geqslant f_i^*$ 且 $f_\Omega\gg f_\Theta$ 时，闭环系统是实际有限时间稳定的。

7.2.2 鲁棒航迹跟踪控制器设计

将旋转矩阵 $\boldsymbol{R}_g^b$ 以及气动力模型[式(7.7)]代入[式(7.3)]中的 Σ_1，固定翼无人机的平动动态可以描述为

$$\begin{aligned}
\ddot{p}_n &= \cos\theta\cos\psi\,\frac{(f_x+T)}{m}+(\sin\phi\sin\theta\cos\psi-\cos\phi\sin\psi)\,\frac{f_y}{m}-\\
&\quad(\cos\phi\sin\theta\cos\psi+\sin\phi\sin\psi)\left(\frac{-f_z}{m}\right)\\
\ddot{p}_e &= \cos\theta\sin\psi\,\frac{(f_x+T)}{m}+(\sin\phi\sin\theta\sin\psi+\cos\phi\cos\psi)\,\frac{f_y}{m}-\\
&\quad(\cos\phi\sin\theta\sin\psi-\sin\phi\cos\psi)\left(\frac{-f_z}{m}\right)\\
-\ddot{p}_d &= -g+\sin\theta\,\frac{(f_x+T)}{m}-\sin\phi\cos\theta\,\frac{f_y}{m}+\cos\phi\cos\theta\left(\frac{-f_z}{m}\right)
\end{aligned} \tag{7.47}$$

令 $\boldsymbol{p}_r(t)=[\boldsymbol{x}_r(t)\quad \boldsymbol{y}_r(t)\quad \boldsymbol{z}_r(t)]^T$ 表示期望的航迹，则航迹跟踪控制的目的是设计合理的控制器使得无人机能够在风扰等因素的影响下准确跟踪期望的航迹 $\boldsymbol{p}_r(t)$。

固定翼无人机是典型的欠驱动系统，有包括位置和姿态在内的六个自由度以及四个控制输入。为解决其位置控制问题，可采用分层控制结构，上层是位置环，下层是姿态环。对于位置环的控制，将推力以及气动力看作虚拟控制输入，

然后从中反解出期望的推力指令 $\boldsymbol{\delta}_{\mathrm{T}}$、期望的横滚角 $\boldsymbol{\phi}_{\mathrm{d}}$ 以及俯仰角 $\boldsymbol{\psi}_{\mathrm{d}}$，通过调整偏航角使得无人机机头方向与实际速度方向对齐，尽可能减少采用横滚转弯机动带来的侧滑效应。位置控制分为两部分，分别是水平方向和高度方向，这主要是基于固定翼无人机在高度方向和水平方向的运动有一定的解耦性。将期望的姿态角 $\boldsymbol{\Theta}_{\mathrm{d}}(t)=[\boldsymbol{\phi}_{\mathrm{d}}(t) \quad \boldsymbol{\theta}_{\mathrm{d}}(t) \quad \boldsymbol{\psi}_{\mathrm{d}}(t)]^{\mathrm{T}}$ 传给下层，由 2.3 节提出的鲁棒控制器来实现姿态跟踪。整个控制结构如图 7.1 所示。另需要强调的是，对小型固定翼无人机来说，攻角、侧滑角以及舵面偏转量等变量很难直接测量，因此气动力不能直接测量和控制，这对控制器的设计带来了很大的挑战。下面分别介绍这两部分对应的控制器设计过程。

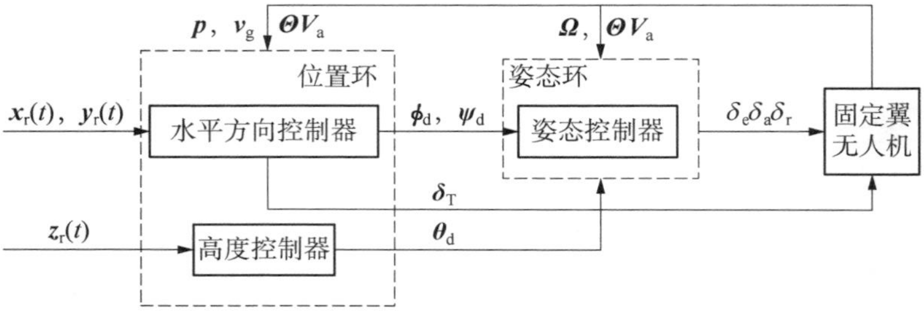

图 7.1 鲁棒分层控制结构

首先来介绍水平方向航机跟踪控制器的设计。结合式(7.7)，固定翼无人机水平方向(惯性坐标系 $\boldsymbol{i}-\boldsymbol{j}$ 平面)的动态可以描述为

$$\begin{aligned}
\ddot{p}_{\mathrm{n}} = &\cos\theta\cos\psi\,\frac{(f_x+T)}{m}+\sin\phi\sin\theta\cos\psi\,\frac{f_y}{m}-\cos\phi\sin\psi\,\frac{f_y}{m}+\\
&(\cos\phi\sin\theta\cos\psi+\sin\phi_{\mathrm{d}}\sin\psi)\,\frac{f_z}{m}+(\sin\phi-\sin\phi_{\mathrm{d}})\sin\psi\,\frac{f_z}{m}\\
\ddot{p}_{\mathrm{e}} = &\cos\theta\sin\psi\,\frac{(f_x+f_{\mathrm{T}})}{m}+\sin\phi\sin\theta\sin\psi\,\frac{f_y}{m}+\cos\phi\cos\psi\,\frac{f_y}{m}+\\
&(\cos\phi\sin\theta\sin\psi-\sin\phi_{\mathrm{d}}\cos\psi)\,\frac{f_z}{m}-(\sin\phi-\sin\phi_{\mathrm{d}})\cos\psi\,\frac{f_z}{m}
\end{aligned} \tag{7.48}$$

此外，将固定翼无人机受到的外部作用力投影到机体坐标系的 $\boldsymbol{i}_{\mathrm{b}}-\boldsymbol{k}_{\mathrm{b}}$ 平面内，可得

$$f_z\cos\phi+f_y\sin\phi=m(\ddot{p}_{\mathrm{d}}-g)\cos\theta \tag{7.49}$$

固定翼无人机是通过升力来平衡重力，因此在这里假设一个理想的场景：即

无人机按照当前空速以期望的横滚角进行稳定飞行，采用协同转弯的方式来调整运动方向。在这种场景下，侧滑角以及侧向力 f_y 很小，可忽略不计，因此式(7.49)退化为如下形式：

$$-f_z^* \cos\phi_d = mg\cos\theta^* \tag{7.50}$$

式中，$f_z^* = \frac{1}{2}\rho S V_a^2 C_z^*$，$C_z^* = -C_D^* \sin\alpha^* - C_L^* \cos\alpha^*$，带有上标 * 的变量指无人机在上述假设的平稳飞行状态下对应变量的值。无人机的实际飞行过程是由一段段稳定飞行加上极短的过渡过程组成的。现有文献中多是直接假设式(7.50)成立，在此基础上设计航迹跟踪控制器。考虑到实际飞行过程中，外部环境以及飞行条件等会发生变化，假设 f_z 将会围绕 f_z^* 上下震荡。相对来讲，这样处理更接近固定翼无人机实际飞行时的真实动态。同时，在协同转弯飞行过程中，侧向力 f_y 的值很小。考虑到上述因素，将式(7.49)和式(7.50)代入式(7.48)，可得

$$\begin{aligned}\ddot{p}_n &= \cos\theta\cos\psi a_T - (g-\ddot{p}_d)\cos\theta\sin\theta\cos\psi - g\cos\theta^*\tan\phi_d\sin\psi - \\ &\quad \cos\phi\sin\psi\frac{f_y}{m} + \cos\theta\cos\psi\frac{(f_x-\tilde{f}_x)}{m} + \sin\phi_d\sin\psi\frac{(f_z-f_z^*)}{m} + d'_n \\ \ddot{p}_e &= \cos\theta\sin\psi a_T - (g-\ddot{p}_d)\cos\theta\sin\theta\sin\psi + g\cos\theta^*\tan\phi_d\cos\psi + \\ &\quad \cos\phi\cos\psi\frac{f_y}{m} + \cos\theta\sin\psi\frac{(f_x-\tilde{f}_x)}{m} - \sin\phi_d\cos\psi\frac{(f_z-f_z^*)}{m} + d'_e\end{aligned} \tag{7.51}$$

式中，$d'_n = (\sin\phi - \sin\phi_d)\sin\psi\frac{f_z}{m}$ 和 $d'_e = -(\sin\phi - \sin\phi_d)\cos\psi\frac{f_z}{m}$ 是反步设计过程带来的虚拟控制误差。现有针对小型固定翼无人机位置控制的文献中，这两项一般被忽略，这样做的前提是内环的动态远比外环快，然而实际系统中有时延和噪声存在，高增益控制容易导致饱和与振荡现象，甚至使得闭环系统不稳定，因此这种假设在应用中很难满足。为了解决这个问题，可将这两项当作等价干扰来处理。此外，$a_T = \frac{\tilde{f}_x + f_T}{m}$，其中 $\tilde{f}_x$ 是 f_x 的一个粗略的估计值，按照式(7.52)来估算：

$$\tilde{f}_x = \frac{V_a^2}{(V_a^N)^2} f_x^N \tag{7.52}$$

式中，$f_x^N = \frac{1}{2}\rho S(V_a^N)^2 C_x^N$ 表示固定翼无人机在理想天气条件下保持空速为 V_a^N 稳定飞行时 f_x 的估算值。注意到当风速以及外部扰动很小，固定翼在按照空速 V_a^N 稳定平飞时，飞机近似处于平衡状态，通过受力分析可以发现，在这种状态下有 $f_T \approx f_x^N$，因此可以通过推力指令 $\boldsymbol{\delta}_T^N$ 来计算推力的值，从而进一步估算出 f_x^N 的大小。这种估计 f_x 方式比较简单易于实现，但是会带来估计误差，在设计控制器时，通过设计鲁棒补偿控制器来抑制估计误差带来的影响。

基于反馈线性化方法，定义

$$
\begin{aligned}
a_T &= \frac{u_n \cos\psi_d + u_e \sin\psi_d}{\cos\theta} + (g - \ddot{p}_d)\sin\theta \\
\phi_d &= \arctan\left(\frac{u_e \cos\psi_d - u_n \sin\psi_d}{g}\right)
\end{aligned}
\tag{7.53}
$$

式中，u_i，$i = \mathrm{n}, \mathrm{e}$ 是水平方向虚拟控制输入，则式(7.51)可以重写为

$$
\begin{aligned}
\ddot{p}_n &= u_n + \Delta_n \\
\ddot{p}_e &= u_e + \Delta_e
\end{aligned}
\tag{7.54}
$$

式中，Δ_n 以及 Δ_e 表示系统的等价干扰，具体形式如下：

$$
\Delta_n = g(1 - \cos\theta^*)\tan\phi_d \sin\psi - \cos\phi \sin\psi \frac{f_y}{m} + \cos\theta \cos\psi_d \frac{f_x - \tilde{f}_x}{m} + \sin\phi_d \sin\psi \frac{f_z - f_z^*}{m} + d'_n
$$

$$
\Delta_e = -g(1 - \cos\theta^*)\tan\phi_d \cos\psi + \cos\phi \cos\psi \frac{f_y}{m} + \cos\theta \sin\psi \frac{f_x - \tilde{f}_x}{m} - \sin\phi_d \cos\psi \frac{f_z - f_z^*}{m} + d'_e
$$

在这种情形下，期望的横滚角 ϕ_d 则按照式(7.53)给出，期望的推力 f_{T_d} 则按照式(7.55)计算：

$$
f_{T_d} = m a_T - \tilde{f}_x \tag{7.55}
$$

经过上述一系列模型变换，固定翼无人机水平方向的动态模型可由带有等价干扰的线性系统来描述，便于后续鲁棒航迹跟踪控制器的设计。

注 7.3 在上述模型变换中，分别用 f_z^* 和 $\tilde{f}_x$ 来估计 f_z 和 f_x，估计误差被

当作等价干扰的一部分，通过后续的鲁棒控制器设计来抑制其影响。还有一点需要强调的是，f_x 是 V_a 以及 C_x 的非线性函数，在由 f_x^N 估算 $\tilde{f}_x$ 时，C_x^N 的变化没有考虑，不过这些差异同样会包含在等价干扰当中。另外，期望的偏航角 ψ_d 设置为无人机速度在水平方向投影与惯性坐标系中 $\boldsymbol{i}$ 轴的夹角，以此来减小侧滑效应，达到更好的控制效果。

令

$$\boldsymbol{x}_p(t)=[\boldsymbol{p}_n(t)-\boldsymbol{x}_r(t)\quad \dot{\boldsymbol{p}}_n(t)-\dot{\boldsymbol{x}}_r(t)\quad \boldsymbol{p}_e(t)-\boldsymbol{y}_r(t)\quad \dot{\boldsymbol{p}}_e(t)-\dot{\boldsymbol{y}}_r(t)]^T$$

$$\boldsymbol{u}_p(t)=[\boldsymbol{u}_n(t)\quad \boldsymbol{u}_e(t)]^T$$

$$\boldsymbol{u}_p^{ff}(t)=[\ddot{\boldsymbol{x}}_d(t)\quad \ddot{\boldsymbol{y}}_d(t)]^T$$

$$\boldsymbol{\Delta}_p(t)=[\boldsymbol{\Delta}_n(t)\quad \boldsymbol{\Delta}_e(t)]^T$$

根据式(7.54)，水平方向的跟踪误差系统可以描述为

$$\dot{\boldsymbol{x}}_p(t)=\boldsymbol{A}_p\boldsymbol{x}_p(t)+\boldsymbol{B}_p[\boldsymbol{u}_p(t)+\boldsymbol{\Delta}_p(t)-\boldsymbol{u}_p^{ff}(t)] \tag{7.56}$$

其中，

$$\boldsymbol{A}_p=\begin{bmatrix}0&1&0&0\\0&0&0&0\\0&0&0&1\\0&0&0&0\end{bmatrix},\ \boldsymbol{B}_p=\begin{bmatrix}0&0\\1&0\\0&0\\0&1\end{bmatrix}$$

同姿态控制设计过程类似，结合鲁棒补偿理论，控制器包括两部分，即

$$\boldsymbol{u}_p(t)=\boldsymbol{u}_p^{NC}(t)+\boldsymbol{u}_p^{RC}(t) \tag{7.57}$$

式中，$\boldsymbol{u}_p^{NC}(t)$ 表示标称控制器，用来保证标称系统的渐近收敛特性；$\boldsymbol{u}_p^{RC}(t)$ 表示鲁棒补偿器，用来抑制等价干扰的影响。$\boldsymbol{u}_p^{NC}(t)$ 为线性控制律，构造为如下形式：

$$\boldsymbol{u}_p^{NC}(t)=-\boldsymbol{K}_p\boldsymbol{x}_p(t)+\boldsymbol{u}_p^{ff}(t) \tag{7.58}$$

式中，$\boldsymbol{K}_p=\begin{bmatrix}k_n^p&k_n^d&0&0\\0&0&k_e^p&k_e^d\end{bmatrix}$ 表示常值控制增益矩阵。借助于鲁棒滤波器，鲁棒补偿器 $\boldsymbol{u}_p^{RC}(t)$ 设计如下：

$$\boldsymbol{u}_p^{RC}(s)=-F_p(s)\boldsymbol{\Delta}_p(s)=-\frac{f_p}{s+f_p}\boldsymbol{\Delta}_p(s) \tag{7.59}$$

式中，$F_{\mathrm{p}}(s)$ 表示鲁棒滤波器；f_{p} 是需要后续设计的鲁棒控制参数。$\boldsymbol{u}_{\mathrm{p}}^{\mathrm{RC}}(t)$ 在时域的实现如下：

$$\begin{aligned}\boldsymbol{u}_{\mathrm{p}}^{\mathrm{RC}}(t)&=-f_{\mathrm{p}}\boldsymbol{B}_{\mathrm{p}}^{\mathrm{T}}\boldsymbol{x}_{\mathrm{p}}(t)+f_{\mathrm{p}}\boldsymbol{\sigma}_{\mathrm{p}}(t)\\ \dot{\boldsymbol{\sigma}}_{\mathrm{p}}(t)&=-f_{\mathrm{p}}\boldsymbol{\sigma}_{\mathrm{p}}(t)+\boldsymbol{B}_{\mathrm{p}}^{\mathrm{T}}(\boldsymbol{A}_{\mathrm{p}}+f_{\mathrm{p}}\boldsymbol{I})\boldsymbol{x}_{\mathrm{p}}(t)+\boldsymbol{u}_{\mathrm{p}}(t)\end{aligned}\tag{7.60}$$

式中，$\boldsymbol{\sigma}_{\mathrm{p}}(t)$ 是引入的辅助状态变量，初始条件满足 $\boldsymbol{\sigma}_{\mathrm{p}}(t_0)=\boldsymbol{B}_{\mathrm{p}}^{\mathrm{T}}\boldsymbol{x}_{\mathrm{p}}(t_0)$。

定义高度方向的跟踪误差为 $\boldsymbol{x}_{\mathrm{h}}(t)=\boldsymbol{p}_{\mathrm{d}}(t)-\boldsymbol{z}_{\mathrm{r}}(t)$。结合式(7.3)中第一个等式以及机体坐标与惯性坐标之间的转换关系 $\boldsymbol{v}_g=\boldsymbol{R}_{\mathrm{b}}^{\mathrm{g}}\boldsymbol{v}_{\mathrm{g}}^{\mathrm{b}}$，高度方向误差动态可以描述为

$$\begin{aligned}\dot{\boldsymbol{x}}_{\mathrm{h}}(t)&=\boldsymbol{u}(t)\sin\theta(t)-\boldsymbol{v}(t)\sin\phi(t)\cos\theta(t)-\boldsymbol{w}(t)\cos\phi(t)\cos\theta(t)-\dot{\boldsymbol{z}}_{\mathrm{r}}(t)\\ &=\underline{V_{\mathrm{g}}}[\boldsymbol{\theta}_{\mathrm{d}}(t)+\boldsymbol{\Delta}_{\mathrm{h}}(t)]\end{aligned}\tag{7.61}$$

式中，$V_{\mathrm{g}}=\|\boldsymbol{v}_{\mathrm{g}}^{\mathrm{b}}\|_2\geqslant\underline{V_{\mathrm{g}}}$ 表示速度模值；$\underline{V_{\mathrm{g}}}$ 表示固定翼无人机能容许的速度最小值；速度过低会导致无人机失速；$\boldsymbol{\Delta}_{\mathrm{h}}(t)$ 表示高度误差系统的等价干扰，具体形式为

$$\boldsymbol{\Delta}_{\mathrm{h}}(t)=-\frac{\boldsymbol{v}(t)\sin\phi(t)\cos\theta(t)+\boldsymbol{w}(t)\cos\phi(t)\cos\theta(t)+\dot{\boldsymbol{z}}_{\mathrm{r}}(t)}{\underline{V_{\mathrm{g}}}}+\left[\frac{\boldsymbol{u}(t)\sin\theta(t)}{\underline{V_{\mathrm{g}}}}-\boldsymbol{\theta}_{\mathrm{d}}(t)\right]$$

从上式中可以看出反步带来的控制误差包含在等价干扰 $\boldsymbol{\Delta}_{\mathrm{h}}(t)$ 中。与水平方向控制器设计思路相同，期望的俯仰角由下式产生：

$$\boldsymbol{\theta}_{\mathrm{d}}(t)=\boldsymbol{u}_{\mathrm{h}}^{\mathrm{NC}}(t)+\boldsymbol{u}_{\mathrm{h}}^{\mathrm{RC}}(t)\tag{7.62}$$

式中，$\boldsymbol{u}_{\mathrm{h}}^{\mathrm{NC}}(t)$、$\boldsymbol{u}_{\mathrm{h}}^{\mathrm{RC}}(t)$ 分别表示标称控制器和鲁棒补偿器，设计如下：

$$\begin{aligned}\boldsymbol{u}_{\mathrm{h}}^{\mathrm{NC}}(t)&=-k_{\mathrm{h}}\frac{\boldsymbol{x}_{\mathrm{h}}(t)}{\underline{V_{\mathrm{g}}}}\\ \boldsymbol{u}_{\mathrm{h}}^{\mathrm{RC}}(s)&=-F_{\mathrm{h}}(s)\boldsymbol{\Delta}_{\mathrm{h}}(s)=-\frac{f_{\mathrm{h}}}{s+f_{\mathrm{h}}}\boldsymbol{\Delta}_{\mathrm{h}}(s)\end{aligned}\tag{7.63}$$

式中，$k_{\mathrm{h}}>0$ 表示常数增益；$F_{\mathrm{h}}(s)$ 表示鲁棒滤波器；f_{h} 是鲁棒控制参数。综合式(7.61)和式(7.63)，鲁棒控制器 $\boldsymbol{u}_{\mathrm{h}}^{\mathrm{RC}}(t)$ 可以在时域实现为

$$\begin{aligned}\dot{\boldsymbol{\sigma}}_{\mathrm{h}}(t) &= -f_{\mathrm{h}}\boldsymbol{\sigma}_{\mathrm{h}}(t) + \frac{f_{\mathrm{h}}}{\underline{V}_{\mathrm{g}}}\boldsymbol{x}_{\mathrm{h}}(t) + \boldsymbol{\theta}_{\mathrm{d}}(t) \\ \boldsymbol{u}_{\mathrm{h}}^{\mathrm{RC}}(t) &= -\frac{f_{\mathrm{h}}}{\underline{V}_{\mathrm{g}}}\boldsymbol{x}_{\mathrm{h}}(t) + f_{\mathrm{h}}\boldsymbol{\sigma}_{\mathrm{h}}(t)\end{aligned} \tag{7.64}$$

式中，$\boldsymbol{\sigma}_{\mathrm{h}}(t)$ 表示辅助变量，初始条件满足 $\boldsymbol{\sigma}_{\mathrm{h}}(t_0)=\dfrac{\boldsymbol{x}_{\mathrm{h}}(t_0)}{\underline{V}_{\mathrm{g}}}$。

接下来讨论鲁棒分层控制器作用下的闭环系统的收敛特性与鲁棒性能。首先给出必要的假设。

假设 7.5 期望航迹 $\boldsymbol{p}_{\mathrm{r}}(t)$ 及其导数 $\boldsymbol{p}_{\mathrm{r}}^{(k)}(t)$, $k=1, 2, 3$ 是分段连续有界的。

假设 7.6 外界风速 $\boldsymbol{v}_{\mathrm{w}}(t)$ 是有界的。

定义如下变量：

$$\begin{aligned}\boldsymbol{x}_{\mathrm{h}}^{\mathrm{R}}(t) &= \frac{\boldsymbol{u}_{\mathrm{h}}^{\mathrm{RC}}(t)}{f_{\mathrm{h}}} \\ \boldsymbol{z}_{\mathrm{h}}(t) &= \boldsymbol{x}_{\mathrm{h}}(t) + \underline{V}_{\mathrm{g}}\boldsymbol{x}_{\mathrm{h}}^{\mathrm{R}}(t) \\ \boldsymbol{x}_{\mathrm{p}}^{\mathrm{R}}(t) &= \frac{\boldsymbol{u}_{\mathrm{p}}^{\mathrm{RC}}(t)}{f_{\mathrm{p}}} \\ \boldsymbol{z}_{\mathrm{p}}(t) &= \boldsymbol{x}_{\mathrm{p}}(t) + \boldsymbol{B}_{\mathrm{p}}\boldsymbol{x}_{\mathrm{p}}^{\mathrm{R}}(t)\end{aligned}$$

根据式(7.56)～式(7.59)以及式(7.61)～式(7.63)，固定翼无人机水平方向和高度方向动态分别可以描述为

$$\begin{aligned}\dot{\boldsymbol{z}}_{\mathrm{p}}(t) &= \boldsymbol{A}_{\mathrm{p}}^{\mathrm{L}}\boldsymbol{z}_{\mathrm{p}}(t) - \boldsymbol{A}_{\mathrm{p}}^{\mathrm{L}}\boldsymbol{B}_{\mathrm{p}}\boldsymbol{x}_{\mathrm{p}}^{\mathrm{R}}(t) \\ \dot{\boldsymbol{x}}_{\mathrm{p}}^{\mathrm{R}}(t) &= -f_{\mathrm{p}}\boldsymbol{x}_{\mathrm{p}}^{\mathrm{R}}(t) - \boldsymbol{\Delta}_{\mathrm{p}}(t)\end{aligned} \tag{7.65}$$

以及

$$\begin{aligned}\dot{\boldsymbol{z}}_{\mathrm{h}}(t) &= -k_{\mathrm{h}}\boldsymbol{z}_{\mathrm{h}}(t) + k_{\mathrm{h}}\underline{V}_{\mathrm{g}}\boldsymbol{x}_{\mathrm{h}}^{\mathrm{R}}(t) \\ \dot{\boldsymbol{x}}_{\mathrm{h}}^{\mathrm{R}}(t) &= -f_{\mathrm{h}}\boldsymbol{x}_{\mathrm{h}}^{\mathrm{R}}(t) - \boldsymbol{\Delta}_{\mathrm{h}}(t)\end{aligned} \tag{7.66}$$

式中，$\boldsymbol{A}_{\mathrm{p}}^{\mathrm{L}}=\boldsymbol{A}-\boldsymbol{B}_{\mathrm{p}}\boldsymbol{K}_{\mathrm{p}}$。

可以导出等价干扰 $\boldsymbol{\Delta}_{\mathrm{p}}(t)$ 以及 $\boldsymbol{\Delta}_{\mathrm{h}}(t)$ 的范数界满足如下条件：

(1) 存在正常数 $\xi_{\mathrm{h}}^{u}<1$、ξ_{h}^{v} 和 ξ_{h}^{0} 使得下式成立：

$$|\boldsymbol{\Delta}_{\mathrm{h}}(t)| \leqslant \xi_{\mathrm{h}}^{u}f_{\mathrm{h}}|\boldsymbol{x}_{\mathrm{h}}^{\mathrm{R}}(t)| + \frac{k_{\mathrm{h}}}{\underline{V}_{\mathrm{g}}}|\boldsymbol{x}_{\mathrm{h}}(t)| + \xi_{\mathrm{h}}^{v}\|\boldsymbol{v}_{\mathrm{g}}(t)\|_2 + \|\boldsymbol{e}_{\Theta}(t)\|_2 + \xi_{\mathrm{h}}^{0} \tag{7.67}$$

(2) 存在正常数 $\xi_p^u < 1$，ξ_p^x，ξ_p^h 以及 ξ_p^0 使得

$$\|\boldsymbol{\Delta}_p(t)\|_2 \leqslant \xi_p^u f_p \|\boldsymbol{x}_p^R(t)\|_2 + \xi_p^x \|\boldsymbol{x}_p(t)\|_2^2 + \xi_p^h |\boldsymbol{x}_h(t)|^2 + \xi_p^0 \tag{7.68}$$

根据式(7.61)，$\boldsymbol{\Delta}_h(t)$ 可以改写为如下形式：

$$\begin{aligned}\boldsymbol{\Delta}_h(t) = &\left[\frac{\boldsymbol{u}(t)\sin\theta(t)}{V_g\boldsymbol{\theta}(t)} - 1\right]\boldsymbol{\theta}_d(t) + \frac{\boldsymbol{u}(t)\sin\theta(t)}{V_g\boldsymbol{\theta}(t)}[\boldsymbol{\theta}(t) - \boldsymbol{\theta}_d(t)] + \\ &\left(\frac{1}{\underline{V}_g} - \frac{1}{V_g}\right)\boldsymbol{u}(t)\sin\theta(t) - \frac{\boldsymbol{v}(t)\sin\phi(t)\cos\theta(t) + \boldsymbol{w}(t)\cos\phi(t)\cos\theta(t) + \dot{\boldsymbol{z}}_r(t)}{\underline{V}_g}\end{aligned} \tag{7.69}$$

注意到，根据固定翼无人机飞行特点，无人机的速度方向与机头朝向几乎保持一致，而且为了避免失速现象，固定翼无人机实际飞行时俯仰角不能太大，因此，从上述分析可以推测出 $\dfrac{\boldsymbol{u}\sin\theta}{V_g\theta} \approx 1$。令 $\xi_h^u = \sup\limits_{t \geqslant t_0}\left|\dfrac{\boldsymbol{u}(t)\sin\theta(t)}{V_g(t)\boldsymbol{\theta}(t)} - 1\right|$ 满足 $\xi_h^u < 1$。在此基础上，结合式(7.62)和式(7.67)，可以得到 $\boldsymbol{\Delta}_h(t)$ 的范数界满足如下不等式：

$$\begin{aligned}|\boldsymbol{\Delta}_h(t)| &\leqslant \xi_h^u |\boldsymbol{\theta}_d(t)| + \xi_h^v \|\boldsymbol{v}_g(t)\|_2 + \|\boldsymbol{e}_\Theta(t)\|_2 + \xi_h^0 \\ &\leqslant \xi_h^u f_h |\boldsymbol{x}_h^R(t)| + \frac{k_h}{\underline{V}_g}|\boldsymbol{x}_h(t)| + \xi_h^v \|\boldsymbol{v}_g(t)\|_2 + \|\boldsymbol{e}_\Theta(t)\|_2 + \xi_h^0\end{aligned} \tag{7.70}$$

式中，$\xi_h^v = \dfrac{1}{\underline{V}_g}$，$\xi_h^0 = \sup\limits_{t \geqslant t_0}\left(|\sin\theta(t)| + \dfrac{|\dot{\boldsymbol{z}}_r(t)|}{\underline{V}_g}\right)$。

为了节省空间，在下面的分析中，省略变量中的符号 (t)。根据式(7.54)中 $\boldsymbol{\Delta}_p$ 的表达式，可得

$$\begin{aligned}\|\boldsymbol{\Delta}_p\|_2 \leqslant &\sqrt{2}(1-\cos\theta^*)g|\tan\phi_d| + \sqrt{2}\frac{|f_y|}{m} + |d'_n| + |d'_e| + \\ &\frac{\sqrt{2}}{2}\rho S V_a^2(|C_x - C_x^N| + |C_z - C_z^*|)\end{aligned} \tag{7.71}$$

上述变换中使用了柯西不等式。根据无人机空速 V_a 的定义，可得

$$|V_a| \leqslant \|\boldsymbol{v}_g\|_2 + \|\boldsymbol{v}_w\|_2 \leqslant \|\boldsymbol{x}_p\|_2 + \|\boldsymbol{x}_h\|_2 + \chi_w \tag{7.72}$$

式中，$\chi_{\mathrm{w}}=\sup\limits_{t\geqslant 0}(\|\dot{\boldsymbol{p}}_{\mathrm{r}}(t)\|_2+\|\boldsymbol{v}_{\mathrm{w}}(t)\|_2)$。根据控制设计时的分析和假设，$|C_x-C_x^N|$ 和 $|C_z-C_z^*|$ 是一致有界的，即存在正常数 χ_{c_x} 和 χ_{c_z} 使得式(7.73)成立：

$$|C_x-C_x^N|\leqslant\chi_{c_x},\ |C_z-C_z^*|\leqslant\chi_{c_z} \tag{7.73}$$

此外，根据式(7.53)，可以推出：

$$g\,|\tan\phi_{\mathrm{d}}|\leqslant|u_{\mathrm{n}}\sin\psi_{\mathrm{d}}|+|u_{\mathrm{e}}\cos\psi_{\mathrm{d}}|\leqslant\|\boldsymbol{u}_{\mathrm{p}}\|_2 \tag{7.74}$$

如控制器设计过程中所强调的，无人机采用协同转弯的方式来调整方向，在此场景下侧向力 f_y 很小，几乎可以被忽略。因此这里假设存在一个小的正常数 χ_{f_y} 使得 $\sup\limits_{t\geqslant 0}|f_y(t)|\leqslant\chi_{f_y}$。令 $d'_{\mathrm{p}}=|d'_{\mathrm{n}}|+|d'_{\mathrm{e}}|$，则根据式(7.57)以及 d'_i、$i=\mathrm{n},\mathrm{e}$ 的定义可得

$$|d'_{\mathrm{p}}|\leqslant\frac{2}{m}|f_z|\leqslant\frac{2}{m}(f_z^*+|f_z-f_z^*|)\leqslant\chi_{d'_{\mathrm{p}}}+\frac{\rho S\chi_{c_z}V_{\mathrm{a}}^2}{m} \tag{7.75}$$

式中，$\chi_{d'_{\mathrm{p}}}=2\sup\limits_{t\geqslant 0}\dfrac{|f_z^*(t)|}{m}$ 是一个有界的正常数。

将式(7.72)～式(7.75)代入式(7.71)可得

$$\|\boldsymbol{\Delta}_{\mathrm{p}}\|_2\leqslant\xi_{\mathrm{p}}^u\|\boldsymbol{u}_{\mathrm{p}}\|_2+\chi_{\mathrm{p}}^x(\|\boldsymbol{x}_{\mathrm{p}}\|_2^2+|\boldsymbol{x}_{\mathrm{h}}|^2)+\bar{\xi}_{\mathrm{p}}^0 \tag{7.76}$$

其中，

$$\chi_{\mathrm{p}}^x=\frac{3\left(\sqrt{2}+\dfrac{1}{m}\right)\rho S(\chi_{c_x}+\chi_{c_z})}{2}$$

$$\xi_{\mathrm{p}}^u=\sqrt{2}(1-\cos\theta^*)$$

$$\bar{\xi}_{\mathrm{p}}^0=\chi_{\mathrm{p}}^x\chi_{\mathrm{w}}^2+\chi_{d'_{\mathrm{p}}}+\frac{\sqrt{2}\chi_{f_y}}{m}$$

需要强调的是，θ^* 指无人机在定高稳定飞行时对应俯仰角的值，因此可推断出 $\theta^*\approx 0$，即 $\xi_{\mathrm{p}}^u\approx 0<1$ 成立。结合式(7.57)，令

$$\xi_{\mathrm{p}}^x=\|\boldsymbol{K}_{\mathrm{p}}\|_2\xi_{\mathrm{p}}^u+\chi_{\mathrm{p}}^x$$

$$\xi_{\mathrm{p}}^h=\chi_{\mathrm{p}}^x$$

$$\xi_{\mathrm{p}}^0=\bar{\xi}+\sup_{t\geqslant t_0}(\|\boldsymbol{u}_{\mathrm{p}}^{ff}(t)\|_2)$$

可以得到式(7.68)的结论。

7.3 小型固定翼无人机鲁棒航迹跟踪特性分析

本节分析闭环系统的航迹跟踪的鲁棒性能。

考虑李雅普诺夫函数：

$$\begin{aligned}\boldsymbol{V}(t)&=\boldsymbol{V}_{\mathrm{h}}(t)+\boldsymbol{V}_{\mathrm{p}}(t)+\boldsymbol{W}(t)\\ \boldsymbol{V}_{\mathrm{h}}(t)&=\boldsymbol{z}_{\mathrm{h}}^{2}(t)+[\boldsymbol{x}_{\mathrm{h}}^{\mathrm{R}}(t)]^{2}\\ \boldsymbol{V}_{\mathrm{p}}(t)&=\boldsymbol{z}_{\mathrm{p}}^{\mathrm{T}}(t)\boldsymbol{P}_{\mathrm{L}}\boldsymbol{z}_{\mathrm{p}}(t)+[\boldsymbol{x}_{\mathrm{p}}^{\mathrm{R}}(t)]^{\mathrm{T}}\boldsymbol{x}_{\mathrm{p}}^{\mathrm{R}}(t)\end{aligned} \tag{7.77}$$

式中，$\boldsymbol{P}_{\mathrm{L}}$ 是如下李雅普诺夫方程的正定解：

$$\boldsymbol{P}_{\mathrm{L}}\boldsymbol{A}_{\mathrm{p}}^{\mathrm{L}}+(\boldsymbol{A}_{\mathrm{p}}^{\mathrm{L}})^{\mathrm{T}}\boldsymbol{P}_{\mathrm{L}}=-2\boldsymbol{I}_{4}$$

式中，$\boldsymbol{I}_{4}\in\mathbf{R}^{4\times4}$ 是具有匹配维数的单位矩阵。根据式(7.65)和式(7.66)可以推出，$\boldsymbol{V}_{\mathrm{h}}(t)$ 和 $\boldsymbol{V}_{\mathrm{p}}(t)$ 的导数满足如下形式：

$$\begin{aligned}\dot{\boldsymbol{V}}_{\mathrm{h}}&\leqslant-\left(2k_{\mathrm{h}}-\frac{k_{\mathrm{h}}^{2}\underline{V}_{\mathrm{g}}^{2}}{\sqrt{f_{\mathrm{h}}}}\right)\boldsymbol{z}_{\mathrm{h}}^{2}(t)-2\left[(1-\xi_{\mathrm{h}}^{u})f_{\mathrm{h}}-\sqrt{f_{\mathrm{h}}}\right]|\boldsymbol{x}_{\mathrm{h}}^{\mathrm{R}}(t)|^{2}+\frac{|\boldsymbol{\Delta}_{\mathrm{h}}^{r}(t)|^{2}}{\sqrt{f_{\mathrm{h}}}}\\ \dot{\boldsymbol{V}}_{\mathrm{p}}&\leqslant-\left(2-\frac{\|\boldsymbol{P}_{\mathrm{L}}\boldsymbol{A}_{\mathrm{p}}^{\mathrm{L}}\boldsymbol{B}_{\mathrm{p}}\|_{2}^{2}}{\sqrt{f_{\mathrm{p}}}}\right)\|\boldsymbol{z}_{\mathrm{p}}(t)\|_{2}^{2}-2\left[(1-\xi_{\mathrm{p}}^{u})f_{\mathrm{p}}-\sqrt{f_{\mathrm{p}}}\right]\\ &\quad\|\boldsymbol{x}_{\mathrm{p}}^{\mathrm{R}}(t)\|_{2}^{2}+\frac{\|\boldsymbol{\Delta}_{\mathrm{p}}^{r}(t)\|_{2}^{2}}{\sqrt{f_{\mathrm{p}}}}\end{aligned} \tag{7.78}$$

其中，

$$\begin{aligned}\boldsymbol{\Delta}_{\mathrm{h}}^{r}(t)&=\frac{k_{\mathrm{h}}}{\underline{V}_{\mathrm{g}}}|\boldsymbol{x}_{\mathrm{h}}(t)|+\xi_{\mathrm{h}}^{v}\|\boldsymbol{v}_{\mathrm{g}}(t)\|_{2}+\|\boldsymbol{e}_{\Theta}(t)\|_{2}+\xi_{\mathrm{h}}^{0}\\ \boldsymbol{\Delta}_{\mathrm{p}}^{r}(t)&=\xi_{\mathrm{p}}^{x}\|\boldsymbol{x}_{\mathrm{p}}(t)\|_{2}^{2}+\xi_{\mathrm{p}}^{h}|\boldsymbol{x}_{\mathrm{h}}(t)|^{2}+\xi_{\mathrm{p}}^{0}\end{aligned}$$

定义集合 $\boldsymbol{S}_{\sigma}=\{\boldsymbol{\Lambda}_{1}(t)\mid\boldsymbol{V}(t)\leqslant\sigma\}$，其中 σ 是一个正常数,则有

$$\boldsymbol{\Lambda}_{1}(t)=[\boldsymbol{z}_{\mathrm{p}}^{\mathrm{T}}(t)\quad\boldsymbol{z}_{\mathrm{h}}(t)\quad(\boldsymbol{x}_{\mathrm{p}}^{\mathrm{R}})^{\mathrm{T}}(t)\quad\boldsymbol{x}_{\mathrm{h}}^{\mathrm{R}}(t)\quad\boldsymbol{\Lambda}^{\mathrm{T}}(t)]^{\mathrm{T}}$$

对任意的 $\boldsymbol{\Lambda}_{1}(t)\in\boldsymbol{S}_{\sigma}$，可得

$$\|\boldsymbol{z}_{i}(t)\|_{2}\leqslant\sqrt{\sigma},\quad\|\boldsymbol{x}_{i}^{\mathrm{R}}(t)\|_{2}\leqslant\sqrt{\sigma},\quad i=\mathrm{p},\ \mathrm{h} \tag{7.79}$$

根据 $\boldsymbol{z}_{i}(t)$、$\boldsymbol{x}_{i}^{\mathrm{R}}(t)$ 和 $\boldsymbol{x}_{i}(t)$，$i=\mathrm{p}$，h 的定义和假设 7.5,可以推出：

$$\begin{aligned}&\|\boldsymbol{x}_{\mathrm{p}}(t)\|_2 \leqslant \left[\frac{1}{\lambda_{\min}(\boldsymbol{P}_{\mathrm{L}})}+\|\boldsymbol{B}_{\mathrm{p}}\|_2\right]\sqrt{\sigma}\\&\|\boldsymbol{x}_{\mathrm{h}}(t)\|_2 \leqslant (1+\underline{V}_{\mathrm{g}})\sqrt{\sigma}\end{aligned}\tag{7.80}$$

因此,结合式(7.70)、式(7.71)与式(7.80),可以得出对任意的 $\boldsymbol{\Lambda}_1(t)\in \boldsymbol{S}_\sigma$,下式成立:

$$\begin{aligned}&\|\boldsymbol{\Delta}_{\mathrm{h}}^r(t)\|_2 \leqslant \left\{\left(\frac{k_{\mathrm{h}}}{\underline{V}_{\mathrm{g}}}+\xi_{\mathrm{h}}^v\right)(1+\underline{V}_{\mathrm{g}})+\xi_{\mathrm{h}}^v\left[\frac{1}{\lambda_{\min}(\boldsymbol{P}_{\mathrm{L}})}+\|\boldsymbol{B}_{\mathrm{p}}\|_2\right]+2\right\}\sqrt{\sigma}+\\&\qquad \xi_{\mathrm{h}}^0 \triangleq \xi_{\boldsymbol{\Delta}_{\mathrm{h}}^r}^\sigma\\&\|\boldsymbol{\Delta}_{\mathrm{p}}^r(t)\|_2 \leqslant \left\{\left[\frac{1}{\lambda_{\min}(\boldsymbol{P}_{\mathrm{L}})}+\|\boldsymbol{B}_{\mathrm{p}}\|_2\right]^2+(1+\underline{V}_{\mathrm{g}})^2\right\}\sigma+\xi_{\mathrm{p}}^0=\xi_{\boldsymbol{\Delta}_{\mathrm{p}}^r}^\sigma\end{aligned}\tag{7.81}$$

式中,$\xi_{\boldsymbol{\Delta}_{\mathrm{h}}^r}^\sigma$ 以及 $\xi_{\boldsymbol{\Delta}_{\mathrm{p}}^r}^\sigma$ 均为正常数。

在这基础上,结合与式(7.80)和式(7.81)可知,对任意的 $\boldsymbol{\Lambda}_1(t)\in \boldsymbol{S}_\sigma$,下式成立:

$$\dot{\boldsymbol{V}} \leqslant -\eta_{\mathrm{h}}\boldsymbol{V}_{\mathrm{h}}-\eta_{\mathrm{p}}\boldsymbol{V}_{\mathrm{p}}-\eta_{\mathrm{a}}\boldsymbol{W}(t)+\frac{(\xi_{\boldsymbol{\Delta}_{\mathrm{h}}^r}^\sigma)^2}{\sqrt{f_{\mathrm{h}}}}+\frac{(\xi_{\boldsymbol{\Delta}_{\mathrm{p}}^r}^\sigma)^2}{\sqrt{f_{\mathrm{p}}}}+\varepsilon_1\tag{7.82}$$

其中,

$$\eta_{\mathrm{h}}=\min\left\{2k_{\mathrm{h}}-\frac{k_{\mathrm{h}}^2\underline{V}_{\mathrm{g}}^2}{\sqrt{f_{\mathrm{h}}}},\ 2\left[(1-\xi_{\mathrm{h}}^u)f_{\mathrm{h}}-\sqrt{f_{\mathrm{h}}}\right]\right\}$$

$$\eta_{\mathrm{p}}=\min\left\{2-\frac{\|\boldsymbol{P}_{\mathrm{L}}\boldsymbol{A}_{\mathrm{p}}^{\mathrm{L}}\boldsymbol{B}_{\mathrm{p}}\|_2^2}{\sqrt{f_{\mathrm{p}}}},\ 2\left[(1-\xi_{\mathrm{p}}^u)f_{\mathrm{p}}-\sqrt{f_{\mathrm{p}}}\right]\right\}$$

如果选取充分大的 f_{p} 和 f_{h},使得 $\eta_{\mathrm{h}}>0$、$\eta_{\mathrm{p}}>0$ 且满足:

$$\frac{(\xi_{\boldsymbol{\Delta}_{\mathrm{h}}^r}^\sigma)^2}{\sqrt{f_{\mathrm{h}}}}+\frac{(\xi_{\boldsymbol{\Delta}_{\mathrm{p}}^r}^\sigma)^2}{\sqrt{f_{\mathrm{p}}}}\leqslant \varepsilon_3\tag{7.83}$$

式中,ε_3 是任意给定的正常数。将式(7.83)代入式(7.82)可以推导出:

$$\dot{\boldsymbol{V}}(t)\leqslant -\eta\boldsymbol{V}(t)+\hat{\varepsilon}\tag{7.84}$$

式中,$\hat{\varepsilon}=\varepsilon_1+\varepsilon_3$,$\eta=\min\{\eta_h,\eta_p,\eta_a\}$。通过比较定理可得

$$\boldsymbol{V}(t)\leqslant \boldsymbol{V}(t_0)\mathrm{e}^{-\eta(t-t_0)}+\frac{\hat{\varepsilon}}{\eta}\tag{7.85}$$

选取 $\sigma \geqslant \max\{\boldsymbol{V}(t_0), \frac{\hat{\varepsilon}}{\eta}\}$，则对任意的 $\boldsymbol{\Lambda}_{t_0} \in \boldsymbol{S}_\sigma$，不等式(7.84)都成立。这意味着 $\boldsymbol{S}_\sigma$ 对于整个闭环系统来说是一个不变集。根据 $\boldsymbol{z}_\mathrm{p}(t)$ 的定义可知：

$$\lambda_{\min}(\boldsymbol{P}_\mathrm{L}) \| \boldsymbol{x}_\mathrm{p}(t) \|_2^2 + \| \boldsymbol{x}_\mathrm{h}(t) \|_2^2 \leqslant \boldsymbol{V}(t_0) \mathrm{e}^{-\eta(t-t_0)} + \frac{\hat{\varepsilon}}{\eta} \tag{7.86}$$

对于任意给定的常数 ε，选取充分大的鲁棒控制参数 f_i，$i=\mathrm{p}, \mathrm{h}, \Theta, \Omega$ 使得 $\frac{\hat{\varepsilon}}{\eta} \leqslant \frac{\bar{\eta}}{2}\varepsilon^2$，其中 $\bar{\eta}=\min\{1, \lambda_{\min}(\boldsymbol{P}_\mathrm{L})\}$。令 $T^* = t_0 + \frac{1}{\eta}\ln\left[\frac{2\boldsymbol{V}(t_0)}{\bar{\eta}\varepsilon^2}\right]$，可得

$$\| \boldsymbol{x}_\mathrm{p}(t) \|_2^2 + \| \boldsymbol{x}_\mathrm{h}(t) \|_2^2 \leqslant \varepsilon^2 \tag{7.87}$$

这意味着航迹跟踪误差能收敛到零的任意小的邻域内。上面的分析过程可以总结为如下定理。

定理 7.2 考虑由式(7.3)描述动态的小型固定翼无人机，气动力以及气动力矩由式(7.8)和式(7.10)建模。对于给定的航迹，固定翼无人机航迹跟踪控制器由式(7.57)、式(7.58)和式(7.59)组成，姿态控制器由式(7.23)、式(7.24)和式(7.25)组成。如果假设 7.1～假设 7.6 成立，并且鲁棒滤波参数 f_i，$i=\mathrm{p}, \mathrm{h}, \Omega, \Theta$ 充分大而且满足 $f_\Omega \gg f_\Theta \gg f_i$，$i=\mathrm{p}, \mathrm{h}$，则对任意有界的初始条件 $\boldsymbol{p}(t_0)$、$\boldsymbol{v}_\mathrm{g}(t_0)$、$\boldsymbol{\Omega}(t_0)$、$\boldsymbol{\Theta}(t_0)$ 以及任意给定的正常数 ε，存在时间 $T^* \geqslant t_0$，使得

$$\| \boldsymbol{p}(t) - \boldsymbol{p}_\mathrm{r}(t) \|_2 \leqslant \varepsilon, \ \forall t \geqslant T^* \tag{7.88}$$

此外，其他涉及的变量均有界。

7.4 小型固定翼无人机硬件系统构成

本节主要介绍本书用于试验的小型固定翼飞行试验平台的构成。小型固定翼无人机主要由机体、机翼、水平和垂直尾翼、螺旋桨等部件组成，具有推力、横滚舵面、偏航舵面以及升降舵面等四个控制输入和六个自由度，包括姿态和位置。

如图 7.2 所示，小型固定翼的硬件构成主要包括机体、机载计算机、飞控及外接传感器、地面站以及通信等模块。首先简要介绍这些部件的基本功能。

机体采用的是某型号的双发固定翼机体，其翼展为 1.97 m，机翼参考面积为 0.57 m^2，起飞重量为 5.2 kg，平均气动弦长为 0.3 m，巡航速度范围为 15～35 m/s。表 7.1 汇总了此机体的主要参数。该机体具有一组副翼、一组平尾以

及一个垂尾，一共有五个控制舵面，舵面偏转由相应舵机控制，供电电源选用 6S 28 000 mAh 的锂电池，按照起飞重量飞行时，续航时间约为 100 min。由于各个模块所需供电电压不同，装配时选用了不同的降压模块来分别对电机、舵机、飞控以及通信模块并行供电，减小各部分负载改变对其他部件的影响。

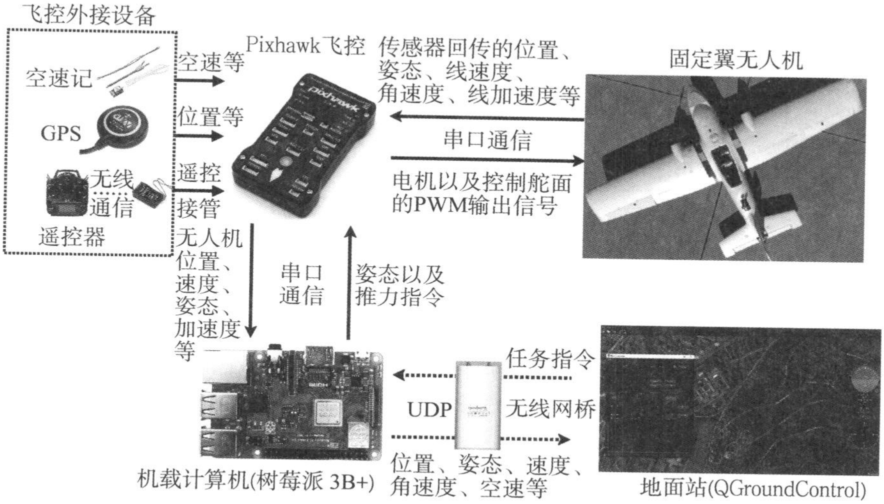

图 7.2 小型固定翼无人机硬件构成

表 7.1 双发固定翼机体主要参数

参数	起飞重量	翼展	机翼参考面积	平均气动弦长
符号	m	b	S	c
数值	5.2 kg	1.97 m	0.57 m^2	0.3 m

树莓派 3B+(Rasspberry 3B+)是一款体积小、重量轻、计算能力较强的微型计算机，具有多种输入输出接口，被广泛用于嵌入式系统开发，包括无人车、无人机、无人船等，可以运行 Linux 或 Windows 系统。在此试验平台中，树莓派运行 Linux 官方发布的 Rsapbian 系统。基于 C++语言在树莓派上实现了航迹规划、无人机位置控制、集结控制、协同编队控制等功能模块。根据分层控制结构，树莓派将位置控制模块产生的期望姿态信息以及推力信号通过串口通信方式下发到底层的 Pixhawk 飞控当中。此外，树莓派还通过网线与 UBNT 网桥形成的局域网相连，将无人机位置等编队信息发送给邻居个体，将无人机自身状态发送给地面站，实现地面端的状态监控和指令发送等功能。

飞控模块选用的是苏黎世理工大学研制的 Pixhawk 飞控，其携带的惯性测量单元(intertial measurement unit, IMU)集成了一组三轴 16 位分辨率的陀螺仪、一组三轴 14 位分辨率的加速度计/磁力计，以及一组三轴的加速度计/陀螺仪等传感器，另外该飞控模块提供了两个串口，可用于和树莓派模块通信；还提供了与 GPS 模块(型号为 Ublox M8N 10 Hz GPS)以及气压计模块(mRo I2C)的接口。在本平台中，一方面 Pixhawk 飞控向上层提供基于多传感器数据滤波和融合得到的机体位置、速度、姿态、角速度、线加速度和空速等变量的测量值；另一方面负责实现姿态跟踪，根据期望的姿态角输出舵面偏转指令，驱动对应的电调或者舵机。此外，Pixhawk 飞控模块还承担着无人机安全检测、故障排查、飞行模式管理和日志记录等辅助功能。本书进行了姿态环控制器的设计和实现，Pixhawk 原有的其他功能则保留使用。

地面站是基于开源软件 QGroundControl 开发的，运行在地面端的计算机上，通过无线网桥组成的局域网与无人机进行通信，主要用于监控无人机群飞行状态、发送任务切换指令、参数在线调整等。通信网络是基于型号为 Ubiquiti Networks Rocket M5 的无线网桥搭建的，通信频率为 5.8 GHz，搭配外接天线，通信距离可达 1 km。

7.5 小型固定翼无人机鲁棒航迹跟踪飞行试验

为了验证理论结果的有效性，本节将提出的鲁棒分层控制方法在 7.4 节中介绍的小型固定翼无人机飞行平台上进行实践，并在不同的风速条件下进行了飞行试验。

为了获得矩阵的 $\boldsymbol{E}_0$ 和 $\boldsymbol{H}_0$ 的值[式(7.12)中的矩阵 $\boldsymbol{E}$ 和 $\boldsymbol{H}$ 的标称值]，首先对固定翼无人机进行辨识试验，采用的激励信号如图 7.3 所示，“3－2－1－1”多步阶跃激励信号被广泛用于固定翼无人机参数辨识试验。

在实际辨识试验的过程中，为保证无人机的飞行安全，选取的幅值大小为 0.1。辨识试验需要在无风的天气进行，施加激励信号之前，无人机沿直线按照给定空速平稳飞行，在这种飞行条件下，控制舵面的偏转量接近于 0。在试验进行时，对应的舵面偏转指令按照激励信号给出，其余舵面保持不动，空速保持为 20 m/s 左右。辨识相关的数据记录在 Pixhawk 飞控携带的 SD 储存卡上。通过数据处理和分析，得到的固定翼无人机的横/纵向解耦模型对应的系数矩阵为

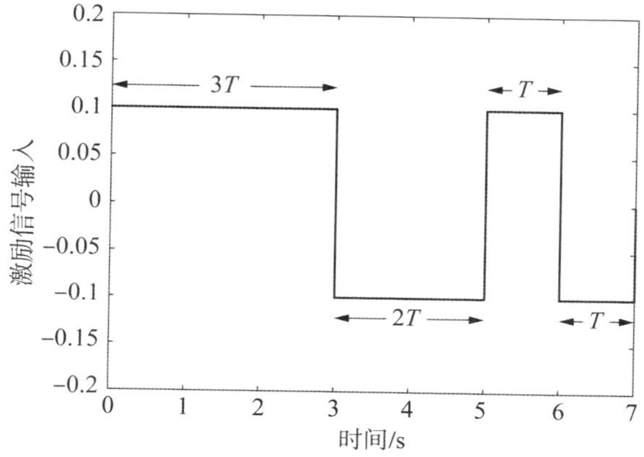

图 7.3 “3-2-1-1”多步阶跃激励信号

$$\boldsymbol{A}_{\text{lon}}=\begin{bmatrix}-0.01 & -0.07 & 0.01 & -9.79\\ -0.06 & -0.17 & -0.04 & -0.37\\ 2.47 & 0.61 & -1.65 & 0\\ 0 & 0 & 1.00 & 0\end{bmatrix},\ \boldsymbol{B}_{\text{lon}}=\begin{bmatrix}5.19\\ 10.19\\ 28.99\\ 0\end{bmatrix}$$

$$\boldsymbol{A}_{\text{lat}}=\begin{bmatrix}0.34 & 0.01 & 0.04 & 9.81\\ -3.31 & -2.29 & -2.03 & 0\\ 2.47 & 0.61 & -1.95 & 0\\ 0 & 1.00 & 0.12 & 0\end{bmatrix},\ \boldsymbol{B}_{\text{lat}}=\begin{bmatrix}-9.59 & -0.82\\ 75.40 & 4.152\\ 2.65 & 26.40\\ 0 & 0\end{bmatrix}$$

然后可以得到矩阵 $\boldsymbol{E}_0$ 和 $\boldsymbol{H}_0$ 的值为

$$\boldsymbol{E}_0=\begin{bmatrix}0.03 & 0 & -0.975\\ 0 & -0.825 & 0\\ 0.05 & 0 & 0.055\end{bmatrix},\ \boldsymbol{H}_0=\begin{bmatrix}0.1885 & 0 & 0.010\\ 0 & 0.072 & 0\\ 0 & 0 & 0.066\end{bmatrix} \tag{7.89}$$

从上面的结果中可以看出，$\boldsymbol{H}_0^{-1}$ 存在。基于得到的 $\boldsymbol{E}_0$ 和 $\boldsymbol{H}_0$，固定翼无人机的姿态控制器由式(7.12)、式(7.16)以及式(7.23)组成，姿态控制器参数见表 7.2。姿态环的采样频率和控制频率均为 250 Hz。

表 7.2 姿态控制器参数

参数	a_Θ	a_Ω	f_Θ	f_Ω	k
数值	0.3	0.8	0.4	1.2	1/3

期望的航迹由两段 300 m 直线和半径为 300 m 的圆弧拼接而成，期望的速度大小为 22 m/s，如图 7.4 所示，其中虚线表示期望的航迹在平面内的投影。在惯性坐标系下，期望的航迹可描述为一个分段函数：

$$p_{\mathrm{nr}}(t)=\begin{cases}300-22t & (0\leqslant t\leqslant 13.63)\\ -300\sin\left(\dfrac{11}{150}t-1\right) & (13.63<t\leqslant 56.47)\\ 22t-1542.34 & (56.47<t\leqslant 70.10)\\ 300+300\sin\left(\dfrac{11}{150}t-5.14\right) & (t>70.10)\end{cases}$$

$$p_{\mathrm{er}}(t)=\begin{cases}300 & (0\leqslant t\leqslant 13.63)\\ -300\cos\left(\dfrac{11}{150}t-2\right) & (13.63<t\leqslant 56.47)\\ -300 & (56.47<t\leqslant 70.10)\\ 300\cos\left(\dfrac{11}{150}t-5.14\right) & (t>70.10)\end{cases}$$

$$p_{\mathrm{dr}}(t)=\begin{cases}100+t & (0\leqslant t\leqslant 13.63)\\ 106.8+0.5t\cos\left(\dfrac{11}{150}t-2\right) & (13.63<t\leqslant 35.05)\\ 133.18-0.25t & (35.05<t\leqslant 56.50)\\ 147.30-0.5t & (56.50<t\leqslant 70.10)\\ 132.29-0.29t & (70.10<t\leqslant 113.00)\\ 100 & (t>113.00)\end{cases}$$

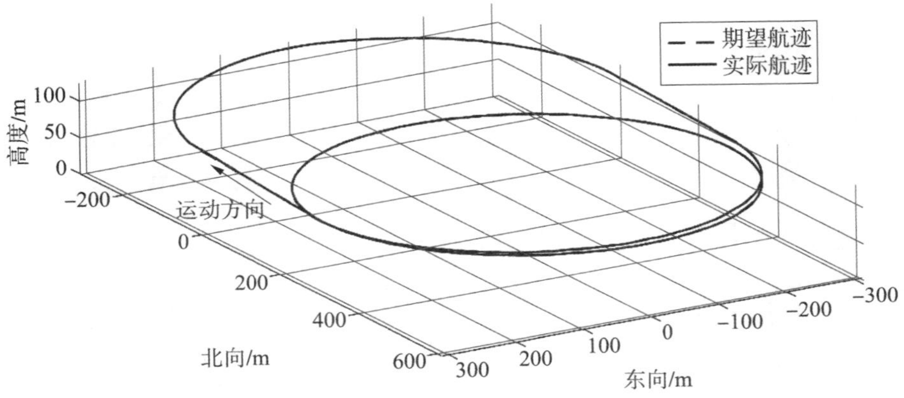

图 7.4　三维航迹设定与跟踪效果(两条曲线基本重叠)

从上式中可以看出，为了凸显固定翼无人机跟踪三维航迹的能力，航迹设定中加入了爬升和下降的阶段，高度设定值和跟踪效果如图 7.5 所示。根据式(7.55)，为了计算期望的推力，需要大致估计无人机在给定空速下的阻力。因此，在航迹跟踪试验开始前，需要记录无人机在微风或者无风天气下按照空速 $V_a^N=22\,\mathrm{m/s}$ 沿直线飞行时电机推力指令的平均值 δ_T^N，在这种情况下，f_x^N 近似等于推力，因此，可得：

$$f_x^N=-\left[K_T(\delta_T^N)^2-\frac{K_T}{k_{\mathrm{motor}}^2}(V_a^N)^2\right] \tag{7.90}$$

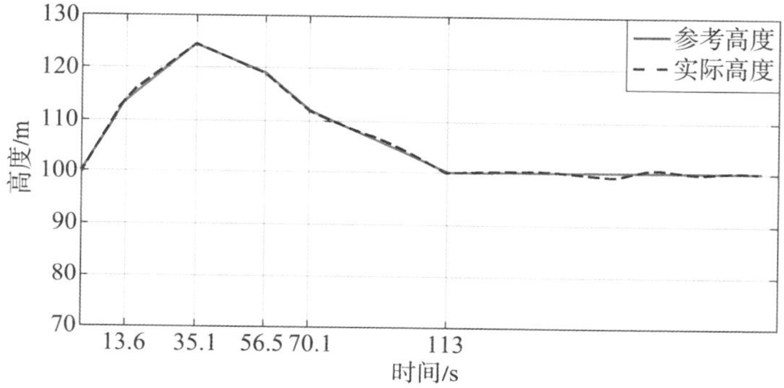

图 7.5　高度响应曲线

在此基础上，根据式(7.9)和式(7.55)，可以得到期望的电机指令 δ_T 为

$$\delta_T=\begin{cases}0 & \left[\dfrac{ma_T}{K_T}+\left(\dfrac{V_a}{V_a^N}\delta_T^N\right)^2<0\right]\\ 1 & \left[\dfrac{ma_T}{K_T}+\left(\dfrac{V_a}{V_a^N}\delta_T^N\right)^2>1\right]\\ \sqrt{\dfrac{ma_T}{K_T}+\left(\dfrac{V_a}{V_a^N}\delta_T^N\right)^2} & 其他\end{cases} \tag{7.91}$$

位置环控制参数以及对应的系统参数汇总见表 7.3。航迹跟踪误差定义为 $\bar{R}=\|\boldsymbol{p}(t)-\boldsymbol{p}_r(t)\|_2$，其表示无人机实际位置与期望航迹之间的欧式距离。位置环采样频率和控制频率分别为 100 Hz 和 50 Hz。在飞行试验中，对比了 PID 控制器作为航迹跟踪控制器作用下的跟踪效果，姿态环控制同样采用鲁棒有限时间姿态控制器。经过多次调整，PID 控制器对应的比例、积分以及微分参数分别确定为 0.6、0.05 和 1。值得强调的是，在一次起降过程中完成了两种控

制器作用下的飞行测试，因此试验时的天气情况、飞机本身状态、电池电量等基本保持一致，这种情况下对比控制效果是有意义的。

表 7.3 位置控制器参数

参数	k_h	k_i^p	k_i^d	f_h	f_p	δ_T^N	K_T
数值	0.1	0.4	1	0.25	1	0.55	14.6

固定翼无人机的飞行试验只能在空旷的地方进行。本组试验中风速约为 3～4 m/s，试验结果如图 7.6、图 7.7 所示。图 7.6(a)中分别给出了本章提出的鲁棒分层控制器作用下空速、地速以及跟踪误差 $\bar{R}$ 的变化曲线；图 7.6 (b)则呈

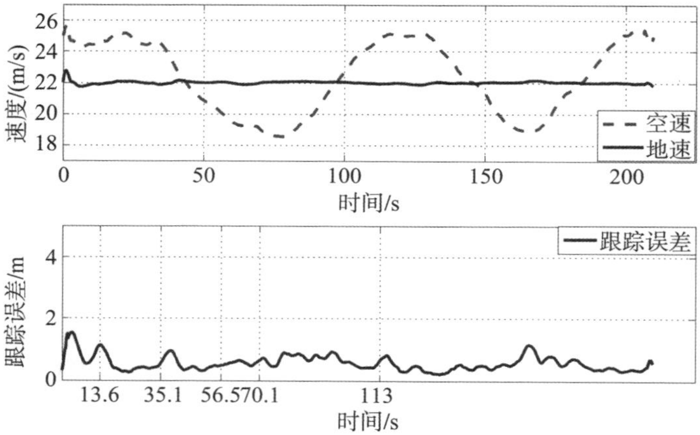

(a) 空速与跟踪误差变化曲线

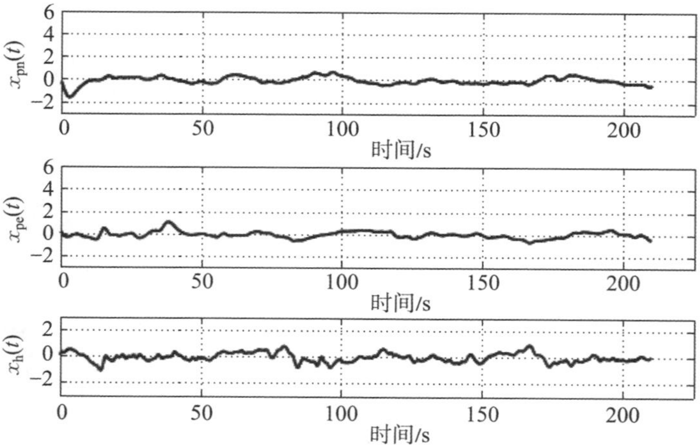

(b) 不同方向的跟踪误差变化曲线

图 7.6 鲁棒分层控制效果

现了三个不同方向上的跟踪误差变化曲线。从图 7.6 中可以看出固定翼无人机的速度大小稳定在 22 m/s，空速波动较大，三维空间内的航迹跟踪误差大部分时间内都在 1 m 以内，跟踪误差的平均值和方差分别为 0.58 m、0.30 m^2，跟踪误差小于半倍翼展，为后续编队飞行奠定了良好基础。此外，高度方向期望速度大小和方向改变时，跟踪误差会变大，但是经过很短的过渡时间，误差又会回到稳定值，体现出了该算法的纠错能力以及过渡阶段的强鲁棒性。图 7.7 给出了固定翼无人机在提出的鲁棒有限时间控制器作用下的姿态跟踪效果，从中可以看出在平飞和过渡阶段姿态控制器均能获得期望的跟踪效果。图 7.8 显示了在 PID 控制器作用下航迹跟踪效果，图中给出了空速、地速、跟踪误差曲线以及不同方向上跟踪误差的变化。从图 7.8 中可以看出，跟踪误差最大可以达到 5 m 以上，跟踪误差的平均值和方差分别为 3.31 m、1.12 m^2。

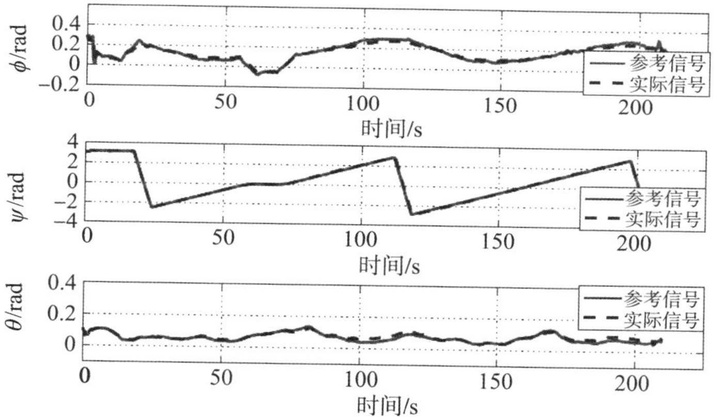

图 7.7　鲁棒有限时间控制器作用下的姿态跟踪效果

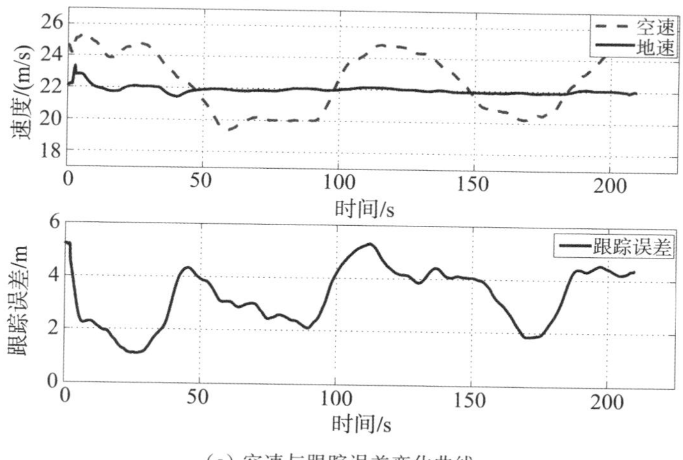

(a) 空速与跟踪误差变化曲线

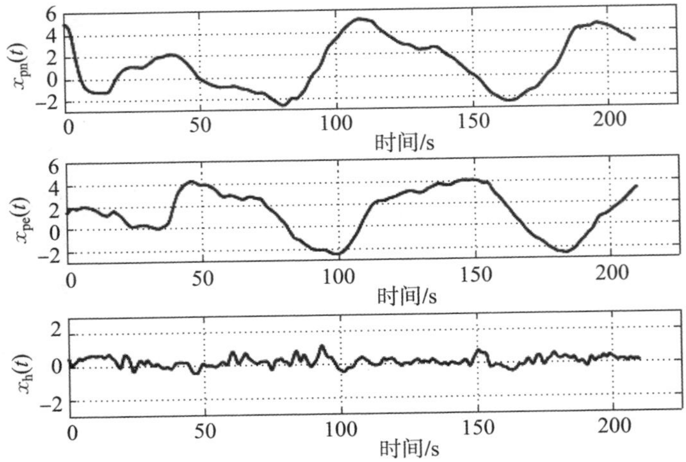

(b) 不同方向的跟踪误差变化曲线

图 7.8 PID 控制器作用效果

为了进一步验证算法的有效性，在风速较大的天气条件下，进行了另一组飞行试验。期望的航迹设定为半径为 200 m 的圆形航迹，为安全起见，期望高度设定为 100 m，期望速度设定为 22 m/s，飞行中最大风速可达 8 m/s。控制参数保持不变，图 7.9 显示了不同控制器作用下跟踪圆形航迹的效果；图 7.10 则给出了不同控制器作用下，空速、地速以及三维空间内的航迹跟踪误差随时间变化的曲线图，其中鲁棒分层控制器作用下跟踪误差的平均值和方差分别为 1.42 m、

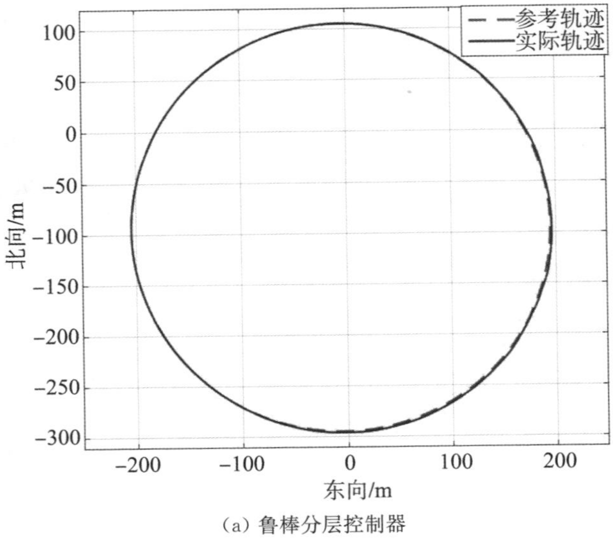

(a) 鲁棒分层控制器

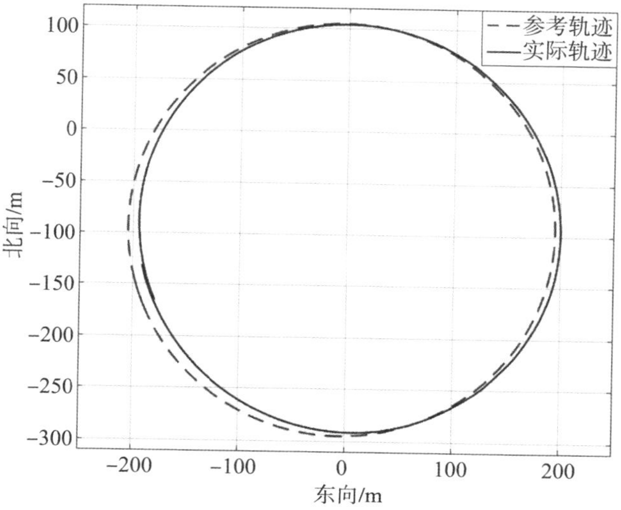

(b) PID 控制器

图 7.9 不同控制器作用下的航迹跟踪效果

0.52 m²,PID 控制器作用下跟踪误差的平均值和方差分别为 9.43 m、3.52 m²。从本组飞行试验中可以看出,在强风干扰下,当跟踪半径更小的圆形航迹时,鲁棒控制器依然能够实现理想的跟踪效果,而在这种天气下,PID 控制器作用下跟踪误差最大能达到 15 m。

通过上述两组试验可以看出,由于风扰和自身非线性等因素影响,PID 控制器不能取得理想的跟踪效果,很难直接用于编队控制,而鲁棒分层控制器能实现期望的跟踪控制特性。

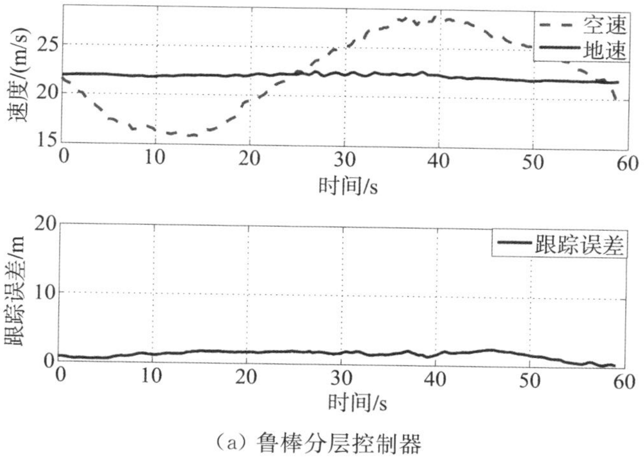

(a) 鲁棒分层控制器

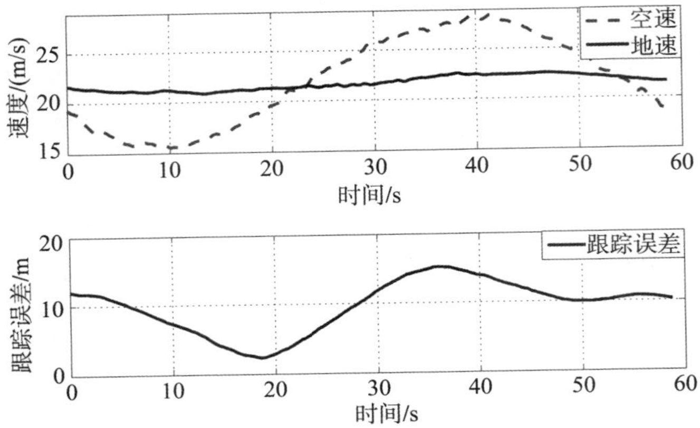

(b) PID 控制器

图 7.10 不同控制器作用下的航迹跟踪误差曲线

8　小型固定翼无人机群鲁棒编队控制

本章讨论小型固定翼无人机的编队控制问题。在第 7 章对小型固定翼无人机建模的基础上,进一步考虑无人机间气动耦合效应对无人机编队飞行过程的影响。基于鲁棒补偿控制理论,介绍小型固定翼无人机鲁棒编队控制协议设计方法,对闭环群系统的鲁棒稳定性和收敛性进行分析,给出固定翼无人机集群实现 ε -鲁棒编队的充分条件。最后,展示所介绍方法在小型固定翼无人机群飞行平台上进行测试的试验结果。

8.1　小型固定翼无人机群动力学模型

本节基于第 7 章的内容,首先简要介绍编队飞行时小型固定翼无人机的动态模型和控制系统结构,然后给出问题的具体描述。

考虑一个具有 N 架无人机的集群系统,每架无人机分别标号为 1, 2, …, N。为了方便区分,通过增加下角标 i 的方式来定义第 i 架无人机对应的变量和参数。例如,定义机体坐标系为 $F^{bi}=\{G_i;\boldsymbol{i}_{bi},\boldsymbol{j}_{bi},\boldsymbol{k}_{bi}\}$,原点 G_i 固定在无人机 i 的质心。令 $\boldsymbol{p}_i=[p_{ni}\quad p_{ei}\quad p_{di}]^{\mathrm{T}}$ 表示无人机 i 在惯性坐标系 F^{g} 下的位置。令 $\boldsymbol{\Theta}_i=[\phi_i\quad \theta_i\quad \psi_i]^{\mathrm{T}}$ 表示欧拉角,其中 ϕ_i 是横滚角,θ_i 是俯仰角,ψ_i 是偏航角。令 $\boldsymbol{v}_{g}^{bi}=[u_i\quad v_i\quad w_i]^{\mathrm{T}}$ 和 $\boldsymbol{\Omega}_i=[p_i\quad q_i\quad r_i]^{\mathrm{T}}$ 分别表示无人机线速度和角速度在机体坐标系下 F^{bi} 的描述,令 α_i 表示攻角,β_i 表示侧滑角。令 $\boldsymbol{f}_{bi}=$

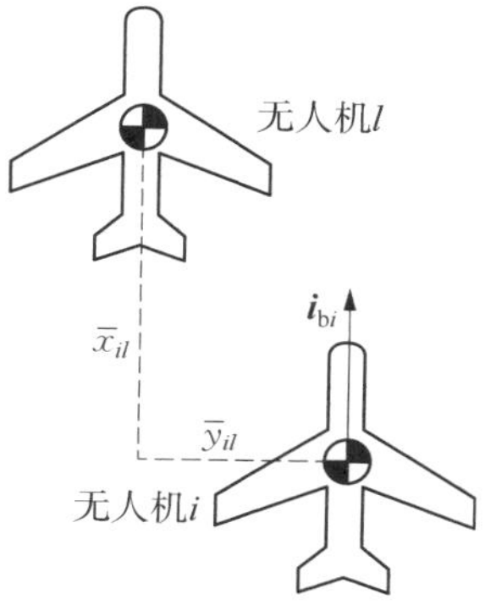

图 8.1　编队过程无人机位置分布举例

$[\boldsymbol{f}_{xi}+\boldsymbol{f}_{\mathrm{T}i} \quad \boldsymbol{f}_{yi} \quad \boldsymbol{f}_{zi}]^{\mathrm{T}}$ 为在机体坐标系下固定翼无人机 i 受到的气动力，可以表示为

$$\begin{bmatrix} \boldsymbol{f}_{xi} \\ \boldsymbol{f}_{yi} \\ \boldsymbol{f}_{zi} \end{bmatrix} = \boldsymbol{R}_s^{bi} \begin{bmatrix} F_{D_i} + \Delta f_{D_i} \\ F_{Y_i} + \Delta f_{Y_i} \\ F_{L_i} + \Delta f_{L_i} \end{bmatrix} \tag{8.1}$$

式中，$\boldsymbol{R}_{\mathrm{s}}^{\mathrm{bi}}$ 表示从风速坐标系 F^{s} 到机体坐标系 F^{bi} 的转换矩阵，具体表达形式如式(8.2)所示；F_{D_i}、F_{L_i} 和 F_{Y_i} 分别表示阻力、升力和侧向力；Δf_{D_i}、Δf_{L_i} 和 Δf_{Y_i} 分别表示位于前方无人机的尾流对无人机 i 受到的阻力、升力和侧向力产生的影响，称之为气动耦合效应，可以建模为如下形式：

$$\Delta f_j = \frac{1}{2}\rho V_{\mathrm{a}i}^2 S_i \Delta C_j, \ j = L_i, \ Y_i, \ D_i \tag{8.2}$$

式中，ΔC_j 表示无量纲的气动系数，结合图 8.1，ΔC_j 可按照下式建模：

$$\begin{aligned} \Delta C_{D_i} &= -\sum_{l \in N_{L_i}} \frac{2C_{L_l}C_{L_i}}{\pi^3 A_{\mathrm{R}}} \ln \frac{\mu_{1il}^2}{\mu_{2il}\mu_{3il}} \\ \Delta C_{L_i} &= -\sum_{l \in N_{L_i}} \frac{2a_{\mathrm{w}i}C_{L_l}}{\pi^3 A_{\mathrm{R}}} \ln \frac{\mu_{1il}^2}{\mu_{2il}\mu_{3il}} \\ \Delta C_{Y_i} &= -\sum_{l \in N_{L_i}} \frac{\eta_i S_{\mathrm{v}i} a_{\mathrm{v}i} C_{L_l} b_i}{\pi^3 A_{\mathrm{R}} S_i a_{zi}} \ln \frac{\mu_{4il}}{\mu_{5il}} \end{aligned} \tag{8.3}$$

式中，N_{L_i} 表示位于无人机 i 前方的无人机的集合；b_i 表示无人机 i 的翼展；A_{R} 表示纵横比；$a_{\mathrm{w}i}$ 和 $a_{\mathrm{v}i}$ 分别表示机翼和垂尾的升力曲线斜率；η_i 表示尾翼的气动力效率系数；a_{zi} 和 $S_{\mathrm{v}i}$ 分别表示垂尾的高度以及等效面积；对于 $l \in N_{L_i}$，$\bar{x}_{il}$、$\bar{y}_{il}$ 和 $\bar{z}_{il}$ 表示无人机 i 相对机体坐标系 F^{s} 的位置坐标分量。

$$\mu_{1il} = \left(\frac{\bar{y}_{il}}{b_i}\right)^2 + \left(\frac{\bar{z}_{il}}{b_i}\right)^2$$

$$\mu_{2il} = \left(\frac{\bar{y}_{il}}{b_i} - \frac{\pi}{4}\right)^2 + \left(\frac{\bar{z}_{il}}{b_i}\right)^2$$

$$\mu_{3il} = \left(\frac{\bar{y}_{il}}{b_i} + \frac{\pi}{4}\right)^2 + \left(\frac{\bar{z}_{il}}{b_i}\right)^2$$

$$\mu_{4il} = \left[\left(\frac{\bar{y}_{il}}{b_i} - \frac{\pi}{8}\right)^2 + \left(\frac{\bar{z}_{il}}{b_i}\right)^2\right]\left[\left(\frac{\bar{y}_{il}}{b_i} + \frac{\pi}{8}\right)^2 + \frac{(\bar{z}_{il} + a_{zi})^2}{b_i}\right]$$

$$\mu_{5il}=\left[\left(\frac{\bar{y}_{il}}{b_i}-\frac{\pi}{8}\right)^2+\frac{(\bar{z}_{il}+a_{zi})^2}{b_i}\right]\left[\left(\frac{\bar{y}_{il}}{b_i}+\frac{\pi}{8}\right)^2+\left(\frac{\bar{z}_{il}}{b_i}\right)^2\right]$$

此外，小型固定翼无人机建模涉及的推力、升力、阻力和侧向力的气动力和气动力矩等均按照 7.1 节中介绍的方式来进行建模。在此基础上，小型固定翼无人机的动态可由式(7.3)、式(7.6)～式(7.10)和式(8.1)～式(8.3)描述。固定翼无人机编队控制是基于无人机间的局部信息交互，通过设计无人机的控制输入(推力指令和控制舵面的偏转指令)使得无人机群能够保持给定的几何形状的同时，在三维空间内按照设计的航迹飞行。

固定翼无人机编队控制同样采用分层方式，图 8.2 为无人机编队控制分层结构框图，包括两部分：上层位置环对应的编队控制器和底层对应的姿态控制器。与第 7 章介绍的固定翼无人机航迹跟踪控制器结构相似，主要的区别是本章中引入了与邻居的交互信息。图 8.2 中 $\boldsymbol{\Theta}_{\mathrm{d}i}=[\phi_{\mathrm{d}i}\quad\theta_{\mathrm{d}i}\quad\psi_{\mathrm{d}i}]^{\mathrm{T}}$ 表示期望的姿态角，$\delta_{\mathrm{T}i}$ 和 δ_i 分别表示推力指令和控制舵面偏转指令。在本章中，姿态环采用 7.2 节中介绍的鲁棒有限时间姿态控制器，其稳定性和收敛性在 7.2 节中给出了详细论述和证明。此外，值得强调的是，在本章设定的应用场景下无人机间的信息交互主要发生在位置环。因此，本章主要侧重位置环鲁棒编队控制协议设计、分析和实现。

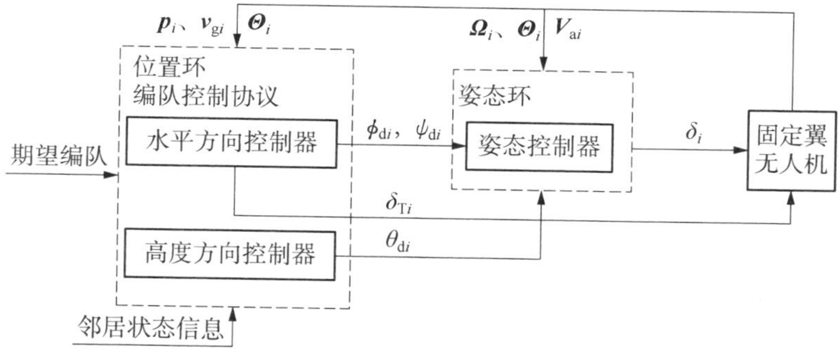

图 8.2　固定翼无人机编队控制分层结构

按照 7.2 节中提出的模型变换方法，固定翼无人机水平方向的动态方程可以描述为

$$\begin{aligned}\ddot{p}_{\mathrm{n}i}&=u_{\mathrm{n}i}+\Delta_{\mathrm{n}i}\\ \ddot{p}_{\mathrm{e}i}&=u_{\mathrm{e}i}+\Delta_{\mathrm{e}i}\end{aligned}\tag{8.4}$$

式中，u_{ni} 和 u_{ei} 表示虚拟控制输入，可以通过式(7.57)反解为期望的推力和横滚角，等价干扰 Δ_{ni} 和 Δ_{ei} 分别表示为

$$\Delta_{ni}=g(1-\cos\theta_i^*)\tan\phi_{di}\sin\psi_{di}-\cos\phi_{di}\sin\psi_{di}\frac{f_{yi}}{m_i}+d'_{ni}+$$
$$\cos\theta_i\cos\psi_{di}\frac{(f_{xi}-f_{xi}^*)}{m_i}+\sin\phi_{di}\sin\psi_{di}\frac{(f_{zi}-f_{zi}^*)}{m_i}$$
$$\Delta_{ei}=g(1-\cos\theta_i^*)\tan\phi_{di}\cos\psi_{di}+\cos\phi_{di}\cos\psi_{di}\frac{f_{yi}}{m_i}+d'_{ei}+$$
$$\cos\theta_i\sin\psi_{di}\frac{(f_{xi}-f_{xi}^*)}{m_i}-\sin\phi_{di}\cos\psi_{di}\frac{(f_{zi}-f_{zi}^*)}{m_i}$$

根据式(8.1)，气动力耦合效应对无人机 i 气动力产生的扰动主要包含在 f_{xi}、f_{yi} 和 f_{zi} 中。

高度方向动态可以描述为

$$\dot{p}_{di}=u_i\sin\theta_i-v_i\sin\phi_i\cos\theta_i-w_i\cos\phi_i\cos\theta_i=\underline{V}_g(\theta_{di}+\Delta_{hi}) \tag{8.5}$$

式中，Δ_{hi} 为等价干扰，其表示为

$$\Delta_{hi}=-\frac{v_i\sin\phi_i\cos\theta_i+w_i\cos\phi_i\cos\theta_i}{\underline{V}_g}+\frac{u_i\sin\theta_i}{\underline{V}_g}-\theta_{di}$$

令

$$\boldsymbol{y}_{pi}=[p_{ni}\quad p_{ei}\quad \dot{p}_{ni}\quad \dot{p}_{ei}\quad p_{di}]^{\mathrm{T}}$$
$$\boldsymbol{u}_{pi}=[u_{ni}\quad u_{ei}\quad \Theta_{di}]^{\mathrm{T}}$$
$$\boldsymbol{\Delta}_{pi}=[\Delta_{ni}\quad \Delta_{ei}\quad \Delta_{hi}]^{\mathrm{T}}$$

则式(8.4)和式(8.5)可以改写为

$$\dot{\boldsymbol{y}}_{pi}=\boldsymbol{A}_p\boldsymbol{y}_{pi}+\boldsymbol{B}_p(\boldsymbol{u}_{pi}+\boldsymbol{\Delta}_{pi}) \tag{8.6}$$

其中，

$$\boldsymbol{A}_p=\begin{bmatrix}0&0&1&0&0\\0&0&0&1&0\\0&0&0&0&0\\0&0&0&0&0\\0&0&0&0&0\end{bmatrix},\quad \boldsymbol{B}_p=\begin{bmatrix}0&0&0\\0&0&0\\1&0&0\\0&1&0\\0&0&\underline{V}_g\end{bmatrix}$$

从上述模型变换可以看出，固定翼无人机位置环动态可由带有等价干扰的

线性模型来描述，而其中的等价干扰不满足线性范数界的假设 4.1。

作为一般情形，考虑一个具有 N 个子系统的不确定高阶群系统，标记为 $1\sim N$，子系统间的有向作用拓扑用图 G 来描述。子系统的动态可以由如下微分方程描述：

$$\dot{\boldsymbol{x}}_i(t)=\boldsymbol{A}\boldsymbol{x}_i(t)+\boldsymbol{B}\{\boldsymbol{u}_i(t)+\boldsymbol{q}_i[\boldsymbol{x}(t),\ \boldsymbol{u}_i(t),\ \boldsymbol{d}_i(t),\ t]\},\ i=1,\ 2,\ \cdots,\ N \tag{8.7}$$

式中，$\boldsymbol{x}_i(t)\in\mathbf{R}^n$、$u_i(t)\in\mathbf{R}^m$ 分别表述子系统状态和输入；$\boldsymbol{x}(t)=[\boldsymbol{x}_1^{\mathrm{T}}(t)\quad \boldsymbol{x}_2^{\mathrm{T}}(t)\quad \cdots\quad \boldsymbol{x}_N^{\mathrm{T}}(t)]^{\mathrm{T}}$；$\boldsymbol{d}_i(t)\in\mathbf{R}^p$ 表示有界的外部扰动向量；$\boldsymbol{q}_i[\boldsymbol{x}(t),\ \boldsymbol{u}_i(t),\ \boldsymbol{d}_i(t),\ t]$ 表示子系统 i 受到的等价干扰，可以表示为 $\boldsymbol{q}_i[\boldsymbol{x}_i(t),\ \boldsymbol{x}_{[i]}(t),\ \boldsymbol{u}_i(t),\ \boldsymbol{d}_i(t),\ t]$，其中，$\boldsymbol{x}_{[i]}(t)=[\boldsymbol{x}_1^{\mathrm{T}}(t)\quad \boldsymbol{x}_2^{\mathrm{T}}(t)\quad \cdots\quad \boldsymbol{x}_{i-1}^{\mathrm{T}}(t)\quad \boldsymbol{x}_{i+1}^{\mathrm{T}}(t)\quad \cdots\quad \boldsymbol{x}_N^{\mathrm{T}}(t)]^{\mathrm{T}}$，$\boldsymbol{q}_i[\boldsymbol{x}_i(t),\ \cdot,\ \boldsymbol{u}_i(t),\ \boldsymbol{d}_i(t),\ t]$ 表示子系统 i 本身的不确定性、非线性以及外部干扰等因素对子系统 i 动态特性的影响；$\boldsymbol{q}_i[\cdot,\ \boldsymbol{x}_{[i]}(t),\ \cdot,\ \cdot,\ t]$ 表示子系统间非线性耦合对子系统 i 动态性能的影响。$\boldsymbol{A}$ 和 $\boldsymbol{B}$ 是具有对应维数的常值矩阵，$(\boldsymbol{A},\ \boldsymbol{B})$ 是可镇定的，并且 $\mathrm{rank}\boldsymbol{B}=m\leqslant n$。在本章接下来的部分，为了表述简洁，将 $\boldsymbol{q}_i[\boldsymbol{x}(t),\ \boldsymbol{u}_i(t),\ \boldsymbol{d}_i(t),\ t]$ 简写为 $\boldsymbol{q}_i(t)$。

本章讨论的问题是，对于可行的期望编队 $\boldsymbol{h}(t)$，如何设计出鲁棒状态编队控制协议，使得群系统能够实现 ε -鲁棒状态编队。

在进行鲁棒编队控制协议设计之前，需要给出几个必要的假设。

假设 8.1 G 是含有生成树的有向图。

假设 8.2 外部扰动向量 $\boldsymbol{d}_i(t)\in\mathbf{R}^p$，$i=1,\ 2,\ \cdots,\ N$ 是有界的。等价干扰 $\boldsymbol{q}_i(t)$ 满足以下不等式：

$$\begin{aligned}\|\boldsymbol{q}_i(t)\|_2^2\leqslant[\xi_{xi}+\varphi_i(\|\boldsymbol{x}(t)\|_2)]\|\boldsymbol{x}(t)\|_2^2+\xi_{\mathrm{u}i}\|\boldsymbol{u}_i(t)\|_2^2+\\ \xi_{\mathrm{d}i}\|\boldsymbol{d}_i(t)\|_2^2,\ i=1,\ 2,\ \cdots,\ N\end{aligned}$$

式中，ξ_{xi}、$\xi_{\mathrm{d}i}$ 和 $\xi_{\mathrm{u}i}<1$ 均为已知正常数；$\varphi_i(\cdot)$ 是已知连续非负单调递增的凸函数，并且满足 $\varphi_i(0)=0$。

注 8.1 从假设 8.2 可以看出，等价干扰的范数界与系统状态、输入以及外部扰动均有关，还包含了非线性项(这一点与假设 4.1 不同)，这在一定程度上放宽了现有文献中对等价干扰的约束。另外，根据 7.2 节和式(8.2)～式(8.3)可以推出 $\boldsymbol{\Delta}_{\mathrm{p}i}$ 满足此假设：从式(8.3)中 μ_{jil}，$j=1,\ \cdots,\ 5$ 的表达式可以看出，气动

耦合对无人机 i 的影响是机体间相对距离的偶数次幂函数，气动耦合产生的干扰 Δf_j，$j=L_i$，Y_i，D_i 被当作等价干扰的一部分，根据不等式(7.71)和不等式(7.72)的推导过程，可以导出 $\boldsymbol{\Delta}_{pi}$ 的范数界满足假设 8.2。具体证明过程比较直观，因此这里不再赘述。

8.2 鲁棒编队控制协议设计

考虑如下鲁棒状态编队控制协议：

$$
\begin{aligned}
&\boldsymbol{u}_i(t)=\boldsymbol{u}_i^{\mathrm{NC}}(t)+\boldsymbol{u}_i^{\mathrm{RC}}(t)\\
&\boldsymbol{u}_i^{\mathrm{NC}}=\boldsymbol{K}_1[\boldsymbol{x}_i(t)-\boldsymbol{h}_i(t)]+\boldsymbol{\varpi}_i(t)+\boldsymbol{r}(t)+\\
&\qquad \boldsymbol{K}_2\sum_{j\in N_i}\boldsymbol{w}_{ij}\{\boldsymbol{x}_i(t)-\boldsymbol{h}_i(t)-[\boldsymbol{x}_j(t)-\boldsymbol{h}_j(t)]\}\\
&\boldsymbol{u}_i^{\mathrm{RC}}(s)=-F(s)\boldsymbol{q}_i(s)=-\frac{f}{s+f}\boldsymbol{q}_i(s)\\
&i=1,\ 2,\ \cdots,\ N
\end{aligned}
\tag{8.8}
$$

式中，$\boldsymbol{u}_i^{\mathrm{NC}}(t)$，$i=1, 2, \cdots, N$ 是标称状态编队控制器，用来保证标称群系统能够实现期望的编队；N_i 表示子系统 i 的邻居集合；$\boldsymbol{x}_j(t)$，$j\in N_i$ 表示子系统 i 的邻居子系统 j 的状态；$\boldsymbol{K}_1$ 和 $\boldsymbol{K}_2$ 是具有匹配维数的常值控制增益矩阵；$\boldsymbol{\varpi}_i(t)\in\mathbf{R}^m$ 表示状态编队控制前馈补偿信号，用来扩大可行的编队集合；$\boldsymbol{r}(t)$ 用来设计编队参考函数；$\boldsymbol{u}_i^{\mathrm{RC}}(t)$ 是状态编队鲁棒补偿器，用来抑制等价干扰对系统编队性能的影响；$F(s)$ 表示鲁棒滤波器；f 表示鲁棒控制器参数，如果 f 充分大，状态编队鲁棒补偿信号 $\boldsymbol{u}_i^{\mathrm{RC}}(t)$ 能够抑制等价干扰的影响。鲁棒补偿器 $\boldsymbol{u}_i^{\mathrm{RC}}(t)$，$i=1, 2, \cdots, N$ 的时域实现为

$$
\begin{aligned}
&\boldsymbol{u}_i^{\mathrm{RC}}(t)=-f\boldsymbol{B}^*\boldsymbol{x}_i(t)+f\boldsymbol{x}_{\mathrm{R}i}(t)\\
&\dot{\boldsymbol{x}}_{\mathrm{R}i}(t)=-f\boldsymbol{x}_{\mathrm{R}i}(t)+\boldsymbol{B}^*(\boldsymbol{A}+f\boldsymbol{I})\boldsymbol{x}_i(t)+\boldsymbol{u}_i(t),\ \boldsymbol{x}_{\mathrm{R}i}(0)=\boldsymbol{B}^*\boldsymbol{x}_i(0)
\end{aligned}
\tag{8.9}
$$

式中，$\boldsymbol{x}_{\mathrm{R}i}(t)$ 是鲁棒补偿器的状态。

8.3 鲁棒编队控制特性分析

8.2 节给出了鲁棒状态编队控制协议的设计过程，本节将主要分析闭环系

统的鲁棒性能,并给出鲁棒控制器[式(8.8)]作用下闭环系统实现 ε -鲁棒编队的充分条件和控制增益的设计方法。

定义 $\boldsymbol{u}(t)$、$\boldsymbol{u}_o(t)$、$\boldsymbol{u}_{\mathrm{R}}(t)$、$\boldsymbol{q}(t)$ 和 $\boldsymbol{x}_0$ 如式(4.17)和式(5.11),以及

$$\boldsymbol{\varpi}(t)=[\boldsymbol{\varpi}_1^{\mathrm{T}}(t)\quad \boldsymbol{\varpi}_2^{\mathrm{T}}(t)\quad \cdots\quad \boldsymbol{\varpi}_N^{\mathrm{T}}(t)]^{\mathrm{T}}$$

在鲁棒状态编队控制协议[式(8.8)]作用下,闭环群系统描述如下:

$$\begin{aligned}\dot{\boldsymbol{x}}(t)=&[\boldsymbol{I}_N\otimes(\boldsymbol{A}+\boldsymbol{B}\boldsymbol{K}_1)]\boldsymbol{x}(t)+(\boldsymbol{L}\otimes\boldsymbol{B}\boldsymbol{K}_2)[\boldsymbol{x}(t)-\boldsymbol{h}(t)]+(\boldsymbol{1}_N\otimes\boldsymbol{B})\boldsymbol{r}(t)-\\&(\boldsymbol{I}_N\otimes\boldsymbol{B}\boldsymbol{K}_1)\boldsymbol{h}(t)+(\boldsymbol{I}_N\otimes\boldsymbol{B})[\boldsymbol{\varpi}(t)+\boldsymbol{u}^{\mathrm{RC}}(t)+\boldsymbol{q}(t)]\end{aligned}\tag{8.10}$$

令 $\tilde{\boldsymbol{x}}_i(t)=\boldsymbol{x}_i(t)-\boldsymbol{h}_i(t)$ 以及 $\tilde{\boldsymbol{x}}(t)=[\tilde{\boldsymbol{x}}_1^{\mathrm{T}}(t)\quad \tilde{\boldsymbol{x}}_2^{\mathrm{T}}(t)\quad \cdots\quad \tilde{\boldsymbol{x}}_N^{\mathrm{T}}(t)]^{\mathrm{T}}$,闭环群系统描述[式(8.10)]可以改写为

$$\begin{aligned}\dot{\tilde{\boldsymbol{x}}}(t)=&[\boldsymbol{I}_N\otimes(\boldsymbol{A}+\boldsymbol{B}\boldsymbol{K}_1)]\tilde{\boldsymbol{x}}(t)+(\boldsymbol{L}\otimes\boldsymbol{B}\boldsymbol{K}_2)\tilde{\boldsymbol{x}}(t)+(\boldsymbol{1}_N\otimes\boldsymbol{B})\boldsymbol{r}(t)+\\&(\boldsymbol{I}_N\otimes\boldsymbol{A})\boldsymbol{h}(t)-\dot{\boldsymbol{h}}(t)+(\boldsymbol{I}_N\otimes\boldsymbol{B})[\boldsymbol{\varpi}(t)+\boldsymbol{u}^{\mathrm{RC}}(t)+\boldsymbol{q}(t)]\end{aligned}\tag{8.11}$$

对于鲁棒编队控制协议[式(8.8)],编队参考函数 $\boldsymbol{\phi}(t)$ 的动态可由下式描述:

$$\dot{\boldsymbol{\phi}}(t)=(\boldsymbol{A}+\boldsymbol{B}\boldsymbol{K}_1)\boldsymbol{\phi}(t)+\boldsymbol{B}\boldsymbol{r}(t),\ \boldsymbol{r}(t_0)=0\tag{8.12}$$

从式(8.11)和式(8.12)可以看出,如果 $\boldsymbol{A}+\boldsymbol{B}\boldsymbol{K}_1$ 是稳定矩阵,那么系统[式(8.12)]是输入到状态稳定的,即对于任意有界的控制输入 $\boldsymbol{r}(t)$,$\boldsymbol{\phi}(t)$ 是有界的。

令 $\hat{\boldsymbol{x}}(t)=\tilde{\boldsymbol{x}}(t)-(\boldsymbol{1}_N\otimes\boldsymbol{I}_n)\boldsymbol{\phi}(t)$,则结合式(8.11)和式(8.12),可得

$$\begin{aligned}\dot{\hat{\boldsymbol{x}}}(t)=&[\boldsymbol{I}_N\otimes(\boldsymbol{A}+\boldsymbol{B}\boldsymbol{K}_1)]\hat{\boldsymbol{x}}(t)+(\boldsymbol{L}\otimes\boldsymbol{B}\boldsymbol{K}_2)\hat{\boldsymbol{x}}(t)+\\&(\boldsymbol{I}_N\otimes\boldsymbol{A})\boldsymbol{h}(t)-\dot{\boldsymbol{h}}(t)+(\boldsymbol{I}_N\otimes\boldsymbol{B})[\boldsymbol{\varpi}(t)+\boldsymbol{u}^{\mathrm{RC}}(t)+\boldsymbol{q}(t)]\end{aligned}\tag{8.13}$$

根据鲁棒编队控制协议[式(8.8)],可得

$$\dot{\boldsymbol{u}}^{\mathrm{RC}}(t)=-f\boldsymbol{u}^{\mathrm{RC}}(t)-f\boldsymbol{q}(t)\tag{8.14}$$

考虑到 $\mathrm{rank}\boldsymbol{B}=m$,存在非奇异矩阵 $\hat{\boldsymbol{B}}=[\bar{\boldsymbol{B}}^{\mathrm{T}},\tilde{\boldsymbol{B}}^{\mathrm{T}}]^{\mathrm{T}}$,其中 $\bar{\boldsymbol{B}}\in\mathbf{R}^{m\times n}$,$\tilde{\boldsymbol{B}}\in\mathbf{R}^{(n-m)\times n}$,满足 $\bar{\boldsymbol{B}}\boldsymbol{B}=\boldsymbol{I}_m$ 和 $\tilde{\boldsymbol{B}}\boldsymbol{B}=0$。前馈补偿 $\boldsymbol{\varpi}_i(t)$,$i=1,2,\cdots,N$ 设计如下:

$$\boldsymbol{\varpi}_i(t)=-\bar{\boldsymbol{B}}[\boldsymbol{A}\boldsymbol{h}_i(t)-\dot{\boldsymbol{h}}_i(t)]\tag{8.15}$$

令 $\boldsymbol{B}_{\mathrm{L}}=\boldsymbol{I}_N\otimes\boldsymbol{B}$ 以及 $\boldsymbol{A}_{\mathrm{L}}=\boldsymbol{I}_N\otimes(\boldsymbol{A}+\boldsymbol{B}\boldsymbol{K}_1)+\boldsymbol{L}\otimes\boldsymbol{B}\boldsymbol{K}_2$,则式(8.13)可以写为

$$\dot{\hat{\boldsymbol{x}}}(t)=\boldsymbol{A}_{\mathrm{L}}\hat{\boldsymbol{x}}(t)+\boldsymbol{B}_{\mathrm{L}}[\boldsymbol{u}^{\mathrm{RC}}(t)+\boldsymbol{q}(t)]+\boldsymbol{\psi}(t)\tag{8.16}$$

令

$$\boldsymbol{M}_1 = f\boldsymbol{A}_{\mathrm{L}}[\boldsymbol{I}_N \otimes (f\boldsymbol{I}+\boldsymbol{A})^{-1}]\boldsymbol{B}_{\mathrm{L}}$$
$$\boldsymbol{M}_2 = [\boldsymbol{I}_N \otimes f(f\boldsymbol{I}+\boldsymbol{A})^{-1}]\boldsymbol{B}_{\mathrm{L}}$$

并令

$$\boldsymbol{z}_1(t) = \hat{\boldsymbol{x}}(t) + \boldsymbol{M}_2\boldsymbol{z}_2(t)$$
$$\boldsymbol{z}_2(t) = f^{-1}\boldsymbol{u}^{\mathrm{RC}}(t)$$

由式(8.14)和式(8.16),可得

$$\begin{aligned}\dot{\boldsymbol{z}}_1(t) &= \boldsymbol{A}_{\mathrm{L}}\boldsymbol{z}_1(t) + \boldsymbol{M}_1 f^{-1}\boldsymbol{q}(t) + \boldsymbol{\psi}(t)\\ \dot{\boldsymbol{z}}_2(t) &= -f\boldsymbol{z}_2(t) - \boldsymbol{q}(t)\end{aligned} \tag{8.17}$$

接下来,首先给出 $\boldsymbol{q}(t)$ 的范数界的具体表达形式。根据假设 8.2,可得

$$\begin{aligned}\|\boldsymbol{q}(t)\|_2^2 = \sum_{i=1}^{N}\|\boldsymbol{q}_i(t)\|_2^2 \leqslant \{\xi_x + \varphi[\|\boldsymbol{x}(t)\|_2]\}\|\boldsymbol{x}(t)\|_2^2 +\\ \xi_u\|\boldsymbol{u}(t)\|_2^2 + \xi_{\mathrm{d}}\|\boldsymbol{d}(t)\|_2^2\end{aligned} \tag{8.18}$$

式中,$\xi_x = \sum_{i=1}^{N}\xi_{xi}$,$\xi_{\mathrm{u}} = \max_{1\leqslant i\leqslant N}\xi_{\mathrm{u}i} < 1$,$\xi_{\mathrm{d}} = \max_{1\leqslant i\leqslant N}\xi_{\mathrm{d}i}$,$\varphi[\|\boldsymbol{x}(t)\|_2] = \sum_{i=1}^{N}\varphi_i[\|\boldsymbol{x}(t)\|_2]$。从上式可得

$$\begin{aligned}\|\boldsymbol{q}(t)\|_2 \leqslant \sqrt{\xi_x + \varphi[\|\boldsymbol{x}(t)\|_2]}\,\|\boldsymbol{x}(t)\|_2 + \sqrt{\xi_{\mathrm{u}}}\,\|\boldsymbol{u}(t)\|_2 +\\ \sqrt{\xi_{\mathrm{d}}}\,\|\boldsymbol{d}(t)\|_2\end{aligned} \tag{8.19}$$

鲁棒状态编队控制协议[式(8.8)]可以表示为

$$\begin{aligned}\boldsymbol{u}(t) = (\boldsymbol{I}_N \otimes \boldsymbol{K}_1 + \boldsymbol{L}\otimes\boldsymbol{K}_2)\hat{\boldsymbol{x}}(t) + \boldsymbol{\varpi}(t) + f\boldsymbol{z}_2(t) +\\ (\boldsymbol{1}_N \otimes \boldsymbol{I}_n)\boldsymbol{r}(t) + (\boldsymbol{1}_N\otimes\boldsymbol{K}_1)\boldsymbol{\phi}(t)\end{aligned} \tag{8.20}$$

需要说明的是,上述推导中用到了等式 $\boldsymbol{L}\boldsymbol{1}_N = 0$。在此基础上,可以得到 $\boldsymbol{u}(t)$ 范数界的具体形式:

$$\begin{aligned}\|\boldsymbol{u}(t)\|_2 \leqslant (\|\boldsymbol{K}_1\|_2 + \|\boldsymbol{L}\otimes\boldsymbol{K}_2\|_2)\|\hat{\boldsymbol{x}}(t)\|_2 + \|\boldsymbol{\varpi}(t)\|_2 +\\ f\|\boldsymbol{z}_2(t)\|_2 + \sqrt{N}\,\|\boldsymbol{r}(t)\|_2 + \|\boldsymbol{1}_N\otimes\boldsymbol{K}_1\|_2\|\boldsymbol{\phi}(t)\|_2\end{aligned} \tag{8.21}$$

将不等式(8.21)代入不等式(8.19),可得

$$\begin{aligned}\|\boldsymbol{q}(t)\|_2 \leqslant \xi_z[\boldsymbol{z}(t)]\|\boldsymbol{z}_1(t)\|_2 + \xi_z[\boldsymbol{z}(t)]\|\boldsymbol{M}_2\|_2\|\boldsymbol{z}_2(t)\|_2 +\\ \sqrt{\xi_{\mathrm{u}}}\,f\|\boldsymbol{z}_2(t)\|_2 + \boldsymbol{\zeta}(t)\end{aligned} \tag{8.22}$$

其中，

$$\boldsymbol{z}(t)=[\boldsymbol{z}_1^{\mathrm{T}}(t)\quad \boldsymbol{z}_2^{\mathrm{T}}(t)]^{\mathrm{T}}$$

$$\xi_z[\boldsymbol{z}(t)]=\sqrt{\xi_x+\frac{\alpha[\boldsymbol{z}(t)]}{3}}+\sqrt{\xi_{\mathrm{u}}}(\|\boldsymbol{K}_1\|_2+\|\boldsymbol{L}\otimes\boldsymbol{K}_2\|_2)$$

$$\alpha[\boldsymbol{z}(t)]=\varphi[3\|\boldsymbol{z}_1(t)\|_2]+\varphi[3\|\boldsymbol{M}_2\|_2\|\boldsymbol{z}_2(t)\|_2]+\varphi\{3[\sqrt{N}\|\boldsymbol{\phi}(t)\|_2+\|\boldsymbol{h}(t)\|_2]\}$$

$$\boldsymbol{\zeta}(t)=\sqrt{\xi_x+\frac{\alpha[\boldsymbol{z}(t)]}{3}}[\sqrt{N}\|\boldsymbol{\phi}(t)\|_2+\|\boldsymbol{h}(t)\|_2]+\sqrt{\xi_{\mathrm{u}}}[\|\boldsymbol{\varpi}(t)\|_2+\sqrt{N}\|\boldsymbol{r}(t)\|_2+\sqrt{N}\|\boldsymbol{K}_1\|_2\|\boldsymbol{\phi}(t)\|_2]+\sqrt{\xi_{\mathrm{d}}}\|\boldsymbol{d}(t)\|_2$$

通过设计增益矩阵 $\boldsymbol{K}_1$ 和 $\boldsymbol{K}_2$ 使得 $\boldsymbol{A}_{\mathrm{L}}$ 是 Hurwitz 矩阵。令 $\boldsymbol{P}_{\mathrm{L}}$ 表示如下李雅普诺夫方程的正定解：

$$\boldsymbol{A}_{\mathrm{L}}^{\mathrm{T}}\boldsymbol{P}_{\mathrm{L}}+\boldsymbol{P}_{\mathrm{L}}\boldsymbol{A}_{\mathrm{L}}=-2\boldsymbol{I}_{N\times n} \tag{8.23}$$

考虑如下李雅普诺夫函数：

$$\boldsymbol{V}(t)=\boldsymbol{z}_1^{\mathrm{T}}(t)\boldsymbol{P}_{\mathrm{L}}\boldsymbol{z}_1(t)+\boldsymbol{z}_2^{\mathrm{T}}(t)\boldsymbol{z}_2(t) \tag{8.24}$$

对于闭环系统[式(8.17)]，$\boldsymbol{V}(t)$ 的导数满足：

$$\begin{aligned}\dot{\boldsymbol{V}}=&\boldsymbol{z}_1^{\mathrm{T}}(t)(\boldsymbol{P}_{\mathrm{L}}\boldsymbol{A}_{\mathrm{L}}+\boldsymbol{A}_{\mathrm{L}}^{\mathrm{T}}\boldsymbol{P}_{\mathrm{L}})\boldsymbol{z}_1(t)+2\boldsymbol{z}_1^{\mathrm{T}}(t)\boldsymbol{P}_{\mathrm{L}}f^{-1}\boldsymbol{M}_1\boldsymbol{q}(t)+2\boldsymbol{z}_1^{\mathrm{T}}(t)\boldsymbol{P}_{\mathrm{L}}\boldsymbol{\psi}(t)-\\&2f\boldsymbol{z}_2^{\mathrm{T}}(t)\boldsymbol{z}_2(t)-2\boldsymbol{z}_2^{\mathrm{T}}(t)\boldsymbol{q}(t)\\\leqslant&-2\boldsymbol{z}_1^{\mathrm{T}}(t)\boldsymbol{z}_1(t)-2f\boldsymbol{z}_2^{\mathrm{T}}(t)\boldsymbol{z}_2(t)+2\|\boldsymbol{z}_1(t)\|_2\|\boldsymbol{P}_{\mathrm{L}}\|_2\|\boldsymbol{\psi}(t)\|_2+\\&2f^{-1}\|\boldsymbol{P}_{\mathrm{L}}\boldsymbol{M}_1\|_2\|\boldsymbol{z}_1(t)\|_2\{\xi_z[\boldsymbol{z}(t)]\|\boldsymbol{z}_1(t)\|_2+\xi_z[\boldsymbol{z}(t)]\|\boldsymbol{M}_2\|_2\\&\|\boldsymbol{z}_2(t)\|_2+\sqrt{\xi_{\mathrm{u}}}f\|\boldsymbol{z}_2(t)\|_2+\boldsymbol{\zeta}(t)\}+2\|\boldsymbol{z}_2(t)\|_2\{\xi_z[\boldsymbol{z}(t)]\|\boldsymbol{z}_1(t)\|_2+\\&\xi_z[\boldsymbol{z}(t)]\|\boldsymbol{M}_2\|_2\|\boldsymbol{z}_2(t)\|_2+\sqrt{\xi_{\mathrm{u}}}f\|\boldsymbol{z}_2(t)\|_2+\boldsymbol{\zeta}(t)\}\end{aligned} \tag{8.25}$$

整理上式可得

$$\begin{aligned}\dot{\boldsymbol{V}}(t)\leqslant&-\boldsymbol{z}_1^{\mathrm{T}}(t)\boldsymbol{z}_1(t)-\boldsymbol{z}_2^{\mathrm{T}}(t)\boldsymbol{z}_2(t)+2\|\boldsymbol{P}_{\mathrm{L}}\|_2^2\|\boldsymbol{\psi}(t)\|_2^2+\\&\boldsymbol{W}^{\mathrm{T}}(t)\boldsymbol{\Xi}\boldsymbol{W}(t)+\left(\frac{1}{\sqrt{f}}+\frac{\|\boldsymbol{P}_{\mathrm{L}}\boldsymbol{M}_1\|_2}{f}\right)\|\boldsymbol{\zeta}(t)\|_2^2\end{aligned} \tag{8.26}$$

式中，$\boldsymbol{W}(t)=[\|\boldsymbol{z}_1(t)\|_2\quad \sqrt{f}\|\boldsymbol{z}_2(t)\|_2]^{\mathrm{T}}$，$\boldsymbol{\Xi}$ 是一个对称矩阵，具体表示形式如下：

$$\boldsymbol{\Xi}=\begin{bmatrix}\boldsymbol{\Xi}_{11} & \boldsymbol{\Xi}_{12}\\ * & \boldsymbol{\Xi}_{22}\end{bmatrix}$$

$$\boldsymbol{\Xi}_{11}=-\frac{1}{2}+\frac{\{2\xi_z[\boldsymbol{z}(t)]+1\}\|\boldsymbol{P}_{\mathrm{L}}\boldsymbol{M}_1\|_2}{f}$$

$$\boldsymbol{\Xi}_{12}=\frac{f\xi_z[\boldsymbol{z}(t)]+\|\boldsymbol{P}_{\mathrm{L}}\boldsymbol{M}_1\|_2\{\xi_z[\boldsymbol{z}(t)]\|\boldsymbol{M}_2\|_2+\sqrt{\xi_{\mathrm{u}}}f\}}{f^{3/2}}$$

$$\boldsymbol{\Xi}_{22}=-2(1-\sqrt{\xi_{\mathrm{u}}})+\frac{\sqrt{f}+2\xi_z[\boldsymbol{z}(t)]\|\boldsymbol{M}_2\|_2+1}{f}$$

令 $\boldsymbol{S}_\sigma=\{\boldsymbol{z}(t)\mid \boldsymbol{V}(t)\leqslant\sigma\}$。对于任意的 $\forall\boldsymbol{z}(t)\in\boldsymbol{S}_\sigma$，可得

$$\|\boldsymbol{z}_1(t)\|_2\leqslant\sqrt{\sigma}\lambda_{\min}^{-\frac{1}{2}}(\boldsymbol{P}_{\mathrm{L}}),\ \|\boldsymbol{z}_2(t)\|_2\leqslant\sqrt{\sigma}\tag{8.27}$$

式中，$\lambda_{\min}(\boldsymbol{P}_{\mathrm{L}})$ 表示矩阵 $\boldsymbol{P}_{\mathrm{L}}$ 的最小特征值。在这种情形下，由不等式(8.22)，对于任意的 $\forall\boldsymbol{z}(t)\in\boldsymbol{S}_\sigma$，下式成立：

$$\begin{aligned}\alpha[\boldsymbol{z}(t)]\leqslant{}&\varphi[3\sqrt{\sigma}\lambda_{\min}^{-\frac{1}{2}}(\boldsymbol{P}_{\mathrm{L}})]+\varphi[3\|\boldsymbol{M}_2\|_2\sqrt{\sigma}]+\\&\varphi[3\|\boldsymbol{1}_N\otimes\boldsymbol{B}\|_2\|\boldsymbol{\phi}(t)\|_2+3\|\boldsymbol{h}(t)\|_2]\triangleq\alpha_{z\sigma}\\ \xi_z[\boldsymbol{z}(t)]\leqslant{}&\sqrt{\xi_x+\frac{\alpha_{z\sigma}}{3}}+\sqrt{\xi_{\mathrm{u}}}(\|\boldsymbol{K}_1\|_2+\|\boldsymbol{L}\otimes\boldsymbol{K}_2\|_2)\triangleq\xi_{z\sigma}\\ \zeta(t)\leqslant{}&\sqrt{\xi_x+\frac{\alpha_{z\sigma}}{3}}[\sqrt{N}\|\boldsymbol{\phi}(t)\|_2+\|\boldsymbol{h}(t)\|_2]+\sqrt{\xi_{\mathrm{d}}}\|\boldsymbol{d}(t)\|_2+\\&\sqrt{\xi_{\mathrm{u}}}[\|\boldsymbol{\varpi}(t)\|_2+\sqrt{N}\|\boldsymbol{r}(t)\|_2+\sqrt{N}\|\boldsymbol{K}_1\|_2\|\boldsymbol{\phi}(t)\|_2]\triangleq\zeta_\sigma\end{aligned}\tag{8.28}$$

因此，可推出：

$$\boldsymbol{\Xi}_\infty=\lim_{f\to\infty}\boldsymbol{\Xi}=\begin{bmatrix}-\frac{1}{2} & 0\\ 0 & -2(1-\sqrt{\xi_{\mathrm{u}}})\end{bmatrix}\tag{8.29}$$

结合 $\xi_{\mathrm{u}}<1$ 的前提条件，可以得到 $\boldsymbol{\Xi}_\infty<0$。据此可以推断，存在一个充分大 f_1，当 $f\geqslant f_1$，有 $\boldsymbol{\Xi}<0$。在这种情形下，根据不等式(8.26)可以推断，$\forall\boldsymbol{z}(t)\in\boldsymbol{S}_\sigma$，存在充分大的鲁棒控制器参数 f 使得下式成立：

$$\begin{aligned}\dot{\boldsymbol{V}}(t)\leqslant{}&-\boldsymbol{z}_1^{\mathrm{T}}(t)\boldsymbol{z}_1(t)-\boldsymbol{z}_2^{\mathrm{T}}(t)\boldsymbol{z}_2(t)+2\|\boldsymbol{P}_{\mathrm{L}}\|_2^2\|\boldsymbol{\psi}(t)\|_2^2+\\&\left(\frac{1}{\sqrt{f}}+\frac{\|\boldsymbol{P}_{\mathrm{L}}\boldsymbol{M}_1\|_2}{f}\right)\zeta_\sigma^2\leqslant-\eta\boldsymbol{V}(t)+2\|\boldsymbol{P}_{\mathrm{L}}\|_2^2\|\boldsymbol{\psi}(t)\|_2^2+\end{aligned}$$

$$\left(\frac{1}{\sqrt{f}}+\frac{\|\boldsymbol{P}_{\mathrm{L}}\boldsymbol{M}_1\|_2}{f}\right)\zeta_\sigma^2 \tag{8.30}$$

式中，$\eta=\min\left\{\frac{1}{\lambda_{\max}(\boldsymbol{P}_{\mathrm{L}})},1\right\}$，$\lambda_{\max}(\boldsymbol{P}_{\mathrm{L}})$ 表示矩阵 $\boldsymbol{P}_{\mathrm{L}}$ 的最大特征值。

如果期望编队 $\boldsymbol{h}(t)$ 满足：

$$\widetilde{\boldsymbol{B}}[\boldsymbol{A}\boldsymbol{h}_i(t)-\dot{\boldsymbol{h}}_i(t)]=0,\ i=1,2,\cdots,N \tag{8.31}$$

则可得

$$\hat{\boldsymbol{B}}[\boldsymbol{A}\boldsymbol{h}_i(t)-\dot{\boldsymbol{h}}_i(t)+\boldsymbol{B}\boldsymbol{v}_i(t)]=0 \tag{8.32}$$

考虑到 $\hat{\boldsymbol{B}}$ 是非奇异矩阵，令 $\boldsymbol{\psi}(t)=(\boldsymbol{I}_N\otimes\boldsymbol{A})\boldsymbol{h}(t)-\dot{\boldsymbol{h}}(t)+(\boldsymbol{I}_N\otimes\boldsymbol{B})\boldsymbol{\varpi}(t)$，可以进一步推出：

$$\boldsymbol{\psi}(t)=0 \tag{8.33}$$

在此基础上，令

$$\varepsilon_1=\frac{\zeta_\sigma^2}{\eta}\left(\frac{1}{\sqrt{f}}+\frac{\|\boldsymbol{P}_{\mathrm{L}}\boldsymbol{M}_1\|_2}{f}\right)$$

根据不等式(8.30)可得

$$\mathbf{V}(t)\leqslant \mathrm{e}^{-\eta(t-t_0)}\mathbf{V}(t_0)+\varepsilon_1 \tag{8.34}$$

根据 $\boldsymbol{z}_1(t)$ 的定义可得

$$\begin{aligned}\|\hat{\boldsymbol{x}}(t)\|_2^2\leqslant\|\boldsymbol{z}_1(t)-\boldsymbol{M}_2\boldsymbol{z}_2(t)\|_2^2\leqslant 2[\|\boldsymbol{z}_1(t)\|_2^2+\\ \|\boldsymbol{M}_2\|_2^2\|\boldsymbol{z}_2(t)\|_2^2]\leqslant\rho\mathbf{V}(t)\end{aligned}$$

式中，$\rho=2\max\left\{\frac{1}{\lambda_{\min}(\boldsymbol{P}_{\mathrm{L}})},\|\boldsymbol{M}_2\|_2^2\right\}$。

从式(8.34)可知，存在充分大的常数 T_1 和鲁棒控制参数 f，使得对于任意给定的正常数 ε，有 $\varepsilon_1\leqslant\frac{\varepsilon^2}{4\rho}$。在此情形下可得

$$\mathbf{V}(t)\leqslant \mathrm{e}^{-\eta(t-t_0)}\mathbf{V}(t_0)+\frac{\varepsilon^2}{2\rho} \tag{8.35}$$

此外，根据 $\mathbf{V}(t)$ 的定义可知，$\mathbf{V}(t_0)=\hat{\boldsymbol{x}}(t_0)\boldsymbol{P}_{\mathrm{L}}\hat{\boldsymbol{x}}(t_0)$。因此，通过选取 $\sigma\geqslant\mathbf{V}(t_0)+\frac{\varepsilon^2}{2\rho}$，可以得出 $\boldsymbol{S}_\sigma$ 对于闭环系统[式(8.17)]是一个不变集。

根据式(8.35)，令 $T_2 = t_0 + \frac{1}{\eta}\ln\left[\frac{2\rho}{\varepsilon^2}\boldsymbol{V}(t_0)\right]$，可得

$$\|\hat{\boldsymbol{x}}(t)\|_2 \leqslant \varepsilon,\ \forall t \geqslant T_2 \tag{8.36}$$

从式(8.36)可知，闭环系统[式(8.10)]实现了 ε -鲁棒状态编队。上述讨论可以总结为如下定理。

定理 8.1 考虑不确定群系统[式(8.7)]，在鲁棒编队控制协议[式(8.8)]作用下，如果假设 6.2、假设 7.1 和假设 7.2 成立，且满足以下两个条件：

(1) 对 $i \in \{1,\ 2,\ \cdots,\ N\}$，有

$$\widetilde{\boldsymbol{B}}[\boldsymbol{A}\boldsymbol{h}_i(t) - \dot{\boldsymbol{h}}_i(t)] = 0$$

(2) $\boldsymbol{A}_{\mathrm{L}}$ 是 Hurwitz 矩阵。

则对任意给定的正常数 ε 和有界初始状态 $\boldsymbol{x}(t_0)$，存在充分大的鲁棒补偿控制参数 f，使得系统[式(8.7)]实现 ε -鲁棒状态编队。

鲁棒状态编队控制协议中的参数设计和调试方法总结如下：①对于给定的期望状态编队 $\boldsymbol{h}(t)$，检查定理 8.1 中的条件(1)是否满足，如果满足，则选取 $\boldsymbol{\varpi}_i(t)$，$i=1,\ \cdots,\ N$ 满足式(8.15)，否则，$\boldsymbol{h}(t)$ 对于系统[式(8.7)]是不可行的，控制协议设计终止；②根据期望的编队参考函数 $\boldsymbol{\phi}(t)$ 设计 $\boldsymbol{r}(t)$ 以及 $\boldsymbol{K}_1$，同时保证 $\boldsymbol{A}+\boldsymbol{B}\boldsymbol{K}_1$ 是 Hurwitz 矩阵；③设计增益矩阵 $\boldsymbol{K}_2$ 使得 $\boldsymbol{A}_{\mathrm{L}}$ 是 Hurwitz 矩阵；④给定 f 一个充分大的值，观察闭环系统的响应结果；⑤如果响应结果不满足要求，增大 f 的值，直至获得期望的编队效果。

8.4 小型固定翼无人机群飞行试验平台

图 8.3 编队飞行试验平台

为了验证所介绍的编队控制方法的有效性和实用性，本节将方法应用于由 4 架小型固定翼无人机构成的机群，进行了编队飞行试验，并介绍相关结果。

无人机群飞行试验平台包含 4 架小型固定翼无人机和一个地面站，如图 8.3 所示。与第 7 章介绍的小型固定翼无人机相比，此次主要增加了机间通信部分，借助于无线网桥 UBNT 来实现机间通信功能。

机间通信内容主要包括无人机的位置、速度以及编队信息等，通信频率设置为 50 Hz。控制器结构与第 7 章介绍的单机航迹跟踪控制器类似，树莓派负责实现位置环鲁棒编队控制器，底层姿态控制器在 Pixhawk 飞控上实现。虽然固定翼无人机在编队飞行过程中是全自主的，但是为了飞行安全，给每架飞机配备了一个远程遥控器。

8.5 小型固定翼无人机群编队飞行试验

考虑 4 架小型固定翼无人机在二维平面内运动，将这 4 架无人机分别标记为 1，2，3，4。飞机间的通信拓扑如图 8.4 所示。

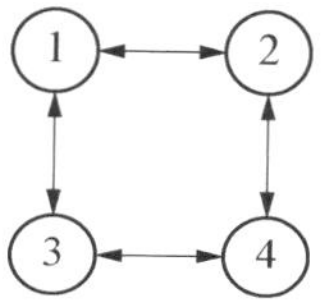

图 8.4 机间通信拓扑

由图 8.4 可知，假设 8.1 成立。在试验中，4 架无人机相对地面的飞行高度均为 100 m。为了避免编队过程中无人机之间发生碰撞，需要让整个编队的初始编队误差足够小。因此在所有无人机逐个起飞达到预定高度后，先有一个集结过程，当固定翼无人机群的初始编队误差满足要求时，则停止集结进入编队飞行模式。对第 $i(i=1, 2, 3, 4)$ 架无人机，在地面坐标系下，水平方向上期望的编队为

$$\boldsymbol{h}_i(t)=[\boldsymbol{h}_{ni}^p(t),\ \boldsymbol{h}_{ni}^v(t),\ \boldsymbol{h}_{ei}^p(t),\ \boldsymbol{h}_{ei}^v(t)]^{\mathrm{T}}$$

其设定如下：

$$\boldsymbol{h}_{ni}^p(t)=\begin{cases} 300-22t & (0\leqslant t\leqslant 27.273) \\ -300-300\sin\left(\dfrac{11}{150}t-2\right) & (27.273<t\leqslant 70.113) \\ 22t-1\,842.478 & (70.113<t\leqslant 97.385) \\ 300+300\sin\left(\dfrac{11}{150}t-7.142\right) & (97.385<t\leqslant 140.225) \end{cases}$$

$$\boldsymbol{h}_{ni}^v(t)=\begin{cases} -22 & (0\leqslant t\leqslant 27.273) \\ -22\cos\left(\dfrac{11}{150}t-2\right) & (27.273<t\leqslant 70.113) \\ 22 & (70.113<t\leqslant 97.385) \\ 22\cos\left(\dfrac{11}{150}t-7.142\right) & (97.385<t\leqslant 140.225) \end{cases}$$

$$h_{ei}^{p}(t)=\begin{cases}270+10i & (0\leqslant t\leqslant 27.273)\\ -30+300\cos\left(\frac{11}{150}t-2\right)+10i & (27.273<t\leqslant 70.113)\\ -330+10i & (70.113<t\leqslant 97.385)\\ -30-300\cos\left(\frac{11}{150}t-7.142\right)+10i & (97.385<t\leqslant 140.225)\end{cases}$$

$$h_{ei}^{v}(t)=\begin{cases}0 & (0\leqslant t\leqslant 27.273)\\ -22\sin\left(\frac{11}{150}t-2\right) & (27.273<t\leqslant 70.113)\\ 0 & (70.113<t\leqslant 97.385)\\ 22\sin\left(\frac{11}{150}t-7.142\right) & (97.385<t\leqslant 140.225)\end{cases}$$

由期望编队 $\boldsymbol{h}(t)$ 的表达形式可知，期望的编队是一个以 22 m/s 地速飞行的“一”字形编队且假设 5.1 成立。图 8.5 给出了每架无人机的期望飞行轨迹。

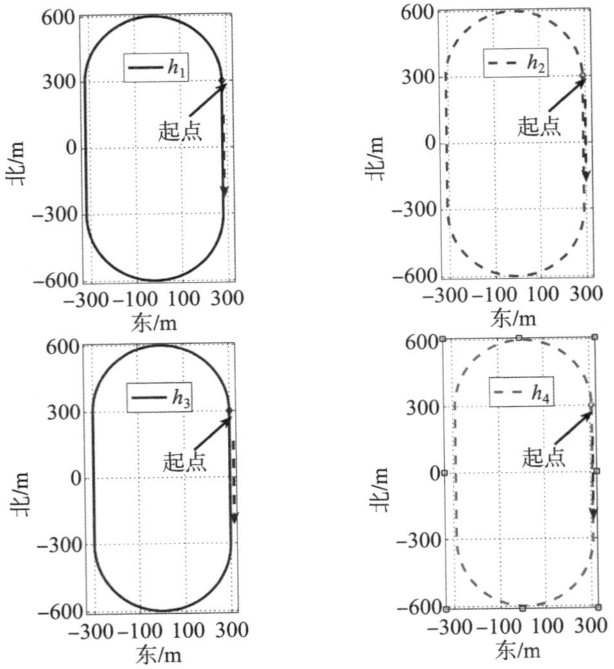

图 8.5 期望飞行轨迹

考虑到 rank$\boldsymbol{B}=2$，选取

$$\bar{\boldsymbol{B}}=\begin{bmatrix}0 & 0 & 1 & 0\\ 0 & 0 & 0 & 1\end{bmatrix},\ \tilde{\boldsymbol{B}}=\begin{bmatrix}1 & 0 & 0 & 0\\ 0 & 1 & 0 & 0\end{bmatrix}$$

根据 $\boldsymbol{h}(t)$ 的表达式，容易验证，定理 8.1 中的条件(1)满足。选取

$$\boldsymbol{K}_1=\begin{bmatrix}-0.4 & -1 & 0 & 0\\ 0 & 0 & -0.4 & -1\end{bmatrix}$$

可以得到 $\boldsymbol{A}+\boldsymbol{B}\boldsymbol{K}_1$ 为 Hurwitz 矩阵。选取 $\boldsymbol{r}(t)=0$。令

$$\boldsymbol{K}_2=\begin{bmatrix}-0.05 & -0.1 & 0 & 0\\ 0 & 0 & -0.05 & -0.1\end{bmatrix}$$

可以验证 $\boldsymbol{A}_{\mathrm{L}}$ 是 Hurwitz 矩阵。令 $\boldsymbol{\varpi}_i=[\boldsymbol{\varpi}_{\mathrm{n}i}(t)\quad \boldsymbol{\varpi}_{\mathrm{e}i}(t)]^{\mathrm{T}}$，根据式(8.15)以及 $\boldsymbol{h}(t)$ 的表达式，可得

$$\boldsymbol{\varpi}_{\mathrm{n}i}(t)=\begin{cases}0 & (0\leqslant t\leqslant 27.273)\\ 1.613\sin\left(\dfrac{11}{150}t-2\right) & (27.273<t\leqslant 70.113)\\ 0 & (70.113<t\leqslant 97.385)\\ -1.613\sin\left(\dfrac{11}{150}t-7.142\right) & (97.385<t\leqslant 140.225)\end{cases}$$

$$\boldsymbol{\varpi}_{\mathrm{e}i}(t)=\begin{cases}0 & (0\leqslant t\leqslant 27.273)\\ -1.613\cos\left(\dfrac{11}{150}t-2\right) & (27.273<t\leqslant 70.113)\\ 0 & (70.113<t\leqslant 97.385)\\ 1.613\cos\left(\dfrac{11}{150}t-7.142\right) & (97.385<t\leqslant 140.225)\end{cases}$$

飞行试验选在有风的天气进行，风速大小约为 4 m/s。经过多次测试，选取鲁棒控制器参数 $f=3$，图 8.6 给出了无人机群的实际飞行轨迹以及不同时刻无人机位置分布的截图；图 8.7、图 8.8 分别给出了无人机的高度和速度的变化曲线。

根据 ε -鲁棒编队的定义，编队误差定义为 $\tilde{\boldsymbol{\zeta}}(t)=\left[\tilde{\boldsymbol{\zeta}}_{14}(t)\quad \tilde{\boldsymbol{\zeta}}_{24}(t)\quad \tilde{\boldsymbol{\zeta}}_{34}(t)\right]^{\mathrm{T}}$，其中 $\tilde{\boldsymbol{\zeta}}_{i4}(t)=\|[\boldsymbol{x}_i(t)-\boldsymbol{h}_i(t)]-[\boldsymbol{x}_4(t)-\boldsymbol{h}_4(t)]\|_2(i=1,2,3)$。图 8.9 给

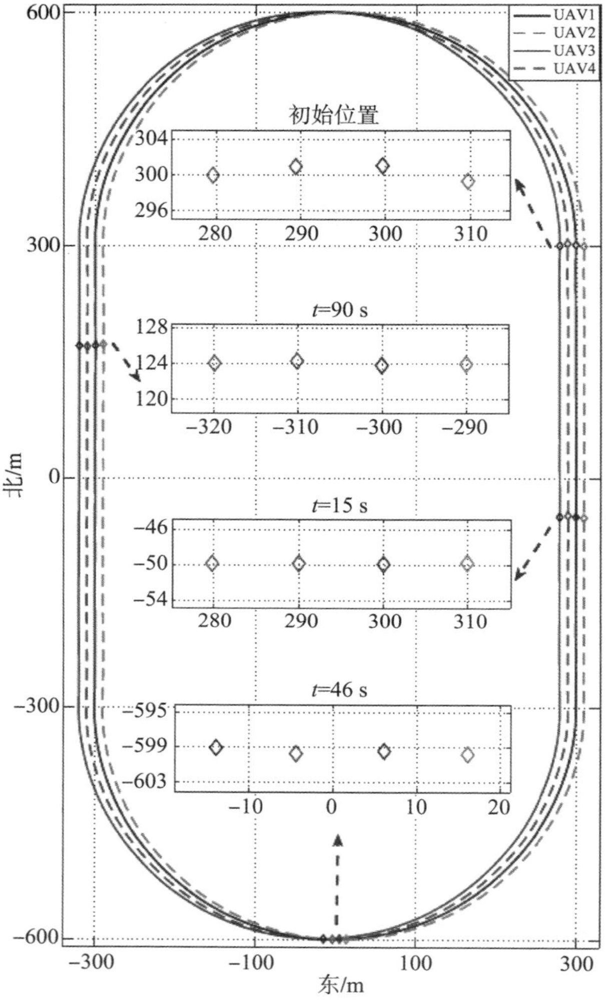

图 8.6 无人机在水平方向上的轨迹以及不同时刻的截图

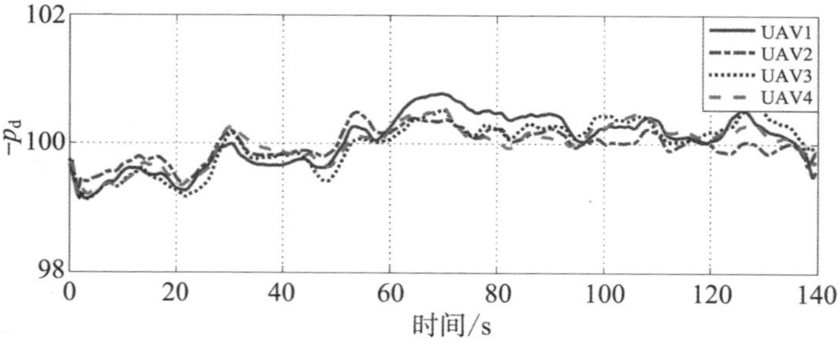

图 8.7 无人机的高度响应曲线

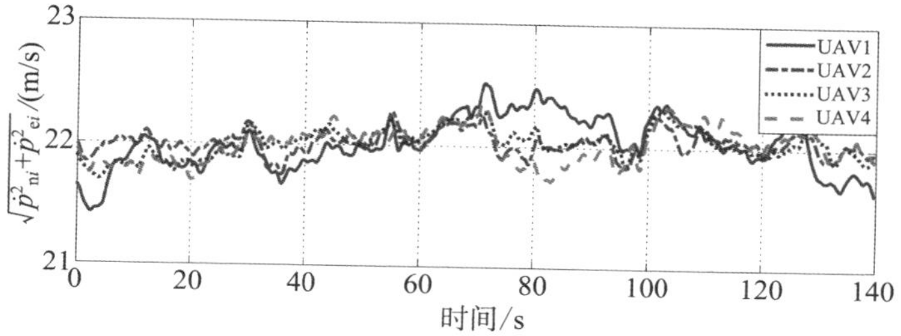

图 8.8　无人机水平方向速度变化曲线

出了鲁棒编队控制协议作用下编队误差曲线。为了验证本章介绍的鲁棒编队控制协议的有效性，作为对照，将现有的文献中提出的基于一致性的编队控制方法来替代鲁棒编队控制方法，并选用相同的控制参数，按上面相同的步骤进行对照试验。图 8.10 给出了基于一致性编队控制协议作用下的编队误差曲线。通过对比图 8.9、图 8.10 可以看出，本章设计的鲁棒编队控制协议可以明显降低编队误差。

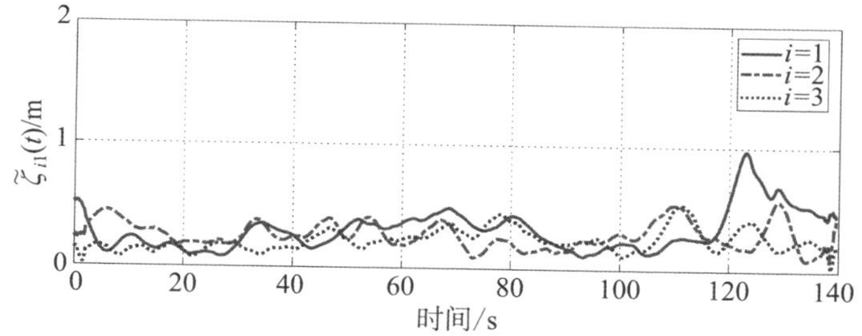

图 8.9　鲁棒编队控制协议作用下的编队误差曲线

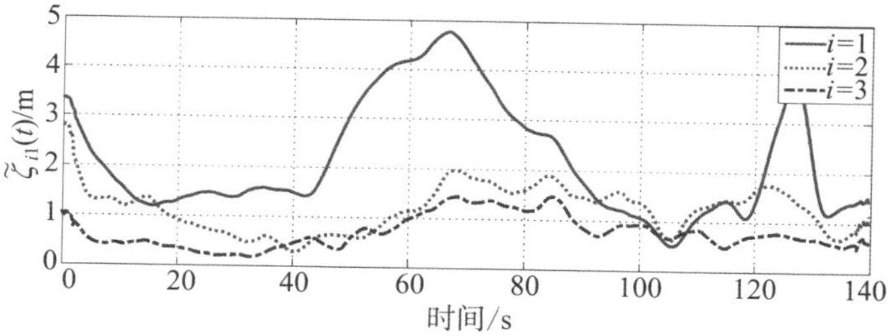

图 8.10　基于一致性编队控制协议作用下的编队误差曲线

参考文献

[1] Spedding G. The cost of flight in flocks[J]. Nature, 2011, 474(6): 458-459.

[2] Vicsek T. A question of scale[J]. Nature, 2001, 411(24):421.

[3] Weimerskirch H, Martin J, Clerquin Y, et al. Energy saving in flight formation [J]. Nature, 2001, 413(18):697-698.

[4] Couzin I D, Krause J, Franks N R, et al. Effective leadership and decision-making in animal groups on the move[J]. Nature, 2005, 433(3):513-516.

[5] Reynolds C. Flocks, birds, and schools: a distributed behavioral model[J]. Computer Graphics, 1987, 21(4):25-34.

[6] Vicsek T, Czirók A, Ben-Jacob E, et al. Novel type of phase transition in a system of self-driven particles[J]. Physical Review Letters, 1995, 75(6): 1226-1229.

[7] 闻新,马文弟,周露. 小卫星编队飞行的应用模式分析及展望[J]. 中国航天,2005, 8: 40-43.

[8] Stipanovic D, Inalhan G, Teo R, et al. Decentralized overlapping control of a formation of unmanned aerial vehicles[J]. Automatica, 2004, 40(8): 1285-1296.

[9] 朱杰斌,秦世引. 无人机编队飞行的分布式控制策略与控制器设计[J]. 智能系统学报, 2010, 5(5): 392-399.

[10] 谭民,范永,徐国华. 机器人群体协作与控制的研究[J]. 机器人,2001,23(2): 178-182.

[11] Ogren P, Fiorelli E, Leonard E. Cooperative control of mobile sensor networks: adaptive gradient climbing in a distributed environment [J]. IEEE Transactions on Automatic Control, 2007, 52(8): 1469-1475.

[12] Ren W. Consensus strategies for cooperative control of vehicle formations[J]. IET Control Theory and Applications, 2007, 1(2): 505-512.

[13] Ren W, Beard R W, Atkins E M. Information consensus in multivehicle cooperative control[J]. IEEE Control Systems Magazine, 2007, 27(2): 71-82.

[14] Olfati-Saber R, Fax J A, Murray R M. Consensus and cooperation in networked multi-agent systems[J]. Proceedings of the IEEE, 2007, 95(1): 215-233.

[15] Cao Y C, Yu W W, Ren W, et al. An overview of recent progress in the study of distributed multi-agent coordination[J]. IEEE Transactions on Industrial Informatics,

2013, 9(1): 427 - 438.
[16] Olfati-Saber R, Murray R M. Consensus problems in networks of agents with switching topology and time-delays[J]. IEEE Transactions on Automatic Control, 2004, 49(9): 1520 - 1533.
[17] Ren W, Beard R W. Consensus seeking in multiagent systems under dynamically changing interaction topologies[J]. IEEE Transactions on Automatic Control, 2005, 50(5): 655 - 661.
[18] Bliman P A, Ferrari-Trecate G. Average consensus problems in networks of agents with delayed communications[J]. Automatica, 2008, 44(8):1985 - 1995.
[19] Tian Y P, Liu C L. Consensus of multi-agent systems with diverse input and communication delays[J]. IEEE Transactions on Automatic Control, 2008, 53(9): 2122 - 2128.
[20] 邹丽，周锐，赵世钰，等. 多导弹编队齐射攻击分散化协同制导方法[J]. 航空学报，2011,32(2): 281 - 290.
[21] 阎磊，吴森堂. 飞航导弹编队制导作战效能分析方法研究[J]. 现代防御技术，2008,36(5): 15 - 20.
[22] Han J L, Xu Y J, Di L, et al. Low-cost multi-UAV technologies for contour mapping of nuclear radiation field[J]. Journal of Intelligent and Robotic Systems, 2013, 70(1 - 4): 401 - 410.
[23] Beard R W, McLain T W. Multiple UAV cooperative search under collision avoidance and limited range communication constraints[C]//42nd IEEE Conference on Decision and Control, Maui: 2003.
[24] Wang P K C. Navigation strategies for multiple autonomous mobile robots moving in formation[J]. Journal of Robotic Systems, 1991, 8(2): 177 - 195.
[25] Balch T, Arkin R. Behavior-based formation control for multirobot teams[J]. IEEE Transactions on Robotics and Automation, 1998, 14(6): 926 - 939.
[26] Lewis M, Tan K. High precision formation control of mobile robots using virtual structures[J]. Autonomous Robots, 1997, 4(4): 387 - 403.
[27] Khatib O. Real-time obstacle avoidance for manipulators and mobile robots [J]. International Journal of Robotics Research, 1986, 5(1): 90 - 98.
[28] Eren T, Belhumeur P, Anderson B, et al. A framework for maintaining formations based on rigidity[C]//15th IFAC Conference, Barcelona: 2002.
[29] Fax J, Murray R. Graph laplacians and stabilization of vehicle formations [C]//15th IFAC Conference, Barcelona: 2002.
[30] Ren W, Sorensen N. Distributed coordination architecture for multi-robot formation control[J]. Robotics and Autonomous Systems, 2008, 56(4): 324 - 333.
[31] Kuramoto Y, Arakai H. Chemical oscillations, waves and turbulence [M]. Berlin: Springer-Verlag, 1984.
[32] Néda Z, Ravasz E, Brechet Y, et al. Self-organizing processes: the sound of many hands clapping[J]. Nature, 2000, 403(6772): 849 - 850.
[33] Lin J, Morse A S, Anderson B D O. The multi-agent rendezvous problem — the

asynchronous case [C]//2004 43rd IEEE Conference on Decision and Control, Nassau: 2004.

[34] Borkar V, Varaiya P P. Asymptotic agreement in distributed estimation[J]. IEEE Transactions on Automatic Control, 1982, 27(3):650 - 655.

[35] Vicsek T, Czirok A, Jacob E B, et al. Novel type pf phase transitions in a system of self-driven particles[J]. Physical Review Letters, 1995, 75(6):1226 - 1229.

[36] Jadbabaie A, Lin J, Morse A S. Coordination of groups of mobile autonomous agents using nearest neighbor rules[J]. IEEE Transactions on Automatic Control, 2003, 48 (6):988 - 1001.

[37] Erginer B, Altug E. Modeling and PD control of a quadrotor VTOL vehicle[C]//2007 IEEE Intelligent Vehicles Symposium, Istanbul:2007.

[38] Lee D, Kim H J, Sastry S. Feedback linearization vs. adaptive sliding mode control for a quadrotor helicopter[J]. International Journal of Control, Automation, and Systems, 2009, 7(3):419 - 428.

[39] Kopfstedt T, Mukai M, Fujita M, et al. Control of formation of UAVs for surveilance and reconnaissance missions[J]. IFAC Proceeding Volumes, 2008, 41(2): 5161 - 5166.

[40] Xiong J J, Zheng E H. Position and attitude tracking control for a quadrotor UAV [J]. ISA Transactions, 2014, 53(3):725 - 731.

[41] Ren W, Atkins E. Distributed muti-vehicle coordinated control via local information exchange[J]. International Journal of Robust and Nonlinear Control, 2007, 17(17): 1002 - 1033.

[42] Xie G M, Wang L. Consensus Control for a class of networks of dynamic agents [J]. International Journal of Robust and Nonlinear Control, 2007,17(1):941 - 959.

[43] Lin P, Jia Y M. Further results on decentralised coordination in networks of agents with second order dynamics[J]. IET Control Theory & Applications, 2009, 3(71): 957 - 970.

[44] Tanner H G, Jadbabaie A, Pappas G J. Flocking in fixed and switching networks [J]. IEEE Transactions on Automatic Control, 2007, 52(5):863 - 868.

[45] Lin P, Jia Y M. Consensus of second-order discrete-time multi-agent systems with nonuniform time-delays and dynamically changing topologies[J]. Automatica, 2009, 45 (9):2154 - 2158.

[46] Lin P, Jia Y M. Consensus of a class of second-order multi-agent systems with time-delay and jointly-connected topologies[J]. IEEE Transactions on Automatic Control, 2010, 55(3):778 - 784.

[47] Hu J, Lin Y S. Consensus control for multi-agent systems with double-integrator dynamics and time delays[J]. IET Control Theory & Applications, 2010, 4(1): 109 - 118.

[48] Yu W W, Chen G R, Cao M. Some necessary and sufficient conditions for second-order consensus in multi-agent dynamical systems[J]. Automatica, 2010, 46(6):1089 - 1095.

[49] Qin J H, Gao H J, Zheng W X. Second-order consensus for multi-agent systems with switching topology and communication delay[J]. Systems & Control Letters, 2011, 60(6):390 - 397.

[50] Qin J H, Gao H J, Zheng W X. On average consensus in directed networks of agents with switching topology and time delay[J]. International Journal of Systems Science, 2011,42(12):1947 - 1956.

[51] Tian Y P, Liu C L. Robust consensus of multi-agent systems with diverse input delays and asymmetric interconnection perturbations[J]. Automatica, 2009, 45(5): 1347 - 1353.

[52] Lin P, Jia Y M. Robust H_∞ consensus analysis of a class of second-order multi-agent systems with uncertainty[J]. IET Control Theory & Applications, 2010, 4(3): 487 - 498.

[53] Munz U, Papachristodoulou A, Allgower F. Robust consensus controller design for nonlinear relative degree two multi-agent systems with communication constraints [J]. IEEE Transactionson Automatic Control, 2011, 56(1):145 - 151.

[54] Liu K E, Xie G M, Ren W, et al. Consensus for multi-agent systems with inherent nonlinear dynamics under directed topologies[J]. Systems & Control Letters, 2013, 62(2):152 - 162.

[55] Xiao F, Wang L. Consensus problems for high-dimensional multi-agent systems [J]. IET Control Theory & Applications, 2007, 1(3):830 - 837.

[56] Xi J, Cai N, Zhong Y. Consensus problems for high-order linear time-invariant swarm systems[J]. Physica A, 2010, 389(24):5619 - 5627.

[57] Xi J X, Shi Z Y, Zhong Y S. Consensus analysis and design for high-order linear swarm systems with time-varying delays[J]. Physica A, 2011, 390(23 - 24):4114 - 4123.

[58] Xi J, Shi Z, Zhong Y. Admissible consensus and consensualization of high-order linear time-invariant singular swarm systems[J]. Physica A: Statistical Mechanics and its Applications, 2012, 391(23): 5839 - 5849.

[59] Ma C Q, Zhang J F. Necessary and sufficient conditions for consensusability of linear multiagent systems[J]. IEEE Transactions on Automatic Control, 2010, 55(5): 1263 - 1268.

[60] Li Z K, Duan Z S, Chen G R, et al. Consensus of multi-agent systems and synchronization of complex networks: a unified viewpoint[J]. IEEE Transactions on Circuits and Systems I: Regular Papers, 2009, 57(1):213 - 224.

[61] Li Z, Ren W, Liu X, et al. Distributed consensus of linear multi-agent systems with adaptive dynamic protocols[J]. Automatica, 2013, 49(7):1986 - 1995.

[62] Seo J H, Shim H, Back J. Consensus of high-order linear systems using dynamic output feedback compensator: low gain approach[J]. Automatica, 2009, 45(11): 2659 - 2664.

[63] Scardovi L, Sepulchre R. Synchronization in networks of identical linear systems [J]. Automatica, 2009, 45(11):2557 - 2562.

[64] Su Y, Huang J. Stability of a class of linear switching systems with applications to two

consensus problems[J]. IEEE Transactions on Automatic Control, 2011, 57(6):1420-1430.

[65] Xi J, Shi Z, Zhong Y. Output consensus analysis and design for high-order linear swarm systems: partial stability method[J]. Automatica, 2012, 48(9):2335-2343.

[66] Xi J, Meng F, Shi Z, et al. Delay-dependent admissible consensualization for singular time-delayed swarm systems[J]. Systems & Control Letters, 2012, 61(11):1089-1096.

[67] Meng F, Xi J, Shi Z, et al. Leader-following consensus for singular swarm systems [C]//The 31st Chinese Control Conference, Hefei:2012.

[68] Wang S, Fu M, Xu Y, et al. Consensus analysis of high-order singular multi-agent discrete-time systems[C]//The 32nd Chinese Control Conference, Xi'an:2013.

[69] 孟繁林.奇异多主体系统协同输出一致性及编队控制研究[D].北京:清华大学,2017.

[70] Hu G. Robust consensus tracking of a class of second-order multi-agent dynamic systems[J]. Systems & Control Letters, 2012, 61(1): 134-142.

[71] Ai X L, Yu J Q, Jia Z Y, et al. Adaptive robust consensus tracking for nonlinear second-order multi-agent systems with heterogeneous uncertainties[J]. International Journal of Robust and Nonlinear Control, 2017,27(18):5082-5096.

[72] Li Z, Ren W, Liu X, et al. Consensus of multi-agent systems with general linear and lipschitz nonlinear dynamics using distributed adaptive protocols[J]. IEEE Transactions on Automatic Control, 2013, 58(7):1786-1791.

[73] Li Z, Liu X, Fu M, et al. Global H_∞ consensus of multi-agent systems with Lipschitz non-linear dynamics[J]. IET Control Theory & Applications, 2012, 6(13): 2041-2048.

[74] Wen G, Duan Z, Chen G, et al. Consensus tracking of multi-agent systems with Lipschitz-type node dynamics and switching topologies [J]. IEEE Transactions on Circuits and Systems I: Regular Papers, 2014, 61(2):499-511.

[75] Li Z, Duan Z, Lewis F L. Distributed robust consensus control of multi-agent systems with heterogeneous matching uncertainties[J]. Automatica, 2014, 50(3):883-889.

[76] Zuo Z, Wang C, Ding Z. Robust consensus control of uncertain multi-agent systems with input delay: a model reduction method[J]. International Journal of Robust and Nonlinear Control, 2017, 27(11):1874-1894.

[77] Li X, Soh Y C, Xie L. Robust consensus of uncertain linear multi-agent systems via dynamic output feedback[J]. Automatica, 2018, 98:114-123.

[78] Zhao Y, Duan Z, Wen G, et al. Distributed H_∞ consensus of multi-agent systems: a performance region-based approach[J]. International Journal of Control, 2012, 85(3): 332-341.

[79] Khoo S, Xie L, Man Z. Robust finite-time consensus tracking algorithm for multirobot systems[J]. IEEE/ASME transactions on mechatronics, 2009, 14(2): 219-228.

[80] Zuo Z, Tie L. Distributed robust finite-time nonlinear consensus protocols for multi-agent systems[J]. International Journal of Systems Science, 2016, 47(6): 1366-1375.

[81] Liu X, Ho D W C, Cao J, et al. Discontinuous observers design for finite-time consensus of multiagent systems with external disturbances[J]. IEEE Transactions on Neural Networks and Learning Systems, 2017, 28(11): 2826 - 2830.
[82] 董希旺.高阶线性群系统编队合围控制[D].北京:清华大学,2014.
[83] Ren W. Consensus strategies for cooperative control of vehicle formations[J]. IET Control Theory & Applications, 2007, 1(2):505 - 512.
[84] Xie G, Wang L. Moving formation convergence of a group of mobile robots via decentralised information feedback[J]. International Journal of Systems Science, 2009, 40(10):1019 - 1027.
[85] Xiao F, Wang L, Chen J, et al. Finite-time formation control for multi-agent systems [J]. Automatica, 2009, 45(11):2605 - 2611.
[86] Liu Y, Geng Z. Finite-time optimal formation control for second-order multiagent systems[J]. Asian Journal of Control, 2014, 16(1):138 - 148.
[87] Lafferriere G, Williams A, Caughman J, et al. Decentralized control of vehicle formations[J]. Systems & Control Letters, 2005, 54(9):899 - 910.
[88] Fax J A, Murray R M. Information flow and cooperative control of vehicle formations [J]. IEEE Transactions on Automatic Control, 2004, 49(9):1465 - 1476.
[89] Lin Z, Francis B, Maggiore M. Necessary and sufficient graphical conditions for formation control of unicycles[J]. IEEE Transactions on Automatic Control, 2005, 50 (1): 121 - 127.
[90] Ma C, Zhang J. On formability of linear continuous-time multi-agent systems [J]. Journal of Systems Science and Complexity, 2012, 25(1): 13 - 29.
[91] Dong X, Xi J, Lu G, et al. Formation analysis and feasibility for high-order linear time-invariant swarm systems with time delays[C]//The 32nd Chinese control conference, Xi'an: 2013.
[92] Dong X, Shi Z, Lu G, et al. Time-varying formation control for high-order linear swarm systems with switching interaction topologies[J]. IET Control Theory & Applications, 2014, 8(18):2162 - 2170.
[93] Dong X, Hu G. Time-varying formation control for general linear multi-agent systems with switching directed topologies[J]. Automatica, 2016, 73:47 - 55.
[94] Dong X, Shi Z, Lu G, et al. Time-varying output formation control for high-order linear time-invariant swarm systems[J]. Information Sciences, 2014, 298:36 - 52.
[95] Dong X, Yu B, Shi Z, et al. Time-varying formation control for unmanned aerial vehicles: theories and applications[J]. IEEE Transactions on Control Systems Technology, 2015, 23(1):340 - 348.
[96] Dong W. Robust formation control of multiple wheeled mobile robots[J]. Journal of Intelligent & Robotic Systems, 2011, 62(3 - 4): 547 - 565.
[97] Han T, Guan Z H, Chi M, et al. Multi-formation control of nonlinear leader-following multi-agent systems[J]. ISA Transactions, 2017, 69: 140 - 147.
[98] He L, Sun X, Lin Y. Distributed adaptive control for time-varying formation tracking of a class of networked nonlinear systems[J]. International Journal of Control, 2017,90

(7):1319 - 1326.
[99] Hua Y, Dong X, Li Q, et al. Distributed time-varying formation robust tracking for general linear multiagent systems with parameter uncertainties and external disturbances[J]. IEEE Transactions on Cybernetics, 2017,47(8):1959 - 1969.
[100] Yu J, Dong X, Li Q, et al. Practical time-varying formation tracking for second-order nonlinear multiagent systems with multiple leaders using adaptive neural networks [J]. IEEE Transactions on Neural Networks and Learning Systems, 2018,29(12): 6015 - 6025.
[101] Yu J, Dong X, Li Q, et al. Time-varying formation tracking for high-order multi-agent systems with switching topologies and a leader of bounded unknown input [J]. Journal of the Franklin Institute, 2018, 355(5): 2808 - 2825.
[102] Liu Y, Jia Y. Robust formation control of discrete-time multi-agent systems by iterative learning approach[J]. International Journal of Systems Science, 2015, 46(4): 625 - 633.
[103] Li S, Zhang J, Li X, et al. Formation control of heterogeneous discrete-time nonlinear multi-agent systems with uncertainties[J]. IEEE Transactions on Industrial Electronics, 2017,64(6):4730 - 4740.
[104] Sun C, Hu G, Xie L, et al. Robust finite-time connectivity preserving coordination of second-order multi-agent systems[J]. Automatica, 2018, 89:21 - 27.
[105] Cheng Y, Jia R, Du H, et al. Robust finite-time consensus formation control for multiple nonholonomic wheeled mobile robots via output feedback[J]. International Journal of Robust and Nonlinear Control, 2018, 28(6): 2082 - 2096.
[106] Wang D, Zong Q, Tian B, et al. Neural network disturbance observer-based distributed finite-time formation tracking control for multiple unmanned helicopters [J]. ISA Transactions, 2018, 73: 208 - 226.
[107] Li T, Zhao R, Chen C L P, et al. Finite-time formation control of under-actuated ships using nonlinear sliding mode control[J]. IEEE Transactions on cybernetics, 2018, 48 (11): 3243 - 3253.
[108] Liu H, Ma T, Lewis F L, et al. Robust formation control for multiple quadrotors with nonlinearities and disturbances[J]. IEEE Transactions on Cybernetics, 2018, 50(4): 1362 - 1371.
[109] Liu H, Bai Y, Lu G, et al. Robust tracking control of a quadrotor helicopter[J]. Journal of Intelligent & Robotic Systems, 2014, 75(3 - 4): 595 - 608.
[110] Liu H, Li D, Zuo Z, et al. Robust three-loop trajectory tracking control for quadrotors with multiple uncertainties[J]. IEEE Transactions on Industrial Electronics, 2016, 63 (4): 2263 - 2274.
[111] Zhou J, Deng R, Shi Z, et al. Robust cascade PID attitude control of quadrotor helicopters subject to wind disturbance[C]//2017 36th Chinese Control Conference (CCC), Dalian: 2017.
[112] Qian D, Li C, Lee S G, et al. Robust formation maneuvers through sliding mode for multi-agent systems with uncertainties[J]. IEEE/CAA Journal of Automatica Sinica,

2018, 5(1):342 - 351.
[113] 陈金涛.不确定多主体系统鲁棒编队控制[D].北京:清华大学,2021.
[114] 杨文龙.小型固定翼无人机鲁棒编队控制[D].北京:清华大学,2023.
[115] Feng Y, Zheng W. Adaptive tracking control for nonlinear heterogeneous multi-agent systems with unknown dynamics[J]. Journal of the Franklin Institute, 2019,356(5): 2780 - 2797.
[116] Oh K K, Park M C, Ahn H S. A survey of multi-agent formation control[J]. Automatica, 2015, 53: 424 - 440.
[117] Krick L, Broucke M E, Francis B A. Stabilisation of infinitesimally rigid formations of multirobot networks[J]. International Journal of Control, 2009, 82(3): 423 - 439.
[118] The General Robotics, Automation, Sensing & Perception Laboratory [G/OL]. https://www.grasp.upenn.edu/.
[119] Kushleyev A, Mellinger D, Kumar V. Towards a swarm of agile micro quadrotors [C]//Robotics: Science and Systems Ⅷ, Sydney: 2012.
[120] The Flying Machine Arena[G/OL]. http://flyingmachinearena.org/.
[121] Vitaliev V, Hayes J, Sharpe L. 'Smarter skies' the route to sustainability (News briefing)[J]. Engineering & Technology, 2012, 7(9):20 - 21.
[122] 贾高伟,侯中喜. 美军无人机集群项目发展[J]. 国防科技,2017,38(4):53 - 56.
[123] 顾海燕. 美军无人机集群作战的发展启示[J]. 电讯技术,2018,58(7):865 - 870.
[124] Giovanini L, Balderud J, Katebi R. Autonomous and decentralized mission planning for clusters of UUVs[J]. International Journal of Control, 2007, 80(7):1169 - 1179.
[125] 刘海林. 自主式水下航行器的最优编队控制研究[D]. 青岛:中国海洋大学,2013.
[126] 吴小平. 多 AUV 协调控制技术研究[D]. 上海:上海交通大学,2008.
[127] Burns R, McLaughlin A, Leitner J, et al. TechSat 21: formation design, control and simulation[C]//The 2000 IEEE Aerospace Conference, Big Sky: 2000.
[128] 闻新,马文弟,周露. 小卫星编队飞行的应用模式分析及展望[J]. 中国航天,2005,8: 40 - 43.
[129] 刘振兴. 地球空间双星探测计划[J]. 地球物理学报, 2001(4): 573 - 580.
[130] Alami R, Fleury S, Herrb M, et al. Multi-robot cooperation in the MARTHA project [J]. IEEE Robotics & Automation Magazine, 1998, 5(1):36 - 47.
[131] 王文学,赵姝颖,孙萍,等. 多智能足球机器人系统的关键技术[J]. 东北大学学报(自然科学版), 2001, 22(2):192 - 195.
[132] Cao Y C, Stuart D, Ren W, et al. Distributed containment control for multiple autonomous vehicles with double-integrator dynamics: algorithms and experiments [J]. IEEE Transactions on Control Systems Technology, 2011, 19(4):929 - 938.
[133] Bateman F, Noura H, Ouladsine M. Fault diagnosis and fault-tolerant control strategy for the aerosonde UAV[J]. IEEE Transactions on Aerospace & Electronic Systems, 2011, 47(3):2119 - 2137.
[134] Muniraj D, Palframan M C, Guthrie K T, et al. Path-following control of small fixed-wing unmanned aircraft systems with H_∞ type performance[J]. Control Engineering Practice, 2017, 67:76 - 91.

[135] Mcruer D, Ashkenas I, Graham D. Aircraft Dynamics and Automatic Control [M]. Princeton: Princeton University Press, 1973.
[136] Chao H, Cao Y, Chen Y Q. Autopilots for small fixed-wing unmanned air vehicles: a survey [C]//2007 International Conference on Mechatronics and Automation, Harbin: 2007.
[137] 朱旭. 基于信息一致性的多无人机编队控制方法研究[D]. 西安：西北工业大学，2014.
[138] 张贤达. 矩阵分析与应用[M]. 北京：清华大学出版社，2013.
[139] Godsil C, Royle G. Algebraic graph theory [M]. New York: Springer-Verlag, 2001.
[140] 吴麒，王诗宓. 自动控制原理[M]. 2 版. 北京：清华大学出版社，2006.
[141] Chen C T. Linear system theory and design [M]. Oxford: Oxford University Press, 1999.
[142] 郑大钟. 线性系统理论[M]. 北京：清华大学出版社，2002.
[143] Khalil H K. Nonlinear systems[M]. New Jersey: Prentice Hall, 2001.
[144] Li Z K, Duan Z S, Chen G R, et al. Consensus of multi-agent systems and synchronization of complex networks: a unified viewpoint[J]. IEEE Transactions on Circuits and Systems I: Regular Papers, 2010, 57(1): 213 - 224.
[145] Xi J X, Shi Z Y, Zhong Y S. Output consensus analysis and design for high-order linear swarm systems: partial stability method [J]. Automatica, 2012, 48 (9): 2335 - 2343.
[146] Zhong Y S. Low-order robust model matching controller design [D]. Sapporo: Hokkaido University, 1988.
[147] Zhong Y S. Robust output tracking control of SISO plants with multiple operating points and with parametric and unstructured uncertainties[J]. International Journal of Control, 2002, 75(4): 219 - 241.
[148] 钟宜生. 最优控制[M]. 北京：清华大学出版社，2015.
[149] 席建祥，钟宜生，刘光斌. 群系统一致性[M]. 北京：科学出版社，2014.
[150] He Y, Wang Q. An improved ILMI method for static output feedback control with application to multivariable PID control[J]. IEEE Transaction on Automatic Control, 2006, 51(10): 1678 - 1683.
[151] Kailath T. Linear systems[M]. New Jersey: Prentice-Hall, 1980.
[152] Menon P K A, Short-range nonlinear feedback strategies for aircraft pursuit-evasion [J]. Journal of Guidance, Control, Dynamics, 1989, 12(1): 27 - 32.
[153] Wang X H, Balakrishnan S N. Optimal and hierarchical formation control for UAV [C]//The American Control Conference, Portland: 2005.
[154] Seo J, Kim Y, Kim S, et al. Consensus-based reconfigurable controller design for unmanned aerial vehicle formation flight [J]. Proceedings of the Institution of Mechanical Engineers, Part G: Journal of Aerospace Engineering, 2012, 226 (7): 817 - 829.
[155] Wang J N, Xin M. Integrated optimal formation control of multiple unmanned aerial vehicles[J]. IEEE Transactions on Control Systems Technology, 2012, 21(5): 1731 -

1744.

[156] Bhat S P, Bernstein D S. Finite-time stability of continuous autonomous systems [J]. SIAM Journal on Control and optimization, 2000, 38(3): 751-766.

[157] Beard R W, Ferrin J, Humpherys J. Fixed wing uav path following in wind with input constraints[J]. IEEE Transactions on Control Systems Technology, 2014, 22(6): 2103-2117.

[158] Stevens B L, Lewis F L, Johnson E N. Aircraft control and simulation: dynamics, controls design, and autonomous systems[M]. New Jersey: John Wiley & Sons, 2015.

[159] Carnduff S. System identification of unmanned aerial vehicles [M]. Cranfield: Cranfield University, 2008.

[160] 张宗刚. 小型固定翼无人机有限时间航迹跟踪与编队控制[D]. 北京:清华大学,2021.

索　引